"十二五"职业教育国家规划教材
经全国职业教育教材审定委员会审定

通信原理（第2版）

解相吾　主　编

电子工业出版社
Publishing House of Electronics Industry
北京·BEIJING

内 容 简 介

　　本书为"十二五"职业教育国家规划教材。本书以通信系统为主线，深入浅出地介绍了通信基本原理和相关技术。全书共 10 单元，分别为通信系统、信号与频谱、语音编码、图像编码、模拟调制、数字基带传输系统、数字频带传输系统、信道与复用、信道纠错编码、系统同步，并设置了相关实践训练项目，体系新颖、内容全面。本书既可作为高职高专院校、应用型本科院校和普通高校（独立）通信工程类、信息工程类、网络工程类和计算机类相关专业的教材或主要参考用书，也可作为相关工程技术人员的参考用书。

未经许可，不得以任何方式复制或抄袭本书之部分或全部内容。
版权所有，侵权必究。

图书在版编目（CIP）数据

通信原理 / 解相吾主编 . —2 版 . —北京：电子工业出版社，2023.5
ISBN 978-7-121-45556-8

Ⅰ. ①通… Ⅱ. ①解… Ⅲ. ①通信原理－高等学校－教材 Ⅳ. ①TN911

中国国家版本馆 CIP 数据核字（2023）第 080482 号

责任编辑：郭乃明　　特约编辑：田学清
印　　刷：大厂回族自治县聚鑫印刷有限责任公司
装　　订：大厂回族自治县聚鑫印刷有限责任公司
出版发行：电子工业出版社
　　　　　北京市海淀区万寿路 173 信箱　　邮编：100036
开　　本：787×1092　　1/16　　印张：22　　字数：578 千字
版　　次：2013 年 3 月第 1 版
　　　　　2023 年 5 月第 2 版
印　　次：2023 年 5 月第 1 次印刷
定　　价：55.00 元

　　凡所购买电子工业出版社图书有缺损问题，请向购买书店调换。若书店售缺，请与本社发行部联系，联系及邮购电话：(010) 88254888，88258888。
　　质量投诉请发邮件至 zlts@phei.com.cn，盗版侵权举报请发邮件到 dbqq@phei.com.cn。
　　本书咨询联系方式：guonm@phei.com.cn，QQ34825072。

修订版前言

通信原理是通信工程、信息工程、网络工程等电子信息类专业的理论基础课，在专业课程体系中具有十分重要的地位和作用。本书自出版以来，深受广大读者欢迎，一再重印，被列为"十二五"职业教育国家规划教材。

为适应当今移动通信、数字多媒体通信、宽带无线传输、移动互联网、物联网及云计算等新兴产业和技术的发展及需要，本书与时俱进，注意吸收新知识、新理论和新技术的成果，注重知识体系的连贯性和一致性，以使读者通过学习本书对通信原理有全面的认识和了解。

通信原理课程理论性强，系统而抽象，公式多，对专科院校学生来说，学习难度较大。基于此，本次修订遵循"必需、够用"的原则，删除了一些较为复杂的数学推导内容，虽然仍保留了一些公式，但主要是为了帮助理解，并非一定要进行计算。即便如此，在讲解工作原理时，仍需要简明扼要，理论联系实际。为方便读者及时检查自己的学习效果，巩固和加深对所学知识的理解，每单元后面的练习与思考均附有参考答案。

本书参考学时为 64 学时。考虑到各校及各专业的实际情况不同，建议教师采用"有所教有所不教"和"有所学有所不学"的策略，灵活处理各单元内容，以满足教学需要。

本书既可作为高职高专院校、应用型本科院校和普通高校（独立）通信工程类、信息工程类、网络工程类和计算机类相关专业的教材或主要参考用书，也可作为相关工程技术人员的参考用书。

本次修订工作主要由解相吾老师负责。参加本书修订的还有解文博、廖文婷、徐小英、李波、刘杰、刘晓雪等，在此向他们表示感谢。同时向为本书出版付出了大量心血和汗水的编辑人员表示衷心的感谢。

由于编者水平有限，书中难免存在不足之处，恳请广大读者批评指正。

编　者

目　录

单元 1　通信系统 1

学习引导 1

1.1　千里共婵娟——通信零距离 1

1.2　梦幻组合——通信系统的组成 3

1.3　我只在乎你——通信系统的主要性能指标 7

1.4　继往开来——通信的发展过程与方向 10

实践体验：电话机制作 10

练习与思考 13

单元 2　信号与频谱 14

学习引导 14

2.1　远方的呼唤——信号 14

2.2　庐山真面目——频谱 16

2.3　高速公路——通信系统中的带宽 24

2.4　选我中意的——滤波器 26

实践体验：常用信号分析测试仪器仪表的使用 28

练习与思考 35

单元 3　语音编码 36

学习引导 36

3.1　瘦身体验——信源编码 37

3.2　我形我秀——波形编码 40

3.3　差分脉冲编码调制 62

3.4　骨感美人——参数编码 68

3.5　优势互补——混合编码 70

3.6　余音绕梁——MPEG 音频编码 78

实践体验：熟识单片集成 PCM 编解码器 80

练习与思考 83

单元 4　图像编码 84

　　学习引导 84

　　4.1　百闻不如一见——视频图像 85

　　4.2　神机妙算——预测编码 90

　　4.3　山路十八弯——变换编码 99

　　4.4　美人心计——统计编码 106

　　4.5　殊途同归——子带编码 109

　　4.6　碧波荡漾——小波变换编码 113

　　4.7　带上显微镜——分形编码 117

　　4.8　画虎画皮——模型基编码 120

　　4.9　群芳争艳——图像压缩编码标准 123

　　实践体验：Hi3510 应用方案 132

　　练习与思考 133

单元 5　模拟调制 135

　　学习引导 135

　　5.1　远走高飞——调制 137

　　5.2　情牵一线——线性调制 140

　　5.3　自由飞翔——非线性调制 151

　　5.4　各有千秋——各种模拟调制方式的比较 157

　　实践体验：超外差式接收机的制作 158

　　练习与思考 161

单元 6　数字基带传输系统 162

　　学习引导 162

　　6.1　万马奔腾——常用数字基带信号 163

　　6.2　安步当车——数字基带传输系统的介绍 173

　　6.3　淡妆浓抹——时域均衡 178

　　6.4　简约不简单——眼图 180

　　6.5　接力赛跑——再生中继传输 182

　　实践体验：PCM 线路再生中继器的电路制作 187

　　练习与思考 189

单元 7　数字频带传输系统 190

　　学习引导 190

　　7.1　"0"和"1"的世界——数字调制原理 190

7.2　泛起的涟漪——数字移幅键控 193

7.3　律动的心——数字移频键控 196

7.4　相由心生——数字相位调制 201

7.5　两仪生四相——现代数字调制技术 207

实践体验：无线对讲机的制作 218

练习与思考 220

单元 8　信道与复用 221

学习引导 221

8.1　漫漫长路——信道 221

8.2　空中快车——无线信道 224

8.3　轨道交通——有线信道 230

8.4　树欲静而风不止——信道内的噪声与干扰 231

8.5　香农的预言——信道容量 238

8.6　资源共享——信道复用 240

8.7　溪流汇入大江——数字复接技术 248

实践体验：PCM 基群终端机的指标测试 255

练习与思考 258

单元 9　信道纠错编码 259

学习引导 259

9.1　穿上太空服——信道编码 259

9.2　未雨绸缪——纠错编码 262

9.3　武装押运——线性分组码 269

9.4　生生不息——循环码 273

9.5　断尾求生——RS 码 277

9.6　源远流长——卷积码 280

9.7　鸡蛋不要全放在一个筐里——信道编码中的交织技术 283

9.8　内外并重——Turbo 码 290

9.9　瞒天过海——低密度奇偶校验码 293

9.10　完美组合——网格编码调制 296

9.11　混元一气——空时编码 300

实践体验：制作无线话筒 301

练习与思考 302

单元 10　系统同步 304

学习引导 304

10.1 夫唱妇随——话同步 304

10.2 心心相印——载波信号同步 305

10.3 表里如一——位同步 317

10.4 友谊圆舞曲——群同步 328

10.5 四海同心——网同步 337

实践体验：电路检测及电路制作 341

练习与思考 343

参考文献 344

单元 1 通信系统

 学习引导

自古以来，在人类社会的发展进程中，通信始终与人类社会的各种活动密切相关。无论是古代的鸿雁传书，还是现代的短信、微信；无论是古代的烽火台，还是现代的移动电话；无论是古代的驿站，还是现代的基站、中继站，都属于通信的范畴。

通信与人类始终相伴，耳听之为声，目遇之而成色。婴儿从呱呱坠地的那一刻起，就开始了与他人的互相交流。婴儿的第一声啼哭，就是为了引起人们的注意，相当于广播信令，告诉大家：我来到了人间，快与我建立联系。尽管婴儿不会说话，但能通过声音辨识。最初是母婴之间的交流，然后是父兄之间的交流，进而是与其他所有人的交流。交流的形式也从近距离的面对面交谈发展到远距离的打电话、发短信、看视频……

随着电报、电话和电视的出现，通信技术的发展日新月异。特别是电子计算机的迅速发展和广泛应用，以及个人计算机的普及，大大提高了人们处理、存储、控制和管理信息的能力。

20 世纪后半叶，随着计算机、微电子、传感、激光、卫星通信、移动通信、航空航天、广播电视、多媒体、新能源和新材料等新技术的发展与应用，特别是近年来以计算机为主体的互联网技术的兴起和发展，通信技术得到了前所未有的迅速发展。

对于使用各种通信工具的用户，他们并不一定需要知道通信传输的完整过程；但是对于组织通信联络的人员，特别是研究设计和维护修理各种通信设备的人员，他们必须搞清通信传输过程及各种通信设备的工作原理。

1.1 千里共婵娟——通信零距离

从古到今，通信一直与人们的生活息息相关，"乡音难寄，锦书难托"充分证明了古代身处两地的人们互通信息是多么不容易。如今，"家书"已不再"抵万金"，人们不仅随时可以用手机与对方通话，还可以视频聊天。现代通信彻底实现了千百年来人们梦寐以求的愿望，通信零距离真正使"地球村"成为现实。

资讯 1 通信的定义

通信以语言、图像、数据为媒体，通过电（光）信号将信息由一方传输到另一方。简而言之，通信就是信息的传递与交流。

人们的生活和工作离不开信息的传递与交流。信息常以某种方式依附于物质载体，并借此实现存储、交换、处理变换和传输。通信就是克服时间和空间的障碍，准确而有效地传递与交换信息。

现代通信系统是信息时代的生命线，以信息为主导地位的信息化社会又促进通信新技术的大力发展。随着人类社会对信息需求的不断提高，通信技术已逐步走向智能化和网络化。人们对通信的理想要求是：任何人（Whoever）在任何时候（Whenever），无论在任何地方（Wherever），都能够与任何人（Whoever）进行任何方式（Whatever）的交流。

综上所述，通信是指双方进行信息交换。这里所说的信息交换不仅指双方的通话，还包括数据、传真、图像、视频等多媒体业务。

资讯 2　通信的分类

为了便于学习及进行实际工作的管理，可以对通信进行分类。常见的一些分类方法如下。

按照传播媒质不同，通信可以分为

$$\begin{cases} \text{有线通信（双绞线、同轴电缆、光缆）} \\ \text{无线通信（电磁波）} \end{cases}$$

按照传输信号不同，通信可以分为

$$\begin{cases} \text{模拟通信（连续波）} \\ \text{数字通信（脉冲波）} \end{cases}$$

按照波长的频率不同，通信可以分为

$$\begin{cases} \text{长波通信（海事通信、电力通信）} \\ \text{中波通信（调幅广播、业余无线电）} \\ \text{短波通信（调频广播、军用通信、国际通信）} \\ \text{微波通信（雷达、移动通信、卫星通信、天文探测）} \end{cases}$$

按照是否有调制过程，通信可以分为

$$\begin{cases} \text{基带传输（周期性脉冲序列作为载波）} \\ \text{频带传输（正弦波作为载波）} \end{cases}$$

按照接收终端是否运动，通信可以分为

$$\begin{cases} \text{固定通信（固定电话）} \\ \text{移动通信（手机、车载电话）} \end{cases}$$

按照多址方式不同，通信可以分为

$$\begin{cases} \text{频分多址（FDMA）通信} \\ \text{时分多址（TDMA）通信} \\ \text{码分多址（CDMA）通信} \end{cases}$$

按照数字信号码元的排列方法不同，通信可以分为

$$\begin{cases} \text{串行传输（远距离数字通信）} \\ \text{并行传输（近距离数字通信）} \end{cases}$$

资讯 3　通信方式

通信方式可分为单工通信方式、半双工通信方式、全双工通信方式 3 种。

1. 单工通信方式

单工通信是指信息只能进行单方向传送的一种通信。单工通信方式如图 1-1 所示。目前的广播、电视、寻呼、遥控、遥测等都属于单工通信。

2. 半双工通信方式

半双工通信是指通信双方都能收发信息，但收发不能同时进行的通信。半双工通信方式如图 1-2 所示。同频对讲机、收发报机等都属于半双工通信。

图 1-1　单工通信方式

3. 全双工通信方式

全双工通信是指通信双方可同时双向传输信息的通信，如普通电话和手机等。图 1-3 所示为全双工通信方式。

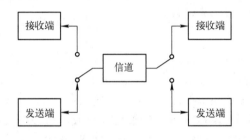

图 1-2　半双工通信方式

图 1-3　全双工通信方式

1.2　梦幻组合——通信系统的组成

通信系统自有其结构组成规律，为便于学习和了解，可以对各种通信系统和设备中的信息传输完整过程进行高度概括，从而得出不同通信系统的组成模型。这些组成模型各有不同的构成体系和规律，学习通信原理就是要了解这些组成模型到底是怎样组合在一起进行工作的。学习通信原理就好比进行拼图游戏，在掌握了基本规律和方法后，就能拼出完整的图形。

资讯 1　一般组成

通信的主要目的是有效而可靠地传输信息，这些信息可以是语言、文字、符号、数据或图像等表征媒体的集合。信息在通信系统中是以电信号的形式传送的。一般来说，通信系统由信源/输入转换器、发送设备、传输介质（信道）、接收设备、信宿/输出转换器及噪声 6 部分组成，其方框图如图 1-4 所示。

电信号是电压、电流或电磁场等物理量与信息内容相对应的变化形式。这里简称电信号为信号，可以用以时间 t 为自变量的某一函数关系来表示。因此，在通信系统中，必须要有将信息转变成电信号的装置，称该装置为信源；对于在接收端完成相反功能的装置，称之为信宿，如电话通信中的话筒及耳机。

信号需要通过信道传输。狭义的信道指的是传输介质，如电缆、光纤、无线电波传播的空间等。因此，信道也是构成通信系统的一部分。另外，信道中还存在一定的噪声，其影响不可低估。

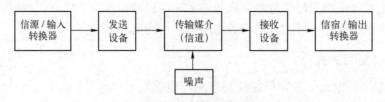

图 1-4 一般通信系统方框图

为了使信号能够适应信道的特性，同时可以顺利地传送并实现有效、高质量的通信，在发送端及接收端均需要有相应的发送设备和接收设备。对于不同的信道特性，相应的发送设备和接收设备的技术特点及实现手段是不同的。不同通信系统的差异往往很大，这样便形成了各种不同的技术体制。但无论是什么样的通信系统，它们都有着共同的通信原理及许多相同的基本技术。下面介绍几种基本通信系统的组成。

资讯 2 模拟通信系统的组成

用于传输与处理模拟信号的通信系统称为模拟通信系统，其方框图如图 1-5 所示。由于模拟通信系统中传输的是模拟信号，因此信源是模拟信源，同时，模拟信号是经过输入转换器得到的。发送设备包括很多部件，如调制器、放大器、滤波器、天线等，在图 1-5 中，为突出调制器的重要性，只画出了模拟调制器；同样的道理，在接收端也只画出了模拟解调器。因此，图 1-5 是简化了的模拟通信系统方框图。

图 1-5 模拟通信系统方框图

资讯 3 数字通信系统的组成

用于传输与处理数字信号的通信系统称为数字通信系统，其方框图如图 1-6 所示。

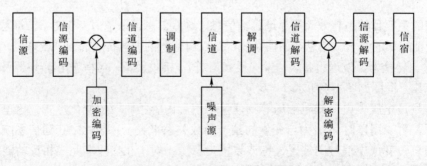

图 1-6 数字通信系统方框图

从结构上看，数字通信系统要比模拟通信系统复杂一些。数字通信系统通常具有信源编码、信道编码及相应的解码部分。信源编码的主要功能是对模拟信号进行 A/D 转换并编码，将模拟信号转换为数字信号。

信道编码是指数字信号为了适应信道的传输特性，并达到高效、可靠的传输而进行的相应信号处理过程。属于信道编码范畴的技术有数字信号的差错控制编码及扩频编码，以及用于通信保密的加密编码与解密编码等。

在实际的数字通信系统中，图 1-6 中的各部分不一定都是必须具备的。例如，有的数字通信系统不特别强调安全及抗干扰性能，那么该系统中可能没有加密编码、解密编码、信道编码及信道解码部分；有的数字通信系统的信源原本就是数字终端，也就不需要信源编码部分；对于数字基带传输系统，由于数字信号是未经调制而直接被送入信道的，因此没有调制和解调部分。

资讯 4 模拟信号数字传输系统的组成

模拟信号数字传输系统先把模拟信号转换为数字信号，然后按照数字信号传输的方式传输，最后接收端把数字信号转换为模拟信号。这种传输系统的组成与数字通信系统的组成差不多：在发送端，只要把信源看作模拟信源，把信源编码看作 A/D 转换即可；在接收端，只要把信源解码看成 D/A 转换即可。图 1-7 所示为模拟信号数字传输系统方框图，该图主要是为了向读者说明模拟信号数字传输系统与数字通信系统的区别和联系。这样，在介绍模拟信号的数字传输时，只要讨论模拟信号数字传输系统的特殊部分即可。

图 1-7 模拟信号数字传输系统方框图

资讯 5 数字通信的特点

数字通信发展十分迅猛，在整个通信领域所占的业务比重越来越大。当前，数字通信已成为通信领域的主流。数字通信由于采用了数字信号处理技术，能把信源产生的信息（消息、信号）有效、可靠地传送到目的地，因此具有模拟通信无法比拟的优点。与模拟通信相比，数字通信的主要优点体现在以下几方面。

（1）抗干扰能力强。

抗干扰能力强是数字信号的主要优点。数字信号在中继站或接收端利用判决系统进行判 "1" 或判 "0"，以实现整形、再生，只要干扰不太大，就能恢复原始数字信号，不会产生噪声和失真的累积。而模拟信号是连续信号，只能通过各种滤波器滤除干扰，但这些滤波器无法滤除同一频带内的干扰，并且随着传输距离的增大，叠加在模拟信号上的噪声会被逐级放大，从而导致传输质量不断下降。

用判决系统恢复原始数字信号的判决方法是：若信号电平大于判决电平，则判为 "1"；若信号电平小于判决电平，则判为 "0"，只要干扰不太大，没有超出判决的范围，就能完全恢复原始数字信号，如图 1-8 所示。图 1-8 左边给出了数字信号的恢复情况；右边说明了模拟信号在受到干扰后，要完全恢复原始模拟信号是比较困难的。

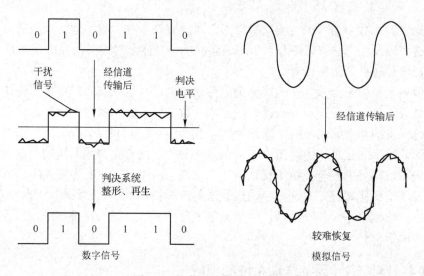

图 1-8 数字信号的抗干扰能力

（2）便于纠错编码。

数字通信系统的检错、容错、纠错能力很强，在数字信号的传输、放大过程中出现误码时，很容易实现检错与纠错。

（3）便于数据存储。

数字信号是以"0"和"1"的形式记录存储在介质中的，便于存储、控制、修改，存储时间与信号特点无关，存储介质的存储容量大。

（4）便于加密。

数字通信系统的安全性和保密性对于现实信息社会非常重要。数字信号不仅便于实现加密/解密技术和加扰/解扰技术，还便于专业应用（军用、商用、民用）、条件接收、视频点播或双向互动传送等。

（5）便于数字通信设备间的连接。

现代计算机技术、数字存储技术、数字交换技术及数字信号处理技术发展迅猛，大多数字通信设备的接口和处理的信号都是数字化的，与数字通信中的数字信号完全一致，因此，数字通信设备可以很方便地互相连接，只要有一套数字信号传输、编码、调制协议，这些设备就可以做到互连、互通。

（6）便于数字通信设备集成化、小型化、智能化。

数字通信设备大多由数字电路构成，而数字电路比模拟电路更易于集成。数字信号处理（DSP）技术和各种微处理芯片（CPU）的迅速发展为数字通信设备的智能化提供了良好的条件。大规模集成元器件的出现为数字通信设备的小型化和大规模生产奠定了基础，而且这些集成元器件的性能一致性好，成本低。

与模拟通信相比，数字通信的主要缺点体现在以下两方面。

（1）频带利用率低。

数字通信最大的缺点是占用的信道频带较宽。数字信号和模拟信号的带宽，以及抽样信号及其编码如图 1-9 所示。

由图 1-9 可知，经 A/D 转换后的数字信号（假设采用 3 位编码）的码元宽度为

$$T_d=T_s/3=1/(3f_s)=1/(3\times 2f_m)$$

数字信号的带宽为

$$B_d=1/T_d=3\times2f_m$$

若采用 N 位编码，则数字信号的带宽为

$$B_d=N\times2f_m=2Nf_m$$

例如，设语音信号的带宽为 $f_m=4kHz$，将其数字化后，采用 8 位编码，即 $N=8$，则语音信号对应的数字信号的带宽为

$$B_d=2Nf_m=16f_m=2\times8\times4kHz=64kHz$$

即数字信号的带宽是对应模拟信号的带宽的 16 倍。

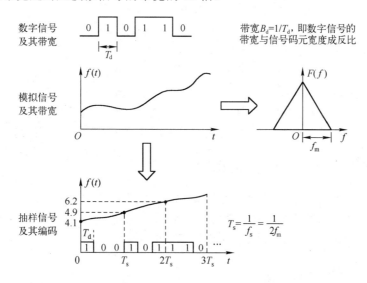

图 1-9　数字信号和模拟信号的带宽，以及抽样信号及其编码

（2）对同步的要求高。

在数字通信中，若要准确地在接收端恢复信号，则必须使接收端与发送端保持严格同步，这也导致了数字通信系统比较复杂，数字通信设备尺寸比较大。

1.3　我只在乎你——通信系统的主要性能指标

"未谙姑食性，先遣小姑尝"的意思是新过门的媳妇不知道公公和婆婆的口味如何，就把做好了的食物让小姑先尝一尝，听一听小姑的意见，这样就知道公公和婆婆的口味了。因为小姑从小与公公和婆婆一起生活，对公公和婆婆的口味非常了解。为了了解通信系统，需要先了解通信系统有哪些性能指标，以及它们对通信系统会产生什么影响。

通信系统的性能指标很多，其中有效性和可靠性是两个极为重要的性能指标，而它们往往又是矛盾的，不可兼得。研究通信系统的目标就是使有效性和可靠性的结合最优化。

资讯1　模拟通信系统的性能指标

1. 有效性

有效性是指消息传输的速度，取决于消息所包含的信息量和对信息源的处理。对信息

源进行处理的目的是在单位时间内传输更多的消息或在一定频带范围内传输更多的消息。例如，单边带（SSB）调制和普通调幅（AM）相比，对于每路语音信号，SSB 调制占用频带只有 AM 占用频带的一半，在一定频带范围内，用 SSB 调制信号传输的路数是用 AM 信号传输的路数的 2 倍，可以传输更多的消息，因此 SSB 调制的有效性比 AM 的有效性好。

2．可靠性

模拟通信系统的可靠性最终用信噪比表示，信噪比越大，通信质量越高。模拟通信对信噪比的要求如下。

- 一般无线通信：信噪比大于或等于 26dB。
- 听清 95%以上的信息：信噪比大于或等于 40dB。
- 电视节目看起来很清楚：信噪比为 40～60dB。

信噪比是由信号功率和信号传输过程中的失真、干扰和噪声决定的，其中信号功率和信道中的加性噪声是主要的因素。

应该指出的是，当接收机输入端的信噪比一定时，经过不同的解调后，输出端的信噪比是不同的。因此，应注意选择抗噪声性能好的调制方式，以提高模拟通信系统的可靠性。

资讯 2　数字通信系统的性能指标

数字通信系统的有效性可用传输速率和传输效率来衡量，可靠性可用误码率（BER）和误信率来表示。有效性和可靠性既是互相矛盾的，又是彼此统一的。传输速率越高，有效性越好，可靠性越差。下面从几个不同的角度进行说明。

1．码元传输速率

码元传输速率通常又称为码元速率，也称为数码率、传码率、码率、信号速率或波形速率，用符号 R_B 来表示。码元速率是指单位时间（每秒）内传输码元的数目，单位为波特（Baud），常用符号 B 表示（注意：不能小写）。例如，若某系统在 2 秒内共传送 4800 个码元，则该系统的 R_B 为 2400B。

数字信号一般有二进制与多进制之分，但 R_B 与信号的进制无关，只与码元宽度 T_d 有关，如图 1-10 所示。

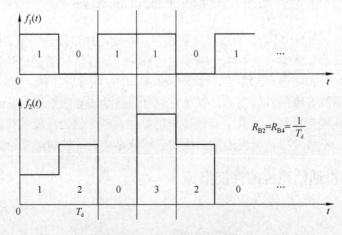

图 1-10　R_B 与信号的进制无关

在给出系统 R_B 时，通常有必要说明码元的进制。多进制（N）码元速率 R_{BN} 与二进制码元速率 R_{B2} 之间，在保证系统信息传输速率不变的情况下可以相互转换，转换关系为

$$R_{B2}=R_{BN}\log_2 N \tag{1-1}$$

式中，R_{B2} 是二进制码元速率；N 为进制数。由式（1-1）可知，在传送相同信息的情况下，二进制所需带宽是 N 进制所需带宽的 $\log_2 N$ 倍。

2. 信息传输速率

信息传输速率简称信息速率，又称为传信率、比特率等，用符号 R_b 表示。信息速率是指单位时间（每秒）内传送的信息量，单位为比特/秒（bit/s）。例如，若某信源在 1s 内传送 1200 个符号，并且每个符号的平均信息量为 1bit，则该信源的 R_b 为 1200bit/s。由于信息量与进制数 N 有关，因此 R_b 也与 N 有关。

3. R_b 与 R_B 之间的互换

（1）在二进制中，R_{B2} 与 R_{b2} 在数值上相等，但单位不同。

（2）在多进制中，R_{BN} 与 R_{bN} 在数值上不相等，单位也不同。它们之间在数值上满足

$$R_{bN}=R_{BN}\log_2 N \tag{1-2}$$

（3）在 R_B 保持不变的情况下，R_{b2} 与 R_{bN} 的关系为

$$R_{bN}=R_{b2}\log_2 N \tag{1-3}$$

4. 频带利用率 η

频带利用率 η 涉及的是传输效率问题，即不仅要关心通信系统的传输速率，还要看在这样的传输速率下所占用的信道频带宽度是多少。如果频带利用率高，那么说明通信系统的传输效率高，反之亦然。

η 的一种定义是单位频带内 R_b 的大小，单位为 bit/(s·Hz)，即

$$\eta=R_b/B \tag{1-4}$$

二进制与 N 进制的频带利用率关系如下。

（1）在 R_B 相同的情况下，二进制与 N 进制的频带相同（均为 B），N 进制频带利用率是二进制频带利用率的 $\log_2 N$ 倍。

（2）在 R_b 相同的情况下，二进制与 N 进制的 R_B 相同，得 N 进制频带利用率是二进制频带利用率的 $\log_2 N$ 倍。

因此，不论从哪个角度分析，均可得出以下结论：N 进制频带利用率是二进制频带利用率的 $\log_2 N$ 倍。也就是说，N 进制信号传输有效性是二进制信号传输有效性的 $\log_2 N$ 倍，从这个角度来说，我们希望通过 N 进制信号传输来提高通信系统的有效性。

5. 可靠性

一个数字通信系统的可靠性具体可用信号在传输过程中出错的概率来表述，即用差错率来衡量。差错率越高，说明系统可靠性越差。差错率有两种表示方法，即误码率 P_e 和误信率（误比特率）P_b，常用的是 P_e。通信系统 P_e 的计算公式为

$$P_e=接收的错误码元数/传输的总码元数 \tag{1-5}$$

例如，若平均每传输 1000 个码元有一个码元出错，则 $P_e=10^{-3}$。

通信系统 P_b 的计算公式为

$$P_b=接收的错误比特数/传输的总比特数 \tag{1-6}$$

在二进制情况下，$P_e=P_b$；在 N 进制情况下，P_e 与解码方式有关，一般 $P_e>P_b$。

通信系统的有效性和可靠性相互矛盾，提高了有效性，必然会降低可靠性。传送二进制信号比传送 N 进制信号可靠性高的主要原因是二进制信号需要 2 个电平判决，误码率低；而 N 进制信号则需要 N 个电平判决，误码率必然会提高。

1.4 继往开来——通信的发展过程与方向

通信技术今天的辉煌成就都是对前人事业的继承和发扬。通信技术的发展从莫尔斯发明有线电报开始算起，至今已有 100 多年的历史。20 世纪 70 年代以来，得益于大规模和超大规模集成电路在通信领域的应用，以及计算机技术与通信技术的结合，通信领域中的各个分支均得到了迅速发展。

现代通信的主要目的是有效而可靠地传输信息。从信息论的角度来看，通信过程本质上是随机过程。如果通信系统中传输的信号都是确定性信号，那么接收者就不可能获取任何新的信息，也就失去了通信的意义。1948 年，香农发表了《通信的数学理论》，用概率和数理统计的方法系统地讨论了通信的基本问题，对信息的度量——熵及信道容量做出了严格定义，得出了几个重要而具有普遍意义的结论，这些结论奠定了现代通信的数学理论基础，对现代通信理论与技术的发展具有划时代的意义。

20 世纪 80 年代至 90 年代，各种通信技术都发展到了一定程度，通信网成了当时一种必然的发展趋势。网络程控化、数字化、智能化，以及各种网络技术（如 ISDN、Internet、宽带接入网）成了通信领域发展的热点。

进入 21 世纪，人们由桌面互联网时代跨入移动互联网时代，随着平板电脑、智能手机的普及，三网融合已基本实现，全球无线城市的建设已如火如荼，我国的北京、上海、广州等地都在大力推动"城市无线化"，宽带无线的时代已经来临，现代通信技术的发展将会达到一个新的高度。

实践体验：电话机制作

电话机是电信系统的主要部分。人们不论在何时、何地，只要用电话机拨对方的电话号码，接通后双方即可通话，传递信息。在进行语音通信时，发话人发出声波，声波作用于送话器（话筒）引起电流变化，产生语音信号；语音信号沿电话线传送到对方受话器（听筒），由受话器将信号电流转换为声波传送到空气中并作用于人耳，从而完成语音通信过程。通过电话机制作练习，可加深对通信系统的全面理解。

普通电话机是由通话模块、发号模块、振铃模块及线路接口组成的。目前，大部分电话机为按键式电话机，其发号模块主要包括按键号盘、双音频信号/脉冲信号发生器。发号模块的作用是将用户所拨的每个号码均以双音频信号或脉冲串方式发送给电话交换机。振铃模块由音调振铃电路、压电陶瓷振铃器或扬声器组成，作用是在待机状态下检测电话线上的信号状态，当收到从电话交换机传送来的振铃信号时，驱动压电陶瓷振铃器或扬声器发出振铃提示音。通话模块由受话器（由电/声转换元器件组成）、送话器（由声/电转换元器件组成）及信号放大器构成，作用是完成发话时语音信号的声/电转换、信号放大，以及接收信号的放大和语音信号的电/声转换。

电话机电路原理图如图 1-11 所示。首先按元器件清单备齐元器件，然后测量各元器件的质量，做到心中有数。

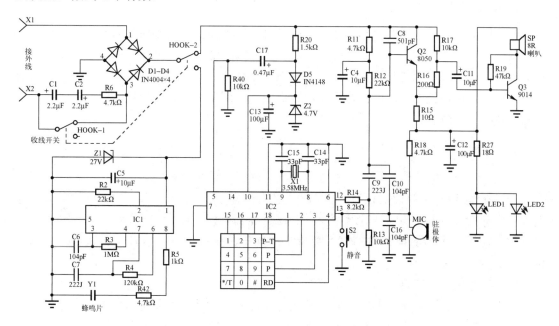

图 1-11　电话机电路原理图

1. 元器件选择

（1）集成电路 IC1（KA2411）为振铃电路音乐芯片，来电铃声由它产生；IC2（9102D）是主电路处理芯片，用于完成脉冲/音频拨号。

（2）三极管 Q2、Q3 为普通三极管，放大倍数大于 300 倍即可。

（3）开关二极管（D5）和稳压二极管（Z1 和 Z2）不要装错，仔细看管体表面字迹，对号入座。

（4）在选用电/声转换元器件，如喇叭、蜂鸣片、驻极体时，要注意外壳是否装得上。

（5）电阻、电容按图 1-11 中标注的参数选用。

（6）跳线用剪下来的元器件引脚代替，按键板上有 6 根跳线，主线路板上有 1 根跳线。

2. 元器件的安装步骤

元器件的安装步骤：跨线→电阻→二极管→瓷片电容→涤纶电容→电解电容→三极管→收线开关→固定驻极体（放进孔后用电烙铁将周围塑料烫几个点固定或打电胶，以免脱落）→固定蜂鸣片（放在外壳上后用电烙铁烫一下塑料周围几个点或打点胶，不让它松动）→固定扬声器（放在外壳上后用电烙铁烫一下塑料周围几个点，不让它松动，在磁铁上贴上海绵）→焊接 IC1→根据图纸用导线将上述元器件都连接起来。在焊接 IC1 时要细心，各焊点之间不要相连，先把 IC1 摆正放好，临时焊一个焊点，然后调整好 IC1 使其美观，接着焊其他几个焊点。各元器件尽量装低一点，电解电容采用卧式安装，以防盖子不好盖上，按键板上的 2 个 LED 要按正负极性引脚的方向安装，灯头要穿出线路板少许。检查无误后拧紧螺钉，进行下一步调试工作。

3．调试说明

在一般情况下，电话机只要安装无误就可以使用。在检测时不用装电池，可先将正在使用的电话机的外线插头拔下来插在本电话机插座内，提起手柄应能听到拨号音（长音）；然后拨号，拨完号后应能听到对方接通的响声，之后挂机；最后测试接听，用另一部电话机或手机拨本电话机的号码，拨通后本电话机应能听到振铃声。在经过这样的试验后，本电话机就制作完成了。

4．故障排除

如果电话机不能工作，那么可根据电话线路进行电话机故障检测。

一般在电话机外接输出线路中均存在一定的直流工作电压（48V 或 60V），同时在电话线路中存在 450Hz 的电话机拨号音和 25Hz 的整流信源。因此，充分利用电话机的工作电压与信源可以为检测电话机的整机直流工作电压、振铃电路、拨号与通话电路故障提供方便。

（1）检测电话机整机直流工作电压。

一般当电话机工作不正常时，常用的故障排除方法为逐一检测电话机内各电路的工作电压是否正常。在利用电话线路检测时，可配合使用万用表，具体操作步骤如下。

① 将万用表置于 10V 直流电压挡，两表笔跨接在接线盒两端（电话线和电话机相互连接处），测出其直流工作电压值。

② 将万用表调至 100mA 电流挡，断开接线盒一端的连接线，将两表笔分别串接在连接线的两端，测出电话机的直流工作电流值。

③ 测出电话机的工作电压值和工作电流值后，根据电话机电路原理图标注的技术数据，利用欧姆定律估算出直流工作电阻值，这样即可判断电话机有无问题。

（2）检测电话机拨号和通话电路故障。

当电话机拨号和通话电路出现故障时，可利用电话线路进行检测判断，具体方法是：在电话机摘机状态下，用万用表直流 10V 电压挡分别检测电话机拨号和通话电路各点的工作电压值，并对照电话机电路原理图提供的标注数据加以分析，从而找出故障元器件和故障点。需要注意的是，电话机拨号和通话电路除集成电路故障外，还涉及晶振故障和相关的阻容元器件故障，晶振故障一般可采用替代法加以判断。

在通话正常的情况下，如果不能振铃，则可检查振铃电路是否有故障。有振铃信号输入时的各引脚对地（引脚 5）电压如表 1-1 所示。

表 1-1　有振铃信号输入时的各引脚对地（引脚 5）电压

引脚	1	2	3	4	5	6	7	8
电压/V	27.12	1.23	4.01	4.01	0	4.01	4.01	12.12

练习与思考

1. 试比较单工通信方式与双工通信方式有何不同。
2. 分别画出模拟通信系统和数字通信系统的方框图，并说明方框图中各部分的作用。
3. 与模拟通信系统相比，数字通信系统有哪些优点？
4. 数字通信系统有哪些主要性能指标？
5. 数字通信系统的频带利用率是如何衡量的？
6. 码元和比特有何区别？什么是码元速率？什么是比特率？

单元2 信号与频谱

 学习引导

　　信号是用来传递某种消息或信息的物理形式。信号这一概念广泛地出现在各个领域，表现为各种各样的形式且携带特定的信息。婴儿通过哭声表达饥饿或不适，大人通过发出各种声音传递不同的信号。古代战场常以号角或通过击鼓鸣金的方式传达前进或撤退的命令，更以烽火为信号传递敌人进犯的紧急情况。现代信号的利用更多涉及力、热、声、光、电等诸多方面。

　　通信系统中常用的信号有正弦信号、方波信号和周期冲激串。正弦信号往往作为无线通信的载波出现；大多数字信号为方波信号；周期冲激串可以作为抽样信号，在模拟信号转换为数字信号的过程中扮演重要的角色。

　　信号是通信系统中"看得见、摸得着"的东西，是通信系统直接处理的对象。信号的具体形式是某种物理量，如光信号、电信号、声信号等。电信号通常是指随时间变化的电压和电流，也可以是电荷、磁通或电磁波等。由于电信号易于产生与控制，并且传输速率高，也容易实现与非电信号的相互转换，因此在用作信号的诸多物理量中，电信号是应用最广的物理量。

2.1　远方的呼唤——信号

　　信号（Signal）是携带信息的载体，是消息的表现形式或运载工具。信号常常由信息变换而来，是与消息对应的某种物理量，通常是时间的函数。消息是信号的具体内容，消息包含于信号之中。信息的传递、交换、存储和提取必须借助一定形式的信号来完成。

　　通信系统中传递的信号在数学上可以表示为一个或多个变量的函数。在通信系统中，信号基本上是时间的函数。例如，锅炉的温度可表示为温度随时间变化的函数，语音信号可表示为声压随时间变化的函数，一张黑白图片可表示为灰度随二维空间变量变化的函数，还有随着时间变化的电压（电流）等。信号在发生→传递→接收的过程中应该保持原来的模样，这是成功通信的关键。强度、频率、相位、能量等是信号的基本特征，也是分析信号和通信系统的基础。

　　信号是信息的重要载体，其形式十分丰富。在通信系统中，人们利用不同形式的信号传递不一样的信息内容。下面介绍信号的基本概念和种类。

资讯1　基本概念

1. 信息

　　信息（Information）是要表示和传递的对象。一般而言，信息是对于接收者有一定意义的某一待传递、交换、提取或存储的内容，是客观世界和主观世界共同作用的产物。信息是比较抽象的概念，可以有多种表现形式，如语音、文字、数据和图像等。信息是变化的、不可预知的。

信息的每种表现形式的实质都是一种信号。信息作为一种内容不能单独存在，必须依靠某种信号才能传递出去，就如同货物必须依靠某种交通工具才能运输一样。另外，同一种信息可以有不同的表现形式，即可以用不同的信号来表达，如语音、文字或其他形式的信号。在各种形式的信号中，又以电（光）信号最为重要，其他形式的信号都可以转换成电信号进行传递。

2．通信

通信（Communication）是指信息的交流，包括信息的发送、传递和接收 3 个环节，其实质就是传递携带某种信息的信号。通信以语音、图像、数据为媒体，通过电（光）信号将信息由一方传递到另一方。

3．消息

在通信技术中，通常把语音、文字、图像、符号或数据等统称为消息（Message）。消息是表示信息的媒体，同一条信息可以用不同的消息来表示。

消息中含有一定数量的信息，信息是包含在消息中的有意义的东西。消息的本质和价值取决于它所包含的信息量。对接收者来说，消息具有不确定性，不确定程度越大，信息量就越大。信息量与消息的种类和重要程度无关。

资讯 2　信号的种类

信号一般是根据电压或电流随时间的变化来传递信息的，可以描述为时间的函数 $f(t)$。例如，电视图像是随时间变化的二维函数的信号，用 $f(x, y, t)$ 表示。人的视觉反应迟缓，不能随迅速移动的物体进行相应的反应。利用人的视觉反应迟缓这一特点，在图面上进行水平、垂直扫描，把各点所载有的信息变换为对时间的数据序列输出，这样就能够将信号表示为时间的函数。

为便于对信号进行分析，人们以信号特征为分析的着眼点，对具有相同特征的不规则信号进行分类处理。信号的分类方法有很多，可以从不同的角度对信号进行分类。在信号与通信系统的分析过程中，根据信号和自变量的特性，可以把信号分为连续时间信号、离散时间信号、确知信号、随机信号、周期信号、非周期信号、能量信号与功率信号等。

1．确知信号与随机信号

用于通信的很多信号每时每刻都在传送各种信息，它们对应各时刻的值是不确定的，这样的信号称为随机信号。在任意时刻 t 都有确定值的信号称为确知信号。

确知信号：可用明确的数学式子表示且信号取值确定的信号。

随机信号：当给定一个时间值时，取值不确定，只知道其取某一数值概率的信号。

2．周期信号与非周期信号

信号若满足 $x(t)=x(t+T)$，则称为周期信号，T 为周期；若不满足上述关系，则称为非周期信号。

周期信号如图 2-1 所示，这个信号可表示为满足式（2-1）的时间函数，即该信号以 T 为周期反复出现相同波形。

$$f(t+T)=f(t) \tag{2-1}$$

周期信号以外的信号都称为非周期信号。周期信号包括用信号发生器生成的正弦波、锯齿波、矩形波等。因为用周期信号传递的信息以 T 为周期反复，所以直接把周期信号作为通信信号的情况是很少的。但是周期信号除可作为传送信息的重要载体外，还是对信号进行分析研究的基础。

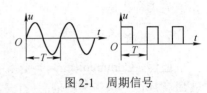

图 2-1　周期信号

包括周期信号在内，在任意时刻都有确定值的信号称为确定信号。而确定的非周期信号称为过渡信号。

3．能量信号与功率信号

信号按照能量是否有限可划分为功率信号和能量信号。在实际的通信系统中，信号都具有有限的功率和持续时间，因而具有有限的能量。一般来说，能量信号是指在所有时间上总能量不为零且有限的信号。

如果信号的持续时间非常长，那么可以近似认为它具有无限长的持续时间，把它当作功率信号。功率信号的能量无限大，对通信系统的性能有很大影响，决定了无线通信系统中发射机的电压和电磁场强度。

能量信号与功率信号的关系如下。

（1）周期信号必定是功率信号，不可能是能量信号，因为其能量无限大。

（2）非周期信号既可能是功率信号，又可能是能量信号。如果信号的能量有限，那么该信号为能量信号；如果信号的能量无限大，功率有限，那么该信号为功率信号。

2.2　庐山真面目——频谱

频率是表示信号特征的重要参量。例如，广播电台用某频率发射电波，如果接收机频率与广播电台频率相同，那么该接收机能够收到该广播电台发射的电波。如果这时该广播电台发射的电波是严格的正弦波，那么正弦波的波形能用振幅、频率、相位完全表示，该电波不可能传递音乐等信息。

实际上，广播电台发射的是频率相近范围内带有各种频率的复杂信号。因为各广播电台使用的频率不同，所以可以抽出与特定频率相近的信号，用收音机就能从多种电波中选出希望收到的电波。

信号的特征是与这个信号含有的各种频率成分的分布紧密相关的。根据光的波长，用棱镜对其进行分解可以得到光谱，利用这种原理并根据电信号频率对电信号进行分解，就可得到频谱。频谱可描述为频率（f）或角频率（$\omega=2\pi f$）的函数。

当某信号仅含有低频率的信号时，这个信号随时间的变化趋于缓慢；相反，如果仅含有高频率的信号，那么该信号以短周期变动。可见，信号 $f(t)$ 与其频谱之间是有密切关系的。如果用 $F(\omega)$ 表示频谱，那么 $F(\omega)$ 与 $f(t)$ 之间的关系可用傅里叶变换进行描述。

资讯 1　傅里叶级数与傅里叶变换

单纯从数学角度来看，傅里叶变换是将一个函数转换为一系列周期函数来对该函数进行处理的。而在实际应用中，傅里叶变换却有非常重要的物理意义。例如，假设 f 是一个能量有限的模拟信号，则其变换就表示 f 的频谱，即从频域转换到空间域。

1. 周期信号的傅里叶级数

一个复杂的周期信号可以分解为不同频率正弦信号的叠加。一个周期为 T 的周期信号 $f(t)$ 可以展开成傅里叶级数，即

$$f(t) = a_0 + a_1\cos\omega_0 t + a_2\cos2\omega_0 t + a_3\cos3\omega_0 t + \cdots + a_n\cos n\omega_0 t +$$
$$b_1\sin\omega_0 t + b_2\sin2t\omega_0 t + b_3\sin3\omega_0 t + \cdots + b_n\sin n\omega_0 t \qquad (2\text{-}2)$$

式（2-2）也称为周期信号的傅里叶级数，它以 ω_0 为基波，谐波频率逐级升高。式（2-2）中的 $a_0 \sim a_n$ 是各次谐波的幅度，也称为周期信号 $f(t)$ 的频谱系数。频谱系数表示各频率分量在总信号中所占的分量。

式（2-2）也可写成

$$f(t) = a_0 + \sum_{n=1}^{\infty}(a_n\cos n\omega_0 t + b_n\sin n\omega_0 t) \qquad (2\text{-}3)$$

傅里叶级数展开是指把周期函数的频率作为基本频率 $\omega_0=2\pi/T$，对具有整数倍的频率正弦波成分进行分解。式（2-3）说明，任何周期信号的波形都是由一个平均分量（直流分量）与一系列谐波相关的正弦波和余弦波组成的。式（2-3）把周期信号的频率作为基本频率（基频），谐波是基频的整数倍。$n>1$ 的成分称为高次谐波。基频表示一个信号波形的最低频率。因此，式（2-3）可写成

$$f(t) = 直流 + 基波 + 2\ 次谐波 + 3\ 次谐波 + \cdots + n\ 次谐波$$

式（2-2）可写成通信工程上更为实用的形式，即

$$f(t) = A_0 + \sum_{n=1}^{\infty} A_n\cos(n\omega_0 t + \varphi_n) \qquad (2\text{-}4)$$

式中，$A_0 = a_0$；$A_n = \sqrt{a_n^2 + b_n^2}$；$\varphi_n = \arctan(-b_n/a_n)$。

周期信号不仅可以用三角函数及式（2-4）表示，还可以用指数形式的傅里叶级数表示，这种指数是信号频域分析中的运算工具，形式简捷且便于计算。

由上述讨论可知，傅里叶级数为在频域上认识信号的特征提供了非常重要的手段。为了更加直观地反映周期信号中各个频率分量的分布情况，可以将频谱系数和频率分量对应起来，画到一幅图上，这样就可以直观地看出每个频率分量的强度了，这样的图也称为信号的频谱图。频谱图中谐波分量的振幅随频率变化的关系称为振幅谱（或称为幅度谱），谐波分量的相位随频率变化的关系称为相位谱。一般习惯将振幅频谱简称为频谱。

假设某一信号的傅里叶级数展开式为

$$f(t) = \frac{A}{\pi} + \frac{A}{2}\left[\cos\left(\omega_0 t - \frac{\pi}{2}\right) + \frac{4}{3\pi}\cos\left(2\omega_0 t - \frac{\pi}{2}\right) - \frac{4}{15\pi}\cos\left(4\omega_0 t - \frac{\pi}{2}\right)\right]$$

所假设信号的频谱图如图 2-2 所示。

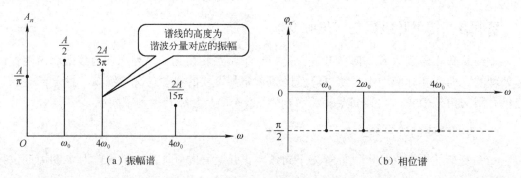

（a）振幅谱　　　　　　　　　　　　（b）相位谱

图 2-2　所假设信号的频谱图

在对通信信号进行分析时，经常使用矩形脉冲。图 2-3 所示为矩形脉冲串的波形，其中波形的占空比（DC）是脉冲有效时间与脉冲周期的比值，即

$$DC = \tau / T \qquad (2\text{-}5)$$

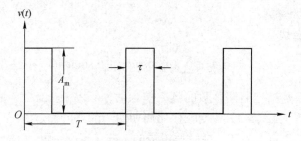

图 2-3　矩形脉冲串的波形

矩形脉冲（或矩形脉冲串）也由一系列谐波相关的正弦波组成，信号谱分量的幅度取决于占空比。一个矩形脉冲的傅里叶级数展开式为

$$v(t) = \frac{A_{\mathrm{m}}\tau}{T} + \frac{2V\tau}{T}\left[\frac{\sin x}{x}(\cos\omega t) + \frac{\sin 2x}{2x}(\cos 2\omega t) + \cdots + \frac{\sin nx}{nx}(\cos n\omega t)\right] \qquad (2\text{-}6)$$

式中，$x = \pi\tau/T$。于是，一个矩形脉冲的直流分量为

$$A_0 = \frac{A_{\mathrm{m}}\tau}{T} \qquad (2\text{-}7)$$

由此可见，脉冲宽度越窄，直流分量越小。n 次谐波的幅度为

$$A_n = \frac{2A_{\mathrm{m}}\tau}{T} \times \frac{\sin nx}{x} = \frac{2A_{\mathrm{m}}\tau}{T} \times \frac{\sin(n\tau x / T)}{n\tau x / T} \qquad (2\text{-}8)$$

矩形脉冲傅里叶级数展开式中的 $\dfrac{\sin x}{x}$ 项常用于重复的脉冲波形，是一个衰减的正弦波，其波形如图 2-4 所示。

从周期信号的傅里叶级数中可以看到，周期信号的频谱是离散的，但周期信号并不一定是离散的。

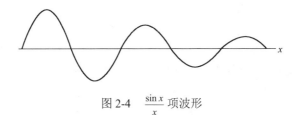

图 2-4 $\dfrac{\sin x}{x}$ 项波形

提示：由于信号是时间的函数，因此信号是连续的还是离散的要看信号在时间上的取值是连续的还是离散的。如果信号函数在时间的连续值上都有定义，那么该信号称为连续时间信号；如果信号函数仅在离散时间点上有定义，那么该信号称为离散时间信号。

2. 非周期信号的傅里叶变换

周期信号的频谱是离散的，非周期信号的频谱是连续的。实际中遇到的许多信号都是非正弦周期信号，是一种较为复杂的周期信号。

由上述内容可知，将周期信号分解为傅里叶级数表征了信号的频域特征。在把信号分解为傅里叶级数后，可以得到信号的直流分量和许多正弦分量的和，从而可以在频域内比较信号。但是，对于非周期信号和孤立波，就需要用傅里叶变换对其进行频谱分析。

傅里叶变换把用于周期函数的傅里叶级数分析方法扩展运用于非周期函数。实际能够观测到某一信号的时间是有限的，在这个时域以外发生的情况都视为无意义。因此，即使信号在观测期间（T_S）不具有周期性，仍可以从形式上把该信号当作在十分长的时间 T（$\gg T_S$）内重复的周期信号进行处理。实际上就是把非周期信号看作周期 T 无限长的周期信号进行处理。

一个非周期信号 $f(t)$ 可以用其傅里叶变换求其频谱函数，即

$$F(\omega) = \int_{-\infty}^{\infty} f(t) \mathrm{e}^{-\mathrm{j}\omega t} \mathrm{d}t \tag{2-9}$$

把 $F(\omega)$ 称为 $f(t)$ 的傅里叶变换，它的逆变换为

$$f(t) = \frac{1}{2\pi} \int_{-\infty}^{\infty} F(\omega) \mathrm{e}^{\mathrm{j}\omega t} \mathrm{d}\omega \tag{2-10}$$

式（2-9）和式（2-10）都是在整个区间内由指数函数来表示非周期函数的表达式。通常把 $F(\omega)$ 称为 $f(t)$ 的频谱密度函数，简称频谱密度。傅里叶变换提供了信号在频域和时域之间的相互变换关系。$f(t)$ 是信号在时域的描述，$F(\omega)$ 是信号在频域的描述。信号的特性用时域或频域来描述都可以，必要时可以对二者进行相应的变换。

另外，信号的傅里叶变换还具有一些其他重要的性质，灵活运用这些性质可以很容易求出许多复杂信号的频谱，或者由频谱求出信号。限于篇幅，这里不详细讨论，有兴趣的读者可以自行查阅相关的参考资料。

需要说明的是，本书对所有公式都是重理解而不重计算的，有些问题结合公式来讲解会更清晰明了。

资讯 2　信号的频域性质

能量信号的总能量有限，并分布在连续频率轴上。因此，除在有限频率间隔点上有确定的非零振幅外，其他所有频率点上信号的幅度都是无穷小的（如果在所有频率点上都有

有限振幅，那么该能量信号的总能量为无限大）。

功率信号的功率有限，能量无限，在无限多的离散频率点上都有确定的非零振幅（这导致功率信号的总能量无限大）。

信号的频谱密度是信号能量或功率在频域上的分布特性。在分析通信系统的滤波时，需要用到能量谱密度和功率谱密度，这两个概念非常重要。

信号的能量用 E 表示，功率用 S 表示，当 $T \to \infty$ 时，如果 $E = \int_{-\infty}^{\infty} f^2(t)\mathrm{d}t$ 为有限值，那么此时 $S=0$，只能用能量表示信号，而不能用平均功率表示信号。能量信号的能量计算公式为

$$E = \int_{-\infty}^{\infty} f^2(t)\mathrm{d}t \qquad (2\text{-}11)$$

当 $T \to \infty$ 时，如果 $E = \int_{-\infty}^{\infty} f^2(t)\mathrm{d}t = \infty$，那么此时不能用能量表示信号，只能用平均功率表示信号，称 E 不存在而 S 存在的信号为功率信号。周期信号的平均功率可以在一个周期内求得，即

$$S = \frac{1}{T_0} \int_{-\frac{T_0}{2}}^{\frac{T_0}{2}} f^2(t)\mathrm{d}t \qquad (2\text{-}12)$$

式中，T_0 为周期。

只要在 $f(t)$ 周期内不出现无穷大的值，S 就一定存在。周期信号都是功率信号。

帕塞瓦尔定理：信号的总能量等于各个频率分量单独贡献的能量之和。

（1）设信号 $f(t)$ 的频谱密度函数为 $F(\omega)$，并且 $F[f(t)]=F(\omega)$，则

$$E = \int_{-\infty}^{\infty} f^2(t)\mathrm{d}t = \frac{1}{2\pi} \int_{-\infty}^{\infty} |F(\omega)|^2 \mathrm{d}\omega \qquad (2\text{-}13)$$

（2）设周期功率信号为 $f(t)$，且

$$f(t) = \sum_{n=-\infty}^{\infty} V_n \mathrm{e}^{jnw_0 t} \qquad (2\text{-}14)$$

则

$$S = \frac{1}{T_0} \int_{-\frac{T_0}{2}}^{\frac{T_0}{2}} f^2(t)\mathrm{d}t = \sum_{n=-\infty}^{\infty} |V_n|^2 \qquad (2\text{-}15)$$

帕塞瓦尔定理把 E（或 S）与 $F(\omega)$（或电压信号 V_n）联系了起来，对于确定信号的带宽非常有用。

人们把单位频率的能量称为能量谱密度，用 $G(\omega)$ 表示；把单位频率的功率称为功率谱密度，用 $P(\omega)$ 表示，即

$$E = \int_{-\infty}^{\infty} G(\omega)\mathrm{d}f = \frac{1}{2\pi} \int_{-\infty}^{\infty} G(\omega)\mathrm{d}\omega \qquad (2\text{-}16)$$

$$P = \int_{-\infty}^{\infty} P(\omega)\mathrm{d}f = \frac{1}{2\pi} \int_{-\infty}^{\infty} P(\omega)\mathrm{d}\omega \qquad (2\text{-}17)$$

能量谱密度反映了信号能量在频率轴上的分布情况。

把 $E = \frac{1}{2\pi} \int_{-\infty}^{\infty} G(\omega)\mathrm{d}\omega$ 与 $E = \frac{1}{2\pi} \int_{-\infty}^{\infty} |F(\omega)|^2 \mathrm{d}\omega$ 进行对比，得

$$G(\omega)=|F(\omega)|^2 \qquad (2\text{-}18)$$

由于 $|F(\omega)|^2=|F(-\omega)|^2$，因此 $G(\omega)$ 是实偶函数，能量计算公式可简化为

$$E = \frac{1}{2\pi} \int_{-\infty}^{\infty} G(\omega)\mathrm{d}\omega = \frac{1}{\pi} \int_{0}^{\infty} G(\omega)\mathrm{d}\omega \qquad (2\text{-}19)$$

综上所述，可得如下结论。

（1）能量谱密度表示信号的能量随频率变化的情况，功率谱密度表示功率随频率变化的情况。

（2）功率谱密度 $P(\omega)$ 和能量谱密度 $G(\omega)$ 都只与信号的幅度谱有关，而与相位谱无关。也就是说，从功率谱中只能获得信号的幅度信息，而得不到相位信息。

资讯 3 信号的时域性质

相关是现代通信中广泛应用的概念之一，也是在时域中描述信号特征（波形）的一种重要方法。通信中通常用相关函数衡量信号波形之间的相似程度或关联程度。波形的相关分为互相关和自相关，波形间相关的程度用相关函数来表示。

1. 互相关函数

互相关函数表征两个不同信号波形在不同时刻间的相互关联程度。设 $f_1(t)$ 和 $f_2(t)$ 为两个能量信号，则它们之间互相关的程度用互相关函数 $R_{12}(t)$ 表示，定义为

$$R_{12}(t) = \int_{-\infty}^{\infty} f_1(\tau) f_2(t+\tau)\mathrm{d}\tau \qquad (2\text{-}20)$$

式中，t 为独立变量，表示时移；τ 为虚设变量。

若 $f_1(t)$ 和 $f_2(t)$ 为两个非周期功率信号，则它们之间的互相关函数为

$$R_{12}(t) = \lim_{T \to \infty} \frac{1}{T} \int_{-T/2}^{T/2} f_1(\tau) f_2(t+\tau)\mathrm{d}\tau \qquad (2\text{-}21)$$

若 $f_1(t)$ 和 $f_2(t)$ 为两个周期信号，周期为 T，则它们之间的互相关函数为

$$R_{12}(t) = \frac{1}{T} \int_{-T/2}^{T/2} f_1(\tau) f_2(t+\tau)\mathrm{d}\tau \qquad (2\text{-}22)$$

2. 自相关函数

自相关函数表征信号与时移后该信号的关联程度。若 $f_1(t)=f_2(t)=f(t)$，则此时它们之间的互相关函数就变成自相关函数，记为 $R(t)$。对于能量信号，有

$$R(t) = \int_{-\infty}^{\infty} f(\tau) f(t+\tau)\mathrm{d}\tau \qquad (2\text{-}23)$$

对于功率信号，有

$$R(t) = \lim_{T \to \infty} \frac{1}{T} \int_{-T/2}^{T/2} f(\tau) f(t+\tau)\mathrm{d}\tau \qquad (2\text{-}24)$$

互相关函数具有如下重要特性。

（1）$R_{12}(t)$ 越小，两个信号的相关程度就越小；若对于所有的 t，$R_{12}(t)=0$，则两个信号互不相关。

（2）当 $t=0$ 时，$R_{12}(0)$ 表示两个信号无时差时的相关性；$R_{12}(0)$ 越大，说明两个信号越相似。

自相关函数具有如下重要特性。

（1）自相关函数是一个偶函数，即 $R(t)=R(-t)$。

（2）自相关函数在 $t=0$ 时取得最大值，即两个信号的波形在 $t=0$ 时重叠，此时两个信号的相关性最好；当 t 增加时，信号与时移后的本身信号的相关程度减弱。

（3）$R(0)$ 表示能量信号的能量，即

$$R(0) = E = \int_{-\infty}^{\infty} f^2(\tau)\mathrm{d}\tau \qquad (2\text{-}25)$$

资讯 4　信号的时域测量和频域测量

信号分析本质上是对信号的频率、带宽和电压（或电流）的数学分析。电信号是电压或电流随时间的变化，可以用一系列正弦波或余弦波来表示。数学上，单频的电压（或电流）可表示为

$$V(t)=A_{\mathrm{m}}\sin(2\pi ft+\theta)=A_{\mathrm{m}}\cos(\omega t+\theta) \qquad (2\text{-}26)$$

信号是用正弦表示还是用余弦表示取决于所选定的参考。式（2-26）表示的正弦信号或余弦信号都是周期信号，周期信号可以在时域或频域中进行分析。在分析信号时，信号需要在时域和频域间来回变换。

通过频谱分析信号的幅度与相位及频率之间的关系称为频域分析；而分析信号的幅度与时间的关系称为时域分析。

1．时域

实验室里的示波器是一种标准的用来观察信号波形的时域仪器。示波器显示的是信号形状，以及信号瞬时幅度与时间的关系，但不一定表明信号的频率。在使用示波器时，显示屏显示的垂直偏移正比于输入信号的幅度，而水平偏移是时间的函数。图 2-5 所示为用示波器观察到的两个不同频率的信号波形。

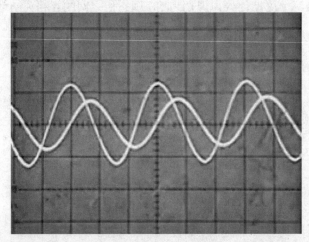

图 2-5　用示波器观察到的两个不同频率的信号波形

用李沙育图形法进行信号的时域测量。

当示波管内的电子束受 x 偏转板上正弦电压的作用时，显示屏上的亮点进行水平方向的谐振动；当受 y 偏转板上正弦电压的作用时，亮点进行垂直方向的谐振动；当对 x 轴、y 轴同时加上正弦电压时，亮点的运动是两个相互垂直运动的合成。当 x 轴方向振动频率 f_x 与

y 轴方向振动频率 f_y 相同时，亮点的运动轨迹一般是一个椭圆。在一般情况下，如果频率比值 $f_y:f_x$ 为整数比，那么亮点的运动轨迹是一个封闭的图形，称为李沙育图形。

（1）测量频率。将已知频率信号（标准信号）加至示波器 x 轴输入端，将被测频率信号加至 y 轴输入端，调节 x 轴增益和 y 轴增益，显示屏上将会出现大小适中的李沙育图形。李沙育图形法接线简图如图 2-6 所示。

图 2-7 所示为不同频率比的李沙育图形。不同频率比的李沙育图形还有很多，在采用李沙育图形法测量频率时，可多找一些参考资料，以便进行分析。

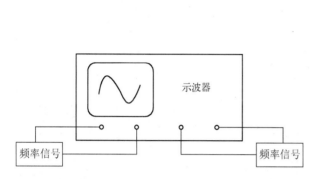

图 2-6　李沙育图形法接线简图　　　　图 2-7　不同频率比的李沙育图形

（2）测量相位差。当输入示波器的 x 轴和 y 轴信号的频率相同而相位不同时，便出现不同的李沙育图形，如图 2-8 所示。

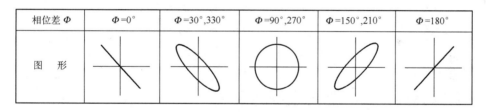

图 2-8　用李沙育图形法测量相位差

2．频域

频谱分析仪是一种用来观察信号频域特征的仪器。频谱分析仪不能显示信号随时间变化的波形，但能显示信号幅度随频率变化的曲线（称为频谱）。频谱分析仪由很多滤波器构成，若只让某一特定频率的信号通过频谱分析仪，则通过观察滤波器的输出就可以知道信号中包含该频率的大小。因此，只要排列各个频率的滤波器输出，就可以知道信号全部的频谱，如图 2-9 所示。

在使用频谱分析仪时，横轴表示信号的频率，纵轴表示信号的幅度。当输入频谱分析仪的是一个正弦信号时，输入信号中的每个频率均在显示屏上显示为一条竖线（称为频谱分量），而每条竖线的垂直偏移（高度）正比于其所代表频率的幅度。图 2-10 为周期矩形脉冲信号的频谱。

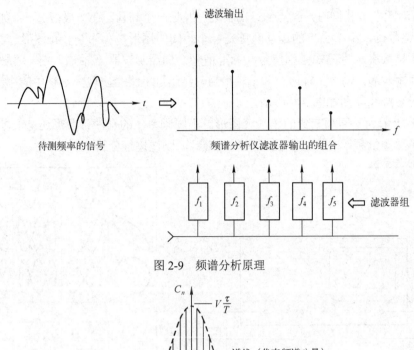

图 2-9　频谱分析原理

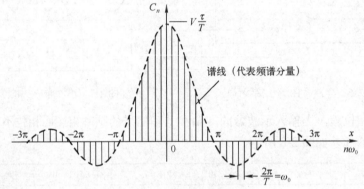

图 2-10　周期矩形脉冲信号的频谱

2.3　高速公路——通信系统中的带宽

带宽是通信系统中出现频率很高的术语，因为从理论上讲，除极个别信号外，其他信号的频谱都是分布得无穷宽的。一般信号虽然频谱很宽，但绝大部分实用信号的主要能量（功率）都是集中在某一个不太宽的频率范围内的，因此，通常根据信号能量（功率）集中的情况，恰当地定义信号的带宽。在通信系统中，带宽常常代表不同的含义。通信系统中经常用到的带宽如下。

（1）信号带宽：由信号的能量谱密度 $G(\omega)$ 或功率谱密度 $P(\omega)$ 在频域的分布规律决定。

（2）信道带宽：由传输电路的传输特性决定。

（3）系统带宽：由电路系统的传输特性决定。

上述 3 种带宽均用符号 B 表示，单位为 Hz，计算方法也类似，但因为三者表示的概念不同，所以使用中需要根据具体情况说明是哪种带宽。

一般来说，通常根据信号能量（功率）集中的情况定义带宽。常用的带宽定义方法主要有以下几种。

1. 百分比带宽

百分比带宽是用集中一定百分比的能量（或功率）来定义的，这个百分比可取 90%、95%或 99%等，可由下式求出带宽 B：

$$\gamma = \frac{2\int_0^B |x(f)|^2 \, \mathrm{d}f}{E} \tag{2-27}$$

式中，γ 为百分比带宽；B 为带宽；$x(\cdot)$ 为信号的频域表达式；f 为信号的频率。

2. 3dB 带宽

对于频率轴上具有明显单峰形状（或主峰）能量谱（或功率谱）密度且峰值位于 $f=0$ 处的信号，可用正频率轴上能量谱（或功率谱）的 1/2（相当于 3dB）来定义带宽，因而将这种带宽称为 3dB 带宽。3dB 带宽是以能量谱（或功率谱）密度从峰值下降 3dB 时所对应的频率间隔为带宽的，如图 2-11 所示。图 2-11 中的纵轴表示能量（或功率），横轴表示频率。

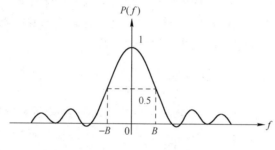

图 2-11　3dB 带宽

3. 等效带宽

假设存在矩形频谱，若该矩形频谱具有的能量（或功率）与信号的能量（或功率）相等，则信号频谱处幅度值的 1/2 所对应的频率值就称为等效带宽，如图 2-12 所示。

4. 脉冲带宽

在进行脉冲数字信号的传输时，还经常用到脉冲带宽（脉冲主瓣带宽）。典型矩形脉冲功率谱的分布类似花瓣，功率谱中第一个过零点的花瓣最大，称为主瓣，其余花瓣称为旁瓣。因为主瓣内集中了信号的绝大部分功率，所以主瓣的宽度可以作为信号的近似带宽，通常又称为谱零点带宽，如图 2-13 所示。

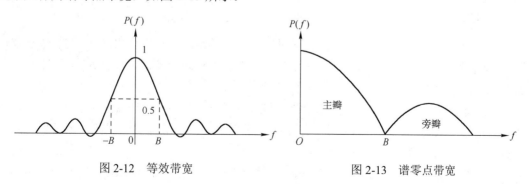

图 2-12　等效带宽　　　　　　　图 2-13　谱零点带宽

在模拟通信中，一般要求信道带宽大于系统带宽，系统带宽大于信号带宽，否则会产生信号失真。在数字通信中，由于允许一定的失真存在，所以上述要求可适当放宽。例如，在数字通信系统中，信号带宽可以小于系统带宽和信道带宽，即脉冲带宽可以小于码率。

2.4 选我中意的——滤波器

滤波是目前使用最为广泛的一种复杂信号处理方法。滤波用于在没有失真的情况下让信号中特定的频率成分通过系统并阻隔其他频率成分。实现滤波运算的电路或系统称为滤波器。滤波器是去除信号噪声的基本设备，在实际的通信系统中起到重要的作用。

1. 理想低通滤波器

为了实现无失真传输，理论上要求传输系统有无限大的传输带宽，而信号的带宽都是有限的。因此，这里首先讨论的是理想低通滤波器。理想低通滤波器是最大输出信噪比意义下的最佳线性滤波器。理想低通滤波器的传输函数为

$$H(\omega) = \begin{cases} 1 & (|\omega| \leqslant \omega_L) \\ 0 & (|\omega| > \omega_L) \end{cases} \tag{2-28}$$

式中，ω_L 为截止频率。理想低通滤波器的传输特性如图 2-14 所示。

理论分析表明，一个冲激信号 $\delta(t)$ 在 $t=0$ 时经过一个理想低通滤波器就可以得到理想的响应波形（见图 2-15），其数学表达式为

$$h(t) = \frac{1}{2\pi} \int_{-\omega_L}^{\omega_L} e^{j\omega t} d\omega = \frac{\omega_L}{\pi} \frac{\sin(\omega_L t)}{\omega_L t} \tag{2-29}$$

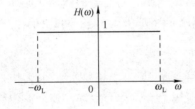

图 2-14 理想低通滤波器的传输特性

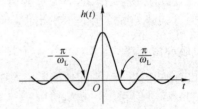

图 2-15 理想的响应波形

2. 实用滤波器

滤波器的种类很多，分类方法也不同，可以从功能上分，也可以从实现方法上分，还可以从设计方法上分等。通常滤波器可分为两大类，即模拟滤波器（AF）和数字滤波器（DF）。

模拟滤波器由电阻、电容、电感及有源元器件等构成，可以实现对信号的滤波。模拟滤波器根据所采用的材料不同又可分为 LC 滤波器、声表面波滤波器、晶体滤波器、陶瓷滤波器和螺旋谐振器等。

模拟滤波器属于经典滤波器。经典滤波器假设输入信号中的有用成分和希望去除的成

分各自占有不同的频带。滤波器滤波原理如图 2-16 所示，其中 ω_L 为滤波器的截止频率。滤波的目的是使输出信号中不再含有 $|\omega| > \omega_L$ 的频率成分，而使 $|\omega| < \omega_L$ 的频率成分"不失真"地通过。也就是说，当信号通过一个滤波器后，可将希望去除的成分有效地去除。因此，设计出不同形状的 $H(\omega)$ 就可以得到不同的滤波结果。如果信号和噪声的频谱重叠，那么经典滤波器将无法有效地滤波。

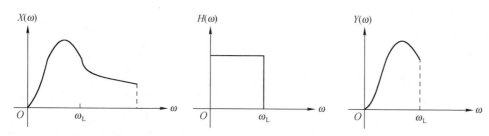

图 2-16　滤波器滤波原理

滤波器从功能上可分为 4 种，即低通（LP）滤波器、高通（HP）滤波器、带通（BP）滤波器和带阻（BS）滤波器。允许通过滤波器频率的范围称为通带，而滤波器阻隔频率的范围称为阻带。图 2-17 所示为 4 种类型模拟滤波器的理想幅频特性曲线。理想幅频特性实际是不可能实现的。实际中的滤波器都是在某些准则下对理想滤波器的近似，这保证了实际滤波器是物理可实现的，并且是稳定的。

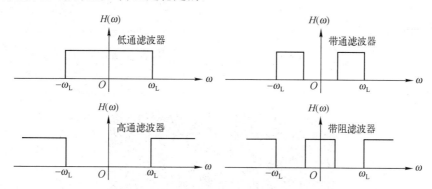

图 2-17　4 种类型模拟滤波器的理想幅频特性曲线

在测试系统或专用仪器仪表中，模拟滤波器是一种常用的变换装置。例如，带通滤波器用作频谱分析仪中的选频装置，低通滤波器用作数字信号分析系统中的抗频混滤波器，高通滤波器用作声发射检测仪中低频干扰噪声剔除装置，带阻滤波器用作电涡流测振仪中的陷波器。

现代滤波器又称为数字滤波器，能从含有噪声的数据记录（或时间序列）中估计出信号的某些特征或信号本身。估计出的信号的信噪比将比原始信号的信噪比大。数字滤波器把信号和噪声都视为随机信号，利用随机信号的统计特征（如自相关函数、功率谱等）导出一套最佳的估计算法，并用硬件或软件实现。

数字滤波器是通过对输入信号进行数值运算的方法来实现滤波的。数字滤波器要求系统的输入信号和输出信号均为数字信号。数字信号由数字信号处理器进行处理（如自适应滤波、FIR 滤波、FFT、希尔伯特变换等）。当在数字滤波器的输入端和输出端分别加上 A/D 转换器与 D/A 转换器后，数字滤波器同样可以完成对模拟信号的滤波。

与模拟滤波器相比，数字滤波器具有如下优点。

（1）数字滤波器具有更好的稳定性和可靠性。由于采用了数字元器件，数字滤波器可以克服模拟滤波器常见的温度漂移、电压漂移及噪声干扰等问题，因此性能更加可靠。

（2）数字滤波器具有更好的精确性。数字滤波器不会因为元器件本身的误差（如阻容元器件的实际值与标称值的误差）造成性能上的差异，反而可以更加精确地控制滤波器的幅度和相位特性。

（3）数字滤波器具有更好的灵活性。通过改变数字滤波器的系数可以改变其频率选择特性，甚至改变滤波器类型，尤其在采用可编程数字信号处理元器件实现数字滤波器时，可以十分灵活地对数字滤波器进行设计。

数字滤波器在通信系统中得到了广泛应用，如梳状滤波器、升余弦滤波器及各种带通滤波器等。

实践体验：常用信号分析测试仪器仪表的使用

在工程实践中，经常需要对信号进行各种分析测试，常用的仪器仪表有示波器和频谱分析仪。

示波器的使用

示波器是反映信号变化过程的仪器，能把信号波形的变化直观地显示出来。20MHz 双踪示波器如图 2-18 所示。

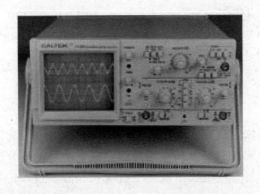

图 2-18 20MHz 双踪示波器

1. 主要旋钮功能

示波器的控制操作旋钮一般都分布在前面板上。这里主要介绍各开关旋钮的作用。

（1）主机部分。

电源（POWER）开关：示波器的主电源开关。当按下此开关时，开关上方的指示灯亮，表示主电源已接通。

辉度（INTEN）：用于控制光点和扫描线的亮度。

聚焦（FOCUS）：用于调节扫描线的清晰度。20MHz 双踪示波器具有线性聚焦功能，一旦聚焦到最佳状态，就能自动维持聚焦状态，而与辉度变化无关。

辅助聚焦：聚焦的辅助调节器，用于使波形更清晰。

（2）垂直偏转部分。

CH1（X）：Y_1 的垂直输入端。在 X-Y 工作时为 X 轴输入端。

CH2（Y）：Y_2 的垂直输入端。在 X-Y 工作时为 Y 轴输入端。

AC-⊥-DC：输入信号与垂直放大器连接方式的选择开关。置"AC"位置时为交流耦合；置"⊥"位置时输入信号与放大器断开，同时放大器输入端接地；置"DC"位置时为直流耦合。

V/DIV：垂直幅度衰减开关，可改变输入偏转灵敏度。

Y 微调：垂直偏转因数微调旋钮，能微调波形的垂直幅度，可调至面板指示值的 2.5 倍以上。当置"校准"位置时，垂直偏转因数校准为面板指示值。

↑↓位移：用于调节扫描线或光迹的垂直位置。

显示方式开关：用于选择垂直系统的工作方式。"Y_1"指 Y_1 通道单独工作；"交替"指 Y_1 通道和 Y_2 通道交替工作，适用于较高扫速；"断续"指以 250kHz 的频率轮流显示 Y_1 通道和 Y_2 通道的波形，适用于低扫速；"相加"用来测量 Y_1 通道和 Y_2 通道信号的幅值之和），若 Y_2 位移旋钮拉出，则显示两通道信号之差；"Y_2"指 Y_2 通道单独工作。

内触发开关：用于选择内部的触发信源。当"触发源"开关置"内"位置时，由此开关选择馈送到触发电路的信号。

触发极性开关：用于选择触发信号的极性。开关上标识的"+"指在信号正斜率上触发，"–"指在信号负斜率上触发。

电平旋钮：用于调节触发电平。当旋钮转向"+"时，显示波形的触发电平上升；当旋钮转向"–"时，显示波形的触发电平下降。

（3）水平部分。

TIME/DIV：扫描时间选择开关，用于选择扫描时间因数，根据被测信号的频率选择不同的扫描速度，从而改变显示波形的宽度；共 20 挡，选择范围为 0.2μs/DIV～0.5s/DIV。

←→位移：用于调节光点的水平位置。

X"拉出×10"：将扫速及水平偏转灵敏度提高为原来的 10 倍，将波形水平方向扩展为原来的 10 倍。

扫描方式开关：按下时示波器处于"常态"，此时若无触发信号加入，则扫描处于准备状态，没有扫描线。该开关为"推—推"开关，主要用于观察低于 50Hz 的信号。当该开关弹开时，示波器处于"自动"状态，自动选择需要的扫描方式。当无触发信号加入或触发信号的频率低于 50Hz 时，扫描为自激方式。

X 增益校正：用于控制输入信号水平轴向的幅度。

（4）其他。

校准信号：可输出频率为 1kHz、校准电压为 0.5V 的正方形波，输出阻抗为 500Ω。

⊥端子：示波器外壳接地端子。

示波器探头：把被测电路的信号耦合到示波器内部前置放大器的连接元器件。根据测量电压范围和测试内容的不同，有 1∶1、10∶1 和 100∶1 等规格的探头。一般测量用 1∶1 或 10∶1 探头即可；在测量手机电致发光板波形时，因为该处电压峰值高达 100V，所以要选用 10∶1 探头。

2. 使用方法

（1）使用前的准备。

① 将"AC-⊥-DC"开关置"AC"位置。

② "辉度"旋钮适当。打开电源开关，开关上方的指示灯亮。调节聚焦旋钮，使扫描线最清晰。

③ 调节"←→位移"旋钮和"↑↓位移"旋钮，使显示屏上显示一条水平扫描线；调节"↑↓位移"旋钮，使扫描线处于垂直中心的水平刻度。

④ 示波器预热几分钟就可使用了。

（2）读取被测信号的幅度值。

① 将垂直偏转部分的"显示方式"开关置于选用的通道，将信号输入 CH1 或 CH2 端。

② 调节垂直幅度衰减开关，使被测信号的波形在垂直方向上占 5 格左右，将垂直偏转因数微调旋钮顺时针旋到底（校正位置）。

③ 调节水平扫描速率，使显示屏上至少显示 1 个信号波形。

④ 读出垂直方向顶部和底部之间的格数。

⑤ 按下式计算被测信号的峰峰电压（V_{P-P}）：

$$\text{幅度值} = \text{垂直幅度衰减开关的挡位} \times \text{被测信号所占格数}$$

例如，在将垂直幅度衰减开关置于"0.5V/DIV"、"扫描时间选"择开关（扫描速度）置于"0.5ms/DIV"、示波器探头置于"1∶1"时，测得某一振荡信号的波形，如图 2-19 所示，可以看出，该波形在垂直方向上占 4 格（DIV）。根据以上公式，可知该信号的幅度值为

$$0.5V/DIV \times 4 \text{ 格} = 2V$$

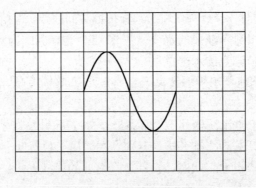

图 2-19　某一振荡信号的波形

若示波器探头置于"10∶1"处，则被测信号的幅度值应乘以 10，即 2V×10=20V。

（3）读取被测信号的周期和频率。

示波器显示屏上显示波形的周期和频率，用波形在水平方向上所占的格数来表示。被

测信号的一个完整波形所占的格数与扫描时间选择开关所置挡位的乘积就是该波形的周期 T。周期的倒数就是频率 f。

据此，测量被测信号周期和频率的操作步骤如下。

① 将垂直偏转部分的"显示方式"开关置于选用的通道，将信号输入 CH1 或 CH2 端。

② 调节垂直幅度衰减开关，使被测信号的波形在垂直方向上占 5 格左右，将垂直偏转因数微调旋钮顺时针旋转到底（校正位置）。

③ 调节水平扫描速率，使显示屏上显示 1～2 个信号波形。

④ 测量出 1 个被测信号在水平方向上所占的格数，按下列公式进行计算：

周期（T）=扫描时间选择开关的挡位×1 个被测信号在水平方向上所占的格数

$$频率（f）=1/T$$

例如，从图 2-19 中可以看出，由于 1 个被测信号在水平方向上占 4 格，所以被测信号的周期为 0.5ms×4=2ms；频率为 1/2ms=500Hz。

（4）直流电压的测量。

① 置"AC-⊥-DC"开关于"DC"位置，使显示屏上显示一条扫描线。

② 扫描时间选择开关可置于任意挡，调节"↑↓位移"旋钮，使扫描线与水平中心刻度线重合，定义此线为参考电平。

③ 将被测信号直接从 Y 轴输入，若扫描线原在中间位置，则正电压输入后扫描线上移，负电压输入后扫描线下移。

④ 用扫描线偏移的格数乘以垂直幅度衰减开关的挡位即可计算出输入信号的直流电压值。

例如，图 2-19 所示的波形是将"AC-⊥-DC"开关于"AC"位置时测得的，若在将"AC-⊥-DC"开关置于"DC"位置后，被测信号波形向上平移了 3 格，则根据上述内容可知被测点的直流电压为

$$3 格×0.5V/DIV=1.5V$$

若使用的是 10∶1 探头，则被测点的直流电压为

$$3 格×0.5V/DIV×10=15V$$

3. 示波器的一些使用技巧

（1）在测试之前，应先估算被测信号的幅度大小。如果不明确，那么应将示波器的垂直幅度衰减开关置于最大挡，避免电压过大而损坏示波器。

（2）示波器在工作时，周围不要放置大功率变压器，否则测出的波形可能会有重影和噪波干扰。

（3）示波器可作为高内阻的电压表使用。我们都知道，电压表的输入阻抗越大越好，电流表的输入阻抗越小越好。阻抗大的电压表会更准确，在测量时不会对电路的工作状态造成影响。由于示波器的输入阻抗比万用表的输入阻抗大得多，因此用示波器来测量射频电路的直流电压非常合适。

（4）通过示波器显示屏可以看出被测信号在一段时间内电压变化的情况。示波器特别

适用于测量脉冲直流电压，既能看出其平均值，又能看出其峰值。

（5）通过示波器显示屏可以清楚地看出直流电压的纹波系数，便于判断电源电路的工作情况。在使用示波器时，"AC-⊥-DC"开关要置于"DC"位置，并选择合适的量程，一般选择5V、1V。

（6）示波器可以准确地测量射频接收机的一本振、二本振、发射本振的锁相电平波形。

（7）通过示波器显示屏既能看出被测信号波形的异常，又能看出其幅度及频率。因此，用示波器检测射频电路非常方便。

（8）示波器还可用来检测混频电路的直流通道。一般用示波器检查输入端的电平和输出端的电平就可以判断混频电路的直流工作点是否正常。

频谱分析仪的使用

频谱分析仪是专门用来测量信号的频谱结构的。数字通信系统中的信号是离散的，因而其频率用频率计不易测量，用示波器测量误差太大。而使用频谱分析仪则可直接在显示屏上显示各种被测信号的频谱图。

1．面板介绍

下面以AT5010频谱分析仪为例进行介绍。AT5010频谱分析仪的前面板如图2-20所示。

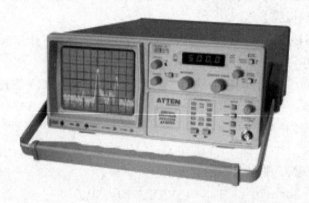

图2-20　AT5010频谱分析仪的前面板

（1）聚焦旋钮（FOCUS）：用于光点清晰度的调节。

（2）亮度调节旋钮（INTENS）：用于光点亮度的调节。

（3）电源开关（POWER）：按下后，频谱分析仪开始工作。

（4）轨迹旋钮（VT）：通过其中安装的一个电位器来调整光点轨迹，使水平扫描线与水平刻度线基本对齐。

（5）标记按钮（ON OFF）：当将该按钮置于"OFF"（断）位置时，中心频率（CF）指示器发亮，此时显示器（位于前面板右侧上部）显示的是中心频率；当将此按钮置于"ON"（通）位置时，标记（MK）指示器发亮，此时显示器显示的是标记的频率，该标记在显示屏（位于前面板左侧）上是一个尖峰。

（6）标记旋钮（MARKER）：用于调节标记频率。

（7）LED 指示灯：闪亮时表示幅度值不正确。LED 指示灯闪亮是由扫频宽度和中频滤波器设置不当造成幅度降低导致的。这种情况可能出现在扫频范围过大［相对于中频带宽（20kHz）或视频滤波器带宽（4kHz）］时，若要正确测量，则可以不用视频滤波器或减小扫频宽度。

（8）中心频率粗调/细调（CENT FERQ/FINE）旋钮：用于调节中心频率。中心频率是指显示在显示屏水平中心处的频率。

（9）中频带宽（400kHz、20kHz）选择开关：当选择 20kHz 带宽时，噪声电平降低，选择性提高，能分隔开频率更近的谱线，此时若扫频宽度过大，则需要更长的扫描时间，这样就会造成信号在过渡过程中幅度降低，使测量不正确。此时"校准失效 LED"发亮即表明这一点。

（10）视频滤波器（VIDEO FILTER）选择开关：可用来降低显示屏上的噪声。在正常情况下，通过调节该开关可使平均噪声电平刚好高出其信号（小信号）谱线，以方便观察。视频滤波器带宽是 4kHz。

（11）Y 移位调节（Y-POS）：用于调节射速在垂直方向上的移动。

（12）BNC 50Ω 输入端口（INPUT 50Ω）。在不用输入衰减时，不允许超出的最大输入电压为+25V（DC）和+10dBm（AC）。当加上 40dB 最大输入衰减时，最大输入电压为+20dBm。

（13）衰减器按钮。输入衰减器包括 4 个 10dB 衰减器，在信号进入第一混频器之前，通过调节衰减器按钮可降低信号幅度。该按钮按下时衰减器接入。

在连接任何信号到输入端之前，先选择设置为最高衰减量（4×10dB）和最高可用频宽（扫频宽度为 100MHz/格），若此时将中心频率调为 500MHz，则在最大可测范围和显示频率范围内可检测出任意谱线。当衰减减小时，若基线向上移动，则可指出在最大可显示频率范围（如 1200MHz）之外信号幅度有溢出。

（14）扫频宽度选择按键（SCANWIDTH）：用于调节水平轴的每格扫频宽度。用">"按键来增加每格频宽，用"<"按键来减少每格频宽。按 1-2-5 步级转换，从 100kHz/格到 100MHz/格。扫频宽度以"MHz/格"显示，代表水平线每格刻度。假如中心频率和扫频宽度设置正确，X 轴有 10 格的长度，则当扫频宽度小于 100MHz/格时，只有全频率范围的一部分频率可被显示。当扫频宽度为 100MHz/格、中心频率为 500MHz 时，显示频率以 100MHz/格扩展到右边，最右边是 1000MHz（500MHz+5×100MHz）。同样，若谱线中心向左边，则频率降低，在此情况下，左边的刻度线代表 0Hz，这时可以看到一条特别的谱线，即"0 频率"。当中心频率比扫频宽度低时有此现象。

每台频谱分析仪"0 频率"的幅度都是不一样的。"0 频率"不能作为参考电平。显示在"0 频率"点左边的谱线被称为镜频。在"0 扫频"模式下，频谱分析仪就像一台可选择（中频）带宽的接收机，此时的频率是通过"中心频率粗调/细调"旋钮来选择的。通过中频滤波器的频谱线会显示一个电平。

所选的"MHz/格"由设置在扫频宽度选择按键上方的 LED 显示。

（15）水平位置旋钮（X-POS）：用于调整水平位置。

（16）水平幅度调整旋钮（X-AMPL）：用于调整水平幅度。

水平位置及水平幅度调节仅在频谱分析仪校准时才会用到，在正常使用情况下一般无须调节。当需要对它们进行调节时，需要用一台很精确的射频振荡器来配合。

（17）耳机插孔（PHONE）：阻抗大于 16Ω 的耳机或扬声器可以连接该插孔。当频谱分析仪将某一个谱线调谐好时，可能有的音频会被解调出来。

（18）音量调节旋钮（VOL）：调节耳机输出的音量。

（19）频率显示屏：显示频标所在位置的频率值。

2．使用方法

在用频谱分析仪检查射频电路的故障时，可与射频信源配合使用。

在用频谱分析仪检查天线电路的接收情况时，应将射频信源的输出频率设置在下行频率某个信道的频率点上，幅度为-65dBm，并将频谱分析仪的中心频率设置在与该频率点对应的频率点上。

在用频谱分析仪检查天线电路的发射情况时，应将射频信源的输出频率设置在上行频率某个信道的频率点上，幅度为-65dBm，并将频谱分析仪的中心频率设置在与该频率点对应的频率点上。

在正常情况下，频谱分析仪检测到的信号幅度比信源输出的信号幅度小 3dBm 左右。若频谱分析仪检测到的信号幅度比信源输出的信号幅度小很多，则说明被测部件性能不良或损坏。

在用频谱分析仪检测射频部分的发射电路时，应对发射上变频器的两个方面进行检测：一个是发射上变频器输入的发射已调中频信号；另一个是发射上变频器输出的最终发射信号。

发射上变频器多被集成在射频模块中，只要找到射频模块中发射上变频器的输入端口和输出端口并将频谱分析仪的探头放在相应的端口即可。

对于功率放大电路，可用频谱分析仪对每级放大器的输入端信号和输出端信号的幅度进行检测比较，以判断该放大电路工作是否正常。

3．两点说明

（1）AT5010 频谱分析仪的测量幅度为-100～+13dBm，即当信号强度达到最高水平刻度线时，此信号的幅度为-27dBm，每降低一格强度减 10dBm。当频谱分析仪上的 40dB 衰减器全按下时，最高水平刻度线幅度为+13dBm。

（2）有些信号测试点可以直接用高频电缆连接频谱分析仪进行测量。但有些信号测试点存在阻抗匹配的问题，不能直接对其进行测量，这时可选用 AZ530-H 高阻抗探头，探头输入电容为 2pF，阻抗极高，可以直接定量测量任何射频信号，并且不会对被测电路有任何影响。AZ530-H 高阻抗探头本身有 20dB（典型值）的衰减，因此在用它进行定量测量时，要在其直接读数上加 20dB。

练习与思考

1. 信息、消息、信号三者之间有何不同？
2. 信号是如何根据其与自变量的特性分类的？
3. 写出 $f(t)$ 的傅里叶级数表达式，并说明式中各项的含义。
4. 解释频谱密度、能量谱密度和功率谱密度，并说明三者之间的关系。
5. 互相关函数有哪些重要特性？
6. 通信系统中经常用到的带宽有哪些？这些带宽各有什么意义？
7. 滤波器在通信系统中有什么作用？模拟滤波器和数字滤波器有何不同？

单元 3   语音编码

 学习引导

人们常用的信息（如语音、电视图像等）都属于模拟信号。模拟信号经数字化处理后可以在数字通信系统中传输。在模拟通信系统中，只要加上数字终端设备就可以传输数字信号。

用于代表信息的电信号通常有两种：模拟信号和脉冲信号。模拟信号的特点是信号的幅度随时间连续地变化。例如，模拟录音机、模拟电视机、模拟录像机和密纹唱机等系统都是以模拟的方式对信号进行处理的。尽管这些模拟系统的技术水平已相当高，但它们还不能准确地再现原始声音所需的性能指标，如信噪比、失真度、动态范围和通道分离度等。

模拟信号也称连续信号，这个连续是指信号的某一参量（如连续波的振幅、频率、相位，脉冲波的振幅、宽度、位置等）可以连续变化（因为可以取无限多个值）。

无论是语音信号还是图像信号，在经过数字化处理以后，都必须进行编码处理，只有这样才能实现高效传输。例如，在 GSM 手机的逻辑/音频电路中，内置话筒或免提话筒输入的模拟音频信号在经过放大，并经过 PCM 编码器抽样、量化后，产生 64kbit/s 的 PCM信号；该 PCM 信号经过语音编码器后产生 13kbit/s 的纯净语音数据流；该数据流通过串行外围接口（SPI）总线传输至 CPU 内部进行信道编码，加上控制信号及检验码，形成 22.8kbit/s的数字发射基带信号；该基带信号被送至中频模块进行基带信号调制处理，经功率放大后由天线发射出去。GSM 手机的逻辑/音频电路原理框图如图 3-1 所示。

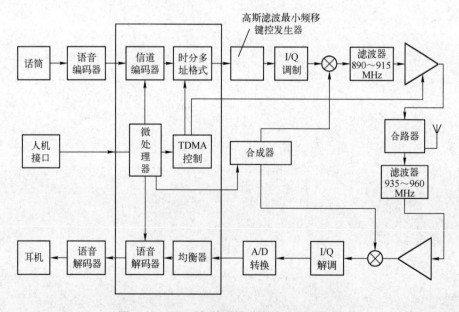

图 3-1   GSM 手机的逻辑/音频电路原理框图

信号的通信一如人们的长途旅行，行李要尽量精简，把那些非必需的东西都放下来。有"舍"才能有"得"，模拟信号经过数字化处理后，仍然存在很多的冗余成分，只有将这些冗余成分舍弃，才能使要传输的信号简短明快，提高传输效率。信源编码实质上是对信号进行"瘦身"处理。

在通信系统中，语音编码是相当重要的，因为它在很大程度上决定了接收的语音质量和系统容量。在移动通信系统中，带宽是十分宝贵的。低比特率语音编码提供了解决带宽利用问题的一种方法。在编码器能够传送高质量语音的前提下，如果比特率低，那么可通过低比特率语音编码在一定的带宽内传输更多的高质量语音。移动通信中处理的信息包括语音、数据和信令，而处理最多的信息是语音，因此，采用高质量、低比特率的语音编码技术可以提高数字通信网的系统容量。

第一代移动通信采用的是 FDMA 制式的模拟蜂窝系统。该系统的主要缺点是频带利用率低、系统容量小、业务种类有限，无法满足移动通信飞速发展的需求。第二代移动通信采用的是数字蜂窝系统，语音编码采用混合编码技术，编码方案根据所用激励源不同而不同。RPE-LTP（规则脉冲激励线性预测编码）是欧洲数字蜂窝移动通信 GSM 标准所采用的语音编码方案，采用的激励源是间隔相等、相位和幅度优化的规则脉冲，可以使混合波形接近原信号。RPE-LTP 结合长期预测，消除了信号冗余度，降低了编码速率，计算简单，计量适中，易于硬件化，其语音质量相当不错。

语音编码技术可分为波形编码、参数编码和混合编码三大类。波形编码将时域信号直接变换为数字代码，特点是重建的信号质量好。参数编码在信源信号频域或其他正交变换域抽取信源信号的特征参量，将其变换为数字代码后进行传输，在接收端先根据数字代码恢复特征参量，再由特征参量重建语音信号。这种方法的特点是其重建的信号质量较波形编码重建的信号质量差，但有效性高。混合编码是一种综合波形编码和参数编码的优点的编码方法。

3.1　瘦身体验——信源编码

一般的信源发出的都是模拟信号，必须先进行 A/D 转换，变成数字信号，这个过程称为模拟信号数字化。而数字化后的信号容量大大增加，因此必须进行压缩编码处理（称为信源编码），只有这样才能较好地实现信号在通信系统中的传输。在接收端把收到的数字代码（数字信号）还原为模拟信号，这个过程称为 D/A 转换，也称为解（译）码。因此，通信系统中必须有一个重要模块来专门负责信源编码。

模拟信号数字化的主要问题首先是数字信号的比特率（单位时间处理的比特数）高，占用频带宽，数字信号在很多情况下都需要进行压缩处理，否则很难进行处理和传输；其次是数字信号在记录、播放、存储或传输等处理过程中会产生丢失或错误，必须利用一些方法进行检错和纠错，从而消除信号丢失或错误的影响。

信源编码的目的是提高编码的有效性，减少信源冗余，更加有效、经济地传输信号。若信源为离散信息，那么信源编码的主要任务就是把信源的离散符号变成数字代码，并尽量减少信源冗余以提高通信的有效性。

资讯 1　压缩编码中的主要概念

信号（数据）之所以能进行压缩，是因为信号本身存在很多的冗余。根据统计分析结果，音频信号中存在多种冗余，主要部分可分别从时域和频域来考虑。另外，由于音频主要是给人听的，因此考虑人的听觉机理，也能对音频信号进行压缩。

1．时域冗余

音频信号在时域上的冗余主要体现在如下几方面。

（1）幅度分布的非均匀性。统计表明，在大多数类型的音频信号中，小幅度样值比大幅度样值出现的概率要高。例如，人讲话中的间歇、停顿等，会出现大量的低电平样值，而实际讲话功率电平也趋向于出现在编码范围的较低电平端。

（2）样值间的相关性。对音频波形的分析表明，抽样数据的最大相关性存在于邻近样值之间，当抽样频率为 8kHz 时，相邻样值间的相关系数大于 0.85，甚至在相距 10 个抽样值之间，抽样系数还可有 0.3 左右。如果抽样频率提高，那么抽样值间的相关性将更强。根据这种较强的一维相关性，利用 N 阶差分编码技术，可以进行有效的数据压缩。

（3）周期之间的相关性。由于光信号是非负的，音频信号可正可负，因此音频信号不会像视频信号那样直流分量占比较大。虽然音频信号分布于整个频带范围（20Hz～20kHz），但在特定的瞬间，某一声音往往只是该频带内少数频率成分在起作用。当声音中只存在少数几个频率时，该声音就会像某些振荡波形一样，在周期与周期之间存在一定的相关性。

（4）基音之间的相关性。人的声音通常分为两种基本类型：第一种称为浊音，由声带振动产生，每次振动均使一股空气从肺部流进声道，激励声道各股空气之间的间隔称为音调间隔或基音周期；第二种称为清音，一般又分为摩擦音和破裂音两种。声音从这些音源产生，传过声道后从口鼻送出。清音比浊音具有更大的随机性。浊音波形不仅显示出周期之间的冗余度，还显示出对应于音调间隔的长期重复波形。

（5）静止系数。两个人打电话，平均每人的讲话时间为通话总时间的一半，另一半时间在听对方讲。听的时候一般不讲话，即使在讲话的时候，也会出现字、词、句之间的停顿。分析表明，语音间隔使全双工话路的典型效率约为通话时间的 40%（或静止系数为 0.6）。显然，语音间隔本身就是一种冗余，若能正确检测出该间隔，则可"插空"传输更多的信息。

（6）长时自相关特性。上述样值、周期间的一些相关性都是在 20ms 间隔内进行统计的短时自相关性。如果在较长的时间间隔（如几十秒）内进行统计，那么便得到长时自相关特性。长时统计表明，当抽样频率为 8kHz 时，相邻抽样值间的平均相关系数高达 0.9。

2．频域冗余

音频信号在频域的冗余主要体现在如下几方面。

（1）长时功率谱密度的非均匀性。在相当长的时间间隔内进行平均统计时，可得到长时功率谱密度函数，其功率谱呈现出明显的非平坦性，这意味着没有充分利用给定的频段，或者说存在固有冗余。

（2）音频特有的短时功率谱密度。音频信号的短时功率谱在某些频率上出现峰值，而在另一些频率上出现谷值。这些峰值频率（能量较大的频率）通常称为振峰频率。音频中的振峰频率不止一个，但重要的是第一个和第二个，它们决定了音频信号的特征。更重要的是，整个音频功率的细节以基音频率为基础，形成了高次谐波结构。音频信号与视频信号类似，仅有的差异在于音频信号的直流分量较小。

3．听觉冗余

人是音频信号的最终用户，因此要充分利用人听觉的生理-心理特性对音频信号感知的影响，以免做"即使记录了，人耳也听不见"的无用功。人听觉的生理-心理特性如下。

（1）人的听觉具有掩蔽效应。当几个强弱不同的声音同时存在时，强声使弱声难以被人耳听见的现象称为同时掩蔽，它受掩蔽声音和被掩蔽声音之间相对频率关系的影响很大。声音在不同时间先后发生时，强声使其先后的弱声难以被人耳听见的现象称为异时掩蔽。

（2）人耳对不同频段声音的敏感程度不同，通常对低频端比对高频端更敏感。即使是对同样声压级的声音，人耳实际感觉到的音量也是随频率而变化的。

（3）人耳对音频信号的相位变化不敏感。人耳听不到或感知极不灵敏的声音分量都可视为是冗余的。在音频数据的存储或传输过程中，数据压缩是必不可少的。数据压缩通常造成音频质量的下降，以及计算量的增加。因此，人们在进行数据压缩时，要在音频质量、数据量、计算复杂度3方面进行综合考虑。目前，常用的音频压缩编码主要有如下几类。

① 基于音频数据的统计特性进行编码，典型技术是波形编码。波形编码的目标是使重建音频波形保持原波形的形状。PCM（脉冲编码调制）是最简单的编码方法，它直接赋予样值一个代码，没有进行压缩，因而所需的存储空间较大。为了减少存储空间，人们利用音频样值的幅度分布规律和相邻样值具有相关性的特点，提出了差值量化、自适应量化和自适应预测编码等算法，实现了数据的压缩。

② 基于音频的声学参数进行参数编码可进一步提升压缩率，其目标是使重建音频保持原始音频特性。常用的音频参数有共振峰、线性预测系数、滤波器组等。这种编码技术虽然具有数据码率低的优点，但重建音频信号的质量较差，自然度低。

将上述两种编码技术很好地结合起来，采用混合编码的方法，这样就能在较低的码率上得到较好的音频质量。混合编码方法有码激励线性预测编码、多脉冲线性预测编码等。

③ 基于人的听觉特性进行编码。从人的听觉系统出发，利用掩蔽效应，设计心理声学模型，从而实现更高效率数字音频的压缩。在这类编码方法中，MPEG 标准中的高频编码和 Dolby AC-3 影响较大。

资讯2 压缩编码的基本原理和方法

为了经济地使用信道，节省频率资源，应对音频信号或视频信号进行高效率的压缩编码。对音频信号或视频信号进行高效率的压缩编码的目的是在保证图像质量和音频质量的前提下，设法降低码率、压缩频带、节省存储空间和存储介质。

由于通信系统的传输带宽是有限的，因此，要想利用有限的信道传输多媒体信息，提高信道利用率，就必须对数据进行压缩编码。压缩的目的就是要满足存储容量和传输带宽的要求，适当的数据压缩编码可实现较低的时延和较高的压缩比，为数字视频的更广泛应用提供条件。可以说，数据压缩编码技术是使数字音频/视频走向实用化的关键技术之一。

1．压缩编码的基本原理

音频/视频数据之所以能被压缩，是因为在音频/视频数据中存在大量的冗余信息。

音频信号中存在的冗余可分别从时域和频域来考虑。另外，由于音频主要是给人听的，因此考虑了人的听觉机理。

2．压缩编码的方法

压缩编码技术是一种很重要的技术。数据压缩的理论基础是香农的信息论，它一方面给出了数据压缩的理论极限，另一方面给出了数据压缩的技术途径。

音频编码的分类方法很多，为方便起见，本书采用表 3-1 给出的分类方法。

表 3-1 音频编码的分类及标准

类 别	算 法	名 称	标 准	码 率	应 用
波形编码	PCM	脉冲编码调制			公用电话网 ISDN
	μ-law，A-law	μ 律，A 律	G.711	64kbit/s	
	APCM	自适应脉冲编码调制			
	DPCM	差分脉冲编码调制			
	ADPCM	自适应差分脉冲编码调制	G.721	32kbit/s	
	SB-ADPCM	子带自适应差分脉冲编码调制	G.722	64kbit/s	
参数编码	LPC	线性预测编码		2.4kbit/s	保密语音
混合编码	CELPC	码激励线性预测编码		4.6kbit/s	移动通信
	VSELP	向量和激励线性预测编码		8kbit/s	
	RPE-LTP	规则脉冲激励长时预测编码		13.2kbit/s	语音信箱
	LD-CELP	低时延码激励线性预测编码	G.728	16kbit/s	ISDN
	ACELP	自适应线性预测编码	G.723.1	5.3kbit/s	PSTN
	CS-ACELP	共轭结构代数激励线性预测编码	G.729	8kbit/s	移动通信
感知编码	MPEG-音频	子带编码，感知编码		128kbit/s	VCD/DVD
	DolbyAC-3	感知编码			DVD

3.2 我形我秀——波形编码

波形编码从信号波形的幅度入手进行编码，使信号满足在数字通信系统中传输的要求。波形编码适应性强、音频质量好、压缩比不大、码率较高。

资讯 1 脉冲编码调制

将时域上幅度连续变化的模拟信号变换为脉冲数据的过程称为数字化，此脉冲数据可以用按一定规律构成的数码表示。实现数字化的方法很多，包括根据信号波形幅度进行编码的脉冲编码调制（PCM）、根据信号波形幅度变化量进行编码的增量调制（Delta Modulation，DM）、差分脉冲编码调制（DPCM）和自适应差分脉冲编码调制（ADPCM）等。下面先介绍应用比较广泛、信号质量较好的 PCM 的基本理论和相关技术。

对连续变化的声音进行数字化处理就是利用抽样（Sampling）、量化（Quantization）、编码（Coding）3 个步骤形成二进制脉冲序列。用高、低两种电平表示脉冲序列，其中，高电平赋为 1，低电平赋为 0，将 1、0 称为比特（bit）值。如果采用 8 比特为一组表示某时刻的幅值，那么共有 256 种组合，表示 256 个幅度，此时可用一系列数码来代替连续变化的声音，称这个转换为模/数转换（Analogue to Digital Conversion，ADC），常用 A/D 转换简化表示。当需要转换回连续变化的幅值时，必须经过解码后方可恢复，这个转换为数/模转换（Digital to Analogue Conversion，DAC），常用 D/A 转换简化表示。

模拟信号的数字化如图 3-2 所示。

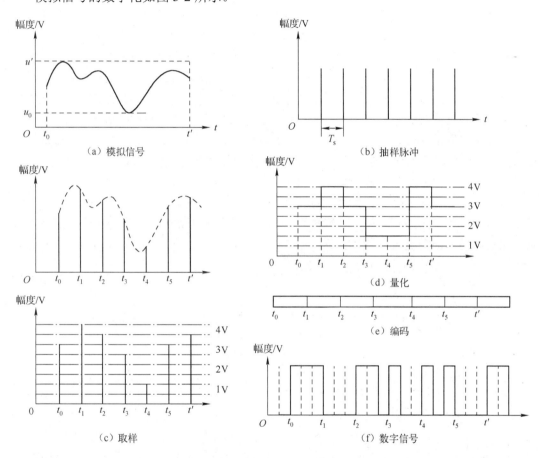

图 3-2 模拟信号的数字化

1. 抽样

在 A/D 转换过程中，通常使用二进制代码。这里所说的"代码"是表示数值的一组二进制或多进制的数字符号，如表示数值"5"的十进制代码是"5"，二进制代码是"101"。那么，这些抽象的代码如何表示一个信号呢？我们知道，模拟信号的基本特征是其具有连续性，如图 3-2（a）所示。因为模拟信号是连续的，所以在它出现的时域 $t_0 \sim t'$ 内，任何一个时刻 t 都对应一个信号幅值 $u(t)$（唯一值）。若用一个代码表示一个模拟信号的幅值，则因为在 $t_0 \sim t'$ 有限时段内存在无数个时刻而需要无数个代码才能将原始信号表示出来。另外，因为原始信号是连续的，所以其幅值是在 $u_0 \sim u'$ 内（用 A 表示动态范围，即 A 为 $u_0 \sim u'$）动态变化的任一实数值。而即使在 $u_0 \sim u'$ 这一有限区间内，也存在无数个不同的实数值。

若用一个 u 位代码表示一个模拟信号的幅值，则需要 $u \to \infty$ 位代码才能将这些实数值表示出来。显然，沿这一思路来用代码表示模拟信号在技术上是不可行的，因为任何技术都无法在有限的时间内处理无数个代码，并且每个代码都为无穷位。为解决这两个无穷问题，采取了抽样和量化两项措施。

抽样指的是把模拟信号转换成时间上离散的抽样信号，以图 3-2 为例，即在模拟信号出现的时域 $t_0 \sim t'$ 内，用间隔为 T_s 的 t_0、t_1、t_2、t_3、t_4、t_5、t' 这 7 个时刻对应的信号幅值近似地代表原始信号在 $t_0 \sim t'$ 内的无数个幅值。

具体实现方式如下：用原始信号对周期为 T_s（频率为 f_s，称为抽样频率）、脉宽 $\Delta \to 0$ 的脉冲序列［称为抽样脉冲，如图 3-2（b）所示］进行幅度调向。如图 3-2（c）所示，因为抽样脉宽无限窄，所以调幅后每一脉冲的幅值都会等同于其出现时刻对应的原始信号的幅值。把这些用于代表原始信号无数个幅值的有限个幅值称为抽样值，简称样值。

PCM 系统传输的是样值经过量化和编码的二进制数字信号。抽样的原理不但是脉冲调制系统极为重要的理论基础，而且是模拟信号数字传输极为重要的理论基础之一。

设模拟信号的频率范围为 (f_L, f_H)，信号的带宽为 B，若 $B \geqslant f_L$，则称该信号为低通信号；若 $B \leqslant f_L$，则称该信号为带通信号。下面基于这两种信号介绍抽样定理。

（1）低通信号的均匀抽样定理。

抽样又称为采样或取样。抽样的过程如图 3-3 所示。每隔一定时间观察一次音频在时间上连续变化的信号波形，获得具有时间上不连续的分散观察值（样值），用这些观察值替换原来连续信号波形的过程称为抽样。

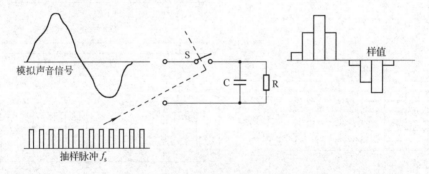

图 3-3　抽样的过程

控制开关 S 闭合/打开的信号为抽样脉冲信号，抽样脉冲持续时间内 S 闭合，被抽样声音信号通过 S 在负载电阻 R 两端产生输出电压；而抽样脉冲过后 S 打开，由于电容 C 的存在而使输出电压保持先前值，使原来的连续信号成为不连续的离散信号。从图 3-3 中可以看出，若抽样脉冲的周期 T 越小，则样值之间的间距越窄，越接近原来的连续信号。经常使用抽样脉冲周期的倒数（抽样频率 f_s）来表示抽样脉冲信号。若原始模拟信号的最高频率为 f_c，则当抽样频率 $f_s \geqslant 2f_c$ 时，从抽样的离散信号中可完全恢复原始模拟信号，这就是著名的抽样定理（又称为奈奎斯特定理）。

在对模拟信号的抽样过程中，抽样频率必须满足抽样定理，只有这样才能从抽样信号中恢复原始模拟信号。抽样定理要求抽样频率应大于抽样信号最高频率的 2 倍。

以上表述的抽样定理称为低通信号的均匀抽样定理，因为它用在均匀间隔 $T \leqslant 1/(2f_H)$

上给定信号的样值来表征信号。在信号最高频率分量的每个周期内都至少应抽样两次。

需要指出的是，以上讨论均限于频带有限的信号。严格来说，频带有限的信号并不存在，如果信号存在于时域上的有限区间，那么它包含无限多的频率分量。但实际上，对于所有信号，频谱密度函数在较高频率上都要减小，大部分能量由一定频率范围内的分量携带。因此，在实用意义上，信号可以认为是频带有限的，高频分量引入的误差可以忽略不计。

（2）带通信号的抽样定理。

上面讨论了低通连续信号的抽样。如果连续信号的频带不限于 0 到 f_H 之间，而是限于 f_L（信号的最低频率）到 f_H（信号的最高频率）之间（带通型连续信号）的，那么其抽样频率应为多少？是否仍要求不小于 $2f_H$ 呢？

先来分析这样一个带通信号 $m(t)$，其频谱 $M(\omega)$ 如图 3-4（a）所示。该带通信号的特点是其最高频率 f_H 为带宽 B 的整数倍（最低频率 f_L 自然也为带宽 B 的整数倍）。现用 $\delta_T(t)$ 对 $m(t)$ 进行抽样，而抽样频率 f_s 选为 $2B$，$\delta_T(t)$ 的频谱 $\delta_{\omega s}(\omega)$ 如图 3-4（b）所示。这样，已抽样信号的频谱 $M_s(\omega)$ 为 $M(\omega)$ 与 $\delta_{\omega s}(\omega)$ 的卷积，如图 3-4（c）所示。在这种情况下，恰好使 $M_s(\omega)$ 中的边带频谱互相不重叠。于是，让所得到的已抽样信号通过一个理想带通滤波器（通带范围为 $f_L \sim f_H$）就可以重新获得 $M(\omega)$，从而恢复 $m(t)$。

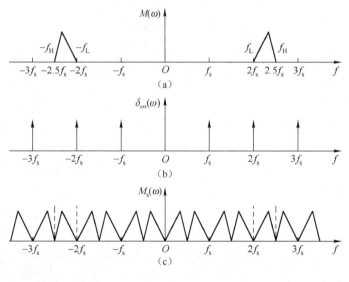

图 3-4　频谱

由此证明，在上述情况下，带通信号的抽样频率 f_s 并不要求达到 $2f_H$，达到 $2B$ 即可，即要求抽样频率为带通信号带宽的 2 倍。另外，由图 3-4（c）可知，如果 $f_s < 2B$，那么图中的"小三角"必然会叠加起来。也就是说，在 $M_s(\omega)$ 中就造成频谱重叠现象，频谱一旦重叠就会导致严重干扰，也就不能从 $M_s(\omega)$ 中获得 $M(\omega)$。这说明，带通信号的抽样频率 $f_s = 2B$ 是最低抽样频率。还有一种情况，即 $f_s > 2B$，这在理论上是不必要的，因为此时 $M_s(\omega)$ 中的频谱不仅不重叠，甚至还留有频率间隙，这将严重浪费宝贵的频率资源，在通信中是不可取的。

顺便指出，对于一个携带信息的基带信号，可以将其视为随机基带信号。若该随机基带信号是宽平稳的随机过程，则可以证明：对于一个宽平稳的随机基带信号，当其功率谱密度函数限于 f_H 以内时，若以不大于 $1/(2f_H)$ 间隔对它进行均匀抽样，则可得一随机样值序列。如果让该随机样值序列通过一截止频率为 f_H 的低通滤波器，那么其输出信号与原来的宽平稳随机基带信号的均方差在统计平均意义下为零。也就是说，从统计观点来看，对频带受限的宽平稳随机基带信号进行抽样也服从抽样定理。

2. 量化

模拟信号经过抽样后，虽然在时间上离散（抽样后的信号仍然属于模拟信号）了，但抽样脉冲序列的幅度仍然取决于输入模拟信号，不能直接进行编码。因此必须对样值进行转换，使其在幅度取值上离散化，这就是量化的目的。

（1）量化的实现。

图 3-2（c）所标出的各样值是实测值，它们是实数，量化的具体过程是：先将信号幅值变化的动态范围 A 人为地划分为若干等级 U_i（$i=0,1,2,\cdots,n$），图 3-2（d）中划分为 $U_0=1V$，$U_1=2V$，$U_2=3V$，$U_3=4V$ 这 4 个等级电平；然后用四舍五入的方式将各样值（有无限个可能值的实数）转换成有限的 n 个量化等级电平值，这样就可以用有限位代码完全表示有限个等级电平值。将相邻等级电平的差值称为量化步长（又称量化层距）ΔA [图 3-2（d）中的 $\Delta A=1V$，当然也可以选择任意的电平差值，如 0.1V 或 0.5V 等]。

量化是将抽样后在幅度轴上仍然连续的信号转换成离散信号的过程。量化又可分为均匀量化、非均匀量化、标量量化（SQ）和矢量量化（VQ）等多种形式。

① 均匀量化。均匀量化是量化步长 ΔA 在原信号幅值变化动态范围 A 内保持不变的一种量化方式，又称为线性量化。在均匀量化的情况下，无论信号和样值大小如何，量化步长是固定不变的，因而大信号时信噪比大，小信号时信噪比小。对音频信号来说，出现小信号的概率要高于出现大信号的概率，因此，若要提高通信质量，重点是提高小信号时的信噪比，也就是减小小信号时的量化级差。但在均匀量化的前提下，减小量化级差就意味着量化级的增多，也就需要用更多位数的代码表示每个量化级，这样就需要提高传输速率，将给信号的传输和设备制造带来困难，为此人们提出了非均匀量化的概念。

② 非均匀量化。非均匀量化是量化步长 ΔA 在原信号幅值变化动态范围 A 内随信号幅度的变化而变化（通常大信号时 ΔA 大，小信号时 ΔA 小）的量化方式，又称为非线性量化。非均匀量化通常有两种实现方法：直接采用非均匀量化器；采用均匀量化器，而在其前面用压缩器对输入信号进行压缩，在量化解码后，用扩张器恢复原信号特性，这种量化又称为压扩量化。目前，压扩量化主要在数字电话网中实际应用。

实际应用中有两种压扩规律：一种是美国、英国、日本、加拿大等国家采用的 μ 律曲线，其中 $\mu=255$；另一种是我国和欧洲采用的 A 律曲线，通常 $A=87.6$，用 13 折线逼近实现。

采用 A 律 13 折线压缩特性的优点是容易实现，而且能同 μ 律一样，保证输入信噪比有一个较大的动态范围，具体介绍如下。

将 X 轴在 0～1（归一化）范围内以 1/2 递减规律分成 8 个不均匀段，分段点分别是 1/2、1/4、1/8、1/16、1/32、1/64 和 1/128。将 Y 轴在 0～1（归一化）范围内均匀分成 8 个均匀段，分段点分别是 7/8、6/8、5/8、4/8、3/8、2/8、1/8。X 轴、Y 轴相应分段线在 X-Y 平面上的相交点连线就是各段的折线，$X=1$ 与 $Y=1$ 连线的交点同 $Y=7/8$ 与 $X=1/2$ 连线的交点相连接的折线就称为第 8 段折线。这样，信号由大到小一共可连接成 8 条折线段，分别称为第 8 段折线、第 7 段折线……第 1 段折线。图 3-5 为 13 折线近似 A 律压缩特性。

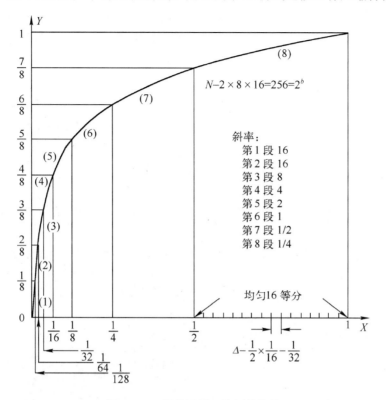

图 3-5   13 折线近似 A 律压缩特性

以上是对 X 轴和 Y 轴正方向的分析，由于输入信号通常有正负两个极性，因此，在 X 轴和 Y 轴负方向上也有与其正方向对称的一组折线。X 轴和 Y 轴正负方向上的第 1 段和第 2 段具有相同的斜率，于是可将其连成一条折线段，因此，在 X 轴和 Y 轴正负方向上共得到 13 条折线段，由这 13 条折线段组成的折线称为 13 折线。

③ 标量量化。在 PCM 编码中，逐个样值地进行量化称为标量量化（SQ），又称为无记忆量化。上述均匀量化和非均匀量化都是标量量化。标量量化将信号的各样值看成是彼此独立的，而实际上音频信号和视频信号各样值之间存在较强的相关性。利用这些相关性，就能在知道一个样值的情况下推算出其邻近样值，从而进一步提高编码效率。在数字音频/视频的实际信源编码中，大多不采用标量量化，而采用矢量量化。

④ 矢量量化。矢量量化（VQ）又称为记忆量化。矢量量化先将信号的样值进行分组，每组由 K 个样值构成一个 K 维矢量；然后以矢量为单元，逐个矢量地进行量化。矢量量化编解码原理如图 3-6 所示。矢量量化可更有效地提高压缩比，但一般存在失真。

图 3-6   矢量量化编解码原理

在图 3-6 中，输入矢量是一个待编码的 K 维矢量，即先将输入图像分割成 m 个方块，每个方块的尺寸为 n^2，然后把每个方块以列（行）的形式堆叠成 K（$K=n^2$）维矢量，作为编码输入矢量。码本 C 是一个具有 N 个 K 维矢量的集合，$C=\{\dot{y}_i\}$（$i=1,2,\cdots,N$）。码本 C 实际是一个长度为 N 的表，这个表的每个分量都是一个 K 维矢量 $\dot{y}_i$，称为码字。在接收端有一个与发送端完全相同的码本 C。矢量量化编码过程就是从码本 C 中搜索一个与输入矢量最接近的码字 $\dot{y}_i$ 的过程。在码本 C 中找到与输入矢量完全一致码字的概率很低，但当找到与输入矢量误差最小的码字时，可用该码字代替输入矢量。传输时并不传送码字本身，只传送其下标 i。若码本长度为 N，则传送码字下标所需的比特数为 $\log_2 N$。传送一个像素所需的平均比特数为 $(1/K)\cdot\log_2 N$。矢量量化面临的关键问题是如何设计一个良好的码本，以及当码本较大时，如何提高搜索（或称匹配）的速度。

（2）量化误差。

量化器的输出信号与输入信号之差就是量化误差，由它导致的信号波形失真称为量化噪声。

如上所述，量化是用四舍五入方式对抽样后的样值进行计量的，如图 3-7 所示。

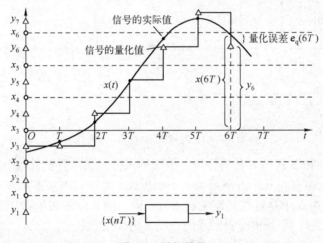

图 3-7 样值量化

在量化过程中，由于采用了四舍五入方式，因此量化处理后的量化值与实际值会存在一定的误差，这个误差就是量化误差。

因为量化误差对信号来说是一种噪声，所以量化误差也称为量化噪声。量化噪声是由 A/D 转换器产生的。量化误差越小，引起的噪声越小。另外，量化误差还与表示量化值的二进制数码的位数有关：二进制数码的位数越小，量化误差越大；反之，量化误差越小。

当量化级差 Δ 较小时，要求在编码时采用多位比特表示样值。A/D 转换器满 P-P 幅度为 10V（峰峰值），当采用 8 位比特表示样值时有 256 个间距，每个量化级差 Δ 为

$$\Delta=10V/256=0.039V=39mV$$

当采用 16 位比特表示样值时，有 65536 个级差，量化级差 Δ 缩小为 0.1526mV，使样值更逼近于输入信号。信噪比为

$$S/N=6.02N+1.76（dB）$$

式中，N 为量化比特，即编码采用的比特数。

当 N=16 时，S/N=98（dB）。

当 N=20 时，S/N=122（dB）。

当 N=24 时，S/N=146（dB）。

可以看出，量化比特增加 1 位，信噪比提高 6dB。信噪比的提高意味着声音动态范围的加宽，若采用 N=16 的 A/D 转换器，则数字音频记录在磁带上可扩展到 98dB 动态范围，接近交响乐的动态范围；若采用 N=20，则可扩展至人耳的 122dB 动态范围。由此看来，A/D 转换采用的量化比特数同样是一个重要参数，可以表征 A/D 转换器的动态范围或信噪比。

假设输入信号 $V(t)$ 按 4 层电平在 3 个比较器中进行比较，即进行量化，每层电平均为 ΔA。基于上述假设，采用如图 3-8 所示的左侧的电路实现量化功能。该电路采用了 3 个（$2^2-1=3$）比较器，各比较器的负输入端分别接入由 4 只电阻（阻值分别为 $R/2$、R、R、$R/2$）对基准电压（3V）分压得到的 0.5V、1.5V、2.5V 这 3 个分层电压（量化判决电平）；而比较器的正输入端并行地接收输入信号 $V(t)$。这样，当输入信号 $V(t)$ 进入如表 3-2 所示的输入电压范围时，分别使用相应比较器输出 1，从而得到对应的量化输出。

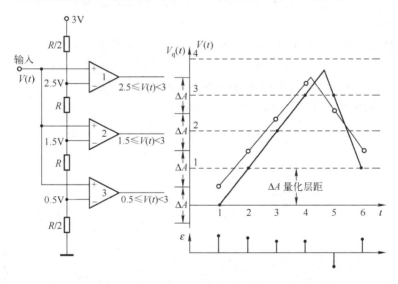

图 3-8　A/D 转换器中的四舍五入量化示意图

在第 1 个样值 [图 3-8 右侧横轴表示抽样点（1,2,3,…）] 处，因为 $0 \leq V(t) < 0.5$，此时 $V(t)$ 未超过第 1 层电压（0.5V），所以 3 个比较器都无输出（000），这表示量化输出 $V_q(t)$ 为 0V；在第 2 个样值处，因为 $0.5 \leq V(t) < 1.5$，这时的 $V(t)$ 已超过第 1 层电压（0.5V），所以只有比较器 3 输出逻辑电平为 1，其他两个比较器输出仍为 0，即 3 个比较器的输出为 001，这表示量化输出 $V_q(t)$ 为 0.5V，依次类推。

由上述内容可见，四舍五入法的量化输出电压都只取输入信号的下限（如 0.62V 量化为 0.5V），而截去了比下限高的电压值，显然这种方法的量化误差 $\varepsilon(t) = V(t) - V_q(t)$ 有正有负，并且最大量化误差等于量化层距，即

$$\varepsilon_{max}= \mid \Delta A/2 \mid$$

四舍五入法量化电路上、下端两个电阻阻值为中间电阻阻值的一半，即 $R/2$，这样它的量化判决电平便为 0V、0.5V、1.5V、2.5V 这 4 层，如图 3-8 所示。四舍五入法量化的输入信号与输出信号关系如表 3-2 所示。

表 3-2　四舍五入法量化的输入信号与输出信号关系

输入信号 $V(t)$/V	比较器（1、2、3）输出	量化后的输出信号 $V_q(t)$/V
$0 \leqslant V(t) < 0.5$	0 0 0	0
$0.5 \leqslant V(t) < 1.5$	0 0 1	0.5
$1.5 \leqslant V(t) < 2.5$	0 1 1	1.5
$2.5 \leqslant V(t) < 3$	1 1 1	2.5

（3）并串型 A/D 转换器。

在并联型 A/D 转换器中，为了获得 8 位量化输出，需要 $2^8-1=255$ 个比较器，如果量化输出再增加一位，就要再增加 255 个比较器。一个 10 位并联型 A/D 转换器约有 4 万个元器件，要制作这种变换器就需要超大规模集成电路，因此，虽然并联型 A/D 转换器可满足广播电视 A/D 转换要求的转换速度及精度，但从加工技术难易程度及价格方面来看，它并不是一个理想的方案。

视频 A/D 转换器中还可采用的一种方案是并串型 A/D 转换器，既保证了工作速度，又大大减少了比较器的个数，下面介绍其工作原理。图 3-9 是并串型 A/D 转换器的原理框图。并串型 A/D 转换器由两个位数较少的并联型 A/D 转换器串联而成，输出 $n=8b$ 的数字信号，下面结合如图 3-10 所示的波形图分几步进行分析。

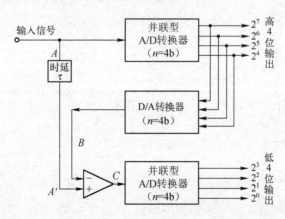

图 3-9　并串型 A/D 转换器的原理框图

① 输入视频信号 A，一路到 A/D 转换器（高 4 位并联型 A/D 转换器）进行 PCM，输出为高 4 位的数字信号，并加以锁存；另一路经延迟处理，时延为 τ（见图 3-10 中的 A' 波形）。

② A/D 转换器输出信号用 4 位的 D/A 转换器复原成高 4 位量化模拟信号，该信号波形如图 3-10 中的实线 B 所示。由于经过 A/D 转换与 D/A 转换，因此相比于信号 A，信号 B 延迟了 τ。

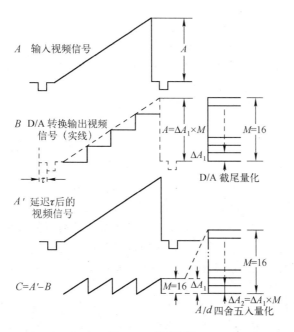

图 3-10　波形图

③ 将 D/A 转换器输出的 B 与模拟信号 A'（与信号 B 在时间上对准）在减法器中相减得到信号 C。

④ 信号 C 在低 4 位并联型 A/D 转换器中进行 PCM，得到低 4 位信号输出。

⑤ 锁存的高 4 位信号与低 4 位信号合并输出，输出 8 位并行数据。

这里需要说明如下几点。

① 低 4 位 A/D 转换器的输入信号 C 是 A/D 转换器粗量化后余下的量化误差（$A'-B$），其最大幅度是 A/D 转换器的一个量化层距 ΔA_1。因此，为了达到 8 位的精度，还必须对信号 C 进行 4 位量化，A/D 转换器的量化层距实际上应是 $\Delta A_2 = \Delta A_1/2^4 = \Delta A_1/16$。

② 由于 A/D 转换器进行细量化，因此 4 位 D/A 转换器实际上要有 8 位的精度。为了保证 8 位的精度，减法器的稳定性、幅度偏差等都会造成输出数据的误差。这是并串型 A/D 转换器的一个严重缺点。

③ 因为 8 位并串型 A/D 转换器可以用两个 4 位（或一个 2 位，另一个 6 位）并联型 A/D 转换器串联而成，所以其所需比较器的个数为

$$(2^4-1) \times 2 = 30$$

④ 在图 3-10 中，既可以用模拟延迟线进行重抽样，又可以使抽样脉冲延迟 τ 后进行重抽样，以得到时延为 τ 的 PCM 信号（A'）。

⑤ 为了进一步减少比较器数量，可采用 3 级并联型 A/D 转换器串联，但精度更难以保证，一般不采用。

⑥ 并串型 A/D 转换器需要一个抽样保持电路（图 3-10 中未画出），以使信号 A'保持到信号 B 到来，否则这两个信号就不可能相减。

3. 编码

模拟信号经过抽样、量化后，还需要进行编码处理，只有这样才能使离散样值形成更

适宜的二进制数字信号，从而易于进入信道传输，该二进制数字信号就是 PCM 基带信号。

编码是指用 N 位（bit）二进制代码表示各样值量化等级电平值。在图 3-2（d）中，用 3 位二进制代码就完全可以穷尽表示 1V、2V、3V 和 4V 这 4 个量化等级电平值。我们将代码的位数 N 称为量化位数或量化比特数。

显然，当原信号的动态范围 A 一定时，量化步长 ΔA 越小，量化等级数 n 越大，且 $n=A/\Delta A$；量化等级数 n 越大，所需的量化比特数 N 越大，且 $n=2^N$。

这样，PCM 技术通过抽样和量化，实现了用有限个数字符号代码（每个代码只用有限位表示）近似地表示具有无限个信号幅值的连续模拟信号，如图 3-2（e）所示。

但这些抽象的数字符号代码还不能供机器处理、传输和存储，必须转换成物理信号形式，PCM 技术通常用低电平代表"0"、高电平代表"1"的脉冲信号表示这些代码，如图 3-2（f）所示。这些脉冲信号称为 PCM 信号，属于数字信号，而数字信号正是现代电子计算机能够直接识别和处理的。正因为数字化的信息能直接由电子计算机进行处理，所以人们可以在各种信息系统中引入电子计算机，使得信息系统的各种信息处理自动化、智能化成为可能。

由于数字信号只有两种状态，即 0 或 1，因此单个信号本身的可靠性大为改善，多个信号的组合数也几乎不受限制。这样，用彼此离散的多位二进制信号的组合就可以表示复杂信息。数字信号又有脉冲型数字信号和电平型数字信号两种形式。

脉冲型数字信号是一种随时间分布的不连续且呈脉动形态的信号，可以用脉冲的有或无区分为 0 或 1，有脉冲为 1，无脉冲为 0。这种信号用电路处理比较容易。如果用十进制信号 1～10 来表示复杂信号，就需要 10 种信号状态，用电路很难处理。

电平型数字信号是一种维持时间相对较长的信号，一般用高电平表示 1、低电平表示 0。对同一系统而言，电压持续时间较长的为电平型数字信号，而维持时间相对较短的属于脉冲型数字信号。不论多复杂的模拟信号，都可以用一组一组的简单脉冲型数字信号来表示。

（1）码字。

数字信号一般采用二进制码，对于 Q 个量化等级电平值，可以用 k 位二进制码对其进行表示，称其中每种组合为一个码字。在点对点通信或短距离通信中，采用 $k=7$ 已基本能满足质量要求。而对于干线远程的全网通信，一般要经过多次转接，并且有较高的质量要求，目前国际上多采用 8 位编码 PCM 设备。

（2）码型。

把量化后的所有量化等级按其量化电平的高低次序进行排列，并列出各量化级对应的码字，这种对应关系的整体就称为码型。PCM 中常用的码型有自然二进制码、折叠二进制码和反射二进制码（又称为格雷码）。以 4 位二进制码字为例，对上述 3 种码型进行编码，如表 3-3 所示。

表 3-3　4 位二进制码及编码方案

电平范围/V	量化电平方案 1/V	量化电平方案 2/V	量化级编号	自然二进制码	折叠二进制码	反射二进制码
-8～-7	-7.5	-8	0	0000	0111	0000
-7～-6	-6.5	-7	1	0001	0110	0001
-6～-5	-5.5	-6	2	0010	0101	0011
-5～-4	-4.5	-5	3	0011	0100	0010

电平范围/V	量化电平方案 1/V	量化电平方案 2/V	量化级编号	自然二进制码	折叠二进制码	反射二进制码
-4~-3	-3.5	-4	4	0100	0011	0110
-3~-2	-2.5	-3	5	0101	0010	0111
-2~-1	-1.5	-2	6	0110	0001	0101
-1~0	-0.5	-1	7	0111	0000	0100
0~1	0.5	0	8	1000	1000	1100
1~2	1.5	1	9	1001	1001	1101
2~3	2.5	2	10	1010	1010	1111
3~4	3.5	3	11	1011	1011	1110
4~5	4.5	4	12	1100	1100	1010
5~6	5.5	5	13	1101	1101	1011
6~7	6.5	6	14	1110	1110	1001
7~8	7.5	7	15	1111	1111	1000

自然二进制码简单、直观、易记，但对双极性信号来说，自然二进制码不如折叠二进制码方便。

折叠二进制码是 PCM 30/32 路设备采用的码型。从表 3-3 中可以看出，折叠二进制码的上半部分与下半部分为倒影关系（折叠关系）。折叠二进制码的上半部分与自然二进制码的上半部分完全相同；而下半部分除第 1 位码字外，都是以量化级编号的一半为中线把上半部分的码字折叠下来形成的，故称为折叠二进制码。折叠二进制码的第 1 位码字代表信号的正负极性，其余各位码字表示量化等级电平的绝对值。折叠二进制码用来表示双极性信号的量化电平很方便。折叠二进制码的代码量化电平与码字的关系比较简单，可以简化编码过程，目前用得比较多。常用的 A/D 转换器采用折叠二进制码进行编码。

（3）码距。

在介绍反射二进制码之前，需要先介绍码距的概念。码距是指两个码字的对应码位取不同码符的位数。例如，表 3-3 中的自然二进制码相邻两组码字的码距最小为 1，最大为 4（第 7 号码组 0111 与第 8 号码组 1000 之间），折叠二进制码相邻两组码字的最大码距为 3（第 3 号码组 0100 与第 4 号码组 0011 之间）。

反射二进制码是按照相邻两组码字之间只有一个码位的码符不同（相邻两组码字的码距均为 1）构成的，其特点如下。

① 相邻两组码字的码距均为 1。

② 从 0000 开始，从后（低位）往前（高位）每次只变一个码符，而且只有当后面一位码字不能变时，才能变前面一位码字。

由于反射二进制码具有上述特点，因此在利用它进行编码时，信号电平值的微小变化只会造成码字的一位误码。在使用编码器进行编码时，大多采用反射二进制码。但由于实现反射二进制码的电路较复杂，因此在采用电路进行编码时，一般都不采用反射二进制码。

从表 3-3 中可以看出，对于自然二进制码，如果第 1 位码出错，那么将产生满幅度误差。例如，由 0111 错为 1111，即由第 7 级错到第 15 级，错了一个单极性的满幅度。而折叠二进制码和反射二进制码这两个码型与自然二进制码则不同，它们的幅度误差与信号大小有关。例如，由 1000 错为 0000，只由第 8 级错到第 7 级，仅错 1 级；由 1010 错为 0010，由第 10 级错到第 5 级。由此可以看出，折叠二进制码即使第 1 位码出错，那么由误码造成的幅度误差仍与信号大小成正比。由于小信号出现概率大，因此平均来看，折叠二进制码造成的幅度误差比自然二进制码造成的幅度误差小，码位越多，这种差别越明显。折叠二进制码的缺点是在小信号或无信号时会出现长串连 0 码。

与自然二进制码和折叠二进制码相比，反射二进制码的优势是误码引起的统计误差小。

（4）码位的安排。

码位数的选择不仅关系到通信质量的好坏，还涉及设备的复杂程度。码位数的多少决定了量化分层（量化级）的多少。目前，国际上普遍采用 8 位非线性编码。例如，PCM 30/32 路终端机中最大输入信号幅度对应 4096 个量化单位（最小的量化步长称为一个量化单位），在 4096 个量化单位的输入幅度范围内，输入信号被分成 256 个量化级，因而必须用 8 位码来表示每个量化级。用于 13 折线 A 律特性的 8 位非线性编码的码组结构如下：

$$\text{极性码} \qquad \text{段落码} \qquad \text{段内码}$$
$$M_1 \qquad M_2 M_3 M_4 \qquad M_5 M_6 M_7 M_8$$

其中，第 1 位码 M_1 的数值"1"和"0"分别代表信号的正极性和负极性，称为极性码。由折叠二进制码的特点可知，对于两个极性不同但绝对值相同的样值脉冲，在用折叠二进制码表示它们时，除极性码 M_1 不同外，其余几位码是完全一样的。因此，在编码过程中，在将样值脉冲的极性判出后，编码器是以样值脉冲的绝对值进行量化和输出码组的。这样，只要考虑 A 律 13 折线中对应于正输入信号的 8 条折线段就行了。这 8 条折线段共包含 128 个量化级，用剩下的 7 位码（$M_2 \sim M_8$）就能表示出来。

由于语音信号是双极性的，因此 A 律 13 折线的正、负非均匀量化是对称的，共有 16 个量化段，每个量化段又均匀等分为 16 个量化级。信号正负极性用极性码 M_1 表示，幅度为正（或负）的 8 个非均匀量化段用第 2 位至第 4 位码（M_2、M_3、M_4）表示，这 3 位码称为段落码，它们的具体划分如表 3-4 所示。应注意的是，段落码的每一位并不表示固定的电平，只是用不同的排列码组表示各段的起始电平，这样可以把样值脉冲属于哪一段先确定下来，以便很快地定出样值脉冲应纳入这一段内的哪个量化级上。

M_5、M_6、M_7 和 M_8 称为段内码，每一段中的 16 个量化级就是用这 4 位码表示的。段内码的具体划分如表 3-5 所示。由表 3-5 可知，段内码的变化规律与段落码的变化规律相似。

表 3-4 段落码的具体划分

段落序号	段落码		
	M_2	M_3	M_4
8	1	1	1
7	1	1	0
6	1	0	1
5	1	0	0
4	0	1	1
3	0	1	0
2	0	0	1
1	0	0	0

表 3-5 段内码的具体划分

电平序号	段内码 $M_5 M_6 M_7 M_8$	电平序号	段内码 $M_5 M_6 M_7 M_8$
15	1 1 1 1	7	0 1 1 1
14	1 1 1 0	6	0 1 1 0

电平序号	段内码				电平序号	段内码			
	M_5	M_6	M_7	M_8		M_5	M_6	M_7	M_8
13	1	1	0	1	5	0	1	0	1
12	1	1	0	0	4	0	1	0	0
11	1	0	1	1	3	0	0	1	1
10	1	0	1	0	2	0	0	1	0
9	1	0	0	1	1	0	0	0	1
8	1	0	0	0	0	0	0	0	0

总结而言，一个信号的正负极性用 M_1 表示，幅度在一个方向（正或负）上的 8 个非均匀量化段用 $M_2 M_3 M_4$ 表示，落在某段内的具体电平用 4 位段内码 $M_5 M_6 M_7 M_8$ 表示。A 律 13 折线幅度码与其对应电平如表 3-6 所示。

表 3-6　A 律 13 折线幅度码与其对应电平

量化段序号 $I=1\sim8$	电平范围 (Δ)	段落码			段落起始电平 $I_{SI}(\Delta)$	量化步长 (Δ)	段内码对应权值（Δ）			
		M_1	M_2	M_3			M_5	M_6	M_7	M_8
8	1024~2048	1	1	1	1024	64	512	256	128	64
7	512~1023	1	1	0	512	32	256	128	64	32
6	256~511	1	0	1	256	16	128	64	32	16
5	128~255	1	0	0	128	8	64	32	16	8
4	64~127	0	1	1	64	4	32	16	8	4
3	32~63	0	1	0	32	2	16	8	4	2
2	16~31	0	0	1	16	1	8	4	2	1
1	0~15	0	0	0	0	1	8	4	2	1

注：Δ 表示量化间隔，即输入信号归一化值的 1/2048。

（5）编码的实现。

编码的实现可用逐次比较型编码器或积分式电路完成，这里只介绍逐次比较型编码器及其原理。

逐次比较型编码器编码的过程与用天平称重物的过程相似。下面先介绍天平称重物的过程：第 1 次称重所加砝码（在编码术语中称为权，其大小称为权值）是估计的，该砝码通常不能正好使天平平衡，若砝码的权值大了，则换一个权值小一些的砝码进行第 2 次称重。请注意，第 2 次所加砝码的权值是根据第 1 次称重的结果确定的。如果第 2 次称重的结果表明砝码小了，就要在第 2 次权值基础上加一个权值更小一些的砝码。如此进行下去，直到天平接近平衡。这个过程称为逐次比较称重过程。"逐次"可理解为称重是一次次由粗到细进行的。而"比较"则是以上一次称重的结果为参考得到下一次输出权值的大小，如此反复进行下去，使所加权值逐步逼近重物真实质量。

有了称重的概念之后，就可以具体说明利用逐次比较型编码器编出 8 位码的过程了。

逐次比较型编码器的组成框图如图 3-11 所示。

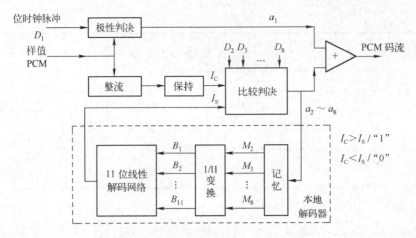

图 3-11　逐次比较型编码器的组成框图

抽样后的模拟 PCM 信号需要经过保持、展宽后进行编码。保持后的 PCM 信号仍为双极性信号，该信号经过全波整流变为单极性信号。对此单极性信号进行极性判决，编出极性码 M_1。当信号为正极性时，极性判决出"1"码；反之出"0"码。

比较器通过比较样值电流 I_C 和标准电流 I_S 对输入信号样值实现非线性（压扩）量化和编码：每比较一次，输出一位二进制码，当 $I_C > I_S$ 时，出"1"码；反之出"0"码。由于 A 律 13 折线中用 7 位二进制码代表段落码和段内码，因此对一个信号的样值需要进行 7 次比较，每次所需的标准电流均由本地解码器提供。

由于 A 律 13 折线在正方向分为 8 段，用段落码 M_2 M_3 M_4 表示，因此在判决输出码时，第 1 次比较应先决定 I_C 属于 8 段的上 4 段还是下 4 段，这时 I_S 是 8 段的中间值，即 $I_S = 128\Delta$，I_C 落在上 4 段，$M_2 = 1$；I_C 落在下 4 段，$M_2 = 0$。第 2 次比较要选择第 1 次比较得出的 I_C 在 4 段的上 2 段还是下 2 段，当 I_C 在上 2 段时，$M_3 = 1$；否则，$M_3 = 0$。同理，用 M_4 为"1"或"0"来表示 I_C 落在两段的上一段还是下一段。可以说，段落码编码的过程是决定 I_C 落在 8 段中哪一段，并用这段起始电平表示 I_S 的。

4．PCM 通信系统

前面介绍了模拟信号数字化的原理，下面把该原理与 PCM 技术结合起来组成一个完整的 PCM 通信系统。PCM 通信系统方框图如图 3-12 所示。

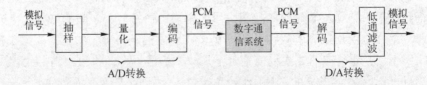

图 3-12　PCM 通信系统方框图

PCM 通信系统是各种数字编码系统中最规范的系统，也是应用最广泛的系统。PCM 过程采用了数字化基本技术。模拟信号正是通过 PCM 转换成数字信号的，具体过程是：先通过抽样、量化和编码 3 个步骤，用若干代码表示模拟信号（如图像、声音信号），再用脉冲信号表示这些代码来进行传输/存储。

（1）PCM 编码器。

A/D 转换器中的 PCM 编码器普遍用异或门和或门构成，根据量化器各层输出不是"0"就是"1"的相关性，用异或门来判别相邻两层的差别（0 与 1），将异或门的输出电平送到对应该电平的或门中。图 3-13 是 PCM 编码器示意图。若量化等级数 $n=3$，则有 $2^3-1=7$ 个比较器。为判别相邻两层的差别，各异或门的两个输入端分别接到相邻比较器的输出端上，输出端分别接到对应的或门输入端上。

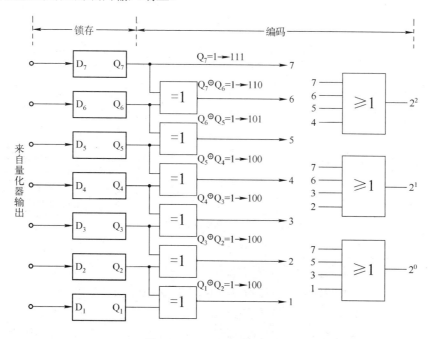

图 3-13　PCM 编码器示意图

例如，当第 5 个比较器输出为 1 时，最高端的比较器，即量化器（锁存器）自 $Q_7 \rightarrow Q_1$ 的输出状态为 0011111。

由图 3-13 可知，Q_6 与 Q_5 有差别，根据异或门"异为 1，同为 0"的特点，这时异或门 5 的输出为 $Q_5 \oplus Q_6=1$，而其余异或门的输出均为 0，因为第 5 层 Q_5 量化输出用二进制码表示为"101"，所以异或门 5 输出端应接到或门 2^2 及 2^0 的输入端上。其余异或门也可相同地按上述方法连接。为记忆方便，可参考表 3-7。或门 2^0 的输入端可按二进制码为"1"的 4 个端子 1、3、5、7 连接，或门 2^1 的输入端可按二进制码为"1"的 4 个端子 2、3、6、7 连接，或门 2^2 的输入端可按二进制码为"1"的 4 个端子 4、5、6、7 连接。

PCM 编码器输出的数据是并行的，适用于一些数字处理设备，如时基校正器、数字视频处理器等，由于这些设备可专设一路来传送时钟信号作为码的同步，因此不需要附加插入同步码。

表 3-7　真值表

十进制数	二进制数 $2^2 \ 2^1 \ 2^0$			十进制数	二进制数 $2^2 \ 2^1 \ 2^0$		
0	0	0	0	4	1	0	0
1	0	0	1	5	1	0	1

十进制数	二进制数 2^2 2^1 2^0	十进制数	二进制数 2^2 2^1 2^0
2	0 1 0	6	1 1 0
3	0 1 1	7	1 1 1

A/D 转换器具有如下特点。

① 抽样频率高。在全信号编码时，$f_s=4f_{sc}$，$T_s=56ns$；在分量编码时，f_s 为 13.5MHz。为在一个 T_s 内完成抽样、量化和编码这 3 个步骤，要求元器件和电路都能高速运转，因此在广播级中一般采用并联型 A/D 转换器。

② 量化比特数高。取 $n=8$，即 $M=2^8=256$ 级，若采用并联型 A/D 转换器，则需要 $2^8-1=255$ 个比较器；若采用并串型 A/D 转换器，则需要 $2\times(2^4-1)=30$ 个比较器。

（2）解码电路。

用于高频高速的 D/A 转换器可分为 3 类：R-2R 型、加权电流切换型和电流相加型。这 3 类 D/A 转换器的特点如下。

① R-2R 型 D/A 转换器：用电阻与晶体管构成恒流源，其元器件特性偏差对精度有影响，位数越高影响越大，但它所需恒流源个数较少。

② 加权电流切换型 D/A 转换器：由于一对电流源与开关对应于一位，因此各电流源的比例必须正确，位数越高，精度要求也越高。

③ 电流相加型 D/A 转换器：各电流的偏差对精度的影响较 R-2R 型 D/A 转换器要小，但要构成一个 nb 的 D/A 转换器，就要有 (2^n-1) 个电流开关，因此电路规模较大。

上述 3 类 D/A 转换器根据其优/缺点适用于各种不同的场合。例如，R-2R 型 D/A 转换器在一般的数字化设备中用得较多，加权电流切换型 D/A 转换器可用于获得电子束偏转，电流相加型 D/A 转换器适用于对精度要求高的设备。

下面重点介绍电流相加型 D/A 转换器。

如图 3-14 所示，$n=4$，要用 $2^n-1=2^4-1=15$ 个相同的恒流源，任一恒流源在开关（由输入数字信号控制）接通时，便在求和电阻上输出相当于最低一位的电压值 $V_o=IR$。图 3-14 中的输入与输出关系如表 3-8 所示。开关全部接通时的输出电压便是各恒流源在电阻 R 上的总压降，即

$$V_o=IR(2^3+2^2+2^1+2^0)$$

写成一般表示式为

$$V_o = IR(a_3 \cdot 2^3 + a_2 \cdot 2^2 + a_1 \cdot 2^1 + a_0 \cdot 2^0) = IR\sum_{i=0}^{3} a_i \cdot a^i$$

显然，这个一般表达式也是一个用二进制数表示十进制数电压的。

例如，设输入为 0011，即 $a_3=a_2=0$，$a_1=a_0=1$，将 $a_0 \sim a_3$ 的值代入上式中，得 $V_o=3IR$，即解码器输出使 S_1、S_2、S_3 这 3 只开关接通。

在电流相加型 D/A 转换器中，由于每次电流增量单位是最低一位的恒流源，因此即使当高位开关接通时，对精度影响也很小。但在电路规模上，电流相加型 D/A 转换器需要较

多[(2^n-1)个]恒流源,位数越高,需要的恒流源越多。

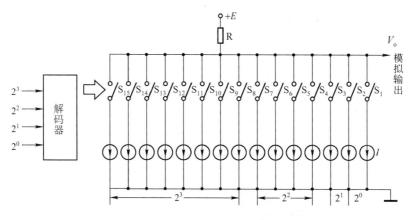

图 3-14 电流相加型 D/A 转换器($n=4$)

表 3-8 图 3-14 中的输入与输出关系

数字输入 V_i	接通的开关及开关数		输出模拟电压 V_o
$2^0 \to 1$	S_1	1	$RI = 2^0 \cdot IR$
$2^1 \to 1$	S_2、S_3	2	$2RI = 2^1 \cdot IR$
$2^2 \to 2$	S_4、S_7	4	$4RI = 2^2 \cdot IR$
$2^0 \to 3$	S_8、S_{15}	8	$8RI = 2^3 \cdot IR$

资讯2 增量调制

1. 简单增量调制

（1）增量调制的概念。

增量调制（Delta Modulation）是用一位二进制码表示相邻模拟样值相对大小的 A/D 转换方式,其代号为 ΔM。ΔM 对信号瞬时值与前一个样值之差进行量化,并对这个差值的符号进行编码,而不对差值的大小进行编码。因此,ΔM 进行的量化只限于正和负两个电平,只用一比特传输一个样值。差值为正,就发"1"码;差值为负,就发"0"码。数码"1"和"0"只是信号相对于前一时刻的增减,并不代表信号的绝对值。图 3-15 给出了 ΔM 原理框图及其波形示意图。在图 3-15 中,$x(t)$是一模拟信号,$x'(t)$为本地解码器输出前一时刻的量化信号。

利用 ΔM 进行编码过程为:设在 t_0 时刻,$x(t)$为 0,$x(t)$大于 $x'(t)$,得 $e(t)=x(t)-x'(t)>0$,判决输出 1 码,此 1 码经过本地解码器使 $x'(t)$上升一个量化级 Δ（增量）;在 t_1 时刻,比较 $x(t)$与新的 $x'(t)$,若 $x(t)$大于该 $x'(t)$,则判决输出 1 码,$x'(t)$继续上升一个 Δ;在 t_2 时刻,$e(t)<0$,判决输出 0 码,$x'(t)$经本地解码器下降一个 Δ。如此下去就可以得到 ΔM 码流。由上述过程可以看出,$x'(t)$在抽样时间间隔 ΔT（其倒数为抽样频率 f_s）内的变化量不是 $+\Delta$ 就是 $-\Delta$,不能任意取值,这样可以起到量化作用,因此 $x'(t)$是一个已量化的信号,称 $x(t)$与 $x'(t)$之差为量化误差（量化噪声）。

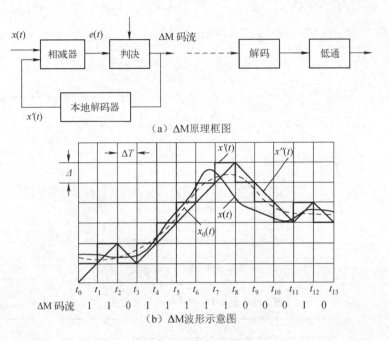

（a）ΔM原理框图

（b）ΔM波形示意图

ΔM码流 1 1 0 1 1 1 1 1 1 1 0 0 0 0 1 0 1 0

图 3-15　ΔM 原理框图及其波形示意图

由抽样定理可知，当信号急剧变化时，会产生很大的失真，这种失真随抽样频率的提高而减小。但若抽样频率太高，则节约码位也就没有意义了。例如，即使抽样频率提高为原来的 10 倍，在原来的抽样间隔期间也只能跟踪到 10 个量化步长的变化。在 PCM 方式中，用 10 位/样本（每个样本用 10 位量化）同样能跟踪到 10 个量化步长的变化。因此，ΔM 仅对简单的系统或特别要求高速的场合来说是一种有效的方法。

将 ΔM 和自适应控制结合起来，可以达到比较高的性能，这就是自适应 ΔM。由图 3-16 可知，在 ΔM 方式中，在一个抽样间隔里只能变化一个量化步长，因而在图 3-16 中波形的急剧上升和下降部分就跟踪不上了。反之也可以认为，当许多"1"或"0"连续传输（或存储）时，实际上并未能跟踪信号波形的变化，从而产生了很大的误差。

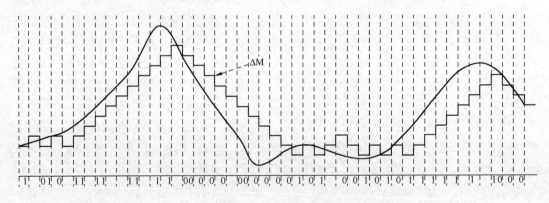

图 3-16　ΔM 编码原理

（2）解码的基本思想。

解码与编码相对应：在收到 1 码后产生一个正斜率电压，在 $T_s=\Delta T$ 时间内均匀上升一个量阶；在收到 0 码后产生一个负斜率电压，在 T_s 时间内均匀下降一个量阶。如此下去，

把二进制代码变为 $x''(t)$（见图 3-15）一样的锯齿波。用一个简单的 RC 积分电路即可把二进制代码变为与 $x''(t)$ 一样的波形。

（3）系统组成框图。

简单ΔM 系统组成框图如图 3-17 所示。简单ΔM 系统发送端由放大限幅器、定时判决器、本地解码器等组成，如图 3-17（a）所示。实际ΔM 系统十分复杂，如图 3-17（b）所示。简单ΔM 系统接收端的核心电路是积分器，实际电路中还应有码型变换设备和低通滤波器。

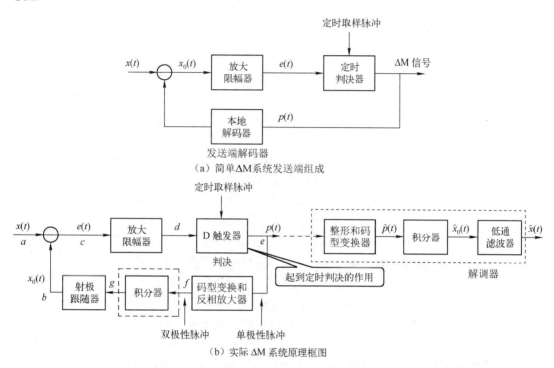

（a）简单ΔM系统发送端组成

（b）实际 ΔM 系统原理框图

图 3-17　简单ΔM 系统组成框图

下面介绍ΔM 系统中各部分的作用与功能。

① 放大限幅器。在实际应用时，相减器通常用放大限幅器代替。放大限幅器的两个输入信号分别是 $x(t)$ 和 $-x_0(t)$，经过放大后得到 $e(t)=k[x(t)-x_0(t)]$。为了使定时判决器能更好地工作，$e(t)$ 经过放大限幅变成正负极性电压信号，当 $x(t)-x_0(t)>0$ 时，d 点为一较大的近似固定的正电平；反之，d 点为一较大的近似固定的负电平。

② 定时判决器。定时判决器利用 D 触发器和定时抽样脉冲实现判决。定时抽样脉冲是时间间隔为 T_s 的窄脉冲，在定时抽样脉冲作用时刻，d 点电压为正，D 触发器呈现高电位，相当于 1；反之，d 点电压为负，D 触发器呈现低电位，相当于 0。图 3-17 中的信号 $p(t)$ 可以作为ΔM 信号直接传输，或者经过极性变换电路变为双极性码后传输。此外，$p(t)$ 被送到本地解码器中产生 $-x_0(t)$。

③ 本地解码器。本地解码器由码型变换和反相放大器、积分器和射极跟随器 3 部分组成。由于 $p(t)$ 是单极性的，因此它在被加到积分器前一定要变为双极性信号，这就是需要进行码型变换的原因。反相放大器一方面把双极性信号放大，另一方面使它反相，这样经

积分就可得到-$x_0(t)$。射极跟随器的作用是把积分器和放大限幅器分开，保证积分器输出端有较高的阻抗，因此图 3-17 中的 g 点与 b 点的波形是一样的。

④ 解调器。解调器也是接收端解码器。它在收到 $p(t)$ 后，将其经码型变换和整形及积分后得到 $\tilde{x}_0(t)$，通过低通滤波器滤除量化后的高频成分恢复出 $\tilde{x}(t)$。

（4）ΔM 的带宽。

从编码的基本思想来看，每抽样一次，传输一个二进制码元，码元传输速率为 $R_b=f_s$，ΔM 的调制带宽 $B_{\Delta M}=f_s=R_b$（Hz）。

2. 总和增量调制

（1）由简单ΔM 到总和增量调制（Δ-ΣM）的基本思想。

从简单ΔM 的讨论中可以看出，简单ΔM 的主要缺点是当信号随时间急剧变化，即 $|dx(t)/dt|$ 过大时，系统会出现过载，为防止过载，要求 $|dx(t)/dt|_{max}\leqslant f_s$。语音信号本身的能量主要集中在基带频谱的中间部分，当采用高质量的话筒时，由语音得到的电信号的主要能量也集中在基带频谱的中间部分，因此前面都用 $f_k=800Hz$ 求信噪比，可以得到较高的信噪比。但有时候采用的话筒有预加重作用（在语音转换为电信号时，高音成分提高了），这个时候，语音的电信号在 250～4000Hz 内几乎有平坦的功率谱密度，这就要求在计算信噪比时采用更高的 f_k，在其他条件相同的情况下，f_k 由 800Hz 提高到 3200Hz，量化信噪比（S_0/N_q）和误码信噪比（S_0/N_e）均降为原值的 1/16（相当于 12dB）。为此，要对简单ΔM 进行改进。

改进的方法是先对信号 $x(t)$ 进行积分，然后进行简单ΔM，这种方法称为Δ-ΣM。那么，为什么先积分再进行ΔM 能改进简单ΔM 的过载特性呢？下面从物理概念上进行简要说明。

对于一个高频成分比较丰富的信号，其波形急剧变化的时刻比较多；而对于一个低频成分比较丰富的信号，其波形缓慢变化的时刻比较多。为了绘图方便和容易说明问题，下面以如图 3-18 所示的信号 $x(t)$ 波形为例进行介绍，该信号的高低频成分比较丰富。在图 3-18 中，当采用简单ΔM 时，在 $x(t)$ 急剧变化时，$x_0(t)$ 跟不上 $x(t)$ 的变化，出现比较严重的过载；而在 $x(t)$ 缓慢变化时，如果幅度的变化在 $\pm\sigma/2$ 以内，那么将出现连续的"1""0"交替码，并且这段时间幅度变化的信息也将丢失。但如果对图 3-18 中的 $x(t)$ 先进行积分，积分以后的 $\int_0^t x(t)dt$ 如图 3-19 所示，在这种情况下，原来 $x(t)$ 急剧变化时的过载问题和缓慢变化时信号丢失的问题都将得到克服。由于对 $x(t)$ 先积分再进行ΔM，因此在接收端解调以后要对解调信号进行微分，以便恢复原来的信号。

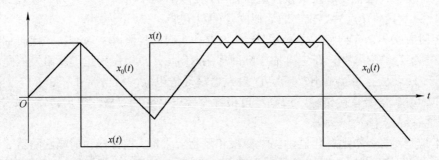

图 3-18　Δ-ΣM 的波形 1

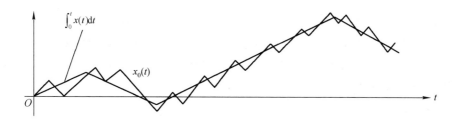

图 3-19　Δ-ΣM 的波形 2

（2）Δ-ΣM 的方框图。

根据上面的分析，Δ-ΣM 与 ΔM 的区别仅在于前者在发送端先对 $x(t)$ 进行积分，即 $x(t)$ 经过积分器后被送到增量调制器中，而解码器之后要加一个微分电路以抵消积分器对信号的影响，由此可以构成如图 3-20 所示的方框图。

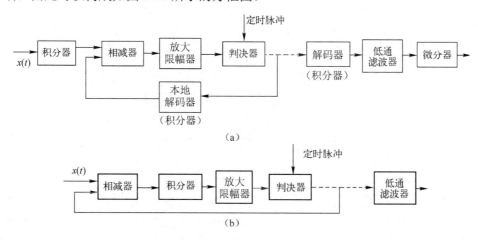

图 3-20　Δ-ΣM 的方框图

在图 3-20（a）中，由于接收端解码器中有一个积分器，其后面有一个微分器，微分和积分的作用互相抵消，因此接收端只要有一个低通滤波器即可。另外，发送端在相减器前面有两个积分器，这两个积分器可以合并为一个并放在相减器后面，这样可以得到如图 3-20（b）所示的方框图。但在实际应用中，由于积分器是一个很简单的电路（只有两个元器件），因此往往发送端采用如图 3-20（a）所示的电路，接收端只用一个低通滤波器。

（3）Δ-ΣM 的特点。

ΔM 的代码反映了相邻两个样值变化量的正负，这个变化量就是增量，因此称为增量调制。增量又有微分的含义，因此增量调制也被称为微分调制。二进制代码携带输入信号增量的信息，或者说携带输入信号微分的信息。正因为 ΔM 的二进制代码携带的是微分信息，所以接收端对代码进行积分就可以获得传输的信号了。

Δ-ΣM 的代码与 ΔM 的代码不同，因为信号是经过积分后进行 ΔM 的，这样 Δ-ΣM 代码携带的是信号积分后的微分信息。由于微分和积分互相抵消，因此 Δ-ΣM 代码实际上代表输入信号振幅的信息，此时接收端只要加一个滤除带外噪声的低通滤波器即可恢复传输的信号。

从过载特性来看，在 ΔM 系统中，当 $x(t)=A\sin\omega_k t$ 时，为防止过载，由 $|\mathrm{d}[x(t)]/\mathrm{d}(t)|\leqslant\sigma f_s$

得出 $A\omega_k \leq \sigma f_s$。$A_{max}=(\sigma f_s)/(\omega_k)=[\sigma/(2\pi)][f_s/f_k]$ 与 f_k 有关，$f_k\uparrow\rightarrow A_{max}\downarrow\rightarrow S_0\downarrow\rightarrow S_0/N_0\downarrow$。但在 $\Delta\text{-}\Sigma M$ 系统中，由于先对 $x(t)$ 进行积分，然后进行简单 ΔM，因此 $A=|x(t)|_{max}=\sigma f_s$，与 f_k 无关。这样，S_0 和 S_0/N_q 都与 f_k 无关。这里的 f_s 为抽样频率，f_k 为信号频率，σ 为量阶，A_{max} 为最大编码电平，S_0/N_q 为量化信噪比。

3. 数字压扩自适应增量调制

数字压扩自适应增量调制（ADM）是一种改进型的增量调制方式，其量化层距随着音节时间间隔（5～20ms）中信号的平均斜率而变化。这里的音节时间间隔相当于语音浊音准周期信号的基音周期。由于 ADM 中信号的平均斜率是根据检测码流中连"1"或连"0"的个数确定的，因此又称为数字检测连续可变斜率增量调制（CVSD），简称数字压扩增量调制。图 3-21 为 ADM 的方框图。

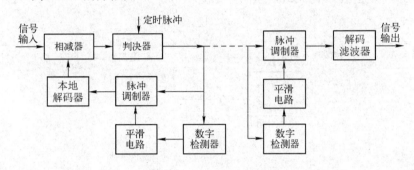

图 3-21　ADM 的方框图

从图 3-21 中可以看出，ADM 在简单 ΔM 的基础上添加了数字检测器、平滑电路和脉冲调制器 3 部分。只需在 ΔM 的基础上用一种很简单的算法就可使 ΔM 得到相当明显的改善。数字检测器的作用是检测一定长度的连"1"码或连"0"码，因为连"1"码或连"0"码分别表示信号斜率持续上升或下降。平滑电路的作用是按音节进行平均，将带有平均信息的输出电平作为脉冲调制器的控制电平，以在连续出现"1"码或"0"码时，脉冲调制器的输出脉冲幅度增大或减小，达到音节压缩的目的。

与简单 ΔM 相比，ADM 编码器能正常工作的动态范围有很大的提高，信噪比也更优越。这种优越性与两个参数有关：一个是数字检测的连码数 m，其值越大，改善越大；另一个是脉冲压缩比 $\sigma=\Delta_0/\Delta_{max}$，其中，$\Delta_{max}$ 为最大量化级，Δ_0 为最小量化级（无控制的），σ 越小，改善越大。如果简单 ΔM 的动态范围为 10dB，那么当 $m=3$ 且 $\sigma=\text{-}45dB$ 时，CVSD 的动态范围可达 55dB。

ADM 已有几十年的实用历史，20 世纪 70 年代末已将其做成单片集成电路，如 MC318 数字检测音节压扩调制/解调专用集成电路。由于 CVSD 重构语音的语音质量可达到军用战术级，而且算法简单，成本低廉，因此广泛应用于军事通信网。

3.3　差分脉冲编码调制

A 律或 μ 律的对数压扩 PCM（码率为 64kbit/s）已经在大容量的光纤通信系统和数字微波系统中得到了广泛应用，但是在频率资源紧张的移动通信系统（采用超短波段，每路电话带宽都要求小于 25Hz）和费用昂贵的卫星通信系统中，这种 PCM 由于经济性较差而受到限制。要拓宽数字通信的应用领域，就必须开发码率更低的数字电话，在相同质量指标的条件下降低数字化语音的码率，以提高数字通信系统的频带利用率。

通常，人们把码率低于 64kbit/s 的语音编码方法称为语音压缩编码技术。为了减小过载量化误差，提高通信容量，不能用简单ΔM，只能采用瞬时压扩的方法。但由于实现瞬时压扩较困难，因此可以采用一种综合ΔM 和脉冲编码调制优点的调制方式，这种调制方式称为差分脉冲编码调制（DPCM）。

PCM 编码是一种通用的无压缩编码。PCM 方式是把样值变成二进制数后进行传输或存储的，没有记录样值本身。如果在采用 PCM 方式的同时记录样值之间的差值，那么这种方式就称为差分 PCM，即 DPCM。

图 3-22 是 DPCM 方式的编码器，图 3-22（a）是其原理框图，延迟后的前一个样值和当前样值之差由 A/D 转换器转换成二进制码，但 A/D 转换器的量化误差有可能被累积起来而逐渐增大。为防止出现这种现象，可采用如图 3-22（b）所示的方式，使输入值与含有量化误差的实际传输值进行比较，取出差值。更为实用的做法是用图 3-22（c）中的积分器代替图 3-22（b）中的延迟器和加法器。

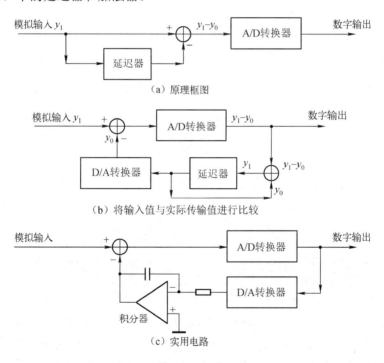

图 3-22　DPCM 方式的编码器

图 3-23 所示为 DPCM 方式的解码器，其中，图 3-23（a）是其原理框图，图 3-23（b）是使用积分器的实用电路，积分器的作用是将 DPCM 信号转换成 PCM 信号。

图 3-24 所示为 PCM 与 DPCM 电平分布的差异。音乐信号的波形变化通常是相对平缓的，与前一个样值之差较小。如图 3-24 所示，DPCM 的电平分布比 PCM 的电平分布要陡峭得多。-1024～+1024 的电平分布相当于 11 位范围，16 位线性量化的 PCM 信号大部分也

都集中在 11 位范围内，而 DPCM 信号则大部分集中在 9 位范围内。必须注意的是，如果忽略了出现概率小的信号，那么可能使 PCM 失去其超高保真的优势。从实际情况来看，整个音乐信号将 16 位全部用上的情况很少，但这或许正是音乐的灵魂所在。

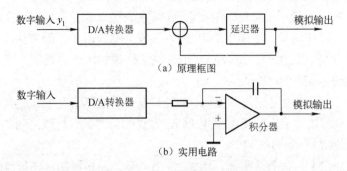

（a）原理框图

（b）实用电路

图 3-23　DPCM 方式的解码器

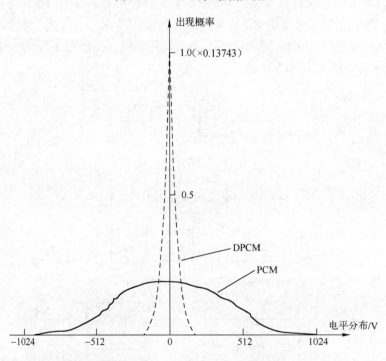

图 3-24　PCM 与 DPCM 电平分布的差异

在采用 DPCM 方式时，所用的平均码位数较少，但如果因此而减少传输或存储的位数，就不能表现打击乐等信号的陡峭前沿。要想解决这个问题，可采用熵编码。

由于 DPCM 方式传输的只是差值，因此从原理上来讲，变化非常缓慢的波形可以得到很大的动态范围。

自然界的声音通常是频率越高声压级越低，人耳特性也是随着频率的增高而灵敏度急剧下降的。可以说，频率越高，声音的动态范围越小。由此可见，DPCM 方式是非常符合自然界规律的。

资讯 1　自适应脉冲编码调制与自适应差分脉冲编码调制

（1）自适应 PCM。

由于音频信号的振幅和频率分布是随时间缓慢推移而大幅度变化的，因此出现了根据邻近信号的性质使量化步长改变的编码方式，即自适应 PCM（APCM）。准瞬时压扩和动态加重就可以看作一种 APCM。

图 3-25 是 APCM 的原理框图，在这种 APCM 中，根据紧接前面的码确定下一个量化步长。表 3-9 为 3 位 APCM 的量化级系数。当紧靠前面样本的量化值振幅为 00 和 01 时，将量化级高度乘以系数 0.9，使量化步长减小；当前面的样本量化值振幅为 10 时，乘以系数 1.25；为 11 时，乘以系数 1.75，以增大量化步长。这样就可以得到各种不同的量化步长，从而扩大动态范围。

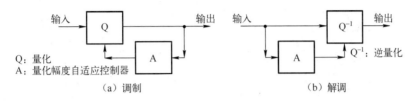

Q：量化
A：量化幅度自适应控制器
（a）调制

Q⁻¹：逆量化
（b）解调

图 3-25　APCM 的原理框图

表 3-9　3 位 APCM 的量化级系数

	APCM 码	系　数
正值	0 1 1	1.75
	0 1 0	1.25
	0 0 1	0.9
	0 0 0	0.9
负值	1 1 1	0.9
	1 1 0	0.9
	1 0 1	1.25
	1 0 0	1.75

（2）自适应差分脉冲编码调制。

大量研究表明，自适应差分脉冲编码调制（ADPCM）是语音压缩编码方法中复杂度较低的一种，它能在 32kbit/s 码率的条件下达到 64kbit/s 码率 PCM 系统的语音质量要求。ADPCM 是在 DPCM 的基础上发展起来的。

ADPCM 把自适应型量化步长引入 DPCM，即不是把信号 $x(n)$ 直接量化，而是把它和预测值 $x(n)$ 的差 $d(n)$ 进行量化。ADPCM 的效率比 APCM 的效率高。在码率为 32kbit/s 的情况下，ADPCM 系统的通话质量达到了与码率为 64kbit/s 的 PCM 系统通话质量相同的水平，同时压缩了码率。因此，作为中等质量的高效率编码方式，ADPCM 在多功能电话机的留言等短时间录音、不同磁带的固体录音机和向导广播，以及自动售货机等各种声音服务领域被广泛应用。另外，在多媒体技术应用领域的 CD-I 中，通常采用 4～8 位的 ADPCM 实现音乐长时间化。目前，ADPCM 已广泛用于卫星通信 IDR 系统及小型站卫星通信系统传输语音和数据。

图 3-26 是 ADPCM 的原理框图。编码器输入信号为非线性 PCM 码，根据用户要求，它可以是 A 律或 μ 律 PCM 码。为了便于进行数字信号运算处理，首先将 8 位非线性 PCM 码变为 12 位线性码，然后将其送入 ADPCM 部分。线性 PCM 信号与预测信号相减获得预测误差信号。自适应量化器将该差值信号进行量化并编成 4 位 ADPCM 码输出。解码器由自适应逆量化器、自适应预测器、线性码/PCM 码变换器及同步编码调整器组成。解码器中的解码部分与编码部分有相同的电路，只是解码部分多了一个同步编码调整器，作用是保证在级联工作时不产生误差积累。同步级联是指 PCM→ADPCM→PCM→ADPCM→PCM→…，即在数字等级上实现 PCM 和 ADPCM 的转接。同步级联是在综合数字网（IDN）或综合业务数字网（ISDN）中信号经若干节点时出现的情况。

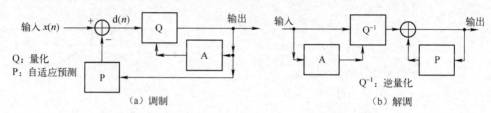

图 3-26 ADPCM 的原理框图

表 3-10 为自适应量化法中的量化级系数。与 APCM 类似，ADPCM 也是根据紧靠前面码的大小，将量化级高度乘以不同的系数，从而确定下一个量化步长的。

表 3-10 自适应量化法中的量化级系数

位　数	APCM	ADPCM
2	0.6, 2.2	0.8, 1.6
3	0.85, 1, 1, 1.5	0.9, 0.9, 1.25, 1.75
4	0.8, 0.8, 0.8, 0.8, 1.2, 1.6, 2.0, 2.4	0.9, 0.9, 0.9, 0.9, 1.2, 1.6, 2.0, 2.4
5	0.85, 0.85, 0.85, 0.85, 0.85, 0.85, 0.85, 0.85, 1.2, 1.4, 1.6, 1.8, 2.0, 2.2, 2.4, 2.6	0.9, 0.9, 0.9, 0.9, 0.95, 0.95, 0.95, 0.95, 1.2, 1.5, 1.8, 2.1, 2.4, 2.7, 3.0, 3.3

ADPCM 有两种实现途径：一种是预测固定，量化自适应；另一种兼有预测自适应和量化自适应。

量化自适应的基本思想：让量化阶距、分层电平能够自适应量化器输入信号 e(t) 的变化，从而使量化误差最小。现有的自适应量化方案有两类：一类是其量化阶距由输入信号本身估值，这种方案称为前向（前馈）自适应量化；另一类是其量化阶距根据量化器输出信号进行自适应调整，这种方案称为后向（反馈）自适应量化。

预测自适应的基本思想：使预测系数的改变与输入信号的幅度相匹配，从而使预测误差 e(t) 为最小值，这样预测的编码范围可减小，从而在相同编码位数情况下提高信噪比。

资讯 2 子带自适应差分脉冲编码调制

声音信号的子带编码（SBC）是在其本身范围内进行的高效声音信号编码方式，必须与其他方式高效组合才能更有效地工作。SBC 首先用一组带通滤波器将输入频谱分成若干频带，这些频带称为子带（SB）；然后每个子带分别利用 APCM 进行编码，编码后将各个比特流复接，传到接收端，接收端再将它们分接、解码、再组合，最后恢复原始信号。SBC 的基本原理：根据语音信号在整个频带内分布的不均匀性，通过控制语音信号范围内的量化噪声失真，对不同子带采用不同的编码比特数进行编码。SBC 也称为频域编码。SBC 在将信号分解成不同频带分量的过程中去除了信号的冗余度，得到了一组互不相关的信号，这样可大大改善编码信号的质量。

PCM、ΔM 和 ADPCM 都是通过对输入信号时域子带自适应差分脉冲编码调制的分析进行 A/D 转换的，而 SBC 是对输入信号进行频域分析的一种编码方式。子带自适应差分脉冲编码调制（SB-ADPCM）是把诸如 7kHz 带宽的声音信号先分割成高频段、低频段两个子频段，再分别用 ADPCM 方式进行编码的。对声音能量大的低频段多分配信息量进行高精度编码，对声音能量小的高频段少分配信息量进行编码，同时把 7kHz 频带看作一个整体，这样就实现了高效率和高质量。

SB-ADPCM 的基本思想是先使用带通滤波器组将语音信号分割成若干子带信号；再对这些子带信号分别进行频谱平移（如用调制的方法将它们变为低通信号），以利于降低抽样率；最后分别对各子带信号进行量化和编码。SB-ADPCM 的优点是各子带可选用不同的量化参数以分别控制它们的信噪比，满足主观听觉的要求。例如，对于含有音调频率和第一共振峰的低频部分，可以将其量化得精细些，并为其分配较多的量化比特，这样主观清晰度就会好些；反之，高频部分的量化可以粗一些。此外，由于各子带是分别量化的，对其他频带没有影响，因此较容易控制噪声谱。可以把 SB-ADPCM 理解为一种在信号频谱上控制和分布量化噪声的方法。量化是一种非线性操作，在很宽的频谱上产生畸变。人耳不能够清楚地分辨所有频率的量化畸变，这样就有可能在窄频带的编码上获得可观的质量改善。因为 SB-ADPCM 一般使用 4～8 个子带，并且各子带内使用 APCM，所以 SB-ADPCM 也可以说是多带独立的 APCM。显然，SB-ADPCM 在性能上要比全频单带的 APCM 优越，因为全频单带的 APCM 信号的各共振峰振幅相差很大（可达到 30～40dB），其自适应阶距无法满足所有共振峰的要求。

图 3-27 所示为 SB-ADPCM 编/解码方框图。子带编码适用的比特率为 9.6～32kbit/s，在这个范围内，SB-ADPCM 的语音质量与同等比特率 ADPCM 的语音质量相当。另外，考虑低比特率条件下的复杂性与相对语音质量，SB-ADPCM 在比特率低于 16kbit/s 时有优势。GSM900 蜂窝电话系统运用子带编码技术进行语音编码。然而，子带编码在高比特率（如高于 20kbit/s）情况下比其他高比特率编码技术的复杂度高。

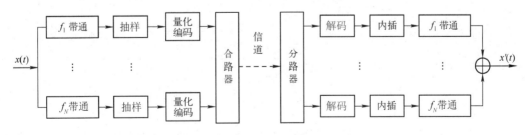

图 3-27　SB-ADPCM 编/解码方框图

采用 SB-ADPCM 技术的 G.722 编解码器保持了 64kbit/s 的比特率，把抽样率提高到了16kHz，使信号频谱扩展到了 7kHz，音质有了很大改善，是国际电信联盟（ITU）推荐的语音信号编解码标准。

3.4 骨感美人——参数编码

音频信号的波形编码具有编码质量好、能保持原始音频波形特征的优点，在有线通信等要求比较高的场合，应用十分广泛。但波形编码需要系统具有比较高的码率，以保持音频波形中的各种过渡特性。高码率需要宽的传输频带，在网络高速化的时代，这一要求将会逐渐得到满足。然而，无线通信（如移动通信和卫星通信）、网络环境中的媒体通信、保密和军事通信等领域都需要对信源码率进行大幅度的压缩，只有借助新的压缩技术，即参数编码，才能实现以上领域的通信。

参数编码技术以语音信号产生的数学模型为基础，根据输入语音信号分析出表征声门振动的激励参数和表征声道特性的声道参数，在解码端根据这些模型参数恢复原始语音。参数编码算法并不忠实地反映输入语音的原始波形，而是着眼于人耳的听觉特性，确保解码语音的可懂度和清晰度。基于参数编码技术的编码系统一般称为声码器，主要用于在窄带信道上提供 4.8kbit/s 以下的低速率语音通信，以及一些对时延要求较宽的场合。当前参数编码技术的主要研究方向是线性预测编码（Linear Predictive Coding，LPC）声码器和余弦声码器。

资讯 1 语音生成模型

参数编码的基础是人类语音生成模型。语音学和医学的研究结果表明，人类发音器官产生声音的过程可以用一种数学模型来逼近。因此，用白噪声或周期性脉冲信号激励声道滤波器就能合成语音，这就是 LPC 声码器的工作原理。人类语音生成模型如图 3-28 所示。

图 3-28 中的声道模型可以看作声音的生成系统（一般称为合成滤波器），代表的是人的口腔、鼻腔和嘴唇部分，要让这个系统产生声音输出，就必须施加激励。

声音激励可分为浊音激励和清音激励两大类。图 3-28 中的左边部分是声音激励，反映了人通过不规则的呼吸，在气管中产生压缩空气，从而压迫声带发出声音的物理过程。

图 3-28 中的幅度调节是用来调节人们讲话音量大小的。

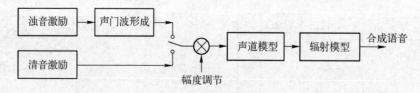

图 3-28　人类语音生成模型

参数编码与波形编码的着眼点是不同的，后者尽量保持原始音频的波形不变，而前者主要追求的是与原始音频具有相同或接近的听觉效果，而不是波形的一致。例如，人发清音用随机白噪声来代替激励正是从二者的功率谱一致来考虑的。

从参数编码的角度来讲，20ms 的语音波形（一帧）可以用一套（12～16 个）参数来描述。对这些参数进行编码传输，接收方收到后，就可以合成具有与原始语音听觉质量接近的声音，达到通信传递信息的目的。在进行波形编码时，如果处理的是窄带语音，并且以 8kHz 抽样，那么 20ms 内有 160 个样值需要编码传输，是参数编码要处理的对象的 10 倍，这就是参数编码传输速率低的原因。

参数编码的码率可以压缩到很低。1982 年，美国联邦标准 FS-1015 采用 LPC-10 算法，即 10 阶 AR 模型声码器，编码速率可以低至 1.2～2.4kbit/s，甚至更低，合成语音的可懂度仍能保持得较好。但是，这类编码器合成声音的质量并不高，还时常有噪声。

虽然 AR 模型过于简化影响了合成语音质量，但是通过 AR 模型进行线性预测是十分有效的，这时预测误差信号的动态范围远远小于原始信号的动态范围。根据波形编码的经验，只要能用一种比图 3-28 中的二元激励更好的激励模型来代替预测误差信号，在较低码率上合成高质量的语音就是很有希望的。

资讯 2　LPC

LPC 是一种非常重要的编码方法，该方法的关键在于分析和模拟人的发音器官。它不是利用人发出声音的波形合成，而是从人的语音信号中提取与语音模型有关的特征参数来编码的。在语音合成过程中，通过数学模型计算来控制相应的参数，以此来合成语音。这种方法对语音信息的压缩是很大的，用此方法压缩的语音数据所占用的存储空间只有用波形编码压缩语音数据所占用存储空间的十分之一至几十分之一。LPC 声码器是一种低比特率和传输有限个语音参数的语音编码器，较好地解决了传输数码与所得语音质量之间的矛盾。LPC 声码器广泛地应用在电话通信、语音通信自动装置、语音学及医学研究、机械操作、自动翻译、身份鉴别、盲人阅读等方面。

LPC 声码器在众多的声码器中是最为成功的，也是应用最为广泛的。LPC 声码器属于时域声码器，这类声码器从时间波形中提取重要的语音特征。图 3-29 为 LPC 声码器原理框图。

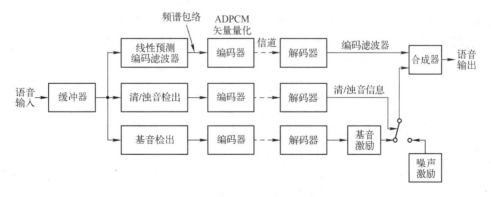

图 3-29　LPC 声码器原理框图

LPC 声码器的发送端主要由两部分组成：一部分是线性预测编码滤波器，另一部分是

提取基音和判决清/浊音的系统。这两部分把声道模型模拟成一个全极点线性滤波器，其传输函数为

$$H(z) = \frac{G}{1 + \sum_{k=1}^{M} b z^{-k}}$$

式中，G 表示滤波器增益；z^1 表示单位时延。

全极点线性滤波器的激励是基音频率还是随机白噪声取决于输入的语音是清音还是浊音。可以用 LPC 技术在时域上得到全极点线性滤波器系数。LPC 预测原理与 ADPCM 所用的原理相似，但 ADPCM 传输的是误差信号（预测波形与实际波形之差）量化值，而 LPC 传输的是误差信号中有选择的特征（包括增益因子、基音信息、清/浊音判别），由此可得到正确误差的近似。接收端用收到的预测系数来设计合成滤波器。实际上，许多 LPC 声码器传送的滤波系数已经表达了误差信号，可以直接被接收端合成。

在低速语音编码中，LPC 声码器占据重要地位。但是由于 LPC 声码器在合成语音时将激励信号简单地划分为浊音和清音，因此合成的语音质量会下降。近年来，出现了许多新型语音编码器，如残余激励线性预测编码（RE-LPC）器、多脉冲线性预测编码（MPLPC 或 MPC）器、码激励线性预测编码（CELP）器和规则脉冲激励线性预测编码（RPE-LPC）器，它们都力图改进这种二元激励模型，并已取得明显效果。

3.5　优势互补——混合编码

混合编码是波形编码和参数编码的综合：利用语音生成模型中的参数（主要是声道参数）进行编码，减小（少）波形编码中被编码对象的动态范围或数目；同时在编码的过程中产生波形接近原始语音波形的合成语音，保留说话人的各种自然特征，提高合成语音质量。目前得到广泛研究和应用的 CELP 及其改进算法都是混合编码法。

简单声码器激励形式过于简单，与实际差别较大，导致系统合成的语音质量不好。在这种情况下，可以对由语音合成系统逆系统——预测滤波器产生的预测误差信号进行直接逼近形成新的激励，这样，问题的解决就容易得多了。但实验和理论表明，这样做并不能产生高质量的合成语音。这是因为人耳听见的只是合成语音，不是激励，即使新的激励与原来的预测误差信号很像，经过语音合成系统后，合成语音与原始语音仍有相当大的差距（因为激励部分的误差可能被合成滤波器放大）。解决这个问题的唯一方法是改变激励信号的选择原则：最优激励信号的产生不以追求与预测误差信号接近为目的，而追求合成语音尽可能接近原始语音。

上述这种编码方式称为分析/合成（A/S）编码，即编码系统大都先分析输入语音提取发声模型中的声道模型参数，然后用激励信号激励声道模型产生合成语音，通过比较合成语音与原始语音的差别选择最优激励，以追求最逼近原始语音的效果。因此，分析/合成编码是一个分析+合成的过程。图 3-30 是分析/合成编码原理框图。

混合声码器能在 4.8～16kbit/s 码率范围内合成质量相当不错的语音。除 CELP 系统外，MPLPC 和 GSM 标准采用的语音编码系统和 RPE-LTP 系统等都是混合声码系统。

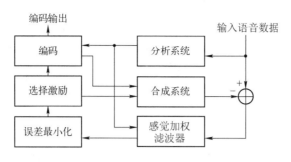

图 3-30　分析/合成编码原理框图

资讯 1　多脉冲线性预测编码

语音模型中的激励信号可以通过分析分析/合成编码系统产生的预测误差序列获得。这个预测误差序列可由一组大约只占其脉冲个数十分之一的新脉冲序列来代替，由新脉冲序列激励 $H(z)$ 产生的合成语音仍具有较好的听觉质量。尽管这个预测误差序列的大多数位置都不等于零，但它激励合成滤波器所得的合成语音与另一组绝大多数位置上都是零的脉冲序列激励同样合成滤波器所得的合成语音具有类似的听觉质量。由于在后者形成的激励信号序列中，不为零的脉冲个数占序列总长的比例极小，因此在编码时，仅处理和传输不为零的脉冲的位置与幅度参数就可以大大压缩码率。这种编码方法称为多脉冲线性预测编码（MPLPC）。

MPLPC 原理框图如图 3-31 所示。MPLPC 的主要任务是寻找由 A/S 编码系统产生的脉冲序列中每个脉冲的位置和幅度大小并对其进行编码。一般采用序贯方法进行逐个脉冲求解，寻求次优的解。

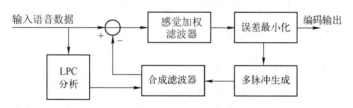

图 3-31　MPLPC 原理框图

先将输入信号分成许多个分析帧（长度在 20ms 左右），对每个分析帧进行 LPC 分析，得到合成滤波器所需的系数；然后进行脉冲激励中多个脉冲位置和幅度大小的搜索，最优的结果当然是多个脉冲一起优化的结果。不过，脉冲位置求解产生的方程是非线性的，很难求解，因此一般逐个脉冲地求它的位置和幅度。首先可以用相关法求出激励信号序列中不为零的脉冲的位置（仅有一个）和幅度。确定该脉冲位置和幅度的原则应是使这种激励产生的合成语音与原始语音加权以后的误差最小化。由于合成滤波器是线性系统，所以多个脉冲激励信号激励它产生的输出可以由单个脉冲分别激励它产生的输出相加得到。因此，如果已有一个脉冲的位置和幅度，那么由它产生的合成语音与其他脉冲激励合成滤波器的输出无关。在得到一个脉冲后，马上把由它合成的语音从原始语音中减掉，用剩下的脉冲逼近原始语音中的其他部分。这样，求后续脉冲的过程与求第一个脉冲的过程是一样的，只是每个脉冲激励逼近的目标函数都发生了变化。

图 3-30 中引入了感觉加权滤波器，它可以利用人耳的掩蔽效应提高合成语音的听觉质量。感觉加权滤波器是基于人耳的听觉特性进行滤波的。根据这一点，编码时可以允许在语音频谱分量很强的地方产生较大的量化误差，而不会对听觉质量产生明显的影响。因此，在编码过程中寻找好的激励信源时，应先对目标函数进行感觉加权修正。图 3-31 中的误差最小化一般采用的是 MSE（最小平方误差）准则，这个准则使误差信号的频谱趋于平坦化。因此，如果直接将原始语音与合成语音的误差作为目标函数，那么形成的误差将在整个语音频带中趋于平均分布。根据人耳的听觉特性，如果预先使误差产生畸变，再用 MSE 准则使之最小化，那么只是使误差在畸变后的信号频带中均匀分布，而合成语音中真正的误差谱是均匀分布误差谱经反畸变的结果，这样就可以人为地改变误差函数在频域的分布。

感觉加权滤波器在中低速率语音压缩编码和相应标准中得到了广泛应用。

资讯 2　规则脉冲激励线性预测编码

规则脉冲激励线性预测编码（RPE-LTP）是 GSM 标准采用的语音压缩编码算法，其标准码率为 13kbit/s。GSM 标准也称为移动通信的全速率编码标准。为了进一步提高信道利用率，人们正在制定码率为 6～7kbit/s、与 RPE-LTP 相当的语音压缩编码方案。该方案称为移动通信的半速率语音编码。

RPE-LTP 属于 A/S 编码方式，系统先通过分析得到合成滤波器所需参数，再通过选择不同激励来判别它们的合成语音与原始语音的差别，最后得到最优激励信号。RPE-LTP 采用了感觉加权滤波器。

RPE-LTP 的各个非零脉冲等间隔规则排列。只需使接收方知道第一个脉冲的位置（n 取什么值）即可，这样，其他脉冲的位置也就得知了。此外，第一个脉冲的位置是有限的几个可能位置。因此，RPE-LTP 脉冲位置的编码所需码率非常低，非零脉冲个数可以增加许多。在一个编码帧内，GSM 的非零脉冲是 MPLPC 的非零脉冲的 3 倍，这有利于提高合成语音的质量。

RPE-LTP 算法设置了基音预测系统及相应的基音合成系统。

线性预测处理方法可以去除语音信号样值间的相关性，大大减小信号的动态范围。线性预测系统通过预测去除的是紧邻样值的相关性，称为短时相关性。前面介绍的线性预测都是 STP（Short-Term Prediction）型的。尽管 STP 取得了良好的效果，但预测后的信号中仍呈现出某种相关性，如在 2ms、6ms、10ms、14ms 和 18ms 附近，每隔 4ms 左右就会出现尖峰脉冲，如图 3-32 所示。这是由人在发浊音时产生周期性振动引起的。这个周期信号的一个周期对应的振荡频率称为基音频率。事实上，该周期信号还有二次、三次及以上谐波，波形呈现出一种准周期性。

波形呈现周期性也是一种相关性，但 STP 不能将其消除，原因在于，基音周期的范围为 20～147 个样值（假设抽样频率是 8kHz），而 STP 中预测系统的阶数通常为 8～12 阶。也就是说，最多用前面 12 个样值来预测下一个输入，这 12 个样值相互间并未呈现出上述周期性，也不包含由基音周期性反映的信号相关性，也就不可能通过预测来消除基音相关性。由于基音相关性往往出现在间隔较远的样值间，而不是相邻样值间，因此称为长期相关性（Long Term Correlation），去除这种相关性的系统称为长期预测系统。

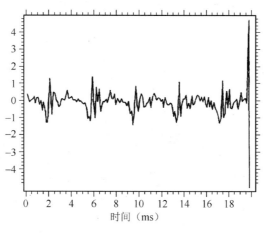

图 3-32 预测误差信号波形

语音的周期性虽然有一些波动，并且呈现准周期特性，但在一个较短的区间内，这种波动是很小的，一般前后两个周期所含语音样值相差点不会超过 3 个。在 GSM 系统中，STP 系统阶数为 8、LTP 系统阶数为 0。基音周期可通过求解相关函数进行峰值点判别估计得到。GSM 算法和 RPE-LTP 算法同时采用 STP 与 LTP，这使得语音信号经过预测后，误差信号动态范围大大减小。因此，在用规则脉冲逼近该误差信号作为合成系统的激励时，可获得比不进行 LTP 更高的逼近精度，从而产生更佳的合成语音。在 A/S 编码的步骤中，不仅有 STP，还有 LTP，语音合成系统也要进行相应的修正，补上长期合成系统。图 3-33 是 GSM 语音压缩编解码器中的语音生成模型。

图 3-33 GSM 语音压缩编解码器中的语音生成模型

资讯 3 码激励线性预测编码

码激励线性预测编码（CELP）系统是中低速率编码领域非常成功的方案。CELP 算法基本不对预测误差序列个数及位置进行任何强制假设，认为必须用全部误差序列的编码传送，以获得高质量的合成语音。为了达到压低传码率的目的，对误差序列的编码采用了高压缩比的矢量量化技术 VQ。也就是说，对误差序列不是逐个样值分别进行量化，而是将一段误差序列当成一个矢量进行整体量化的。由于误差序列对应语音生成模型激励部分，在经过 VQ 量化后，用码字代替，因此称为码激励。图 3-34 所示为典型的 CELP 系统。

根据 MPLPC 和 RPE-LTP 系统的原理，不难理解 CELP 系统的原理，CELP 系统与它们的区别只是激励部分不同。如果将激励码本中的每个码矢量看作由许多个脉冲组成的激励，那么 CELP 与 MPLPC、RPE-LTP 系统没有太大区别。CELP 系统中的每个码矢量都是一个整体，并且是量化了的结果（在构造码本时通过训练完成），因此，CELP 系统的编码不是逐个脉冲分别求解，而是一串脉冲一起求解的。求得的每个脉冲的位置和幅度也不必进行量化（已完成），只需传送方将整个选中的脉冲串在激励码本中的位置（它的下标）告知接收方即可，因为接收方也有一个同样的激励码本。这一点与 MPLPC 和 RPE-LTP 系统不同。

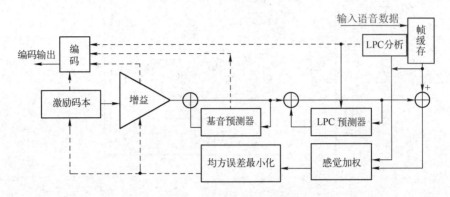

图 3-34　典型的 CELP 系统

图 3-34 中的基音预测器及其反馈环路构成了基音合成滤波器。基音合成滤波器也可以用一个激励码本中生成的激励来代替，将激励生成的信号归入激励部分。这个归入激励部分的码本一般称为自适应码本，原来的激励码本称为固定码本（也称为随机码本）。G.729标准就采用了自适应码本与固定码本相结合的结构。

当语音信号的长短项预测都很准确时，可以将语音信号中各种线性相关性都去除，语音信号的预测误差（或模型的激励）应是一种无相关性的噪声序列。这样，激励部分就不必根据常规的 VQ 方法进行码本训练，而用随机码本代替。图 3-35 所示为采用两个码本的CELP 系统。图 3-35 中的 Gs 和 Ga 是用来调节激励脉冲增益的。

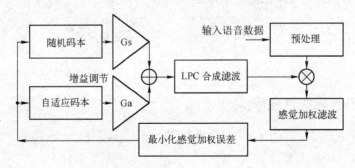

图 3-35　采用两个码本的 CELP 系统

自适应码本的搜索过程和随机码本的搜索过程本质上是一样的，二者的不同之处在于码本结构不同。自适应码本需要生成具有准周期特性的语音，其码字与随机码本的白噪声特性码字是不一样的。CELP 系统在进行码本搜索时，为了减小计算量，一般采用两级码本顺序搜索的方法。其中，第一级自适应码本搜索的目标矢量是逼近只经过加权短项预测的误差信号，主要是逼近其中的周期频率成分；第二级随机码本搜索的目标矢量是第一级自适应码本搜索的目标矢量减去自适应码本搜索后得到的最佳自适应码矢量激励合成滤波器的结果，也是逼近语音信号经长短项预测后剩余的随机成分。CELP 计算量较大的原因主要在于最佳码字的搜索。因为每次搜索都必须将码本中所有的激励矢量都通过合成滤波器产生各自的合成语音，之后将这些合成语音分别与此时的输入语音进行比较，选择最佳的合成语音作为此时的编码结果。

基于 CELP 的 LD-CELP 方案已成为干线电话网 16kbit/s 速率编码标准。与 CELP 基本算法相比，基于 CELP 的 LD-CELP 算法的主要不同体现在如下两方面。

（1）它不是从输入语音中提取合成滤波器所需参数，而是从合成语音中提取的，这样不必等待一段语音输入后进行计算，因此编码时延很低，相应的系统称为低时延编码系统。另外，由于合成系统参数取自合成语音而非原始语音，因此，合成系统参数不必进行编码传送。

（2）考虑到用合成语音来估计本时刻的合成系统参数可能会因为估计精度差而降低线性预测效果。为了提高预测性能，G.728 标准用一个高达 50 阶的线性预测滤波器代替一般 CELP 系统中的基音和声道两个预测滤波器。合成滤波器同样是 50 阶的。提高滤波器阶数只增加了计算量，因为滤波器系数不传送，所以不增加传码率。

对于如此高阶的线性预测系统，其系数的估计需要较大的计算量，而且这个系统的冲激响应也较长，这就导致计算合成语音需要较大的计算量。因此，G.728 标准的计算量是很大的。

为了降低 CELP 系统的复杂性，以便用 DSP 处理器实时实现，进一步提高系统性能，人们提出了各种改进方案。北美第一代数字蜂窝移动电话编码标准 VSELP、多媒体通信中低码率语音压缩编码标准，以及具有 6.3kbit/s 和 5.3kbit/s 两种码率的 G.723.1 MP-MLQ/ACELP 算法都是典型改进方案。

资讯 4　矢量和激励线性预测编码

矢量和激励线性预测编码（VSELP）由 Motorola 公司首先提出，其码率为 8kbit/s。图 3-36 所示为 VSELP 系统。

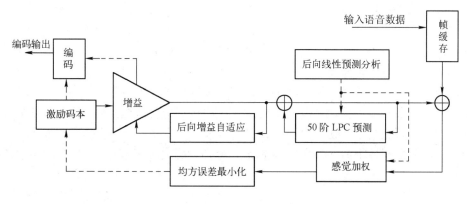

图 3-36　VSELP 系统

与基本 CELP 系统相比，VSELP 系统仅将前者中的一个随机码本改成了两个随机码本。这样，VSELP 系统中就有 3 个激励码本，码本增益也有 3 个。这两个随机码本中的激励矢量来自少量的几个基矢量的组合，并且整个码本为一种特殊的互补结构，因而在对码本进行搜索，寻求最优激励时，可以大大减小计算量。

随机码本中的每个激励矢量都是由一组基矢量通过线性组合得到的。若设 $\dot{V}_{k,m}$ 代表第 k 个码本的第 m 个基矢量（在 IS-54 标准中，$k=1,2$；m 为 2～7），则该码本中的任意一个激

励矢量都可以表示为

$$U = \sum_{m=1}^{J} a_{m,i} \dot{V}_{k,m}$$

式中，J 为基矢量数目；$i=1,2,\cdots,N$，为该激励矢量在码本中的位置。在 IS-54 标准中，$J=7$，$N=128$。

由上式可见，因为脉冲是由基矢量的和构成的，所以称为矢量和激励。码本的互补结构体现在系数 $a_{m,i}$ 上，$a_{m,i}$ 要么等于 1，要么等于-1。当 i 用信道编码中的二进制格雷码方式表示时，m 如果等于 1，那么 $a_{m,i}$ 等于 1；m 如果等于 0，那么 $a_{m,i}$ 等于-1。由于二进制格雷码相邻两个码字只有一位码不同，因此码本中相邻两个激励矢量也只相差一个基矢量。在求解激励矢量的合成语音时，先求出其基矢量产生的"合成语音"，这样就容易得到每个码激励产生的合成语音，计算量大大减小。从中还可以发现码本的一个特点，即其中任意一个激励矢量的符号取反后，都将变成该码本中的另一个激励矢量，因此码本还是互补结构。因此，在计算由脉冲产生的合成语音时，计算互补激励中的一半码矢量就可以了，另一半将结果符号取反即可。综上所述，利用码本中的码激励，将少量的基矢量构造成互补码本，这样，相比于基本 CELP 算法，VSELP 算法的计算量大大减小。

VSELP 算法能在码率为 4.8~8kbit/s 时产生质量比较高的合成语音。另外，由于计算量大大减小，因此便于用 DSP 元器件实时实现。

资讯 5　多带激励语音编码

语音短时谱分析表明，大多数语音段都含有周期语音和非周期语音两种成分，因此很难准确定义某段语音是清音还是浊音。传统声码器（如线性预测声码器）采用二元模型，认为语音段不是浊音就是清音。浊音采用周期信号，清音采用白噪声激励声道滤波器合成语音，这种语音生成模型不符合实际语音特点。人耳接听声音是对语音信号进行短时谱分析的过程，可以认为人耳能够分辨短时谱中的噪声区和周期区。因此，传统声码器合成的语音听起来合成声重、自然度差。这类声码器还有一些其他缺点，如基音周期参数提取不准确、语音发声模型中有些音不符合要求、容忍环境噪声能力差等。这些都会影响合成语音的质量。多带激励语音编码（MBE）方案突破了传统线性预测声码器整带二元激励模型的某些限制。它首先将语音谱按基音谐波频率分成若干个带，分别判断各带信号属于浊音还是清音；然后根据各带信号清/浊音的情况，分别采用白噪声或正弦波生成合成信号；最后将各带信号相加，形成全带合成语音。图 3-37 是 MBE 声码器原理框图。

在分析过程中，MBE 采用了类似 A-B-S 的方法，提高了语音参数提取的准确性，在码率为 1.2~4.8kbit/s 时，能够合成具有较好自然度及较强环境噪声容忍度的语音。

语音信号首先经过高通滤波、低通滤波及加窗处理，得到基音周期的粗估值；然后在粗估值的周围进行细搜索，找到基音周期的准确值，这样可以减少运算量，在得到基音周期准确值后，根据此值计算各带拟合误差，判断各带属于浊音区还是清音区，并计算出各谐波的谱幅度值；最后对这些参数进行量化编码，传送给解码器。解码器先根据这些参数，采用正弦信号激励浊音带的各谐波并在时域合成；而清音带的各谐波则采用白噪声激励并在频域合成，经过逆 FFT 转换成时域信号，并将合成后的清音部分和浊音部分相加，形成完整的合成语音。

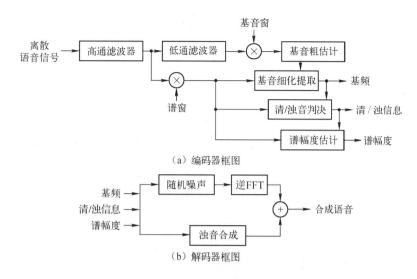

（a）编码器框图

（b）解码器框图

图 3-37　MBE 声码器原理框图

MBE 声码器可以在 4.8～1.2kbit/s 的码率下得到较好质量的语音，而且该语音抗干扰能力较强，在噪声环境下，其质量不会严重恶化。许多卫星移动通信系统使用的都是 MBE 声码器。

资讯 6　混合激励线性预测编码

混合激励线性预测编码（MELP）对语音的模式进行了两级分类。MELP 首先将语音分为清音和浊音两大类，这里的"清音"是指不具有周期成分的强清音，其余的均划分为"浊音"。其次，MELP 把浊音细分为浊音和抖动浊音，用非周期位表示。在对浊音和抖动浊音的处理上，MELP 算法利用了 MBE 算法的分带思想，在各子带上对混合比例进行控制。这种方法简单有效，使用的比特数也不多。如果使用 1bit 对每个子带的混合比例参数进行编码，那么该参数也就简化为每个子带的清/浊音判决信息。另外，在周期脉冲信源的合成上，MELP 算法要对经过 LPC 分析的残差信号进行傅里叶变换，从中提取谐波分量，量化后的谐波分量传送到接收端，用于合成周期脉冲。这种方法提高了激励信号与原始残差信号的匹配程度。

MELP 的参数包括 LPC、基音周期、模式分类、分带混合比例、残差谐波和增益。如图 3-38 所示，在 MELP 的参数分析部分，输入语音信号要分别进行基音提取、子带清/浊音判决、LPC 分析和残差谐波谱计算。MELP 算法的语音合成部分仍然采取 LPC 合成的形式，只是这里的混合激励信号为合成分带滤波后的脉冲与噪声激励之和。脉冲通过对残差谐波谱进行离散傅里叶逆变换得出，而噪声激励则在对一个白噪声源进行电平调整和限幅之后产生，二者各自滤波后叠加在一起形成混合激励信号。混合激励信号经自适应谱增强滤波器处理，用于改善共振峰的形状。最后，混合激励信号进行 LPC 合成得到合成语音。

MELP 算法合成的语音具有良好的质量和较强的抗噪声性能，是一种较为理想的低速率语音编码算法。

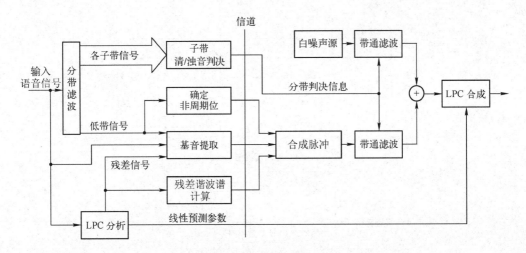

图 3-38　MELP 算法的分析/合成框图

3.6　余音绕梁——MPEG 音频编码

在音频压缩标准化方面取得巨大成功的是 MPEG 数字音频压缩方案。MPEG 是一组由国际标准化组织和国际电工委员会组织活动图像专家组制定的视频、音频、数据压缩标准。

MPEG 应用的领域十分广泛，包括数字电视、数字声音广播、影音光盘、多媒体应用及网络服务等。而 Dolby AC-3 则仅用于多声道环绕立体声重放，包括 DVD 影音光盘及 ATSC 数字电视标准中的音频编码。

MPEG 既不是根据波形本身的相关性，也不是模拟人发音器官的特性，而是利用人听觉系统的特性来达到压缩声音数据的目的的。这种压缩编码属于感知编码，现已发展为数字音视频的主流技术。

MPEG 采用两种感知编码：一种是感知子带编码；另一种是由杜比实验室（Dolby Laboratories）开发的 Dolby AC-3 编码，简称 AC-3。它们都利用人听觉系统的特性来压缩数据，只是算法不同。

目前，MPEG 已经完成了 MPEG-1、MPEG-2、MPEG-4 第一版的音频编码等方面的技术标准。限于篇幅，以下主要介绍 MPEG-1 音频编码。

MPEG-1 音频编码标准位于 MPEG-1（ISO/IEC 11172）标准的第 3 部分。MPEG-1 音频编码标准的基础是掩蔽模式通用子带集成编码、多路复用 MUSICAM、自适应频率感知熵编码 ASPEC。

1. MPEG-1 音频编码的应用

（1）直接播放数据传输率为 1.5Mbit/s 的 CD-ROM。

（2）记录载体为光盘和磁存储介质（包括磁带、磁盘）的非交错音视频格式数据，以支持与 VHS 质量相当的影音光盘 VCD（Video Compact Disc）。VCD 的声音有一路立体声输出，或者两个声道分别存储原唱和伴唱。

（3）用于数字声音广播（DAB）的源编码。

（4）用于低比特率音频传输的应用，如 ISDN 宽带网传输，特别是在网络上盛行的 MP3（MPEG Layer Ⅲ），由于 MP3 数据传输速率高、应用范围广、音质满足要求，因此已成为热门的娱乐资源。

2．MPEG-1 音频编码的主要特点

（1）支持抽样频率为 32kHz、44.1kHz、48kHz 的单/双声道及立体声等编码模式。利用以掩蔽效应为基础的心理声学模型控制声音的量化/编码不低于 32kbit/s 比特率的数据流。

（2）用层表示 3 个不同的心理声学模型算法，分别为层 Ⅰ、层 Ⅱ 和层Ⅲ。这 3 层分别对应不同的比特率，相应编码器的复杂程度依次增大。

（3）层 Ⅰ 又称为 MP1 音频，声音文件扩展名为".mp1"或".mpa"。它采用 MUSICAM 编码方案的简化算法，复杂度最低，压缩比为 4∶1（相比于 CD 激光唱片音频比特率），压缩后的比特率为 32～448kbit/s，典型码流的比特率为 192kbit/s。层 Ⅰ 适用于小型数字盒式磁带。

（4）层 Ⅱ 又称为 MP2 音频，声音文件扩展名为".mp2"或".mpa"。它采用的算法较层 Ⅰ 采用的算法复杂，去除了更多的冗余度，压缩比为 6∶1，压缩后的比特率为 32～384kbit/s，典型码流的比特率为 128kbit/s。层 Ⅱ 还称为掩蔽模式通用子带集成编码与多路复用，广泛用于数字音频的制作、交流、存储和传送。

（5）层Ⅲ又称为 MP3 音频，声音文件扩展名为".mp3"或".mpa"。它采用的算法最为复杂，压缩比为 12∶1（相比于 CD 激光唱片音频比特率），压缩后的比特率为 32～320kbit/s，典型码流的比特率为 64kbit/s。层Ⅲ是综合层 Ⅱ 和 ASPEC（自适应频谱心理声学熵编码）的优点提出的混合压缩技术，主要用于 ISDN 上的声音传输。

3．MPEG-1 音频编/解码过程

MPEG-1 音频编码过程可分为如下 4 步。

（1）时间/频率映射（滤波器组）将转化为亚抽样输入信号的频谱分量分为子带。

（2）利用频域滤波器组或并行变换输出，根据心理声学模型求出时变的掩蔽门限估值。

（3）按量化噪声不超过掩蔽门限的原则对子带进行量化编码，以使量化噪声无法被人耳听到。

（4）按帧打包成码流（包括比特分配信息）。

MPEG-1 的子带压缩和子带分割是通过时间/频率映射实现的，采用多相正交分解滤波器组将数字化的宽带音频信号分成 32 个子带；通过 FFT 运算对信号进行频谱分析；子带信号与频谱同步计算，得出各子带的掩蔽特性。由于存在掩蔽特性，因此减少了对量化比特率的要求，不同子带分配不同的量化比特数。但对各子带而言，这是线性量化。线性量化后的子带加上 CRC 校验码，得到标准的 MPEG 码流。在解码端，先进行解帧、子带样值解码，再进行频率/时间映射还原，最后输出标准 PCM 码流。MPEG-1 音频编码原理框图如图 3-39 所示，MPEG-1 音频解码原理框图如图 3-40 所示。

MPEG-1 中的层 Ⅰ、层 Ⅱ 和层Ⅲ输入的 PCM 码流一路经子带编码后直接送入量化编辑器；另一路经 FFT 后由心理声学模型推算出自适应比特分配信息，以控制量化和编码。

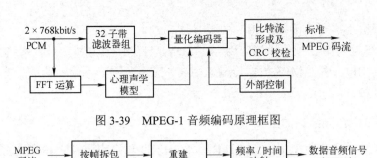

图 3-39　MPEG-1 音频编码原理框图

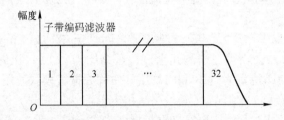

图 3-40　MPEG-1 音频解码原理框图

子带编码滤波器的划分示意图如图 3-41 所示。先用 32 个等间距子带编码滤波器对输入声音 PCM 信号进行子带分离，再用心理声学模型导出动态比特分配，最后进行子带样值的块压缩和比特流打包。

图 3-41　子带编码滤波器的划分示意图

例如，将 32 个子带分成 3 组：

12	12	8
（块）	（块）	（块）

每一块中最高幅度的子带以 6bit 编码，其他各子带与最高幅度的子带求比例关系。心理声学模型用来确定最小掩蔽门限和信号掩蔽比。心理声学模型决定了子带编码滤波器每个子带刚刚觉察到的噪声电平需要的最小掩蔽门限。最大信号电平和最小掩蔽门限的差值用于噪声与比特分配，以确定一块中每个子带的量化精度。子带编码滤波器组的划分示意图有两个心理声学模型，其中，模型 1 用于层Ⅰ和层Ⅱ，模型 2 用于层Ⅲ。这两个模型最后输出的都是各子带（层Ⅰ和层Ⅱ）或子带组（层Ⅲ）的信号掩蔽比。

实践体验：熟识单片集成 PCM 编解码器

在 PCM 通信中，尤其在数字电话中，通信双方均同时存在编码和解码过程。因此，实际应用中常把编/解码电路集成在同一个芯片中，制成单路 PCM 编解码器。常用的 PCM 编解码器有 Intel 2914 单路编解码器、MC14403 单路编解码器和 TP3067 单路编解码器等。下面主要介绍 Intel 2914 单路编解码器的特性和功能。

Intel 2914 单路编解码器的结构框图如图 3-42 所示。它由编码（发送）单元、解码（接收）单元和控制逻辑三大部分组成。

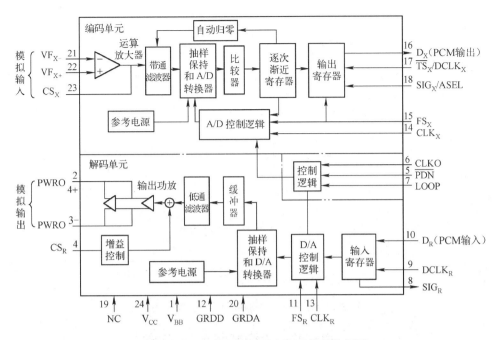

图 3-42　Intel 2914 单路编解码器的结构框图

（1）编码单元。

编码单元包括运算放大器、带通滤波器、抽样保持和 A/D 转换器、比较器、逐次渐近寄存器、输出寄存器、A/D 控制逻辑及参考电源。

待编码的模拟语音信号首先经过运算放大器放大。该运算放大器有 2.2V 的共模抑制范围，增益可由外接反馈电阻控制。运算放大器输出的信号经通带为 300～3400Hz 的带通滤波器滤波后送到抽样保持和 A/D 转换器，以及比较器等编码电路进行编码，输出到输出寄存器寄存，由主时钟（CGR 方式）或发送数据时钟（VBR 方式）读出，并由数据输出端输出。整个编码过程由 A/D 控制逻辑控制。此外，自动归零电路用来校正直流偏置，保证编码器正常工作。

（2）解码单元。

解码单元包括输入寄存器、D/A 控制逻辑、抽样保持和 D/A 转换器、低通滤波器及输出功放等。接收数据输入端出现的 PCM 数字信号由时钟下降沿读入输入寄存器，D/A 控制逻辑将 PCM 数字信号转换成 PAM 样值，该样值由抽样保持电路保持，经缓冲器送到低通滤波器中还原成语音信号，该信号经输出功放后送出。输出功放由两级运放电路组成，是平衡输出放大器，可驱动桥式负载，有时也可单端输出，其增益可由外接电阻调整，可调范围为 12dB。

（3）控制逻辑。

控制逻辑实际是一个控制逻辑单元，通过 PDN（低功耗选择）、CLKO（主时钟选择）、LOOP（模拟信号环回）3 个外接控制端控制芯片的工作状态。

Intel 2914 单路编解码器采用 24 脚引线，其典型实用电路如图 3-43 所示。Intel 2914 单路编解码器各引脚及功能说明如表 3-11 所示。

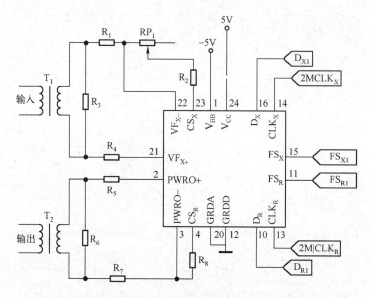

图 3-43 Intel 2914 单路编解码器的典型实用电路

表 3-11 Intel 2914 单路编解码器各引脚及功能说明

引脚编号	名 称	功 能 说 明
1	V_{BB}	电源（−5V）
2，3	PWRO+，PWRO−	功放输出
4	GS_R	接收信道增益调整
5	PDN	低功耗选择，低电平有效，正常工作接+5V
6	CLKO	主时钟选择，当 CLKO 等于 V_{BB} 端的电平时，主时钟频率为 2048kHz
7	LOOP	模拟信号环回，高电平有效；若接地，则正常工作，不环回
8	SIG_R	接收信令比特输出，A 律编码时不用
9	$DCLK_R$	VBR 时为接收数据速率时钟，CGR 时接−5V
10	D_R	接收信道输入（接收 PCM 信号输入）
11	FS_R	接收帧同步时钟，即接收端时隙脉冲 TSn
11	FS_{R1}	接收帧同步和时隙选通脉冲，当该脉冲为正时，数据被时钟下降沿接收
12	GRDD	数字地
13	CLK_R	接收主时钟，即接收端 2048kHz 时钟
14	CLK_X	发送主时钟，即发送端 2048kHz 时钟
15	FS_X	发送帧同步和时隙选通脉冲，当该脉冲为正时，输出寄存器数据被时钟上升沿送出
16	D_X	发送数字输出，即发送端数据输出
17	TS_X	数字输出的选通
17	$DCLK_X$	VBR 时发送数据速率时钟
18	SIG_X	发送数字信令输入
18	ASEL	μ律、A 律选择，接−5V 时选 A 律
19	NC	空
20	GRDA	模拟地
21，22	VF_{X+}，VF_{X-}	模拟信号输入

引脚编号	名　称	功 能 说 明
23	CS_X	增益控制端（输入运放）
24	V_{CC}	电源（5V）

目前，单路编解码器主要有如下 4 方面的应用。

（1）传输系统的音频终端设备，如各种容量的数字终端机（基群、子群）和复用转换设备。

（2）用户环路系统和数字交换机的用户系统、用户集线路等。

（3）用户终端设备，如数字电话机等。

（4）综合业务数字网的用户终端。

练习与思考

1．信源编码的目的是什么？

2．语音编码有哪些种类？各有何特点？

3．语音信号能够进行压缩的原因是什么？

4．画出 PCM 通信系统的原理图，并说明 PCM 的基本过程。

5．如果频带信号的最低频率为 f_L，最高频率为 f_H，带宽 $B=f_H-f_L$，那么在对这样的带通信号进行抽样时，抽样频率 $f_s \geq 2f_H$ 后抽样信号的频谱会不会出现重叠？如果不会出现重叠，那么抽样频率是否就选择 $f_s \geq 2f_H$？在实际应用中，f_s 应怎样选择？

6．量化噪声是怎样产生的？它与哪些因素有关？

7．均匀量化与非均匀量化有什么不同？

8．量化后为何还要进行编码？

9．什么是码型？常见的码型有哪些？

10．简述ΔM 的基本原理，画出线性 ΔM 的原理框图。

11．简述 CVSD 的工作原理，并画出其原理框图。

12．SB-ADPCM 的基本思想是什么？

13．参数编码的基础是什么？LPC 在哪些领域得到了应用？

14．常见的混合编码有哪些？

15．MPEG-1 中的层 I、层 II 和层III分别指的是什么？

单元4　图像编码

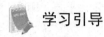

随着通信技术和信息化社会的发展，人们不仅要求听到对方的声音，收到对方传送的文字信息，还希望看到对方的图像，收到对方传送的文件、图表、曲线等信息。同时，人们不仅要求看到静止的对方形象，还要求看到对方活动的现场，人们不再仅仅满足于看到对方的黑白图像，更希望看到对方的彩色图像。于是，支持拍照、摄像、MP3、多点触控、移动上网等多媒体功能的智能手机、可视电话、图文电视、会议电视、多媒体图像通信、高清晰度电视、数字电视等应运而生，图像通信已成为人们生活中重要的通信方式之一，是现代通信技术领域中一个非常重要的组成部分。

利用现代图像通信技术，用户不仅能声像图文并茂地交流信息，还能对通信的全过程进行完备的交互控制。

最早的图像通信方式是电报。电报通信曾在民用和军事领域发挥过重要作用。

传真是一种能将各种文字、图表、照片等通过传输线路传送给对方的通信方式，对方可及时收到一份与原稿一样的复件。传真目前仍是各种图像通信方式中常用的一种。

可视电话是一种在通话的同时能看到对方影像的通信方式。尽管人们早在20世纪20年代就开始对其进行研究，但由于受到各种条件的限制，一直未能实现。直到20世纪90年代，得益于微电子技术的发展，超大规模集成电路的应用，以及数字压缩编码技术的创新，出现了1路数字话路（64kbit/s）的数字可视电话。随着计算机网络技术的发展，大量基于IP的可视电话越来越受到人们的欢迎。进入21世纪后，随着第3代移动通信系统（3G）的出现，移动可视电话也迅速发展起来。

会议电视（视频会议）是利用摄像设备、显像设备、传输线路和图像交换设备把不同地点、任意会场实时写真的场景与语音互联，同时向与会各方提供分享的听觉和视觉空间，使与会各方有"面对面"和身临其境的感觉。与会各方可以观察对方的形象、动作、表情等，同时观看所出示的图纸、文件等实拍的电视图像，或者屏幕上的文字与图形，通过各种终端发表意见，从而实现不同地点的与会各方"同处一室"。这不仅为用户提供了更及时、有效、便捷的通信服务，还提高了用户的办事效率，是一种节省时间和精力，并且经济、现代化的沟通方式。

数字电视（DTV）技术一直是人们关心的一个热点。DTV技术能够把消费者和电视行业带入一个新的时代。新的DTV标准有足够的带宽允许电视台同时播放多套电视节目，同时传送数据和电视节目，开创了基于TV的交互式数据业务。消费者完全可以在家里通过数字电视，以电影级别的真实体验在欣赏电视节目的同时享受电视购物、电视银行、电视商务、电视通信、电视游戏、电视办公自动化、实时点播电视和电视网上游览的乐趣。

随着通信、多媒体、计算机和电视技术的发展及进一步融合，交互电视（ITV）应运而生，并迅速成为信息高速公路热门的话题之一。采用了数字视频交互技术的 ITV 已完全不同于传统的家用电视，彻底改变了人们被动接收电视信息的方式，是一种受观众控制的电视技术，实现了人与电视的直接对话。目前，常见的 ITV 系统是视频点播（VOD）。它可以通过电话系统、有线电视系统、蜂窝电视系统、按次付费系统及混合系统提供较高质量的数字压缩式 VOD 电视节目。

综上所述，现代通信系统融合了通信、多媒体、计算机和网络等技术，计算机、通信和广播电视三网合一是必然趋势。现代通信的业务大致可以分为如下 6 类。

（1）会议业务：在人与人之间进行多点通信且双向信息交互的业务，典型的业务应用包括点对多点的远程多媒体教学，多点对多点的多媒体互动会议等。

（2）谈话业务：在人与人之间进行点对点通信且双向信息交互的业务，典型的业务应用包括可视电话等。

（3）分配业务：在机器与人之间进行点对多点通信且单向信息交换的业务，典型的业务应用包括广播型影视放送、远程教育、互动型视频点播等。

（4）检索业务：在人与服务器之间进行点对点通信且单向信息交换的业务，典型的业务应用包括实时交通信息查询、网上图书馆、网上书店、各种电信业务费用查询及支付、人才中介等。

（5）采集业务：在机器与机器或机器与人之间进行多点对一点通信且单向信息交换的业务，典型的业务应用包括远程故障诊断、远程医疗等。

（6）消息业务：在人与服务器之间进行点对点或点对多点通信且单向信息交换的业务，典型的业务应用包括多媒体短信、语音或视频电子邮件等。

当前，第四代/第五代移动通信系统（4G/5G）向用户提供高质量的多媒体业务，包括高质量的语音、可变速率的数据（从每秒数千比特到每秒数吉比特）、高分辨率的图像视频等多种支持面向电路和分组的业务。因而，信源编码不再局限于语音部分，图像编码也是一个不可回避的话题。

图像编码又称为图像压缩编码，是一种信源编码，其信源就是各种类型的图像信息。图像编码的根本目的是用尽量少的比特数来表征图像，同时保证恢复（解码）后的图像质量能符合特定应用场合的要求。也就是说，图像编码就是指采用某种编码方法在一定程度上减少图像中相邻的像素、行及帧之间的相关性。图像在经过压缩编解码后，会存在一定的失真，但失真必须在人视觉可以忍受的范围之内或满足特定的应用要求。

4.1 百闻不如一见——视频图像

常言道，"耳听为虚，眼见为实"，人们每天获得的信息大约 80% 来自视觉。"闻声不见人"的电话通信毕竟使人稍嫌不足，人们更希望看到对方的图像。可视对讲、视频电话等视频通信方式很受人们欢迎。

资讯 1 图像的三要素

影响和反映图像质量的基本要素有 3 个，分别是像素、分辨率和颜色深度。

（1）像素。

一幅图像是由许多深浅各异、排列有序的小点组成的，这些小点被称为像素。像素是构成图像的最小单位，以矩阵的方式排列。单位面积内像素越多，图像的精度就越高，质量就越好，同时这个图像文件所占的存储空间就越大。可以将像素比作照相底片上的卤银颗粒，也等价于打印机输出的"点"。

（2）分辨率。

分辨率是用于量度位图图像内数据量多少的一个参数，通常用 PPI 表示图像每英寸包含的像素。图像包含的数据越多，图形文件所占的存储空间越大，能表现出的细节越丰富。分辨率高的文件所需的计算机资源要求高，占用的硬盘空间很大；分辨率低的文件，图像包含的数据不够充分，图像显得比较粗糙，尤其当把图形放大到一定尺寸时，图像十分粗糙。因此，在图像创建期间，必须根据图像最终的用途确定正确的分辨率。分辨率通常被表示成每个方向上的像素数量，如 640×480 等。而在某些情况下，分辨率也可以用 PPI，以及图形的长度和宽度来表示，如 72PPI、8in×6in。一般来说，像素多用于计算机领域，而打印和印刷则多用"点"表示。

根据人眼的视觉分辨力，由 40 万个像素组成的电视图像就能给人以清晰而细致的感觉。传送图像信号也就是依次传送像素信号。

（3）颜色深度。

位图图像中各像素的颜色信息用若干数据位表示，这些数据位称为图像的颜色深度（或称为图像深度）。颜色深度决定了位图图像中出现的最大颜色数。目前，图像的颜色深度有多种，即 1、4、8、16、24、32。例如，若图像的颜色深度为 1，则每个像素只有 1 个颜色位，即只能表示两种颜色，即黑或白，这种图像称为单色图像；若图像的颜色深度为 4，则每个像素有 4 个颜色位，可以表示 16 种颜色；若图像的颜色深度为 24，则每个像素有 24 个颜色位，可包含约 1677 万（2^{24}=16777216）种不同的颜色，这种图像称为真彩色图像。

资讯2　数字图像的类型

矢量图形和位图图像又称为静图，这是相对于动画和视频图像来说的。图形和图像是两个既有区别又密切联系的概念，它们有各自的特点和适用范围，并在一定的条件下可以互相转化。将模拟图像转化成由一系列离散数据（二进制数）表示的图像，该图像称为数字图像。图像信号的压缩编码是在数字化的基础上实现的。

（1）位图图像。

位图图像又称为点阵图像，是由描述图像中各个像素点的亮度位数与颜色位数集合而成的，这些位用于定义图像中每个像素点的亮度和颜色。位图图像适合表现比较细致、层次和色彩比较丰富且包括大量细节的图像。例如，个人外出旅游的风景照和演出剧照等。位图图像可以调入内存直接显示，但是它所需的磁盘空间比较大，对内存和硬盘空间容量的需求也较高。位图图像文件通常比矢量图形文件大。

（2）矢量图形。

矢量图形也称为向量式图形，用数学矢量方式记录图像内容，以线条和色块为主。例如，一条线段数据只需记录两个端点的坐标，以及线段的粗细和色彩等，文件较小。矢量图形的优点是能够被任意放大、缩小而不损失细节和清晰度，精度较高。矢量图形的缺点是不易制作色调丰富或色彩变化太多的图像，而且绘制出来的图形不是很逼真，无法像照片一样精确地反映自然界的景象，也不易在不同的软件间交换文件。矢量图形适用于线型的图画、美术字和工程制图等。在本单元中，谈到的数字图像大多是位图图像。

资讯 3　视频

在了解了图像及图像的一些特点之后，就比较容易理解视频及视频信号的特点。视频是由许多幅按时间序列构成的连续图像组成的，每幅图像称为一帧（Frame）。视频记录的是来自光源辐射光或场景中反射光经平面投影后光强度随时间变化的信号。可以认为视频是一个图像序列，由于每帧的图像内容可能不同，故这个图像序列看起来就是活动图像。例如，电视信号就是一种常见的视频信号。当人眼观看视频信号时，不仅受人视觉系统空间频率响应的影响，需要有一定的空间分辨率；还受人视觉系统时间频率响应的影响，需要保证图像的连续性。人视觉系统的这种时空频率响应影响着人们对视觉质量的评价。

视频信息是多媒体信息中十分重要的一种信息。视频信息与语音、图像、文本等信息有机结合在一起构成了多媒体信息。视频信号有模拟视频信号与数字视频信号之分。当模拟视频信号数字化之后，便得到数字视频信号或数字序列图像。数字化是视频压缩编码的基础。

视频实际上是由多幅静态图像组成的动态图像。基于人眼存在的时间错觉特性，以一定的时间间隔将相邻图像连续地播放出来，同时加上同步的音频，这就是动态视频的实现原理。数字视频其实就是指用数字编码来描述一幅一幅的静态模拟影像的图像信息，将数字图像连续地呈现出来。

综上所述，视频信息和视频信号具有以下特点。

1．直观性

人眼视觉所获得的视频信息具有直观的特点。与语音信息相比，由于视频信息给人的印象更加生动、深刻、具体、直接，因此视频信息交流的效果更好。这是视频通信的魅力所在，如电视、电影。

2．确定性

"百闻不如一见"，即视频信息是确定无疑的，是什么就是什么，不易与其他内容相混淆，能保证信息传递的准确性。而语音则由于方言、多义等原因可能会存在不同的含义。

3．高效性

由于人的视觉系统是一个高度复杂的并行信息处理系统，能并行快速地观察一幅幅图像的细节，因此，它获取视频信息的效率要比获取语音信息的效率高得多。

4．广泛性

前面提到，人类接收的信息约 80%来自视觉，即人们每天获得的信息大部分是视觉信息。

5. 高带宽性

视频信息的信息量大，视频信号的带宽大，这使得对二者的产生、处理、传输、存储和显示都提出了更高的要求。例如，一路 PCM 数字电话所需的带宽为 64kbit/s；一路压缩后的 VCD 质量的数字电视信号要求的带宽为 1.5Mbit/s；一路高清晰度电视未压缩的信息传输速率约为 1Gbit/s，压缩后也要 20Mbit/s。显然，这是为了获得视频信息的直观性、确定性和高效性所需付出的代价。

资讯 4　视频信号的数字化

数字视频有很多优点，它不但可直接进行随机存储，而且检索方便，在复制和传输过程中不会出现质量下降的问题，很容易进行非线性编辑。与图像信号一样，视频信号必须从模拟量转化为数字量后才能够被处理、存储或传输。

首先通过扫描的方式把三维视频信号转化为一维随时间变化的信号，即将图像分成若干帧。对于每一帧图像，在垂直方向上将其分成若干行。经过上述抽样的图像只是在空间上被离散成了像素（样本）阵列。必须将每个像素的灰度值或色彩转化为有限个离散值（量化），并为其赋予不同的码字，只有这样才能完成数字化。

视频信号的数字化过程与音频信号的数字化过程类似，包括抽样（图像中像素位置的离散化）、量化（所得样值的离散化）及编码。

（1）抽样。

图像在空间上的离散化称为抽样，即将空间上连续变化的图像用空间部分离散的灰度值来表示。从原理上讲，图像信号的抽样与语音信号的抽样是一样的。但图像信号是二维信号，必须在两个方向上同时满足抽样定理。将图像看作空间上连续的区域，并把这个区域划分成许多小格子，这些小格子称为样点，也称为像素或像元。

在一般情况下，图像信号采用的是点阵抽样，即直接对表示图像的二维函数进行抽样，读取函数空间各个离散点的值，这样就可得到一个用样点值表示的阵列，这也是点阵抽样的由来。如果水平方向抽样点为 M，垂直方向抽样点为 N，则抽样点数为 $M \times N$。

根据抽样定理，图像信号的抽样频率是由图像信号的上限频率决定的。同时，输入设备中的图像信号放大电路的带宽也要受图像信号上限频率的制约。例如，我国电视图像的上限频率为 $f_{max} \approx 5.5MHz$，则抽样频率 $f_s \geq f_{max} = 2 \times 5.5MHz$ 或抽样周期 $T_s \leq 0.09\mu s$。在实际应用中，由于采用了残留边带发送方式，降低了对设备的要求，因此 $f_s \approx 8MHz$ 就足够了。

（2）量化。

抽样只是完成了空间位置的离散化，所得的信号并不是离散信号，还需要将样点值离散化。对样点值的离散化过程称为量化，即在样点值的取值范围内进行分层，分为若干小区间，落在某一小区间内的所有样值都用某个样点值表示，一般这个样点值取该小区间的中间值。

对于一幅抽样点总数为 $M \times N$ 的图像，其每一抽样点都要采用 Q 级分层量化。为了使数字电路易于实现，M、N、Q 的值通常取 2 的整数次幂。在量化分层中，一般采用二进制编码，即 $Q = 2^k$，其中 k 为正整数，表示量化值编码的码位数。因此，一幅数字图像的

总比特数为 $M×N×k$。在具体实施时，M、N、Q、k 的确定要考虑正确地恢复原始图像、人眼对图像细节观察的情况及实际应用情况等因素。$M×N$ 常见的有 512×512、256×256、64×64、32×32 等。

（3）编码。

在满足一定图像质量要求的前提下，能减少恢复图像时所需数据量的编码方法称为压缩编码。视频编码器可以看作一个通过对视频信源模型参数编码来描述视频信源的系统，编码过程可以分为两步：把原始视频数据变成视频信源模型的参数和把码字分配给这些参数。显然，视频信源模型的建立决定了编码器的性能和使用方法。

资讯 5　视频压缩原理

由于在进行信道传输时，彩色视频数据量巨大，因此必须对彩色视频数据进行压缩编码。同时，由于通信系统的传输带宽是有限的，因此，要想利用有限的信道传输多媒体信息，提高信道利用率，就必须对数据进行压缩编码。压缩编码的目的就是要满足存储容量和传输带宽的要求，适当的数据压缩编码可实现较低的时延和较高的压缩比，为数字视频能够真正应用提供条件。因此，可以说数据压缩编码技术是使数字视频走向实用化的关键技术之一。

数字视频既可以由对模拟视频信号（由模拟摄像机获取）进行数字化处理得到，又可以直接由数字化摄像机获取。数字视频的数据量非常大。例如，一路 PAL 制的 DTV 信息的码率高达 216Mbit/s，1GB 容量的存储器也只能存储不超过 10s 的数字视频图像。如果不进行压缩，那么进行传输（特别是实时传输）和存储几乎是不可能的，因此，视频压缩编码无论是在视频通信还是在视频存储中都具有极其重要的意义。视频压缩编码的目的就是在确保视频质量的前提下，尽可能减少视频序列的数据量，以便更经济地在给定的信道上传输实时视频信息，或者在给定的存储容量中存放更多的视频图像。

既要恰当地将原始数据通过编码进行压缩，以便存储与传输；又要恰当地对编码数据进行解码，将其还原为可以使用的数据。

视频数据之所以能被压缩，是因为视频数据中存在大量的冗余信息。视频数据主要存在下列冗余。

（1）空间冗余：同一帧图像中相邻像素具有很强的相关性。例如，照片背景中某些区域的均匀着色等。静止图像进行压缩的一个目标是在保持重建图像质量的前提下尽量去除空间冗余信息。

（2）时间冗余：图像序列中相邻帧的对应像素具有很强的相关性。例如，当一景物静止或运动较慢时，相邻两帧图像基本相同，对于活动视频的压缩，在去掉空间冗余的同时可去除时间冗余。

（3）编码冗余：也称为信息熵冗余。由信息论的相关原理可知，图像的比特数是按其信息熵的大小分配的。而对于实际图像，每一像素的信息熵是很难确定的。因此，用相同的比特数表示每个像素必然会存在冗余。

（4）结构冗余：在视频图像的纹理区，像素的亮度信息和色度信息存在明显的分布模式，如果知道了分布模式，就可以通过某种算法来生成图像。

（5）视觉冗余：研究发现，人眼的视觉特性是非均匀和非线性的。例如，人眼对视频图像色度的敏感度远低于对亮度的敏感度，对低频信息的敏感度高于对高频信息的敏感度等。在很多场合，人眼是视频信息的最终接收者，因此，可以对人眼不敏感的信息少编码或不编码，以压缩数据量。

（6）知识冗余：视频图像所包含的某些信息与人们的一些先验知识有关。例如，在头肩图像中，头、眼、鼻和嘴的相对位置等信息就是人类的共性知识。

信息熵冗余、空间冗余和时间冗余统称为统计冗余，它们都取决于图像的统计特性。由上述内容可知，视频图像压缩编码就是要尽可能消除其中的冗余信息，在满足图像质量要求的前提下减少恢复图像时所需的数据量。数据压缩的理论基础是香农的信息论，它一方面给出了数据压缩的理论极限，另一方面给出了数据压缩的技术途径。

4.2 神机妙算——预测编码

在图像编码技术中，预测编码（Predictive Coding）是一种主要的编码方法。预测编码的硬件实现较简单，通常用在对图像质量要求高的场合。

资讯 1 预测编码的基本原理

预测编码基于图像数据的时间和空间冗余特性，首先用相邻的已知像素（或图像块）来预测当前像素（或图像块）的取值，然后对预测误差进行量化和编码。这些相邻的已知像素（或图像块）既可以是同行扫描的，又可以是前几行或前几帧的，相应的预测编码分别称为一维预测、二维预测和三维预测。其中，一维预测和二维预测是帧内预测；三维预测是帧间预测，即在时间轴上用前一帧的像素（或图像块）对后一帧的像素（或图像块）进行预测。预测编码的关键在于预测算法的选取，这与图像信号的概率分布有很大关系，实际中常根据大量的统计结果采用简化的概率分布形式来设计最佳的预测器，有时还使用自适应预测器以较好地刻画图像信号的局部特性，提高预测效率。

预测编码旨在去除相邻像素之间的冗余度。这里所说的"相邻"既可以指像素与它在同一帧图像内上、下、左、右像素之间的空间相邻关系，又可以指该像素与相邻的前帧、后帧图像中对应于同一空间位置上的像素在时间上的相邻关系。预测编码既可以在一幅图像内进行（帧内预测编码），又可以在多幅图像之间进行（帧间预测编码）。帧内预测编码可采用像素预测或像素块预测（H.264 的帧内预测采用的就是 4×4 的像素块预测）形式的DPCM（Differential Pulse Code Modulation，差分脉冲编码调制）。采用像素预测的优点是算法简单，易于硬件实现；缺点是对信道噪声及误码很敏感，会产生误码扩散，使图像质量大大下降。同时，帧内 DPCM 的编码压缩比低，一般要结合其他编码方法。

帧间预测编码主要利用活动图像序列相邻帧间的相关性，即图像数据的时间冗余来达到压缩的目的，可以获得比帧内预测编码高得多的压缩比。帧间预测编码作为消除图像序列帧间相关性的主要手段之一，在视频图像编码方法中占有很重要的地位。帧间预测编码一般是针对图像块的预测编码，采用的技术有帧重复法、阈值法、帧内插法、运动补偿法和自适应交替帧内/帧间编码法等，其中运动补偿预测编码现已被各种视频图像编码标准采用，并取得了很好的成效。帧间预测编码的主要缺点是对于图像序列不同的区域，预测性能不一样，尤其在快运动区，预测效率很差。此外，为了降低预测算法的运算复杂度并提高预测精度，帧间预测编码一般要对图像进行分块后预测，这势必会造成分块边缘的不连续。

资讯 2　预测编码的类型

预测编码分为线性预测编码和非线性预测编码两类。线性预测编码又称为差分脉冲编码调制（DPCM）。DPCM 在预测编码时，不直接传输图像样值本身，而对实际样值与它的一个预测值间的差值进行编码、传送。如果这一差值被量化后编码，并且所采用量化器的量化层数为 2，则称为增量调制（ΔM），它是 DPCM 的一种特殊形式。DPCM 是预测编码中极为重要的一种编码方法，下面重点介绍 DPCM 的工作原理。

DPCM 系统又称为预测量化系统。DPCM 系统传输的是经过再次量化的实际样值与其预测值之间的差值——预测误差。预测值是借助待传抽样（像素）邻近已经传出的若干样值估算（预测）出来的。由于电视信号邻近像素间具有强相关性，邻近像素的样值一般很接近，因此预测有较高准确性。从统计上讲，需要传输的预测误差主要集中在 0 附近的一个小范围内。尽管在图像信号变化剧烈的地方（如轮廓和边缘）可能由于预测不准而出现一些大的预测误差，但这只是个别的，而人眼对出现在轮廓与边缘处的较大误差不易察觉。因此，对预测误差量化所需的量化层数要比直接传送图像样值本身（8bit PCM 信号需要 256 个量化层）所需的量化层数少得多。DPCM 就是通过去除邻近像素间的相关性和减少对差值的量化层数来实现码率压缩的。DPCM 系统的方框图如图 4-1 所示。

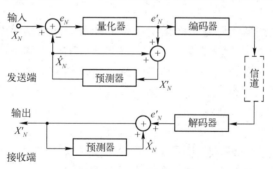

图 4-1　DPCM 系统的方框图

DPCM 系统的输入信号 X_N 是 PCM 图像信号。对于每个输入样值 X_N，预测器都产生一个预测值 $\hat{X}_N$，它是根据在 X_N 之前已经传出的几个邻近样值，通过以下预测公式计算出来的：

$$\hat{X}_N = a_1 X_{N-1} + a_2 X_{N-2} \cdots + a_n X_{N-n} \tag{4-1}$$

式中，$a_1, a_2, \cdots, a_n$ 称为预测系数；$X_{N-1}, X_{N-2}, \cdots, X_{N-n}$ 是在 X_N 前已传出的样值（参考样值）。

由于在 t_N 时刻之前的已知样值与预测值之间的关系以某种函数形式呈现，该函数一般分为线性和非线性两种，因此预测编码分为线性预测编码和非线性预测编码两种。

若预测值 $\hat{X}_N$ 与 $X_1, X_2, \cdots, X_{N-1}$ 样值之间的关系为

$$\hat{X}_N = \sum_{i=1}^{N-1} a_i X_i \tag{4-2}$$

式中，若 $a_i (i=1,2,\cdots,N-1)$ 为常量，则称为线性预测，$a_1, a_2, \cdots, a_{N-1}$ 称为预测系数；若 t_N 时刻的信号样值 X_N 与 t_N 时刻之前的已知样值 $X_1, X_2, X_3, X_4, \cdots, X_{N-1}$ 不是如式（4-2）所示的线性

关系，而是非线性关系，则称为非线性预测。

线性预测在国际标准中被广泛应用。在图像数据压缩中，常用的几种线性预测方案是前值预测、一维预测、二维预测和三维预测。

一维预测编码和二维预测编码属于帧内 DPCM 编码，三维预测编码属于帧间 DPCM 编码。

由于帧间预测编码对视频信号相关性的利用最充分，因此其压缩效率最高，但是接收端解码需要有一个容量很大的帧存储器把前一帧解码复原的图像存储起来，只有这样才能为下一帧预测提供参考样值。对压缩比要求不高的系统主要采用帧内 DPCM；而对于要求高压缩比的视频传输系统，如可视电话、会议电视、数字电视或高清晰度电视（HDTV）广播，则必须采用含有运动补偿的帧间预测。为了得到更高的压缩比，后来提出的压缩标准（如 H.264）中既采用了帧内 DPCM 像素块压缩，又采用了帧间 DPCM 像素块压缩。

资讯 3 预测器

预测器是 DPCM 系统的关键部分。自适应预测器有多种形式，使用较多的一种是开关型自适应预测器。这种预测器先判断被预测抽样附近图像样值的特点，然后根据判断的结果把其划归到不同类型的图像区域，对应于每种类型的图像区域分别使用一个与其统计特性相适应的预测器进行预测。因此，开关型自适应预测器实际上包含一组固定系数预测器，它在工作时，对于被预测的抽样，从这一组固定系数预测器中找出一个与其相适应的预测器进行预测。

采用固定系数的预测器实际是一个前提条件，即假设图像信号在图像中的各局部都具有相同的统计特性。如果这一假设成立，那么预测器在图像中的各区域都能表现出很好的预测性能。但是，实际的图像信号并不满足这种假设，属于不平稳信源。在一幅图像中，内容变化缓慢的平坦区和细节丰富的纹理区，以及亮度突变的边缘和轮廓分别具有不同的统计特性。因此，固定系数预测器一般只在图像的平坦区具有较好的预测性能，而在轮廓、边缘及纹理区往往造成大的预测误差。为了克服这一难题，进一步提高预测性能，可以采用自适应预测器。自适应预测器根据图像局部的特点，自适应地变更预测公式中的预测系数，尽可能地使预测公式随时与被预测样值附近图像局部的统计特性相匹配，避免出现过多大的预测误差，从而提高预测准确性。

资讯 4 后向预测和双向预测

前向预测方式是用 K-1 帧来预测 K 帧图像的。如果待预测的子块在 K-1 帧内，而搜索区域处于 K 帧之内，即根据后续的 K 帧图像预测前面的 K-1 帧图像，这种方式称为后向预测。

为了提高数据压缩比，往往还通过前、后两帧来预测中间帧，这种方式称为双向预测。如图 4-2 所示，对于 K 帧中的子块，先从 K-1 帧中找到它的最佳匹配块，从而得到该子块从 K-1 帧到 K 帧的位移矢量，再利用后向预测得到它从 K+1 帧到 K 帧的位移矢量，最后将经过运动补偿的前向预测和后向预测的平均值作为 K 帧子块的预测值。与单纯的前向预测相比，这种做法可以进一步减小预测误差。

在 MPEG 中，每个图像组中都包括 3 种类型的图像帧：I 帧、P 帧、B 帧。图 4-3 所示为 I 帧、P 帧和 B 帧的依赖关系。I 帧只进行帧内编码，不进行运动补偿帧间预测。每个图像组都以一个 I 帧开始，以便随机接收（I 帧提供了随机接收的访问点）和定时帧刷新，从而防止传输误码在帧间预测时可能引起的长时间扩散。P 帧是前向预测帧，由在其前传输的 I 帧或 P 帧（以下称参考帧）进行运动补偿预测。B 帧是双向预测帧，同时由已传输的在图

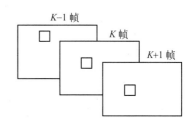

图 4-2 双向预测示意图

像序列中处于该帧前、后的两个参考帧分别进行前向运动补偿预测和后向运动补偿预测。B 帧不能作为对其他帧进行运动补偿预测的参考帧。另外，由于 MPEG 以一个 16×16 个像素亮度分量，以及占据同一空间而水平分辨率和垂直分辨率都减半的两个 8×8 个像素色度分量组成的宏块（MB）为一个运动补偿单元，因此运动估计采用块匹配法。

为了减少必须传送的运动矢量信息和运算量，MPEG 只对亮度信号进行运动估值，色度信号采用同一宏块中亮度信号的运动矢量。

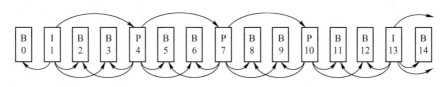

图 4-3　I 帧、P 帧和 B 帧的依赖关系

为了提高编码性能，MPEG 除 I 帧中全部宏块都采取帧内编码模式外，还在 P 帧和 B 帧中以宏块为单位自适应地选择合适的运动补偿预测模式。P 帧中的宏块主要采取前向运动补偿预测模式，但当预测效果不佳时，转至帧内模式；B 帧中的宏块可供自适应选择的模式包括前向运动补偿预测、后向运动补偿预测、双向运动补偿预测和帧内模式。宏块预测模式的自适应选择可以编码一个宏块所用比特数的多少为依据，选择编码比特数少的模式。

资讯 5　像素块预测

MPEG 在编码时，先将一帧图像分割成若干横条，每一横条称为一片，在 625 行的 PAL 制中，每帧图像被切成 18 片；在 525 行的 NTSC 制中，每帧图像被切成 15 片。将每片再纵向切成 22 块，这些块称为宏块（或大块）。宏块是 MPEG 标准的图像处理基本单元。每个宏块中的彩色图像都可以用一个亮度信号 Y 与两个色差信号 C_b 和 C_r 来表示。由于人眼对亮度信号的敏感度高于对色度信号的敏感度，因此将每个宏块的亮度信号再平均分成 4 个像块，每个像块又在水平方向和垂直方向上被分别分成 8 个像素，则每个像块可分成 64 个像素，而两个色差信号 C_b、C_r 不再被分成像块，而直接被分成 64 个像素，如图 4-4 所示。

1. 帧内预测

帧内预测编码可采用像素或像素块形式的 DPCM。MPEG-1、MPEG-2 及 H.26X 都是采用像素块进行预测的。

对 I 帧的编码是利用空间相关性而非时间相关性实现的。因为以前的标准只利用了一个宏块内部的相关性，而忽视了宏块之间的相关性，所以一般编码后的数据量较大。为了能进一步利用空间相关性，引入了帧内预测，可以提高压缩效率。简单地说，帧内预测编码就是首先用周围邻近的像素值来预测当前的像素值，然后对预测误差进行编码的。帧内预测是基于块的，对于亮度分量，块的大小可以在 16×16 和 4×4 之间选择，16×16 块有 4 种预测模式，4×4 块有 9 种预测模式；对于色度分量，预测是针对整个 8×8 块的，有 4 种预测模式。除 DC 预测外，其他每种预测模式都对应不同方向上的预测。

帧内预测的目的是生成对当前宏块的预测值。一个宏块由一个 16×16 的亮度分量和两个 8×8 的色度分量构成，亮度分量有两类帧内预测方式，按标准中的记号表示为 Intra 16×16 和 Intra 4×4；而两个色度分量则采用相同的预测方式。

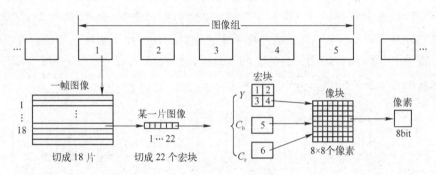

图 4-4　MPEG 图像的格式

2．帧间预测

与以往的标准一样，H.264 使用运动估计和运动补偿来消除时间冗余，它具有以下 4 个特点。

（1）预测时所用块的大小可变。

基于块的运动模型假设块内的所有像素都进行了相同的平移，运动比较剧烈或在运动物体的边缘处这一假设会与实际出入较大，从而出现较大的预测误差，这时减小块可以使该假设在小块中依然成立。另外，因为小块造成的块效应相对较小，所以一般来说，小块可以提高预测的精度。

为此，H.264 一共采用了 7 种方式对一个宏块进行分割，每种方式下块的大小和形状都不相同，这就使得编码器可以根据图像的内容选择最好的预测模式。

与仅使用 16×16 块进行预测相比，使用不同大小和形状的块进行预测可以节省不低于 15%的码率。

（2）更精细的预测精度。

在 H.264 中，亮度分量的运动矢量（MV）使用 1/4 像素精度。色度分量的 MV 由亮度分量 MV 导出，由于色度分辨率是亮度分辨率的一半，因此色度量 MV 精度为 1/8，即 1 个单位色度 MV 代表的位移仅为色度分量抽样点间距离的 1/8。

与整数精度相比，如此精细的预测精度可以节省不低于 20%的码率。

（3）多参考帧。

H.264 支持多参考帧预测，即可以有多于 1 个（最多 5 个）在当前帧之前解码的帧作为参考帧产生对当前帧的预测。这适用于视频序列中含有周期性运动的情况。采用多参考帧预测技术可以改善运动估计的性能，提高 H.264 解码器的错误恢复能力，但同时增加了缓存的容量及编解码器的复杂性。由于 H.264 是基于半导体技术飞速发展提出的，因此上述两个负担会逐渐变得微不足道。与只使用 1 个参考帧相比，使用 5 个参考帧可以节省 5%～10%的码率。

（4）抗块效应滤波器。

抗块效应滤波器的作用是消除反量化和反变换后重建图像中由于预测误差产生的块效应，即块边缘处的像素值跳变，这样可以改善图像的主观质量并减小预测误差。H.264 还能够根据图像内容做出判断，只对块效应产生的像素值跳变进行平滑，而对图像中物体边缘处的像素值不连续给予保留，避免造成边缘模糊。经过滤波后的图像将根据需要放在缓存中用于帧间预测，而不仅仅在输出重建图像时用于改善主观质量，即该滤波器位于解码环中而非解码环的输出外，因而又称为环路滤波器。需要注意的是，对于帧内预测，使用的是未经过滤波的重建图像。

资讯 6 量化与编码

由于图像信号具有强相关性，因此 DPCM 系统的预测误差在统计上有一个明显的特点，即它的概率分布高度集中在某个不太大的范围内，随着误差绝对值的增大，预测误差概率迅速减小。图 4-5 中的粗实线表示实测的预测误差概率分布，细实线表示理想的拉普拉斯分布。

根据前面的分析，如果把不经量化的预测误差精确地传送到接收端，那么可以无失真地复原 PCM 原始信号。这样的编码方式称为信息保持型预测编码，属于纯粹的冗余度压缩编码，在图像数据压缩过程中并不丢失任何信息。但是，主观实验表明，对于由人眼观看的电视图像，预测误差没有必要绝对精确地传送到接收端，可以对它进行再次量化，适当降低精度，从而获得进一步的码率压缩。这样，虽然引入的量化误差会导致图像在一定程度上客观失真，但是如果能够把量化误差限制到主观视觉不能觉察的程度，就不会影响图像的主观质量。因此，量化器是利用主观视觉特点挖掘压缩潜力的工具。

对于如图 4-5 所示的概率分布，最适宜采用低端密分层、高端稀分层的非均匀（非线性）量化。因为在这种情况下，为了获得同样的主观图像质量，采用非均匀量化要比采用均匀（线性）量化节省量化级数。图 4-6 所示为非均匀量化示意图。非均匀量化特性曲线的低端密分层和高端稀分层与预测误差概率分布相适应，在有限的量化级数下能够保证出现的量化误差大部分都是小误差，从而减小平均误差幅度。这种非均匀量化特性与人的主观视觉特性也是相适应的。生理、心理学实验发现，人眼对图像中误差的发现受掩盖效应的影响。变化越剧烈，量化误差越容易被掩盖，不易被察觉。基于人眼视觉的这一特点，同样大小的量化误差出现在图像内容变化剧烈的轮廓和边缘处要比出现在图像内容缓慢变化的平坦区较能使人忍受，不易被发现。另外，在图像轮廓处，由于信号变化剧烈，预测不容易准确，预测误差大。因此，可以将预测误差作为图像局部"活动性"的一种标志，用它来描述图像局部信号变化的剧烈程度。将上述两方面结合起来可以得到这样的结论：对于小的预测误差，量化分层要密，因为它主要出现在图像平坦区，量化误差容易被察觉；对于大的预测误差，量化分层可以稀一些，因为它一般出现在轮廓或边缘处，基于掩盖效应，允许存在较大的量化误差。显然，这里得出的结论与根据预测误差分布考虑的非均匀量化特性的安排趋势是一致的。

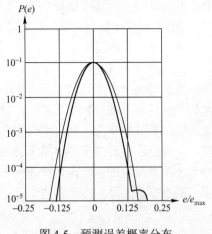

图4-5　预测误差概率分布

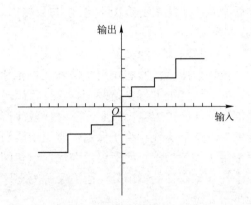

图4-6　非均匀量化示意图

资讯7　具有运动补偿的帧内插

1. 运动位移估值

电视信号的帧内编码利用图像信号的空间相关性实现信息压缩，而帧间编码则利用图像信号在时间轴上的相关性来实现信息压缩。统计测量表明，当景物不含剧烈运动、不发生场景切换及摄像机不明显运动（如推镜头、摇镜头）时，电视信号的帧差信号（相邻帧间空间位置对应的像素差值）比帧内相邻像素间的差值信号具有更尖锐的以 0 为中心的拉普拉斯分布，即表现出更强的相关性。由于可视电话、会议电视场景具有的主要是不多的人物活动，并且人物活动范围和运动速度均不大，因此与广播电视信号相比，其帧间相关性更强。

但是，由于电视信号中运动事件的存在，直接利用帧差信号编码也带来一些问题。当场景中有快速运动物体存在时，由空间几何位置对应的像素值相减得到的帧差信号的幅度也剧烈增加。如图 4-7 所示，在 $K-1$ 帧中，中心点为 (x_1,y_1) 的运动物体若在 K 帧移动到中心点为 (x_1+dx,y_1+dy) 的位置，则其位移矢量 $\boldsymbol{D}=(dx,dy)T$。如果直接求两帧间的差值，那么由于 K 帧的 (x_1+dx,y_1+dy) 点（运动物体）与 $K-1$ 帧的对应点（灰底部分）之间的相关性极小，所得差值幅度很大。与此同时，若对 K 帧的 (x_1,y_1) 点与 $K-1$ 帧的对应点（运动物体）求差值，则会出现同样的问题。但是，若能对运动物体的位移量进行运动补偿，即在图 4-7 中将 K 帧 (x_1+dx,y_1+dy) 点的运动物体移回 (x_1,y_1) 点，再与 $K-1$ 帧求差值，显然会使两点的相关性增大，差值信号减小，从而提高压缩比。为了实现这一目的，必须事先估测场景中运动物体的位移量，即进行运动位移估值。

在电视信号编码方面，运动位移估值的两个主要应用是运动补偿帧间预测和运动自适应帧内插。如上所述，借助运动位移估值得到的物体帧间位移矢量进行运动补偿后做帧间预测，可使预测误差（帧差信号）明显减小。运动自适应帧内插在低码率视频编码中对提高图像质量起着重要作用。例如，在可视电话编码系统中，通过降低发送端传送的帧频来降低传输码率（如隔帧传送），未传输的图像帧在接收端由已传输的处于该帧前、后两个图像帧的内插来恢复。采用运动自适应帧内插可以避免或减轻内插帧运动物体的图像模糊。运动自适应帧内插还可以应用于标准电视和高清晰度电视的接收系统，用来提高显示帧频，减弱闪烁效应。图 4-8 说明了运动自适应帧内插的原理，其中，$K-1$ 帧和 $K+1$ 帧是传输帧，K 帧是内插帧。按照一般的线性内插算法，K 帧内位于(x_1, y_1)处的像素要由 $K-1$ 帧和 $K+1$ 帧同样处于(x_1, y_1)位置的像素值内插获得。显然，这样会引起图像模糊，因为这种做法将运动物体上的像素值和静止背景上的像素值进行了混合平均。为了在内插帧中正确地恢复运动物体，必须考虑运动位移，即进行运动补偿。如图 4-8 所示，在 $K-1$ 帧中，中心位于(x_1, y_1)处的运动物体在 $K+1$ 帧中运动到了(x_1+dx, y_1+dy)位置。因此，在 K 帧中，该运动物体的中心应位于$(x_1+dx/2, y_1+dy/2)$处，即该帧中位于$(x_1+dx/2, y_1+dy/2)$处的像素值应由 $K-1$ 帧中位于(x_1, y_1)处的像素和 $K+1$ 帧中位于(x_1+dx, y_1+dy)处的像素内插得到。不难理解，运动自适应帧内插对运动位移估值提出了比运动补偿帧间预测更高的要求，它希望得到的运动位移估值应尽量接近物体的真实运动，而不只是在某种准则函数值最小（或最大）意义上的最优。

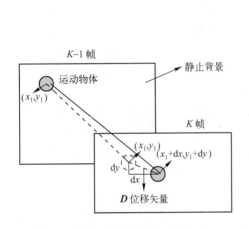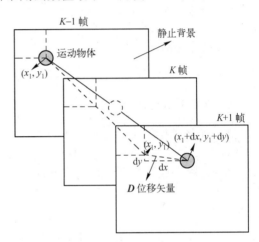

图 4-7 运动物体的帧间位移示意图　　　图 4-8 运动自适应帧内插的原理

2．块匹配运动位移估值

实际物体的运动是十分复杂的三维运动，既有平动，又有转动，如果再考虑物体的非刚性和运动中光照的变化，那么运动模型的建立和运动参量的估值将十分复杂。在电视图像编码中，基于实时运算的需要，目前所采用的运动位移估值算法仅考虑物体在电视画面内的平动部分。

图像编码领域目前使用的运动位移估值算法有块匹配法、像素递归法、相位相关法，以及针对由摄像机运动引起图像全局运动的全局运动参数估值法等。其中，块匹配法是最常用的，活动视频编码的国际标准 H.261、MPEG-1、MPEG-2 实际都采用块匹配法进行运动位移估值。

块匹配法将当前帧划分成尺寸为 $M \times N$（单位为像素）的许多个像块，并假设一个像块内所有的像素都进行速度相同的平移运动。对于当前帧，即 K 帧中的每个像块 B，在以前帧的对应位置为中心、上下左右 4 个方向偏开相等距离 dm（单位为像素）的范围内，即$(M+2\mathrm{d}m)\times(N+2\mathrm{d}m)$（单位为像素）的搜索区内进行搜索，寻求与其最匹配的像块 B'。根据这一对像块在水平方向和垂直方向上的距离即得到运动位移矢量$(\mathrm{d}x,\mathrm{d}y)$。图 4-9 所示为 $M\times N$ 像块与搜索区的关系示意图。

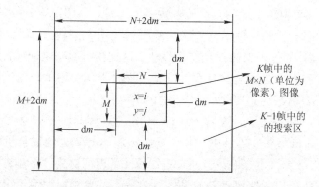

图 4-9　$M\times N$ 像块与搜索区的关系示意图

衡量最佳匹配大都采用平均绝对帧差（MAD）准则。MAD 具有运算量小、便于硬件实现等优点。

块匹配法中涉及的几个主要问题是运动估值宏块大小的确定、搜索区大小的确定、宏块间最佳匹配准则的确定是计算量最少搜索法的选定。

3. 块匹配法的快速搜索

全搜索法是最细致的搜索方法，即在搜索区内逐点搜索，每搜索一点就计算一次 MAD，当 MAD 达到最小值时，求得最佳匹配像块。全搜索法需要计算 MAD 的次数是$(M+2\mathrm{d}m)\times(N+2\mathrm{d}m)$，当图像空间分辨率高、运动速度快、需要大范围搜索时，其运算量是相当大的，为了进行实时运算，必须采取并行处理。为了减少搜索次数，人们提出了多种快速搜索算法，如三步法、正交搜索法、共轭方向法、二维对数法等。这些快速搜索算法的共同之处在于它们把准则函数（如 MAD）趋于极小的方向视为最小失真方向，并假定准则函数在偏离最小失真方向上是单调递增的，即认为它在整个搜索区内是(i,j)的单极点函数，有唯一极小值，而快速搜索是从任一猜测点开始的最小失真方向进行的。因此，这些快速搜索算法在实质上都是统一的梯度搜索法，它们只是在搜索路径和步长方面有所区别。

4. 分级搜索

实验表明，在运动位移估值的质量（可以根据估值所得运动矢量场的连续性进行判断）方面，快速搜索较全搜索仍有一定的差距，因此人们又提出了分级搜索方法，即在减少运算量的同时，力求接近全搜索的效果，得到更近似真实的运动位移矢量。

在分级搜索方法中，先对原始图像进行滤波和亚抽样，得到一个图像序列的低分辨率表示；再对所得低分辨率图像进行全搜索。由于分辨率降低，因此搜索次数大幅减少，这一步可以称为粗搜索；然后以低分辨图像搜索的结果为下一步细搜索的起始点。在细搜索时，由于搜索范围缩小很多，因此搜索次数也应减少。经过粗、细两级搜索，便得到最终的运动位移矢量估值。

MPEG-2 需要的运动位移估值精度为 1/2 像素，但在 1/2 像素精度基础上进行全搜索需要的运算量太大，因此，MPEG-2 采取修正的全搜索，其思想就是分级搜索。但是由于要求 1/2 像素精度，因此粗搜索是在原始分辨率图像上进行的，而细搜索则在通过内插得到的 1/2 像素光栅上进行，具体搜索过程如下。

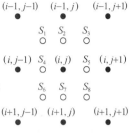

图 4-10　1/2 像素精度

（1）在由最大可能位移确定的搜索区内进行整像素精度的全搜索，寻找使 MAD 最小的像素点(i,j)。

（2）如图 4-10 所示，以点(i,j)为中心，取其周围 8 个半像素点（用○表示），加上点(i,j)本身共 9 个点，逐点搜索，采取最小 MAD 准则，寻找最佳匹配点，由此得到精度为 1/2 像素的最终运动位移矢量。半像素点（用 S_n 表示）的像素值由邻近的整像素点（用●表示）内插得到。

4.3　山路十八弯——变换编码

变换编码（Transform Coding）的基本思想：消除图像数据空间相关性，将原始数据变换到另一个表示空间（数学域），使数据在新的空间中尽可能相互独立，而能量更集中，同时使图像数据在变换域上最大限度地不相关。而离散余弦变换的 Z 字形扫描路径也恰如弯曲的山路。

变换编码通常将空间域相关的像素点通过正交变换映射到另一个频域上，使变换后系数之间的相关性降低。数据变换后在频域上应满足所有的系数相互独立，能量集中在少数几个系数上，这些系数集中在一个最小的区域内的要求。

资讯 1　变换编码的基本原理

1. 变换的意义

变换编码是有失真编码中应用最广泛的一类编码方法，与预测编码一样，它也是通过去除信源序列的相关性来达到数据压缩的目的的。二者的不同之处在于，预测编码是在空间域或时域进行的，而变换编码则是在变换域（频域）进行的。

变换编码的基本原理：将原来在空间域或时域描述的信号变换到正交空间，用变换系数表示原始图像，并对变换系数进行编码。尽管变换本身并不带来数据压缩，但由于变换后信号的能量大部分集中在少数几个变换系数上，因此删去对信号贡献较小（方差小）的系数就可以达到有效压缩的目的，并且不会引起明显的失真。

在数据压缩的一般步骤中，利用映射变换来实现对数据的建模表达称为变换编码。映射变换是指把原始信号中的各个样值从一个域变换到另一个域，并对变换后的数据进行量化（二次量化）与编码操作。接收端首先对收到的信号进行解码和反量化，然后进行逆变换以恢复原来的信号（在一定的保真度下）。映射变换的关键在于能够产生一系列更加有效的系数，对这些系数进行编码所需的总比特数要比对原始数据进行直接编码所需的总比特数少得多，码率由此得以降低。

映射变换的方法很多，一般是指函数变换法，而常用的是正交变换法。这样有可能使函数的某些特性变得明显，并使问题的处理得到简化。

在图像数据压缩技术中，正交变换编码（以下简称变换编码）与预测编码是基本的两种编码方法。变换编码的基本思想：将在欧几里得几何空间（空间域）描写的图像信号变换到另外的正交向量空间（变换域）进行描写。如果所选正交向量空间的基向量与图像本身的特征向量很接近，那么同一信号在这种空间描写起来就会简单得多。空间域的一个由 $N×N$ 个像素组成的像块经过正交变换后，在变换域变成了同样大小的变换系数块。变换前后的明显差别：空间域像块中像素之间存在很强的相关性，能量分布比较均匀；经过正交变换后，变换系数间是近似统计独立的，相关性基本解除，并且能量主要集中在直流项和少数低空间频率的变换系数上。这样一个解除相关性的过程也是冗余度压缩的过程。经过正交变换后，在变换域进行滤波、与视觉特性匹配的量化及统计编码就可以实现有效的码率压缩。

典型的正交变换是傅里叶变换。傅里叶变换的物理意义是频谱展开，对图像进行二维傅里叶变换就是在水平和垂直两个方向上进行二维频谱展开。由于信号和频谱间有一一对应的关系，因此利用这些频谱在接收端就可以把信号恢复出来。对图像的频谱进行压缩有其便利之处。这是因为一般电视图像信号的能量主要集中在低频部分，能量随频率的升高而迅速减少，并且人的主观视觉具有对高频成分不如对低频成分敏感的特点，在编码时，对高/低频成分分别进行粗细不同的量化，甚至对很高的频率成分舍去不传。这样，在使码率明显降低的同时，可以保持良好的主观图像质量。

1968 年出现了用快速算法离散傅里叶变换进行的二维图像编码，而后又提出了不少其他类型的离散正交变换用于图像编码，如沃尔什-阿达玛变换、哈尔变换、K-L 变换、斜变换、余弦变换等。在这些变换中，除 K-L 变换外，都有快速算法。K-L 变换采用图像本身的特征向量作为变换的基向量，因此与图像的统计特性完全匹配，是在最小均方误差准则下进行图像压缩的最佳变换，但因其变换矩阵随图像类型而异，故没有快速算法。K-L 变换虽不宜用来进行实时编码，但在理论上具有重要意义，可以用来估计变换编码这一编码方式的性能极限，以及对实用的各类变换编码的性能进行评估。在各种正交变换中，当以自然图像为编码对象时，与 K-L 变换性能最接近的是离散余弦变换（DCT）。目前，DCT 已被多种静态和活动图像编码的国际标准建议采用。

2．变换原理

图 4-11 中有相邻两个样值 X 和 Y，每个样值都采用 3 比特量化编码，即有 8 个量化幅度等级，因此这两个样值的组合共有 8×8=64 种。在图 4-11 中，横坐标表示 X 的 8 种可能等级，纵坐标表示 Y 的 8 种可能等级。由于样值存在相关性，X 和 Y 同时出现相近数值（量化幅度）的可能性最大。因此，两个样值的组合大部分会落在图 4-11 中叶子形状的区域内。如果将该坐标系逆时针旋转 45°，变为 $X'OY'$ 坐标系，那么两个样值的组合区域就落在 X' 坐标轴附近。从图 4-11 中可以看出，不管 X' 的幅度在 0～7 的量化等级内如何变化（在 X' 轴上任意取值），Y' 始终只在很小的范围内变化（变化的范围等于叶子的宽度）。这意味着 X' 与 Y' 的关联性弱，二者相对独立得多。因此，通过这种坐标变换可得到一组去除了部分相关性的另一种输出样值。这样，数据就从一个域变换到另一个域，之后就可以在变换到的域中进行压缩编码了。

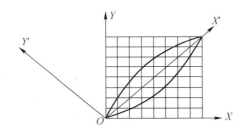

图 4-11　变换原理

　　简单来说，变换编码就是指在数据压缩前先对原始输入数据进行某种正交变换，把图像信号映射到另外一个正交变换域中产生一组变换系数，然后对这组变换系数进行量化压缩编码。经过这种变换后，一般数值较大的方差总是集中在少数系数中。在对大量的图像进行分析统计后得出结论：数值大的系数往往集中在低频区域，对处于高频区域的小数值系数分配较少的编码，甚至可以忽略不计，以减少数据量，即只对剩下的系数进行量化压缩。

　　通常所使用的变换都是线性的，如 K-L 变换、傅里叶变换和 DCT 等。这些变换一般都是可逆的，只是变换后对图像的量化压缩是不可逆的，存在质量损失，因此变换编码是有损的压缩编码。

　　图像像素之间存在一定的相关性，一些像素值往往可由其相邻的其他像素值推算出来。图像像素之间的这种相关性表明图像数据具有空间冗余度。像素间的相关性越大，图像数据的冗余度越大，数据压缩的可能性也越大。换言之，可以通过正交变换（如 K-L 变换或DCT）将各个系数之间的相关性降到很低甚至不相关，以此来达到图像数据压缩的目的。

　　变换编码系统压缩数据的步骤有 3 个：变换、变换域抽样和量化。变换本身并不进行数据压缩，它只把信号映射到另一个域，使信号在变换域里容易被压缩，变换后的样值更独立、有序，只有这样数据压缩才更有效。

　　图 4-12 是变换编码系统框图。在编码时，首先将图像划分成规定大小的像块，一个 $N \times N$ 的像块由相邻的 N 行（每行 N 个相邻的样值）组成，像块的划分用存储器很容易实现；然后将一个像块的 N^2 个样值同时从存储器中取出，并对它们进行正交变换，变换得到的 N^2 个变换系数经量化、编码后送入信道传输。而接收端则进行恢复图像的逆过程。

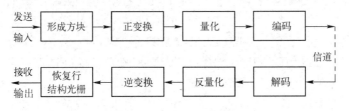

图 4-12　变换编码系统框图

　　实验表明，对于自然图像，像块尺寸选 8×8（单位为像素）或 16×16 是合适的。像块尺寸取得过大，需要的计算量和存储量明显增加而压缩效率提升不多，而像块过小则会使压缩效率明显下降。国际标准 H.261、JPEG、MPEG 都采用 8×8 的像块进行 DCT，H.264 采用 4×4 的像块。

综上所述，变换编码可以分为如下 4 个步骤。

第 1 步，选择变换类型，DCT 是应用十分广泛的一种类型。

第 2 步，选择像块的大小，较好的像块尺寸是 4×4、8×8 和 16×16。

第 3 步，选择变换系数并对其进行高效的量化，以便传输或存储。

第 4 步，对量化系数进行比特分配，通常使用哈夫曼编码或游程编码。

3. 变换编码的基本思路

（1）编码时略去某些能量很小的高频分量以降低码率。

（2）变换编码还可以根据人眼对不同频率分量的敏感程度对不同系数采用不同的量化台阶，以进一步提高压缩比。

资讯 2 离散余弦变换

K-L 变换只是理论上的最佳方法，由于其本身没有通用的变换矩阵，计算量大，因此很难进行实际应用。在实际编码过程中，人们常采用离散余弦变换（DCT）。DCT 也是正交变换，非常接近 K-L 变换，其效果仅次于 K-L 变换。对大多数图像信源来说，DCT 是现行变换编码方法中最接近 K-L 变换的。

任何连续实对称函数的傅里叶变换中都只含余弦项，因此余弦变换与傅里叶变换有同样明确的物理意义。先将整体图像分成 $N×N$ 的像块，然后对 $N×N$ 像块逐一进行 DCT。由于大多数图像的高频分量较小，相应的图像高频成分的系数经常为零，并且人眼对高频成分的失真不太敏感，因此可用更粗的量化。在接收端进行解码还原时，可通过逆 DCT 得到样值，虽然会有一定的失真，但人眼还是可以接受的。

DCT 主要应用于图像压缩编码。

1. 二维 8×8 DCT

对自然图像压缩编码来说，在已知的各种具有快速算法的正交变换中，DCT 的性能是最接近 K-L 变换。

二维 DCT 可以借助 DCT 矩阵表示为

$$F(u,v)=[DCT][f][DCT]^T \tag{4-3}$$

式中，[DCT]是正交变换矩阵；[DCT]^T 是[DCT]的转置矩阵。根据矩阵的正交性，可得

$$[DCT]^T=[DCT]^{-1} \tag{4-4}$$

即[DCT]的转置矩阵等于它的逆矩阵，则二维 DCT 可以写为

$$f(i,j)=[DCT]^T F(u,v)\{[DCT]^T\}^{-1}=[DCT]^T F(u,v)[DCT] \tag{4-5}$$

DCT 用在编码端，逆 DCT 用在解码端。

对一个 $N×N$ 的像块进行二维 DCT，从物理概念上来看，是将空间像素的几何分布变换为空间频率分布。8×8 子块从左上角开始编号，即(0,0)，右下角为(7,7)，如图 4-13 所示。DCT 将光强数据转换为频率数据，频率从左上角到右下角依次增高。

DCT 系数是一系列空间频率 $F(u,v)$，指示一系列频率中每个频率对应的变化程度值，即频率的高低。$F(0,0)$指示值，即 64 个输入值的平均值没有变化的程度，称为直流（DC）系数；其他值称为交流（AC）系数。例如，$F(1,0)$指示值指示水平方向缓慢变化的程度（低

频），并且垂直方向没有变化；$F(7,7)$指示值指示在水平方向和垂直方向上快速变化的程度（高频）。

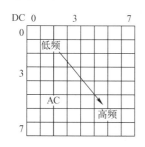

图4-13 DCT后的系数

图像的低频分量反映图像慢变化，即图像整体部分；图像的高频分量代表图像跳变的地方，即图像细节部分，如轮廓、边缘。

2．二维 8×8 DCT 数据压缩

经过 DCT 后，进一步的数据压缩依靠区域滤波，以及匹配主观视觉特性的量化、游程编码和变字长编码来实现。

（1）量化和反量化。

经过二维 DCT 后，$F(u,v)$矩阵的非零元素集中在左上角，而右下角的元素大部分为 0，即高频分量基本为 0。另外，根据人的视觉特性，图像整体比细节部分更重要。依据这两大特点就可实现图像数据压缩。对 DCT 系数进行细量化（量化步长小），如低频分量；而对高频分量进行粗量化（量化步长大）。

量化是一个十分重要的过程，是造成失真压缩（图像质量的降低）的根源。编码器中的量化器是均匀量化器，量化定义为用 64 个 DCT 系数除以量化步长，并四舍五入成一个整数，即

$$Q = \left[\frac{F}{S} \right] \tag{4-6}$$

式中，[ ]表示取整函数；Q 为规格化量化系数；F 为 DCT 系数；S 为量化步长。

量化步长是 8×8 量化表的元素，随 DCT 系数的位置和彩色分量的不同而取不同的值。8×8 量化表 64 个步长与 $F(u,v)$矩阵的 64 个系数一一对应。JPEG 给出了两个量化表，分别为亮度量化表和色度量化表，用户也可设置自己的量化表。量化步长为 1～255。一般来说，量化步长越大，图像质量越差，压缩比越高。

在解码器中，规格化量化系数只有经过反量化处理之后才能进行 IDCT。反量化是量化的逆过程，它把每个规格化量化系数乘以相应的量化步长，即

$$Q' = Q' \times S' \tag{4-7}$$

例如，当量化步长为 16 时，120～135 之间 DCT 值的规格化量化系数都为 8，在解压缩时，经反量化得到 128，该值为输入值的近似值，即存在失真。显然，量化步长越大，造成的失真越大。

对 DCT 系数进行量化的目的是在满足图像质量要求的前提下丢掉那些对图像质量影响不明显的信息，以获得较高的压缩比。

注意：对 DCT 系数进行量化的目的是对 DCT 系数进行压缩，实际上是用降低 DCT 系数精度的方法消去不必要的 DCT 系数，从而降低传输速率，而这种压缩基本上不会降低图像质量的主观评价，但本质上对图像是有损害的，因此属于有损压缩编码范畴。

（2）Z 字形扫描和 0 游程编码。

如前所述，DCT 的性能很接近 K-L 变换，在变换后的变换系数矩阵中，能量主要集中在直流和较低的空间频率系数上，而较高的空间频率系数很多都为 0 或接近 0，同时考虑

到视觉加权处理和量化，会有更多的 0 产生。这些 0 往往是连在一起成串出现的。根据这一特点，不对单个 0 进行编码，而对 0 的游程（连续 0 的个数）进行编码，可以明显提高编码效率。

为了制造更长的 0 游程，在编码之前，对变换系数矩阵这个二维数组采用如图 4-14 所示的 Z 字形扫描进行读取，变换系数按 $AC_{01}\rightarrow$ $AC_{10}\rightarrow AC_{20}\rightarrow AC_{11}\rightarrow AC_{02}\rightarrow AC_{03}\rightarrow AC_{12}\rightarrow AC_{21}\rightarrow$ $AC_{30}\rightarrow AC_{40}\rightarrow\cdots\rightarrow AC_{77}$ 的顺序变成一维数组，即按二维空间频率从低到高排列。由于随空间频率的升高，0 出现的概率越来越大。因此，这种数据排列顺序的转变对编码压缩十分有利。特别是当很多像块经过变换后，64 个变换系数经过 Z 字形排列，排在队尾的很长一串系数全是 0，这时根本不需要对这一串 0 游程进行编码，只需在位于此 0 游程之前的一个非 0 系数之后加一专用的块结束码（EOB）即可结束这个像块的编码，解码端收到 EOB 后自动补 0，直到补足 64 个系数，这样又可压缩不少传输码率。

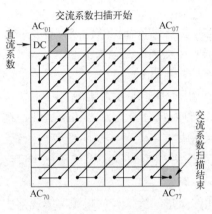

图 4-14　Z 字形扫描

扫描读取结束后需要进行编码。为了消除编码符号（事件）中存在的统计冗余度，采用变字长的熵编码。可以分别对非 0 系数和 0 游程出现的概率进行统计，并分别设计一维霍夫曼码表；也可以将非 0 系数和 0 游程这两个事件合并成一个二维联合事件（一维是 0 游程的长度，另一维是紧接在此 0 游程后的非 0 系数 AC 的幅值），并对该事件进行二维统计，设计二维霍夫曼码表。H.261、MPEG-1、MPEG-2 都有这种码表，读者可以参考 JPEG 标准中的码表。

图像压缩编码过程如图 4-15 所示。经过变字长编码后，码流的码率是变化的。如果信道要求恒定的码率，那么要用缓存器对不均匀的编码输出码流进行平滑。缓存器的容量是有限的（要受到发—收限定时延的限制），为防止缓存器溢出（上溢或下溢），要不断监视缓存器的状态，并根据这一状态反馈控制量化的精度，从而调整输入缓存器的码率，当有严重上溢危险时，需要牺牲一些图像质量以换取码流的平稳。这种控制策略常用于各种变字长编码系统中。

图 4-15　图像压缩编码过程

为了进一步理解压缩编码过程，下面介绍一个 8×8 图像 DCT 及压缩编码的过程。图 4-16（a）所示为 8×8 亮度抽样像素图形，图 4-16（b）所示为 DCT 后的系数矩阵，图 4-16（c）所示为亮度量化矩阵，图 4-16（d）所示为量化后的 DCT 系数，图 4-16（e）所示为 Z 字形扫描输出路径，图 4-16（f）所示为扫描输出后的值。此值进行游程编码和可变字长编码后为 01111 1101101 000 000 000 111000 1010。

139	144	149	153	155	155	155	155
144	151	153	156	159	156	156	156
150	155	160	163	158	156	156	156
159	161	162	160	160	159	159	159
159	160	161	162	162	155	155	155
161	161	161	161	160	157	157	157
162	162	161	163	162	157	157	157
162	162	161	161	163	158	158	158

（a）8×8亮度抽样像素图形

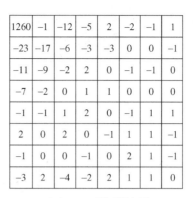

（b）DCT后的系数矩阵

16	11	10	16	24	40	51	61
12	12	14	19	26	58	60	55
114	13	16	24	40	57	69	56
14	17	22	29	51	87	80	62
18	22	37	36	68	103	103	77
24	35	35	64	81	103	113	92
49	64	78	87	108	121	120	101
72	92	95	98	112	100	103	99

（c）亮度量化矩阵

79	0	-1	0	0	0	0	0
-2	-1	0	0	0	0	0	0
-1	-1	0	0	0	0	0	0
0	0	0	0	0	0	0	0
0	0	0	0	0	0	0	0
0	0	0	0	0	0	0	0
0	0	0	0	0	0	0	0
0	0	0	0	0	0	0	0

（d）量化后的 DCT 系数

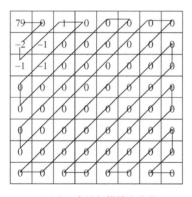

（e）Z字形扫描输出路径

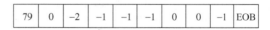

（f）扫描输出后的值

图 4-16　8×8 亮度抽样信号的 DCT 压缩编码实例

编码后的总比特数为 31。8×8 亮度抽样像素图形压缩前，每个像素都用 8 比特量化，总比特数为 512。由此可得压缩比为

$$CR = \frac{压缩前总比特数}{压缩后总比特数} = \frac{8\times8\times8}{31} = \frac{512}{31} \approx 16.5 \tag{4-8}$$

（3）转换扫描。

MPEG-2 除推荐采用 Z 字形扫描方法外，还推荐了另一种扫描方式，即转换扫描，如图 4-17 所示。当对隔行扫描的图像进行编码时，由于相邻扫描行来自不同的场，因此如果

在一定时间内物体有明显的移动,那么垂直方向的相关性会降低,这时 Z 字形的扫描顺序就不是最佳的。实验表明,转换扫描在处理隔行扫描图像时具有更高的编码效率。

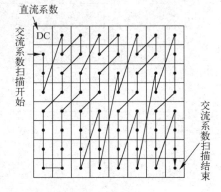

图4-17 转换扫描示意图

4.4 美人心计——统计编码

常用的统计编码有霍夫曼编码、游程编码和算术编码 3 种,它们都属于熵编码。对无记忆信源来说,统计编码是根据信息码字出现的概率分布特性寻找概率与码字长度的最优匹配,并据此对信息进行压缩的。

资讯 1　霍夫曼编码

霍夫曼编码的基本概念:对出现概率较大的符号取较短的码长,而对出现概率较小的符号则取较长的码长。因此,霍夫曼编码为变字长编码(VLC),也称为最优码,其含义为:对于给定的符号集和概率模型,找不到任何其他具有比霍夫曼更短的平均字长的整数码。整数码的每个符号所对应的码字位数都是整数。在变字长编码中,如果码字长度严格按照对应符号出现的概率大小逆序排列,那么其平均码字长度最小。

霍夫曼编码只适用于离散信源,即信源符号个数有限,而且这种编码方式实现起来相当复杂。

设信源 X 有 m 个符号 $x_1, x_2, \cdots, x_m$,其出现概率分别为 $p_1, p_2, \cdots, p_m$,表示为

$$X = \begin{Bmatrix} x_1 x_2 \cdots x_m \\ p_1 p_2 \cdots p_m \end{Bmatrix} \tag{4-9}$$

霍夫曼编码的具体步骤如下。

(1)将信源 X 中的符号按出现概率从大到小排序。

(2)将出现概率最小的两个消息合并成一个消息,重新按信源符号出现的概率从大到小排列。

(3)重复步骤(2),直到信源为

$$X = \begin{Bmatrix} x_1^0 x_2^0 \\ p_1^0 p_2^0 \end{Bmatrix} \tag{4-10}$$

(4)分别为被合并的两个消息分支赋予“1”和“0”,并分别为最后的两个消息相应地赋予“1”和“0”,将最后合并在一起的元素作为树根、每个原始信源符号作为树叶构成一个编码二叉树,中间每两个符号合并处为树的节点。这样,由树根到每个树叶的所有比特就构成对应信源符号的编码。

在采用霍夫曼编码时存在如下几个问题。

(1)由于一个节点的上下两个分支既可以被赋值为“0”,又可以被赋值为“1”,因此同一信源对应的霍夫曼编码并不唯一,但平均字长是相同的。

(2)霍夫曼编码为唯一可解码,即码的任意一串有限长的码符号序列只能被唯一地解

码为其所对应的信源符号。例如，如果编码为 011，那么决不会出现码字为 0111 的情况。

（3）霍夫曼编码不具有检错和纠错的能力。如果码串中有错误，哪怕只有 1 位出现错误，那么不但该码本身出错，还会产生误码扩散。

（4）霍夫曼编码是可变长度码，必须在存储代码前进行解码。

（5）霍夫曼编码对不同信源的编码效率是不同的。只有当信源概率分布很不均匀时，霍夫曼编码才会取得显著效果。

（6）由于霍夫曼编码的基本依据是信源的离散概率，因此当信源的实际概率模型与编码时假设的概率模型有差异时，实际的平均字长将大于预期值，编码效率会下降。如果差异很大，那么实际的平均字长会比使用定长码的平均字长更长。对于这种情况，唯一的解决方法是更换码表，使假设的概率模型与实际概率模型相匹配。

资讯 2　游程编码

游程编码又称为行程编码（RLE），其主要思想是将数据流中连续出现的字符用单一记号表示，如字符串 AAABCDDDDDDDBBBBB 可以压缩为 3ABC8D5B。RLE 简单直观，编解码速度快，许多图形文件和视频文件（如 BMP、TIFF 及 AVI 等格式文件）的压缩都采用此方法。

基本游程编码就是在数据流中直接用 3 个字符来给出字符串的位置、构成字符串的字符和字符串的长度，其数据结构如图 4-18 所示。

数据量

| C_C | X | S_C |

图4-18　基本游程编码的数据结构

在图 4-18 中，S_C 表示有一个字符串在此位置，X 代表构成字符串的字符，C_C 代表串的长度。

游程编码的优点是编码方式简单，可以实现无损压缩；解码与编码采用相同的规则，这样可以得到与压缩前完全相同的数据，从而实现无损压缩。但是，这种编码方法也具有一定的局限性，虽然对于单一颜色背景下的图形图像可以获得很高的压缩比，但是对于颜色复杂的图形图像获得的压缩比较低。

游程编码分为一维游程编码和二维游程编码两种。一维游程编码对图像进行逐行扫描，旨在消除每行像素（或水平分解元素）的相关性，没有考虑行间像素（或垂直分解元素）的相关性；二维游程编码需要考虑每行像素和行间像素两个方向的像素相关性。

资讯 3　算术编码

算术编码是一种无失真的编码方法，能有效地压缩信源冗余度，属于熵编码的一种。算术编码与霍夫曼编码一样，也是对出现概率较大的符号采用短码，对出现概率较小的符号采用长码，但它突破了霍夫曼编码每个符号只能按整数比特逼近信源熵的限制，可以按分数比特逼近信源熵。

算术编码的基本原理：根据信源出现不同符号序列概率的不同，把(0,1)区间划分为互不重叠、宽度恰好是各符号序列概率的子区间。这样，信源发出的不同符号序列可以与各子区间一一对应，每个符号序列都可以用对应子区间内的任意一个实数表示，这个实数就是该符号序列对应的码字。

算术编码首先建立信源概率表，然后扫描信源发出的符号序列，并对其进行编码。

1. 静态算术编码

信源符号概率是固定的算术编码称为静态算术编码，具体过程如下。

假设信源符号为(00,01,10,11)，这些符号的概率分别为(0.1,0.4,0.2,0.3)，根据这些概率，可把间隔(0,1)分成 4 个子间隔，即(0,0.1)、(0.1,0.5)、(0.5,0.7)、(0.7,1)。需要注意的是，(x,y) 表示半开放间隔，即包含 x，不包含 y。

如果二进制消息序列的输入为 10 00 1100 10 11 01，那么在编码时首先输入的符号是 10，它的编码范围是(0.5,0.7)。由于消息中第 2 个符号 00 的编码范围是(0,0.1)，因此，它的间隔就以(0.5,0.7)的第 1 个 1/10，即(0.5,0.52)为新间隔。依次类推，在编码第 3 个符号 11 时，取新间隔为(0.514,0.52)；在编码第 4 个符号 00 时，取新间隔为(0.514,0.5146)……消息的编码输出可以是最后一个间隔中的任意数。算术编码过程如图 4-19 所示。

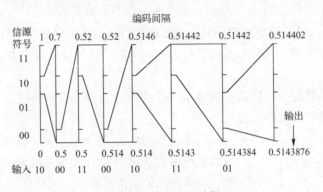

图 4-19　算术编码过程

2. 自适应算术编码

信源符号概率是动态变化的算术编码称为自适应算术编码。在自适应算术编码中，可先假定各个符号概率的初始值相同，然后各个符号概率根据出现的情况进行相应的改变。自适应模式可以不预先定义概率模型，但要求编码器和解码器使用的概率模型一致。自适应算术编码的编码效率很高，当信源符号概率比较接近时，优于霍夫曼编码。

因为自适应算术编码可以在编码过程中根据符号出现的频繁程度动态地修改分布概率，所以不需要在编码前求出信源概率。概率模型的建立和扫描编码的过程是在一次扫描中完成的。下面以图 4-19 中 4 个符号信源{00,01,10,11}组成的符号序列 10 00 11 00 10 11 01 为例来说明自适应算术编码的具体过程。

首先将区间(0,1)等分为 4 个子区间，分别对应 00、01、10 和 11。扫描序列的第 1 个符号是 10，改变符号的概率密度，符号 10 的概率为 2/5，其余符号的概率为 1/5。然后将区间(0.5,0.75)等分为 5 份，10 占 2 份，其余各占 1 份。接下来对 00 重复进行上面的概率调整和区间划分操作，具体的概率调整如表 4-1 所示。随着符号序列中符号个数的不断增多，自适应算术编码得到的符号概率将趋于各符号的真实概率。

表 4-1　自适应算术编码的概率调整

概　　率	00	01	10	11
初始	1/4	1/4	1/4	1/4
传输 10 后	1/5	1/5	2/5	1/5
传输 00 后	2/6	1/6	2/6	1/6
传输 11 后	2/7	1/7	2/7	2/7
传输 00 后	3/8	1/8	2/8	2/8
传输 10 后	3/9	1/9	3/9	2/9
传输 11 后	3/10	1/10	3/10	3/10
传输 01 后	3/11	2/11	3/11	3/11

4.5　殊途同归——子带编码

子带编码（Subband Coding，SBC）先将原始图像用若干数字滤波器（分解滤波器）分解成具有不同频率成分的分量，再对这些分量进行抽样，形成子带图像，最后对不同的子带图像分别用与其相匹配的方法进行编码；在接收端，对解码后的子带图像进行补零、放大，并用合成滤波器对其进行内插，将各子带信号相加，从而恢复原始图像。因此，SBC的关键在于分解/合成滤波器的设计。

资讯 1　SBC 的原理

在 SBC 中，每个子带都要根据所分配的不同比特数来独立进行编码。在任何情况下，每个子带的量化噪声都会增加。当重建信号时，每个子带的量化噪声都被限制在该子带内，如图 4-20 所示。由于每个子带的信号都会对噪声进行掩蔽，因此子带内的量化噪声是可以容忍的。

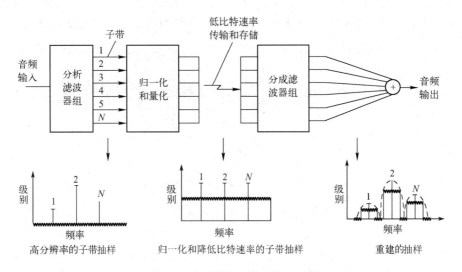

图 4-20　生成窄带高分辨率的子带编码

子带编码的主要特点如下。

（1）每个子带对每块新数据都要重新进行计算，并根据信号和噪声的可听度对样值进行动态量化。心理声学模型的灵活度很高，编码器中使用的比特分配算法是兼容的。解码器利用量化的数据来恢复每块抽样。用一个逆合成滤波器叠加所有的子带信号，以重建宽带输出信号。

（2）子带感知编码器利用数字滤波器组将短时的音频信号分成多个子带（对于时间样值，可以采用多种优化编码方法）。编码器通过分析每个子带的能量来判断该子带是否包含可听信息，计算每个子带的平均功率，用该功率计算当前子带及邻接子带的掩蔽级。根据最小闻阈推导出各子带最后的掩蔽级。计算每个子带的峰值功率并与掩蔽组进行比较，不包含可听信息的子带不编码，同时不对子带中被其他强度较大的声音掩蔽的声音信号进行编码。

（3）每个子带的峰值功率与掩蔽级的比率由进行的运算决定，即根据信号振幅高于可听曲线的程度来分配量化所需的比特数。

（4）分别为每个子带分配足够的位数来保证量化的噪声处于掩蔽级以下。在每个子带的量化噪声都低于掩蔽级的条件下，由信号掩蔽率 SMR 决定比特位数。在固定压缩率的条件下，大多采用比特池的方法。当大量需要编码的子带及大 SMR 的信号将比特池占满时，得不到最佳编码。另外，如果比特池在初始化之后是空的，那么所有的过程都将循环进行，直至编码数据占据所有比特位。这个循环过程不断往复进行，哪里需要就为它分配多一点比特数。一般 SMR 大的信号编码需要的比特数比较多。在许多其他情况下，也会将额外的比特分配给那些已经认为是不可听的子带来进行编码，使处于掩蔽阈值以下的信号也能进行编码，但它们仅仅作为辅助组来考虑。

图像的 SBC 是从语音的 SBC 移植过来的。SBC 与变换编码一样，是一种在频域进行数据压缩的方法。SBC 的工作原理如图 4-21 所示。首先用一组带通滤波器将输入信号分成若干不同频段上的子带信号（分频），然后将这些子带信号经过频率搬移转变成基带信号，分别用奈氏频率对这些基带信号进行抽样。抽样后的信号经过量化、编码，合并成一个总的码流传送给接收端。在接收端，首先把码流分成与原来各子带信号相对应的子带码流（分频），然后解码，将频谱搬移至原来的位置，最后经带通滤波器合并得到重建的信号。

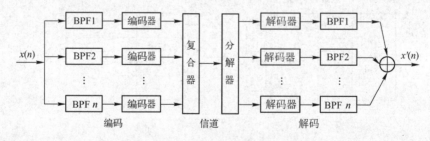

图 4-21　SBC 的工作原理

在 SBC 中，若各子带的带宽 ΔW 是相同的，则称为等带宽 SBC；若 ΔW 是互不相同的，则称为变带宽 SBC。

SBC 对图像实施一组滤波，以此将图像分为各个频谱分量，每个频谱分量都表示一幅子图像。例如，若对一幅静止图像的子带进行分解，则将存在对应输入图像低频分量的一幅小子图像，这幅小子图像可以直接视为原始图像缩小的复制。为这幅小子图像加上频带顺次升高的频谱分量（这些频谱分量中包含恢复原始图像清晰度所必需的边缘信息）即可恢复出原始图像。

一个 SBC 子系统主要由两部分组成：一部分是编码子系统，主要进行子带信号的编码和解码；另一部分是子带的分解/合成子系统，主要进行分解、合成、抽样和插值操作，完成对原始信号的滤波。

资讯 2 子带滤波

在 SBC 系统中，关键是分解/合成滤波器组的设计。理想的滤波器是具有锐截止频率的矩形滤波器，能将各子带完全隔离开，但这种滤波器难以实现。在实际工作中，通常采用的是混叠的 FIR 滤波器。一般认为，分解/合成系统会引入混叠失真、幅度失真和相位失真。设计分解/合成滤波器组的基本原则是在分解信号频率分量的同时尽量减少或消除上述 3 种失真。SBC 中比较常用的滤波器组有正交镜像滤波器组（QMF）、共轭正交滤波器组（CQF）和对称短阶滤波器组（SSKF）等。实际工作中应用较为广泛的是 QMF。

通用 SBC 系统框图如图 4-22 所示，其中的关键是正确选择用于实现无失真子带分裂和复原的解析综合滤波器组。在该系统中，裂带和复原应是互补的，即如果不考虑由编码、传输和解码引起的信号失真，那么信号通过解析滤波器裂带，直接由综合滤波器复原重建的信号应无失真或近似无失真。理想的裂带和复原只有在使用理想滤波器的条件下才能实现，但这是不现实的。采取普通的低通滤波器和高通滤波器不可避免地会对重建图像造成混叠损伤，因此必须采用专门的滤波器设计技术来解决这一问题。

图 4-22 通用 SBC 系统框图

图 4-23 所示为一维 2 子带编解码系统框图。图 4-23 中的 $H_0(\omega)$ 和 $H_1(\omega)$ 分别为低通解析滤波器和高通解析滤波器，$F_0(\omega)$ 和 $F_1(\omega)$ 分别为低通综合滤波器和高通综合滤波器，"↓"表示对信号进行隔点抽样，"↑"表示在信号两样点之间内插 1 个抽样点。

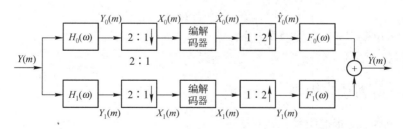

图 4-23 一维 2 子带编解码系统框图

信号抽样频率转换的频谱分析如图 4-24 所示。设输入信号（数字序列）为 $Y(m)$，频谱为 $Y(\omega)$ [见图 4-24（a）]，隔点抽样。由于采取 2∶1 下抽样，信号相当于在时间轴上压缩了一半，因此频谱相应地在频率轴上扩展为原来的 2 倍。如图 4-24（b）所示，下抽样引起频谱混叠，但是如果按图 4-24（a）中的虚线所示，事先把 $Y(m)$ 的带宽一分为二，将频带分别限制在[-π/2,π/2]（低频子带）和[-π,-π/2]，以及[π/2,π]（高频子带）区间，那么经下抽样，这两个子带信号并无混叠干扰产生，如图 4-24（c）、（d）所示。

在上抽样（1：2 内插）时，信号在时域的扩展相当于频谱在频域的压缩。图 4-24（c）、（d）所示的低频子带和高频子带经上抽样的频谱如图 4-24（e）、（f）所示。

由图 4-24（e）、（f）可见，只要对先后经过抽样频率转换的两个子带信号分别采用理想的低带通滤波器和高带通滤波器滤波［滤波后只保留图 4-24（e）、（f）中的影区部分］，将二者所得结果相加，就可无失真地恢复如图 4-24（a）所示的原始信号。

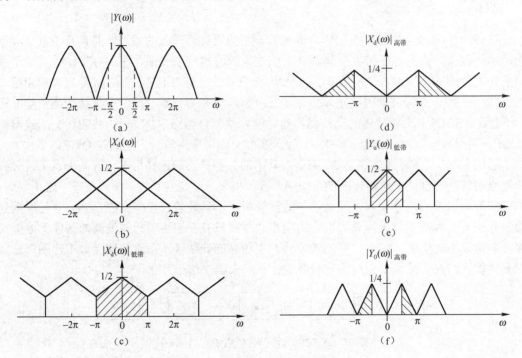

图 4-24　信号抽样频率转换的频谱分析

采用 QMF 可以获得接近无失真的系统传递，QMF 起源于双通道滤波器组，其低通滤波器和高通滤波器的频率特性分别为 $H_0(\omega)$ 与 $H_1(\omega)$，二者有如下关系：

$$H_1(\omega)=H_0(\omega+\pi) \tag{4-11}$$

$H_0(\omega)$ 和 $H_1(\omega)$ 以归一化抽样频率轴上的 $\pi/2$ 为中心互为镜像，图 4-25 所示为 QMF 的幅频特性曲线。

资讯3　二维子带编码

首先从一维 2 子带推广到二维 4 子带。

二维子带分裂与复原需要用二维滤波器来实现。如果这些滤波器采用由两个一维滤波器（一个水平方向，一个垂直方向）串接而成的可分离滤波器，那么可以将二维问题简化为一维问题。

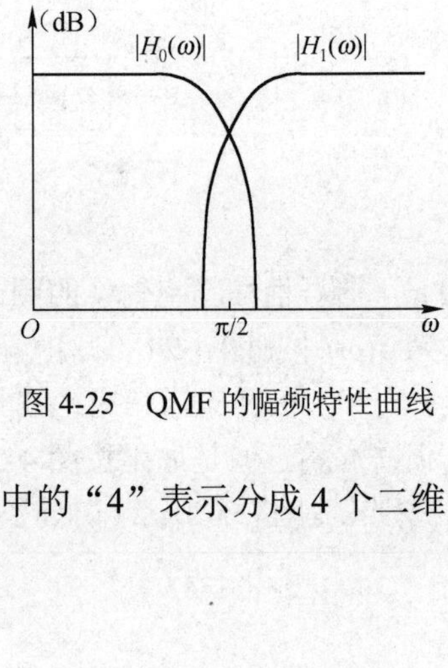

图 4-25　QMF 的幅频特性曲线

可以 4 子带为基础，以树状分裂结构继续对每个子带进行分裂，得到更多更小的子带，如图 4-26 所示。图 4-26（a）中的"4"表示分成 4 个二维子带，图 4-26（b）为相应的图像频带分割。

图 4-27 是 140Mbit/s HDTV 子带编码系统框图。通过一维 QMF 先后在水平方向和垂直方向滤波，以及每个方向上的 2∶1 下抽样，每个子带的一维频谱"面积"只有原始信号一维频谱"面积"的 1/4，每个子带的图像样值数也只有原始图像样值数的 1/4。例如，若亮度信号的抽样频率为 72MHz，则子带的抽样频率将下降为 18MHz，从而显著地降低对信号处理速度的要求。由于 HDTV 信号的大部分信息都集中在 LL 子带，通常采用的编码方案为：对 3 个高频子带 LH、HL、HH 直接进行自适应量化；而对于 LL 子带，在分配质量要求时，采用帧内 DCT，在要求具有演播室质量时，采用帧间运动补偿预测/帧内 DCT 的混合编码。经过上述编码的各子带信号经过量化后，将有较多的 0 出现，因此，采用 0 系数 RLC 和非 0 系数 VLC，进一步压缩冗余度。各子带编码输出最后送入输出端的缓冲存储

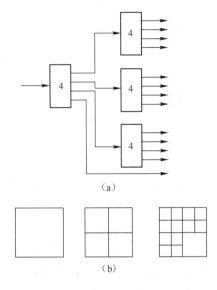

(a)

(b)

图4-26 以4子带为基础的树状分裂结构

器中，通过该缓冲存储器占有状态对各子带量化器的自适应控制，保持输出码流的恒定。以上所述是对亮度信号的子带编码过程，对色度信号的处理过程基本与该过程相同，只是由于色度信号的 HH 子带一般能量很少，所以可以不予传送。输出端的缓冲存储器的控制策略对于重建图像的质量有重要影响。根据亮度信号和色度信号，以及它们的各个子带对图像主观质量的影响不同，在必须加粗量化以限制子带的输出码流时，对各子带控制的先后次序为色度分量 LH 子带和 HL 子带→亮度分量 HH 子带→色度分量 LL 子带→亮度分量 LH 子带和 HL 子带→亮度分量 LL 子带。

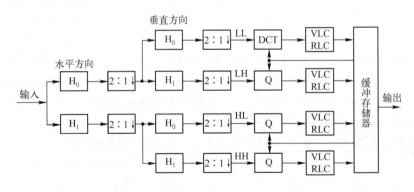

图 4-27　140Mbit/s HDTV 子带编码系统框图

4.6　碧波荡漾——小波变换编码

小波变换（WT）是 20 世纪 80 年代后期发展起来的数学分支，在信号分析与传输，以及图像处理方面有着重要的应用。小波变换的原理：把一个信号分解成由原始小波经过移位和缩放后得到的一系列小波。由于去掉某些经过小波变换得到的细节分量值对重构图像的质量影响不大，因此小波变换可用于实现图像压缩。

资讯 1　概述

小波（Wavelet）变换的理论是近年来兴起的数学分支，是继傅里叶变换之后又一里程碑式的技术，解决了很多傅里叶变换不能解决的难题。傅里叶变换广泛应用于信号处理领域，较好地描述了信号的频率特性，取得了很多重要成果，但它不能较好地解决突变信号与非平稳信号的问题。利用傅里叶变换只能获得信号的整个频谱，难以获得信号的局部特性，而小波变换则克服了经典傅里叶变换本身的不足。小波变换可以看作傅里叶变换的创新与发展，即它是空间（时间）和频率的局部变换。小波就是小的波形，"小"是指它具有衰减性；"波"是指它具有波动形式，即其振幅为正负相间的振荡形式。与傅里叶变换类似，小波变换的基本思想是将信号展开成一族基函数加权和，即用一族函数来表示或逼近信号或函数。这一族函数是通过基函数的平移和伸缩构成的。通过不断改变尺度将函数的奇点、信号的突变或图像的轮廓等细节逐级放大后，呈现在使用者面前。小波变换就如同一台高性能的"数字显微镜"，能看清函数、信号图像"切片"的细微特征和内部结构。小波变换目前广泛应用于图像编码中。

小波变换用于图像编码的基本思想：首先利用多分辨率分解方法把图像分解成不同空间、不同频率的子图像，然后对子图像进行系数编码。系数编码是小波变换用于压缩的核心，压缩的实质是对系数进行量化压缩。根据 S.Mallat 的塔式分解算法，图像经过小波变换后被分割成 4 个频带：水平、垂直、对角线和低频。低频部分还可以继续分解。

图像经过小波变换后生成的小波图像的数据总量与原始图像的数据量相等，即小波变换本身并不具有压缩功能。之所以将小波变换用于图像压缩，是因为小波变换生成的小波图像具有与原始图像不同的特性。小波图像的能量主要集中在低频部分，而水平、垂直和对角线部分的能量则较少。小波图像的水平、垂直和对角线部分表征了原始图像在水平、垂直和对角线部分的边缘信息，具有明显的方向特性。低频部分可以称为亮度图像，水平、垂直和对角线部分可以称为细节图像。根据人类的视觉特点和心理特点分别对水平、垂直、对角线和低频这 4 个子图进行不同策略的量化与编码处理。人眼对亮度图像部分的信息特别敏感，对这一部分的压缩应尽可能减少失真或无失真，可以采用无失真 DPCM 编码；对细节图像可以采用压缩比较高的编码方案，如矢量量化编码和 DCT 等。目前比较有效的小波变换压缩方案是 Shapiro 提出的小波零树编码。

小波变换编码为多分辨分析、时频分析和子带编码建立了统一的分析方法，并为它们提供了统一的框架，这体现了小波变换的独特优越性。利用小波变换压缩的图像特别符合人眼的视觉特性，同时利于图像的分层传输。在图像压缩编码中，首先要进行图像的小波分解，即将一幅图像利用小波变换分解为一系列尺度（频率）、方向、空间局部变化的子带（子图像），如 S.Mallat 提出的快速塔式变换算法。小波变换后的子图像具有很强的相关性，小波变换利用图像中各系数之间的相关性，使大部分能量集中在少数几个系数上，为大幅度压缩图像信息创造了条件；在不同频率分辨率层上采用不同的码字长度进行编码，并根据分辨率的不同要求，压缩不必要的小波系数，从而达到压缩编码的目的。值得注意的是，根据不同的信源类型，可以选择不同的小波变换，进行自适应小波分解，进一步提高压缩的效率和质量。

小波变换编码具有运算速度快、实现方便、压缩质量好等优点,已被建议列入 MPEG-4 和 JPEG-2000 等国际图像编码标准。

资讯 2 图像小波多分辨分解的数据特性

借助小波多分辨分解,图像信号可以被分解为许多具有不同空间分辨率、频率特性和方向特性的子图像信号,实现低频长时特征和高频短时特征的同时处理,从而有效克服傅里叶变换在处理非平稳图像信源时的局限性,更符合人类视觉系统(HVS)的特性和图像数据压缩的需要。图 4-28 是标准图像及小波分解子图像,选用的小波滤波器组为 Antonini 7/9 双正交滤波器。

从图 4-28 中可以看出,二维图像经一层小波分解后形成 LL(垂直方向和水平方向均为低频的子图像)、LH(水平方向为低频、垂直方向为高频的子图像)、HL(水平方向为高频、垂直方向为低频的子图像)、HH(水平方向和垂直方向均为高频的子图像)4 个子图像。其中,LL 称为分析信号,其余 3 个子图像 LH、HL、HH 称为细节信号。分析信号 LL 可以进一步分解为新一层的分析信号和细节信号。设分解层数为 M,则子图像总数为 $3M+1$。

图 4-28 标准图像及小波分解子图像

大量的视觉生理-心理学实验表明,人类视觉系统可以认为是一个复杂的多频带信息处理系统。图像的小波多分辨分解很好地模仿了人类视觉系统的多频带信息处理过程。小波多分辨分解后的图像具有方向性,在原始图像中呈不同方向趋势的边缘特征将相对集中在相应方向的小波子图像中。这一特性有助于设计编码数据扫描方案。从图 4-28 中还可以看出,图像的能量绝大部分都集中在最低频的分析子图像 LLM 中,并且从低频子图像到高频子图像呈现出明显的递减分布趋势。小波多分辨分解的这一能量频域紧缩特性为数据压缩提供了必要的条件。

资讯 3 基于小波变换的静态图像压缩算法

基于小波变换的静态图像压缩算法主要有两种:嵌入式图像零树小波(EZW)编码和有效连接连通组件分析(SLCCA)编码。这两种算法分别成功利用了图像小波变换后无效系数的跨尺度相关性和有效系数簇的跨尺度相关性。

EZW 编码器是一种渐进式编码器,可以把图像信息压缩到精确度逐渐提升的比特流中。这意味着越多的比特加入流中，解码的图像包含的细节就越多，类似 JPEG 图像编码。这也十分类似常数 π 的表达，即每在后面增加一位，精确度就越高，但可以在任意精确度处停止。采用 EZW 编码的数据极易进行传输。渐进式编码也就是常说的嵌入式编码。

1. 零树

EZW 编码器基于如下两个重要发现进行编码。

（1）自然图像通常具有低频成分。图像在经过小波变换后，子带中的能量随着尺度的降低而减少（低尺度意味着高分辨率），因此平均地看，较高频子带中的小波系数小于较低频子带中的小波系数。这说明渐进式编码对于小波分解图像是很自然的选择，因为较高频子带只增加细节信息。

（2）较大的小波系数比较小的小波系数重要。

EZW 编码方案利用了这两个发现，在编码时，将系数降序排列并进行多次审查。每次审查都用一个阈值来检查每个系数。如果一个小波系数大于阈值，那么此小波系数被编码，并从图像中去掉；反之，它将被保留等待下次审查。当所有的小波系数都被访问过后，减小阈值，再次扫描图像，向已经编码的图像中加入更多的细节。一直重复上述过程，直到小波系数完全被编码或满足其他约束条件（如最大比特率）。

EZW 编码方案利用了跨不同尺度间小波系数的相关性，可以实现对图像中小于当前阈值的大部分系数的有效编码。

两个小波变换将信号从时域变换到时间-尺度联合域，这表明小波系数是二维的。如果要压缩变换信号，那么不仅要对系数值进行编码，还要对它们在时域中的位置进行编码。当信号为图像时，时域中的位置可以更好地表达为空间位置。一幅经过小波变换的图像可以用树结构表达，这是因为在变换中已经进行了下抽样。低频子带中的系数可以被认为有4个后代在下一个较高频的子带中，如图 4-29 所示。4 个后代中的每一个都在下一个更高频子带中有 4 个后代。由此得到一个 4 叉树（每个根节点都有 4 个叶子节点）。

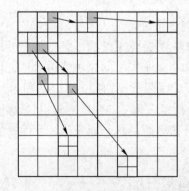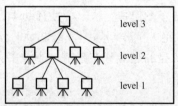

图 4-29　不同子带间小波系数的关系及 4 叉树表示图

于是可以定义零树。零树就是一种 4 叉树，其上所有的节点都小于或等于根节点，而根节点必须小于当前用来检查小波系数的阈值。也就是说，在阈值下，整个 4 叉树全零。整个 4 叉树只需用一个符号编码即可，并且可以被解码器按全零 4 叉树重构。

EZW 编码器利用的是基于小波系数随尺度衰减性质的零树。该零树假定有极大的可能在根节点小于阈值的情况下，整个树的所有系数都小于一个阈值。在这种情况下，整个树就可以被单一的零树符号编码。现在，如果图像以预定顺序从高尺度到低尺度扫描，那么许多系数位置信息都通过零树符号隐含编码。当然，零树的规则经常会被打破，从已有的经验来看，这种可能性总体来说还是非常大的。使用零树的代价是增加零树符号到编码符号表中。

2. 压缩过程

在有了所有的定义后，开始进行压缩。首先按照降序对系数进行编码。

按照降序直接传输系数值是非常简单的方法，但不是很有效。这种方法需要在系数值上花费很多比特，并且没有用到系数按降序排列的相关知识。更好的方法是设定阈值，只将系数值是否大于或小于阈值的信息传送给解码器。如果也将阈值传送给解码器，那么它足以利用这些信息重建原始数据。为了实现原始数据的完美重建，在减小阈值后重复上述过程，直到阈值小于希望传输的最小系数。可以用大于阈值的系数减去阈值，从而使这个过程更有效。这样产生的比特流具有逐渐提升的精确度，并且可以被解码器完美重建。如果使用预先设定好的阈值序列，就不用传输阈值了，可以进一步节省带宽。如果预先设定好的序列是 2 的幂次，那么这种编码可以称为比特平面编码，因为阈值在这种情况下等同于系数的二进制表示。

在上述过程中，有一点不应被忽略：传输小波系数的位置信息。事实上，没有这个信息，解码器无法重建编码信号（虽然可以完美重建传输流）。从对位置信息的编码上可以看出编码器是否高效。如前所述，EZW 编码使用预先设定好的扫描顺序对小波系数的位置进行编码，如图 4-30 所示。图 4-30 左侧为不同子带间小波系数的关系，右上方为编码过程中的扫描顺序，右下方为使用零树的结果。图 4-30 中的 H 代表系数大于阈值，L 代表系数小于阈值。通过使用零树，许多位置信息都被隐含编码。可以有许多扫描顺序，较低子频带只有在被完全扫描后才开始扫描较高频子带。

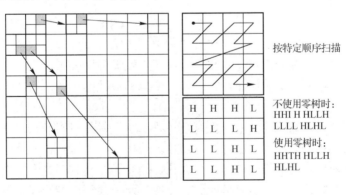

图 4-30　对小波系数的位置进行编码

4.7　带上显微镜——分形编码

分形编码如同用上了显微镜，可以对镜头的焦距进行调整，将局部画面进行放大，以便仔细观察。

资讯1　分形的概念

分形是指某种形状结构的一个局部或片段。分形可以有许多种尺寸，但它们都是相似形，只有大小、规模的不同。分形又如绵延无边的山脉，无论在什么高度，用何种分辨率去观看它，它的外貌总是相似的。当在更高的分辨率条件下去观看分形时，虽会发现一些不曾见过的新细节，但这些新细节和整体上山脉的外貌总是相似的，即山脉形状的局部和其总体形状具有相似性。同样的道理，在不同的尺寸下观察云朵时，其不规则形状完全相同，因而在通过机窗观看云朵时，无法判断云朵的远近，分不清是 100m 外的云朵还是 1000m 外的云朵。

从整体上看，分形几何图形是处处不规则的。例如，对于海岸线和山川，在远距离观察时，其形状是极不规则的，但在不同尺度上，图形的规则性又是相同的；在近距离观察时，海岸线和山川的局部形状又与整体形状相似，它们从整体到局部都是自相似的。但是，也有一些分形几何图形并不完全是自相似的，如一些是用来描述一般随机现象；还有一些是用来描述混沌和非线性系统的。

实际上，自相似性是自然界的一种共性。形象地说，分形是其组成部分以某种方式与整体相似的形。分形指一类无规则、混乱而复杂，但其局部与整体有相似性的体系，即自相似形体系。

分形是一个新的概念，其思想新颖而独特，正被越来越多的人认识和掌握，并受到多方面的重视。分形现象在自然界和社会活动中广泛存在，而分形思想的一个应用是图像编码。

资讯2　分形编码原理

分形编码打破了以往传统的图像编码方法，充分考虑图像内容的特点，从本质上提升图像压缩比。例如，有一幅图像，图像中有一幢房子、一棵大树和一朵白云，即图像主要由房子、大树和白云构成。对于这样一幅内容简单的图像，如果用经典编码方法来处理，那么不需要考虑图像中的内容，只需对其中的数据直接进行处理。但是如果从分形的角度来考虑，就需要考虑图像的内容，这时只需用相应数据分别表示房子、大树和白云，而这些内容正是图像内容的实质。同时，根据分形中自相似性的特点，用很少的数据就可以表示房子、大树和白云。

分形先通过一些图像处理技术，如颜色分割、边缘检测、频谱分析、纹理变化分析等，将原始图像分成一些子图像。子图像既可以是一棵树、一片树叶、一朵白云等简单景物，又可以是一些更为复杂的景物，如海岸、浪花、礁石等。然后在分形集中查找这样的子图像。实际上，分形集并不存储所有可能的子图像，而是存储许多迭代函数，而表示这样的迭代函数一般只需几个数据，迭代函数反复迭代就可以得到很高的压缩比。从另一个角度来看，分形编码类似计算机用描述矢量图的方法描述千变万化的现实图像。

自然界的形状和图形可分为两类：一类是有特征长度的图形，如房屋、汽车、足球、人等，这些事物的形状可用线段、圆等基本要素来逼近，这些线和面几乎都是光滑的，处处可以求微分；另一类是没有特征长度的图形，如海岸线、云朵等，如果没有人工参照物，那么很难测量其尺寸，仔细观察其局部可以发现许多细节，细节放大后的局部与整体相似。

没有特征长度图形的重要性质是自相似。

分形物体有两个特征：每点上都具有无限的细节，物体整体和局部之间具有自相似性。自相似性可以有不同的形式，这取决于分形表示的选择。分形最显著的特点是自相似性，而从图像压缩的角度来看，正是要恰当、最大限度地利用这种自相似性。

分形编码的思想：利用分形来描述几何形状，其中的不规则细节可以不同的尺度和角度重复出现，这些尺度和角度可以用分形变换加以描述。分形编码是利用分形变换进行压缩编码的方法。该方法在图像效果不受很大影响的情况下，压缩比能达到 10000∶1，具有广阔的发展前景。

分形编码利用分形几何中的自相似性原理来进行压缩。自相似性是指无论几何尺寸如何变化，景物任何一小部分的形状都与较大部分的形状极其相似。分形编码同时考虑了局部与局部之间，以及局部与整体之间的相关性，适用于大自然中大量存在的自相似或自仿射的几何形状，具有很大的适用范围。压缩具有非对称性，分形编码能在保证一定压缩效果的同时获得相当高的压缩比，解码简单，具有很大的潜力，并且在解码时放大到任意尺寸都能保持精细的结构。此外，在高压缩比的情况下，分形编码也能有很高的信噪比和很好的视觉效果。但是，该方法也存在许多不足，如编码过程中搜索匹配的计算量很大、耗用时间太长。这在很大程度上限制了其实际应用。

与 DCT 不同，分形编码利用的"自相似性"不是邻近样本的相关性，而是大范围的相似性，即图像块的相似性。对相似性的描述是通过映射变换实现的，编码的对象就是映射变换的系数。由于映射变换系数的数据量小于图像块的数据量，因此可以实现压缩的目的。

分形压缩一般分为如下 3 步。

（1）图像划分，一般是将图像划分为互不重叠、大小相等的方块。

（2）区块与域块的匹配。匹配时，一般采用比区块大一倍的域块，由于随机搜索匹配比较费时，因此应事先将域块分类，或者事先做好域块库。

（3）确定映射参数，使重建图像与原始图像之间的范数最小。

由于搜索耗时太长，因此分形编码是不对称的，其编码时间比解码时间要长得多。

下面介绍一个分形编码的实例。如图 4-31 所示，采用基于区域分割和十字搜索模型的分形编码方法对图像进行编码压缩，图 4-31（a）是原始图像（256 像素×256 像素×8bit），图 4-31（b）是区域分割，图 4-31（c）是解码后的图像，迭代次数为 10。

（a）原始图像

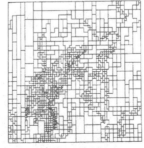
（b）区域分割

（c）解码后的图像

图 4-31　分形编码实例

4.8　画虎画皮——模型基编码

模型基编码又称为知识基编码。它将图像信号看作三维世界中的目标和景物投影到二维平面的影像，而对这一影像的评价是由人类视觉系统的特性决定的。模型基编码的关键是对特定的图像建立模型，并根据这个模型确定图像中景物的特征参数，如运动参数、形状参数等。

模型基编码最初由瑞典的 Forchheimer 等人提出，经过几十年的努力，已出现许多技术方案。这些技术方案可以粗略地分为两类：第一类是基于限定景物的模型基图像编码，景物里的三维物体模型为严格已知（有先验知识）的；第二类是针对未知物体的模型基图像编码，需要实时构造物体的模型（没有先验知识）。第一类技术方案称为语义基图像编码，第二类技术方案称为物体基图像编码。这两类技术方案各有优/缺点。语义基图像编码可以有效地利用景物中已知物体的知识，实现非常高的压缩比，但它仅能处理已知物体，并需要较复杂的图像分析与识别技术。物体基图像编码可以处理已知或未知的对象，不需要模式识别与先验知识，所需图像分析技术很简单，可不受可视电话中头肩图像的限制，因而有更广泛的应用前景。物体基图像编码未能充分利用物体知识，或者只能在低层次上运用物体知识，编码效率无法同语义基图像编码相比。因此，应根据实际需要来决定具体选用哪一种方法。

资讯 1　模型基编码

在可视通信（可视电话、会议电视）中，由于景物中的主要对象是人物的头肩部分，因此可以利用计算机视觉和计算机图形学方法，在发送端和接收端按约定分别设置两个相同的人脸三维模型，发送端综合利用图像分析、图像处理、模式识别、纹理分析等手段分析、提取脸部特征参数（如形状参数、运动参数、表情参数等）并编码传输，而接收端则利用收到的特征参数根据建立的模型进行脸部图像综合。这类现代图像编码技术与传统的波形编码技术不同，前者充分利用了图像中景物的内容和知识，已经能实现 $10^4:1 \sim 10^5:1$ 的图像压缩比，恢复后的图像序列类似动画，只有几何失真而无一般压缩方法中出现的颗粒量化噪声，图像质量大为提高，因此近年来颇受人们注意。

预测编码、变换编码及矢量量化编码都属于波形编码，其理论基础是信号理论和信息论；其思路是将图像信号看作不规则的统计信号，从像素之间的相关性这一图像信号统计模型出发设计编码器。分形编码的压缩比高，是建立在景物的内在自相似性上的。模型基编码是利用计算机视觉和计算机图形学的知识对图像信号进行分析与合成的，解码时根据参数和已知模型用图像合成技术重建图像。由于模型基编码的对象是特征参数，而不是原始图像，因此有可能实现比较高的压缩比。此外，由于模型基编码引入的误差主要是人眼视觉不太敏感的几何失真，因此重建图像非常自然和逼真。

模型基编码的基本思想是采用分析和合成的方法，对数据的结构和特征进行分析，提取图像的特征，并用某种模型对这些特征进行描述，得到模型的参数，如运动参数、形状参数等。由于编码的对象只是特征参数，因此，通过对模型参数进行编码可以大大压缩数据量。在解码时，根据模型的参数和先验知识重构图像。模型基编码原理如图 4-32 所示。

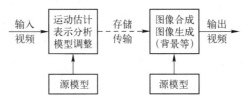

图 4-32　模型基编码原理

模型基编码可分为有先验知识的模型基编码和无先验知识的模型基编码两类。

（1）有先验知识的模型基编码。

有先验知识的模型基编码在接收端和发送端按照预先建立好的模型进行编/解码。例如，在可视电话图像编码中，传输的主要对象是人的头部，在接收端和发送端设定相同的三维线框模型，包括 200～1000 个节点，在发送端对每个节点的参数进行分析，并传送给接收端；接收端按照模型进行恢复和合成。

（2）无先验知识的模型基编码。

无先验知识的模型基编码用于接收端和发送端事先没有约定的模型。例如，在发送端对人的面部通过拟合一系列的三角形加以描述，只传送作为特征的三角形的 3 个顶点坐标及其灰度值；在接收端进行合成和重建。

资讯 2　语义基图像编码

语义基图像编码要求接收端和发送端共用一个三维人脸线框模型，发送端采用三维运动估值和结构估值技术跟踪三维人脸线框模型的全局运动与局部运动，以及结构变化，并将预测所得的运动信息、结构（深度）信息和变化后的纹理信息编码送至接收端，接收端用它们来恢复下一帧图像。语义基图像编码原理如图 4-33 所示。

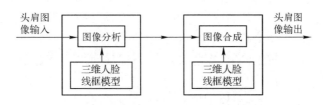

图 4-33　语义基图像编码原理

为了实现语义基图像编码，需要根据人物头肩图像这类特定的景物预先建立它们的三维模型，如图 4-34 所示。在开始通信时，接收端和发送端先把通信双方的基本特征（如三维模型、脸部的表面纹理等）传送给对方，接着头部开始运动并伴随不同的表情。这时，发送端需要抽取头部的运动参数和脸部的表情参数，将这些参数编码后传送给接收端。接收端根据已知的三维模型和收到的各种参数，用图像综合技术重建图像。

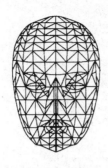

图 4-34　三维人脸线框模型

资讯 3　物体基图像编码

物体基图像编码可以看作块状编码的广义形式。块状编码仅利用了方块内各像素间的统计特性，未考虑图像景物的内容，因而划分方块的边缘通常难以与实际物体的边缘相吻合，这会导致在压缩比高时重建的图像中出现伪边缘，即"方块效应"。另外，图像中若有一个很大的运动区域，则当采用块状编码时，不得不将该运动区域分割成许多小方块，对每个小方块的运动信息都需要进行估值、编码和传输，这会产生大量重复。

为了克服上述缺点，图像分割不应按照事先规定的方块进行，而应参照景物中具体物体的形状进行。对于每个分割出的物体，都用运动集 A_i、形状集 M_i 和色彩集 S_i 进行描述，对这 3 个参数集进行编码与传输，如果参数集出现了错误（如传输误码），那么重建图像不会出现方块效应那样的失真，而只会产生其他性质的失真（如人眼所不敏感的某种几何失真）。因此，在相同码率的情况下，物体基图像编码可以提供比块状编码更高的图像质量。用于活动图像的物体基编码系统的核心技术是景物的分层描述、运动估值和运动分割。

下面简单介绍一种基于三角形的表面描述图像编码方法，可以认为是物体基编码用于静止灰度图像压缩的一种尝试。

给定二维平面上的数据点集 $\{P_1,P_2,\cdots,P_n\}$，为每个点 P_i 定义一个区域 V_i，使属于该区域的所有点 S 距离 P_i 的距离都小于距离其他点的距离。这样定义的区域是覆盖整个平面、由凸多边形构成的图形，称为数据点集 $\{P_1,P_2,\cdots,P_n\}$ 的 Voronoi 图（简称 V 氏图）。如果把存在共同边界线段的数据点对用直线连接起来，就形成以该数据点集凸包为边界的三角形化，称为该数据点集的三角形化（简称 DT）。

DT 编码的主要理论基础：V 氏图与 DT 一一对应，可以互相给出；在不计"退化"情况下，给定点集存在唯一性。

对灰度图像进行 DT 表面描述的指导思想是用具有不同形状、大小与方向的三角形来自适应地逼近图像的灰度表面。类似采用金字塔数据结构的图像编码方法，这里的表面描述也是一个从粗到细的划分过程。首先，把矩形原始图像用两个连接某一条对角线的大三角形来表示。这样，由矩形 4 个角点灰度值确定的"立体三角形"可以看作原始图像"灰度值表面"的初次逼近，这就是表面描述的含义。但是，这时的逼近程度通常很差。描述误差用来表示逼近原始图像的程度，定义为由三角形的线性插值恢复出的表面与实际图像表面误差的绝对值。图像抽样栅格上的每个像素都有一个描述误差值。需要注意的是，三角形顶点处的描述误差为零，因为采用的是原始值。用描述误差最大作为准则，可以找到满足这一准则的某一新数据点 D_0 及其所在的三角形，再次按照 DT 和 V 氏图的定义要求，把 D_0 插入 V 氏图，重新构造 DT。这时，D_0 所在的三角形将被删除，邻近的其他三角形也有可能需要重新构造（三角形总数将增多）。通常新的 DT 将比原有的 DT 具有更小的描述误差，即更逼近原始图像。

综上所述，在对灰度图像的 DT 描述中，数据点集的获取是与 DT 的构造同时、自适应地进行的。虽然 DT 的构造是在二维平面上进行的，但通过直接将每个数据点的灰度值作为第三个坐标，可以在三维空间上寻找新的数据点。新数据点寻找和 DT 更新这两个过程循环进行，直到描述误差值小于某个给定值（或三角形的总数达到某一给定值）。于是，一幅静止图像可以用各 DT 三角形顶点的几何位置及原始灰度值构成的"灰度值表面"进行近似表述。对于 256 像素×256 像素×8bit 的图像（灰度值为 0～255），当最大描述误差为 23 个灰度级、平均描述误差为每个像素 5.3 个灰度级时（NMSE=0.436%，相当于信噪比为 33.6dB），共使用 2055 个 DT 三角形；而当三角形顶点的总数减为 1050 时，根据霍夫曼编码与定长编码，以及对三角形顶点的几何位置进行游程编码，可获得总的压缩比为 33.2∶1。

4.9 群芳争艳——图像压缩编码标准

数字视频处理技术在通信、电子消费、军事、工业控制等领域的广泛应用促进了数字视频编码技术的快速发展，并催生了一系列国际标准。国际标准化组织（ISO）、国际电工委员会（IEC）和国际电信联盟（ITU-T）相继制定了一系列视频图像编码国际标准，有力促进了视频信息的广泛传播和相关产业的巨大发展。

资讯 1 静态图像编码标准

联合图像专家组（Joint Photographic Experts Group，JPEG）是由国际电话电报咨询委员会（CCITT）和国际标准化组织的专家联合组成的。该组制定了"连续色调静态图像的数字压缩和编码"标准，简称 JPEG 标准。

由于 JPEG 标准具有优良的品质，因此在短短几年内就被广泛应用于互联网和数码相机领域，网站上 80%的影像都采用了 JPEG 标准。JPEG 压缩算法采用有失真的压缩方式来处理图像，压缩过程为：颜色格式转换；离散余弦变换；量化；Z 字形扫描，扫描序号决定了编码顺序，如果采用行程编码，那么将一个连续相同的串用一个代表值和串长来代替；编码，霍夫曼编码为 JPEG 标准最常用的编码方式。霍夫曼编码通常是以完整的最小编码单元来进行的，也可选用算术编码。

1. JPEG 标准

JPEG 标准是第一个压缩静态数字图像的国际标准，是一种适用范围很广的通用标准，既可用于灰度图像压缩，又可用于彩色图像压缩，同时支持各种应用。JPEG 格式已成为各种数字化新闻摄影图片、医疗图像、卫星图片、图像文件资料等的主要存储格式。

JPEG 标准既可处理单分量图像，又可处理多分量图像；既可处理灰度图像，又可处理彩色图像。JPEG 算法独立于彩色空间，如 RGB、YUV 或 CMYK，可以处理任何彩色空间。其中，YUV 空间与 RGB 空间的关系为

$$Y=0.299R+0.587G+0.114B$$
$$U=0.1687R-0.3313G+0.5B$$
$$V=0.5R-0.4187G-0.0813B$$

在彩色图像中，JPEG 算法分别压缩每个彩色分量。虽然可以压缩通常的红、绿、蓝分量，但 JPEG 算法压缩程序在使用亮度和颜色表达彩色数据时效果会更好。因为人眼对彩色不如对亮度敏感，所以在处理彩色时可增大量化步长，提高压缩比。而对于 RGB 图像，需要将每一分量都编码成同一质量。

JPEG 算法分为 3 部分：编码器、解码器和交换格式。编码器用于将输入源图像变成图像压缩数据，解码器用于将图像压缩数据还原成重建图像。图像压缩数据组成一定的格式，格式中包括编码过程中采用的各种码表等。

JPEG 标准支持以下 4 种操作模式。

（1）基于 DCT 的顺序操作模式。

顺序操作模式是指在显示一幅图像时，以最终显示质量逐步显示图像的每一部分。而渐进操作模式是指首先显示图像的整体概貌，然后逐步提高其显示质量，直到被中止或达到最终显示质量。

① 源图像数据精度扩充到了 12 位，以适应医学、遥感等特殊图像的要求。

② 对量化系数可采用自适应算术编码（称为熵编码）。JPEG 成员测试过，许多图像在 DCT 域中的压缩效果始终要比码表按该图像实际统计特性优化设计的霍夫曼编码压缩效果好近 10%。

③ 可在 DCT 域进行"两次扫描"：第一次不编码，只根据实际统计结果设计有针对性的霍夫曼码表；第二次使用该码表完成熵编码。码表本身专门定义并传送给解码器。

（2）基于 DCT 的渐进操作模式。

① 源图像精度为 8 位或 12 位。

② 可采用算术编码或霍夫曼编码，有 4 个 DC 码表和 4 个 AC 码表。

③ 可以有以下两种实现策略。

• 频谱选择法：按 Z 字形扫描的序号将 DCT 量化系数分成几个频段，每个频段都对应一次扫描。每块均先传送低频扫描部分，得到源图像概貌，再依次传送高频扫描部分，使图像逐渐清晰。

• 逐次逼近法：每次扫描都针对"全频段"（块内 64 个变换系数），但表示精度逐次提高。

（3）基于 DPCM 的无损顺序操作模式。

源图像精度为 2～16 位，编码器类似基本系统对 DC 系数的霍夫曼编码，但也能采用算术编码，有 4 个码表。

（4）基于多分辨率编码的分层渐进模式。

直接在空间域将源图像用不同的分辨率表示，每个分辨率层次都对应一次扫描，在处理时，可采用基于 DCT 的顺序操作模式或渐进模式，或者无失真预测编码中的任何一种。具体的图像分辨率编码步骤如下。

① 把源图像的空间分辨率按 2 的倍数降低。

② 压缩编码已降低了分辨率的"小"图像。

③ 解压缩重建低分辨率图像，使用插值滤波器将其内插成源图像的空间分辨率。

④ 把相同分辨率的插值图像作为原始图像的预测值，对二者的差值继续进行压缩编码。

⑤ 重复步骤③、④，直至实现完整的图像分辨率编码。

在上述 4 种操作模式中，基于 DCT 的顺序操作模式是 JPEG 标准的核心部分，与霍夫曼编码一起构成了 JPEG 标准的基本系统，而其他操作模式则是 JPEG 标准的扩充部分。JPEG 标准基本系统是所有 JPEG 标准设备都必须包含的，而扩充系统则不一定。

2．JPEG 2000 标准

随着多媒体应用的激增，传统的 JPEG 压缩技术已经无法满足人们对多媒体影像资料的要求。于是人们制定了功能更强大、效率更高的静止图像压缩标准，即 JPEG 2000 标准。JPEG 2000 标准采用改进的压缩技术来提供更高的图像质量，具有很好的伸缩能力，可以为一个文件提供从无损到有损的多种画质和影像选择。JPEG 2000 图像编码系统基于 EBCOT 算法，借助小波交换，使用两层编码策略，对于压缩位流分层组织，不但可以获得较好的压缩效率，而且压缩码流具有较大的灵活性。JPEG 2000 标准追求的是低码率下的良好压缩性能，使压缩图像满足在低传输速率信道中传输的需要；可在同一个码流中存在有损压缩和无损压缩，以满足有高质量要求的医学图像和图像收藏；具有较强的抗误码特性，能大大减小传输噪声带来的信号失真对接收端的影响，而且能防止误码扩散。JPEG 2000 标准被认为是互联网和无线接入应用的理想影像编码解决方案。

DCT 是 JPEG 标准的核心，但当压缩倍数高时会产生方块效应，使图像质量下降。JPEG 2000 标准采用小波变换作为其核心算法，不仅克服了方块效应，还带来了其他优点。概括而言，JPEG 2000 标准的主要特点如下。

（1）高压缩率。JPEG 2000 的压缩性能比 JPEG 的压缩性能提高了 30%～50%。同时，使用 JPEG 2000 标准的系统稳定性好、运行平稳、抗干扰性好、易于操作，并且消除了方块效应。

（2）渐进传输。渐进传输是 JPEG 2000 标准极其重要的特性，利用该特性，JPEG 2000 标准可以先传输图像的轮廓，然后逐步传输数据，不断提高图像质量，让图像由朦胧到清晰显示。该特性使图像不必像 JPEG 标准那样，由上到下慢慢显示，在网络传输中有重大意义。JPEG 2000 标准提供了两种渐进传输模式：一是分辨率渐进传输模式，开始时图像尺寸较小，随着接收数据的增多逐渐恢复到原始图像尺寸；二是质量渐进传输模式，开始时接收图像大小与原始图像大小相同，但是质量较差，随着接收数据的增多，图像质量逐渐提高。

（3）支持有损压缩和无损压缩。JPEG 标准只支持有损压缩，而 JPEG 2000 标准则既支持有损压缩，又支持无损压缩，这很好地满足了互联网、打印机和图像文档的应用需要，而 JPEG 标准基本系统的图像只能按"块"传输，一行一行地显示。

（4）感兴趣区域编码。用户可以任意指定图像上感兴趣区域的压缩质量，还可以选择指定的部分先解压缩，从而使重点突出。感兴趣区域编码包括两层含义：一是压缩时可以指定图片的感兴趣区域，采用不同于其他区域的压缩方法；二是传输时用户可以指定其感兴趣区域，通过交互操作，只传输用户感兴趣的区域。

（5）码流的随机访问与处理。允许用户随机指定感兴趣区域，使该区域质量高于其他区域，允许用户对图像进行旋转、平移、滤波和特征提取等操作，以及对码流进行随机访问和处理。

（6）良好的容错性和开放的体系结构。JPEG 2000 标准在码流中添加了相应的标识符，在接收端可根据这些标识符纠正一定范围的错码。

（7）开放的框架结构。JPEG 2000 标准可以在不同的图像类型和应用领域优化编码系统。

（8）基于内容的描述。JPEG 2000 标准与 JPEG 标准最大的不同在于它放弃了 JPEG 标准所采用的以离散余弦变换为主的区块编码方式，而采用以小波变换为主的多分辨率编码方式。

资讯 2　H.26X 标准

H.26X 标准是由 ITU-T 制定的视频编码标准，具有较高的编码效率和低比特率等优点，广泛应用于视频通信的各个领域，主要有 H.261、H.262、H.263、H.264 等标准。

1．H.261 标准

H.261 标准发布于 1990 年 12 月，是 ITU-T 针对视频电话、视频会议等要求实时编/解码和低时延应用提出的第一个视频编解码标准。H.261 标准的码率为 $P \times 64$kbit/s，其中 P 为整数，并且 $1 \leqslant P \leqslant 30$，对应的码率为 64kbit/s～1.92Mbit/s。通常，当 P 为 1 或 2 时，用于视频电话业务；当 $P \geqslant 6$ 时，用于视频会议业务。

（1）分层结构。

H.261 标准的输入图像必须满足公共中间格式（CIF）或四分之一 CIF（QCIF），二者参数如表 4-2 所示。

表 4-2　CIF/QCIF 参数

参　　数	CIF	QCIF
Y 有效抽样点数	352 点/行	176 点/行
U、V 有效抽样点数	176 点/行	88 点/行
Y 有效行数	288 行/帧	144 行/帧
U、V 有效行数	144 行/帧	72 行/帧
块组层数	12 组/帧	3 组/帧

国际上通用的彩色电视制式有 PAL、NTSC 和 SECAM 3 种。为满足不同制式之间的互联需求，ITU-T 提出了要先把不同制式的电视信号都转换成 CIF 或 QCIF 的要求。

H.261 标准将 CIF 和 QCIF 的视频数据分为 4 层：图像（P）层、块组（GOB）层、宏块（MB）层和块（B）层。CIF 图像的层次结构和相互位置关系如图 4-35 所示，QCIF 图像与之类似。一帧 CIF 数字视频信号是由 12 个块组（GOB）组成的，每个块组都包括 33 个宏块（MB），每个宏块中又包含 6 个块（B），即 4 个亮度块和 2 个色度块。块是由 8 行 8 列的像素点组成的方阵，是 CIF 中基本的编码单位。

在数据码流中，从下至上，块层数据由 64 个变换系数和块结束符组成。宏块层数据由宏块头（包括宏块地址、类型等）和 6 组块数据组成。块组层数据由块组头（16 比特的块组起始码、块组编号等）和 33 组宏块数据组成。图像层数据由图像头和 3 组或 12 组块组数据组成。图像头包括 20 比特的图像起始码和一些标志信息，如图像格式、帧数等。H.261 标准的码流结构如图 4-36 所示。

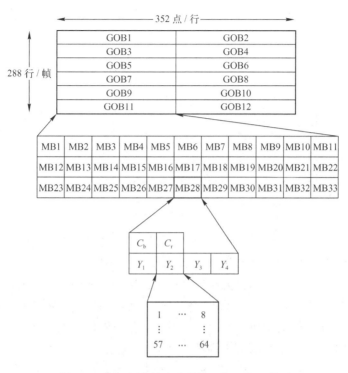

图 4-35　CIF 图像的层次结构和相互位置关系

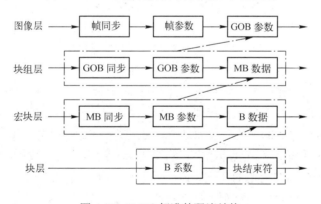

图 4-36　H.261 标准的码流结构

（2）编/解码器。

H.261 标准视频编码器采用的是混合编码方式，即帧间预测（DPCM）与帧内变换（二维离散余弦变换 2D-DCT）相结合，其原理框图如图 4-37 所示。图 4-37 中的两个模式选择开关用于选择编码模式，若两个开关均选择上方，则为帧内编码模式；若两个开关均选择下方，则为帧间编码模式。

在采用帧内编码模式时，首先直接对原始图像以 8×8 块为单位分别进行 DCT，然后进行量化、游程编码和霍夫曼编码，通过对量化后的系数进行反量化和 IDCT 处理获得重建图像（称为参考帧），最后将该图像送至帧存储器中储存起来，供帧间编码使用。

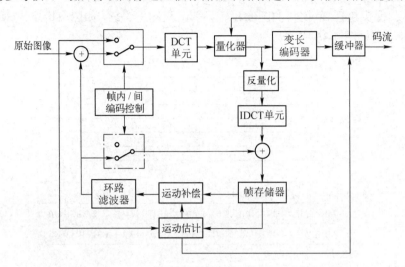

图 4-37　H.261 标准视频编码器的原理框图

如果采用帧间编码模式，那么在整像素运动估计的基础上进行半像素运动估计，即在参考帧的对应搜索窗中搜索与其最为相似的宏块，运动矢量送至变长编码器中编码，在参考帧中选择最佳匹配宏块，得到二者间的相对位移（运动矢量）和差值。以 8×8 像素块为单位对最佳匹配宏块与当前宏块之差（残余宏块）分别进行 DCT、量化和变长编码处理。缓冲器的作用是确保整个编码器输出视频码流速率恒定，它通过控制量化器的量化步长来控制码率。环路滤波器是一个低通滤波器，用来减小编码噪声和方块效应带来的预测误差。

在 DCT 单元中，首先对 8×8 数据块（像素或预测误差）进行二维 DCT，变换后的系数大多集中在变换系数矩阵的低频端，然后对这些系数进行量化。量化器对直流系数采用量化步长为 8 的均匀量化方式；对其他系数采用非均匀量化的方式，其量化步长可随宏块的不同而改变。但是，每个宏块中的量化步长不再改变，编码控制器控制量化步长的改变。量化输出除作为编码器输出外，还经反量化和反余弦变化后送至帧存储器（具有运动估计和运动补偿功能），运动补偿后的预测值与当前输入的视频信号相减得到帧间预测值。H.261 标准编码器除送出量化后的量化变换系数外，还包括一系列附加信息，如视频数据传输与否指示，量化器指示和位移矢量等，供解码器使用。量化后的系数经过二维变长编码，与附加信息按照 H.261 标准规定的视频码流结构进行复合，形成统一的复合视频数据流。运动估计在 H.261 标准中是可选择项，但在接收端，运动补偿是必选项，若接收机接收无运动补偿的编码图像，则自动将运动矢量置零。

以上介绍的是视频编码的主要过程。视频解码比视频编码简单，因为解码时不需要运动估计和编码控制。视频解码与视频编码的其他部分原理大致相同，过程相反，这里不再详细叙述。

（3）编码方法。

H.261 压缩编码方法包括具有运动补偿的帧间预测、块 DCT 和霍夫曼编码。输入图像（帧内模式）或预测误差（帧间模式）被划分为 8×8（单位为像素）的子块，根据情况分为传块或不传块。4 个 Y 子块（亮度块）和 2 个空间上对应的色差子块（色度块）组成一个宏块。关于编码模式的选择及块的传输与否，H.261 标准没有进行规定。作为编码控制策略的一部分，需要对所传送的子块进行 DCT，变换后的系数经过量化后进行变长编码。

H.261 标准对宏块地址、宏块类型、运动矢量预测差值、子块编码样板及 DCT 系数使用霍夫曼编码，并且规定了编码码字表。

2. H.263 标准

H.263 标准是 ITU-T 针对 64kbit/s 以下的低比特率视频应用制定的标准。它的基本算法与 H.261 的基本算法基本相同，但进行了许多改进，获得了更好的编码性能。当比特率低于 64kbit/s 时，在同样比特率的情况下，与 H.261 标准相比，H.263 标准可以获得 3～4 dB 的质量改善。H.263 标准的改进主要包括支持更多的图像格式，更有效的运动预测，效率更高的三维可变长编码代替了二维可变长编码，增加了 4 个可选模式。

H.263 标准编码器与 H.261 标准编码器基本相似，只是没有环路滤波器。这是因为 H.263 标准采取了更为有效的半像素精度运动矢量预测，环路滤波器的作用已经不明显。此外，可变长编码器采用三维可变长编码方式，即把"是否最后、游程、幅值"作为编码事件。而在 H.261 标准中，采用的是二维编码器，把"游程、幅值"作为编码事件，并且用符号 EOB 来标志块的结束。

3. H.264 标准

H.264 标准是联合视频编码组（JVT）制定的，已成为 ISO MPEG-4 标准的第 10 部分，又称为先进视频编码标准。JVT 的工作目标是制定一个新的视频编码标准，以满足视频的高压缩比、高图像质量及良好的网络适应性等要求。H.264 标准具有以下优点。

（1）更高的编码效率。在相同视频质量的情况下，H.264 标准可比 H.263 标准和 MPEG-4 标准节省 50%左右的码率。

（2）自适应的时延特性。H.264 标准既可以工作在低时延模式下，应用于视频会议等实时通信场合；又可以用于没有时延限制的场合，如视频存储等。

（3）面向 IP 包的编码机制。H.264 标准引入了面向 IP 包的编码机制，有利于 IP 网络中的分组传输，不仅支持网络中视频流媒体的传输，还支持不同网络资源下的分级传输。

（4）错误恢复功能。H.264 标准提供了用于解决网络传输包丢失问题的工具，可以在高误码率的信道中有效地传输数据。

（5）开放性。H.264 标准基本系统无须使用版权，具有开放性。

资讯 3 可视通信系统标准

1996 年，ITU 公布了 H.323 标准，该标准是交互视听业务的标准，是为建立不同网络上的双向多媒体通信而制定的。H.323 标准通过系列协议描述了各类实体设备和各类实体间的通信服务，解决了点对点及点对多点会议电视中诸如呼叫与会话控制、多媒体与带宽管理等许多问题。H.323 标准主要提供了 4 种实体描述，分别为终端、多点控制器、网关、网守，同时提供了呼叫模型、呼叫信令过程、控制消息和复用标准等通信服务描述。H.323 标准协议族如表 4-3 所示。

表 4-3　H.323 标准协议族

网　络	系　统	视　频	音　频	复　用	控　制
PSTN	H.324	H.261/H.263	G.723.1	H.223	H.245
N-ISDN	H.320	H.261	G.7××	H.221	H.242
B-ISDN/ATM	H.321	H.261	G.7××	H.221	Q.2931
ATM/B-ISDN	H.310	H.261/H.262	G.7××/MPEG	H.222.0n	H.245
QoS LAN	H.322	H.261/H.263	G.7××	H.221	H.242
Non-QoS LAN	H.323	H.261	G.7××	H.225.0	H.245

在表 4-3 中，PSTN 为公共交换电话网；N-ISDN 为窄带综合业务数字网；B-ISDN 为宽带 ISDN；ATM 为异步传输模式；QoS 为保证的服务质量；LAN 为局域网；H.262 等价于 MPEG-2；G.7×× 代表 G.711、G.722 和 G.728。

（1）H.323 标准多媒体终端。

H.323 标准给出了在 Internet 等基于包的网络上运行的多媒体通信系统的技术要求，在这种网络上保证的服务质量经常是不可用的。

H.323 标准在基于包的网络上传输视频会议所需各种协议和标准的一般过程为：H.323 标准呼叫模式首先有选择地由门管理器允许请求开始（H.225.0.RAS），然后呼叫信号在通信终端间建立连接（H.255.0），接下来为呼叫控制和权能交换建立通信信道（H.245），最后用 RTP 及其相关的控制协议 RTCP 建立媒体流。一个终端可支持几个音频和视频编解码器，但对 G.711 音频（64kbit/s）的支持是强制性的。G.711 是目前用于电话呼叫数字传输的 PSTN 的标准。若终端要求有视频权能，则它必须至少包含一个具有 QCIF 空间分辨率的 H.261 标准视频编解码器。现代 H.323 标准视频终端通常使用 H.263 标准进行视频通信。

（2）H.324 标准多媒体终端。

H.324 标准不同于 H.323 标准，当在 PSTN 上使用 V.34 调制解调器时，它能保证相同网络通信服务的质量。H.324 标准支持多媒体类型的语音、数据及视频。如果多媒体终端支持这些媒体中的一个或多个，那么它就使用与 H.323 标准一样的音视频编解码器。H.324 标准也支持 H.263 视频，以及 G.723.1 在 5.3kbit/s 和 6.3kbit/s 速率的音频，用 H.245 标准处理呼叫控制。在 PSTN 上按照 H.223 标准进行多媒体复用以传输不同类型的媒体数据。复用后的数据经 V.34 调制解调器送至 PSTN，用 V.8 开始（或停止）传送。如果使用 H.324 标准终端外部的调制解调器，就要用该调制解调器控制 V.25。

资讯 4　活动图像压缩标准

MPEG 标准是一个完整的活动图像压缩编码方案，主要由视频、音频和系统 3 部分组成。MPEG 标准阐明了编/解码过程，严格规定了编码后产生的数据流的句法结构，但并没有规定编/解码的算法，因此，本书给出的编码器框图并不是唯一的，只是满足 MPEG 标准的一种实现方式。

MPEG 是一组由 IEC 和 ISO 制定、发布的视频、音频、数据压缩标准。MPEG 标准采用的是一种减少图像冗余信息的压缩算法，提供的压缩比高达 200∶1，同时图像的质量非常好。MPEG 标准已成为国际上影响巨大的多媒体技术标准，对数字电视、视听消费电子、多媒体通信等信息产业的发展产生了深远的影响。MPEG 标准具有 3 方面优势：作为国际标准，具有很好的兼容性；能够提供比其他压缩编码算法更高的压缩比；能够保证在提供高压缩比的同时，使数据损失很小。

现在常用的标准包括 MPEG-1、MPEG-2、MPEG-4、MPEG-7、MPEG-21，它们能够满足不同信道带宽和数字影像质量的要求。

1．MPEG-1 标准

MPEG-1 标准是为满足媒体存储应用运动图像及其伴音的压缩、解压缩及编码描述的国际标准，其码率为 1.2～1.5Mbit/s，图像质量为 200 多线，主要应用于 VCD、光盘、计算机磁盘、数码相机及数字摄像机等。

2．MPEG-2 标准

MPEG-2 标准针对活动图像，码率为 1.5～60Mbit/s，甚至更高，其特点是通用性强，向下兼容 MPEG-1 标准。MPEG-2 标准主要应用于数字卫星电视、高清晰度电视（HDTV）广播及 DVD。与 MPEG-1 标准相比，MPEG-2 标准增加了可伸缩性视频编码方式。此外，MPEG-2 标准还兼顾与 ATM 信元的适配问题。

MPEG-2 标准采用与 MPEG-1 标准相同的分层结构，从上到下依次为图像序列、图像组、图像、片、宏块和块。MPEG-2 既支持逐行扫描方式，又支持隔行扫描方式，定义了 4：2：0、4：2：2 和 4：4：4 三种抽样格式。MPEG-2 标准设有简单档次（SP）、主用档次（MP）、信噪比可分级档次（SNRP）、空间域可分级档次（SSP）、高档次（HP）5 个档次。在每个档次，MPEG-2 标准利用级别来选择不同的参数，如图像尺寸、帧频、码率等，以获取不同的图像质量。MPEG-2 标准定义了低级别（LL）、主用级别（ML）、高 1440 级别（H1440）和高级别（HL）4 个不同的级别。例如，数字卫星广播系统采用的是主用档次/主用级别（MP@ML），采用 I、B、P 3 种图像编码方式，抽样格式为 4：2：0，图像最大分辨率为 720×576（单位为像素），每秒 30 帧，最大码率为 15Mbit/s。

MPEG-2 编码压缩采用了 3 种基本技术：利用图像帧与帧之间的相关性进行压缩的运动补偿预测编码、利用帧内的相关性进行压缩的 DCT 编码、利用游程长度概率进行压缩的霍夫曼编码。

3．MPEG-4 标准

MPEG-4 标准与 MPEG-1、MPEG-2、JPEG 及 H.261 等标准不同，它主要针对低比特率，特别是 64kbit/s 以下的视频压缩。MPEG-4 标准为适应各种多媒体应用"视听对象的编码"，目标是支持在各种网络条件下（包括移动通信）的交互式多媒体应用，侧重于对多媒体信息内容的访问。MPEG-4 标准可以利用很窄的带宽，并通过帧重建技术压缩、传输数据，以相对较少的数据量获得最佳的图像质量。MPEG-4 标准支持自然抽样和由计算机合成的音/视频，功能强，具有广阔的应用前景。

4．MPEG-7 标准

MPEG-7 标准的中文名称是"多媒体内容描述接口"，用于解决对多媒体信息描述的标准问题，并将该描述与所描述的内容相关联，以实现快速、有效的搜索。它支持对多媒体资源进行高效组织、管理、搜索、过滤及检索。MPEG-7 标准可以独立于其他 MPEG 标准使用，但 MPEG-4 标准中定义的音频对象和视频对象的描述适用于 MPEG-7 标准。MPEG-7 标准的适用范围很广，在数字图书馆、个人化电视服务、多媒体目录服务、生物医学应用、远程教育、监控和多媒体编辑等领域有着极为广泛的应用。

5．MPEG-21 标准

MPEG-21 标准实际上就是一些关键技术的集成，通过这种集成对全球数字媒体资源进行透明增强管理，实现内容描述、创建、发布、使用、识别、收费管理、产权保护、用户隐私权保护、终端和网络资源抽取、事件报告等功能。

实践体验：Hi3510 应用方案

Hi3510 是一款基于 H.264 BP 算法的视频压缩芯片，该芯片由 ARM、DSP 和硬件加速引擎组成，片内集成了数字视频、USB、ETH、I2S、I2C、GPIO、SPI、UART、SDRAM、DDR 等接口，具备强大的视频处理功能。Hi3510 可实现 DVD 画质的实时编码，并且能自适应各种网络环境，确保画面的清晰度和实时性。低码率的 H.264 编码技术极大地减小了网络存储空间，并通过集成 DES/3DES 加解密硬件引擎确保网络安全。在满足各种应用场景设备开发的同时能大大降低设备的 BOM 成本。

Hi3510 内部结构如图 4-38 所示，这种结构使其几乎能适应所有的工作，并降低与其他芯片配合的开发难度，同时免除厂商对算法等标准部分的内容进行重复开发，大大降低设备厂商的投入门槛。配合不同应用形态的开发包，Hi3510 可以开发出 PMP、可视电话、网络监控、PVR、可视对讲等各种产品。

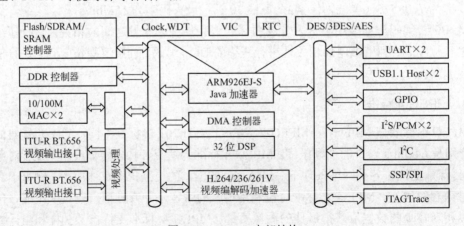

图 4-38　Hi3510 内部结构

视频输入单元通过 ITU-R BT.656 接口接收由 VADC 输出的数字视频信息，并通过 AHB 总线把收到的原始图像写入外存（SDR SDRAM 或 DDR SDRAM）中，视频编解码器从外存中读取图像，并对该图像进行运动估计（帧间预测）、帧内预测、DCT、量化、熵编码（CAVLC+Exp-Golomb）、IDCT、反量化、运动补偿等，将符合 H.264 标准的裸码流和编码重构帧（作为下一帧的参考帧）写入外存中；视频输出单元从外存中读取图像并通过 ITU-R BT.656 接口送给 VDAC 进行显示。应用的需求不同，视频输出单元从外存中读取的图像内容也不同：当需要对输入图像进行预览时，视频输出单元从外存中读取原始图像；当需要观察视频编码器的编码效果时，视频输出单元从外存中读取编码重构帧。ARM 对视频编码器输出的码流进行协议栈的封装后送到网口发送，以实现视频点播业务。

作为 SoC 架构的编解码芯片，Hi3510 在设计时充分考虑了兼容性和使用的方便性，支持几乎所有公司生产的系列 AD/DA 转换芯片。Hi3510 既可以作为独立的编码器工作，又可以作为独立的解码器工作，还可以同时进行编/解码，充分考虑了编/解码市场的各种应用场合。Hi3510 是一种典型的多应用单芯片解决方案，大大简化了设备的 BOM 组成，并降低了设备成本。图 4-39 所示为 Hi3510 同时编/解码的应用。

Hi3510 自带 Linux 操作系统（同时支持 VxWorks、WinCE 等开放式操作系统）和 ARM 处理器，这使得 Hi3510 除可以进行编/解码外，还可以实现许多丰富的应用功能开发，只要附加一片普通的 A/D 转换芯片就可实现复合视频信号的数字化、压缩、存储和传输。Hi3510 开发包只需提供上层 API 接口就可以调用实现所有的芯片功能，并能开发个性化功能。Hi3510 同时编/解码的应用如图 4-39 所示

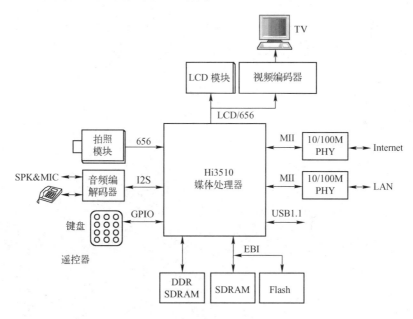

图 4-39　Hi3510 同时编/解码的应用

练习与思考

1. 简述图像的三要素。
2. 位图图像和矢量图形有什么区别？
3. 视频信号与图像信号有何不同？它有哪些特点？

4．简述图像数据压缩的必要性和可能性。

5．在图像数据压缩中，有哪几种线性预测方案？帧内预测和帧间预测有什么不同？

6．图像编码领域目前使用的运动位移估值算法有哪几种？

7．何为变换编码？变换编码系统中压缩数据分几个步骤？

8．简要说明离离散余弦变换的过程。

9．常用的统计编码有哪几种？

10．子带编码主要有哪些特点？

11．小波变换编码的基本思想是什么？

12．分形编码与其他图像编码有什么不同？

13．简要说明 JPEG、H.26X、H.323 和 MPEG 编码标准的特点与作用。

单元 5　模拟调制

当声音和图像信号变换成电信号后，如果不经处理直接以电信号的原来形式进行传输，那么这种方式称为基带传输。基带传输主要用于近距离的传输。例如，麦克风和放大器之间、DVD 和电视机之间、计算机和周边设备之间及电话机与交换局之间的通信等。为了使电信号传输的距离更远，必须让原始的电信号进行适当变换。

信号传输分为在空间中传输的无线电通信，以及利用同轴电缆、光纤等传输线路进行传输的有线通信。不管在哪种情况下，信号的传输路径都有固有的传输特性。也就是说，要得到有效的信号就必须针对各种不同传输线路的特性进行信号的变换，人们把这种变换称为调制。

在进行调制时，必须有调制信号和载波。调制信号分为模拟信号和数字信号。调制可分为模拟调制和数字调制。因为使用的载波有正弦波和方波之分，所以调制可分为连续波调制和脉冲波调制。连续波调制是利用正弦波等高频载波进行传输的方式，脉冲波调制是以脉冲波为载波进行传输的方式。调制信号的频率一般较低，必须以高频信号为载波，只有这样才能实现远距离传输的目标。载波具有振幅、频率、相位和宽度等要素。调制就是让载波的某个要素随调制信号进行变化。

本单元主要介绍模拟调制的相关内容。模拟调制广泛应用于无线电广播和电视领域，是调制技术的基础。无线电发射和接收原理框图如图 5-1 所示。

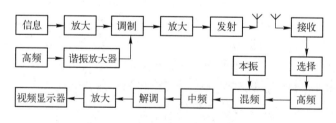

图 5-1　无线电发射和接收原理框图

无线电广播发送端先将需要传播的声音转换成电信号，该电信号经调制器"调制"在调频载波上，然后由发射机通过发射天线辐射到空中，并以无线电波的形式进行远距离传播。广播信号的调制过程如图 5-2 所示。

广播电台播出节目过程如下。

首先把声音通过话筒转换成音频电信号，该电信号经放大后被高频载波信号调制，这时高频载波信号的某一参量随着音频信号进行相应的变化，使要传送的音频电信号包含在高频载波信号之内，之后高频载波信号被放大，当它到达天线时，形成无线电波向外发射。

无线电波的传播速度为 $3×10^8$m/s，这种无线电波被收音机天线接收，然后经过放大、解调，还原为音频电信号，送入扬声器。

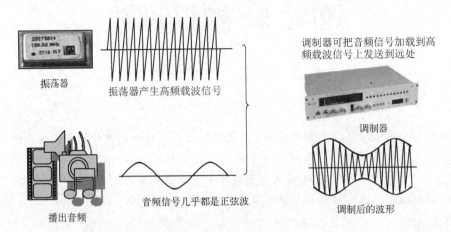

振荡器

振荡器产生高频载波信号

调制器可把音频信号加载到高频载波信号上发送到远处

调制器

播出音频

音频信号几乎都是正弦波

调制后的波形

图 5-2　广播信号的调制过程

在接收端，已调制的高频无线电波被接收机天线接收，经过解调和其他处理，还原成音频信号。为了选择所需电台节目，接收天线后面有一个选频电路，作用是把所需信号（电台）挑选出来，并把不需要的信号过滤掉，以免产生干扰，该电路其实就是人们收听广播时使用的"选台"按钮。选频电路输出的是某个电台的高频调幅信号，但利用该信号直接推动耳机（电声器）是不行的，还必须把它恢复成原来的音频信号，这种还原电路称为解调电路。把解调的音频信号送到耳机就可以收到广播了。

现在的接收机几乎都采用超外差式电路。超外差式电路的特点：所选择高频载波信号的频率为固定不变的中频（如收音机的中频为 465kHz），利用中频放大器对该信号进行放大，满足检波的要求后进行检波。在超外差接收机中，为了实现变频，还要有一个外加的正弦信号，这个信号通常称为外差信号，产生外差信号的电路通常称为本地振荡（简称本振）。由于收音机本振频率和被接收信号频率相差一个中频，因此混频器之前的选择电路和本振采用统一调谐线，如用同轴的双联电容器（PVC）进行调谐，使二者之差保持为固定的中频数值。由于中频固定，并且中频信号频率比高频已调信号频率低，因此中放的增益可以较大，工作也比较稳定，通频带特性也可以比较理想，这样可以使检波器获得足够大的信号，从而使整机输出音质较好的音频信号。

下面介绍收音机的工作原理。常用的收音机是超外差式收音机，主要有调幅收音机、调频收音机和调频立体声收音机 3 类。收音机电路原理框图如图 5-3 所示。

收音机变频电路的任务是把高频载波信号的频率降为 465kHz 的中频，这一过程是通过混频实现的。

在收音机的变频环节制造一个振荡电波信号，将它和接收的高频载波信号同时送到一个晶体管内混合，这个过程就是混频。在晶体管的非线性作用下，混频产生一个固定中频 f_p=465kHz，这就是超外差作用：

$$f_p（中频）= f_0（本地振荡波）- f_s（高频调幅波）$$

即

$$(1000\sim2070)\text{kHz}-(535\sim1605)\text{kHz}=465\text{kHz}$$

利用本地振荡器产生一个比高频载波信号高一个中频的本振信号,将本振信号和接收的高频载波信号进行混频,将由差频得出的中频信号选出,让其通过中放电路进行放大后得到所需信号。这种接收方式称为超外差式接收。

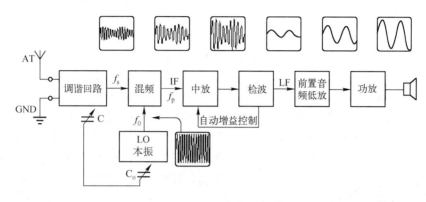

图 5-3　收音机电路原理框图

在收音机调谐回路输出的信号中,进入混频级的是高频调制信号,即高频载波信号与其携带的音频信号。经过晶体管混频,输出高频载波信号的波形变得很稀疏且其频率降低了,但音频信号的形状没有改变。这个过程称为变频。变频仅仅使载波频率降低了,并且无论输入信号频率如何,最终都变为 465kHz,而音频信号包络线的形状始终没有改变。

采用适当的中频和谐振回路大大改善了接收机的选择性,目前超外差接收方式仍为中波接收机、短波接收机和超短波接收机的主要接收方式。

在移动通信领域,基站收发信机、移动台等设备都采用了调制解调技术。

5.1　远走高飞——调制

由语言、音乐、图像等信源直接转换得到的电信号的频率是很低的。这种电信号的频谱包括(或不包括)直流分量的低通频谱,其最高频率和最低频率之比远大于 1。例如,电话信号的频率为 300~3000Hz,称这种信号为基带信号。基带信号可以直接通过架空明线、电缆等有线信道传输,但无法在无线信道上直接传输。即使在有线信道上传输,一对线路上也只能传输一路信号,其成本非常高,线路利用率很低。基带信号要想通过比它频率还高的无线信道进行传输,就需要将自身频率"搬到"专门穿行于这种信道的高频信号上,这就如同换乘交通工具一般。因此,为了使基带信号能够在具有与无线信道一样频带的信道上传输,同时在有线信道上能传输多路基带信号,就需要采用调制技术。在接收端只要进行相应的解调就可以还原出基带信号。

资讯1　为什么要调制

调制不仅是通信原理中一个十分重要的概念,还是一种信号处理技术,无论是在模拟通信还是在数字通信中,它都扮演着极其重要的角色。

不同的信号需要不同频率的信道。从频率分布来看,一定的频率范围只适宜传输某一类信号。例如，中波广播和短波通信的频率范围分别是 535～1640kHz 和 2～30MHz；调频广播发射信号的频率范围只能为 88～108MHz，在该范围以外，通信将严重受阻，甚至不可能实现。例如，在大气层，音频范围为 20Hz～20kHz 的信号传输将急剧衰减，而较高频率范围的信号将能传播很远的距离。

调制就是按原始信号（基带信号或调制信号）的变化规律改变载波信号某些参数的过程。

载波信号是指未经调制的周期性振荡信号，既可以是正弦波，又可以是非正弦波。

对信号进行调制处理就是将某一个载有信息信号的频谱搬移到另一个给定信道通带内信号频谱上的过程。而将这个载有信息的信号提取出来并从中还原出基带信号频谱的过程称为解调。具体而言，就是让载波信号的某个（或几个）参数随原始信号的变化而变化。载波信号就是一种用来搭载原始信号的高频周期信号，它本身不含任何有用信息。为了使调制形象化，可以将其想象为一个运货的过程。要把一件货物运到几千米以外的地方，必须使用运载工具，如汽车、火车或飞机。在这里，货物相当于原始信号，运载工具相当于载波信号，把货物装到运载工具上相当于调制，从运载工具上卸下货物相当于解调。

现代通信从模拟通信方式开始，而数字通信则后来居上，已经逐步取代了模拟通信，但数字调制理论是建立在模拟调制理论基础上的。在现有的各类通信系统中，仍然还有大量模拟通信设备承担着数量庞大的通信任务，基于资金投入、系统建设、设备更换所需时间等原因，这些模拟通信设备还将继续使用一段时间。因此，虽然本书以数字通信为主要内容，但仍然首先介绍模拟通信的有关基本理论。

由于调制和解调在一个通信系统中总是同时出现的，因此往往把调制系统和解调系统统称为调制系统或调制方式，它们是通信系统中极为重要的组成部分。调制具有如下几个重要作用。

（1）调制有助于信号传播。

电磁波一般通过天线发射到空中实现空间传播，接收端也必须通过天线才能有效接收空间传播的信号。天线的尺寸主要取决于波长和应用场合。为了充分发挥天线的辐射能力，一般要求天线的尺寸和发射信号的波长在同一个数量级上。例如，常用天线的长度为 1/4 波长，如果把原始信号直接通过天线发射，那么天线的长度将为几十至几百千米量级，显然，这样的天线是无法实现的。必须将信号调制到较高的频率（一般调制到数百千赫兹到数百兆赫兹甚至更高）上，这样才能使用天线将其发射出去。例如，音频信号的频率范围是 20Hz～20kHz，最小波长为

$$\lambda = c/f = (3 \times 10^8)/(20 \times 10^3) = 1.5 \times 10^4$$

式中，λ 为波长（m）；c 为电磁波传播速度（光速）（m/s）；f 为音频（Hz）。

由此可见，要将音频信号直接用天线发射出去，天线几何尺寸即便按波长的 1/100 选取也要具有 150m 的长度。需要注意的是，这里只是指天线的长度，不包括天线的底座或塔座，因此，要想把音频信号通过可接受的天线尺寸发射出去，就需要想办法提高发射信号的频率。

频率越高，波长越短，通常电视机的天线较长，而手机的天线很短。这是因为 1～12 频道电视信号的载波频率为 48.5～223MHz，而 GSM 手机的载波频率范围是 900～1800MHz。

同样的道理，用同轴电缆传输的厘米波对应的频率是几千兆赫兹。

（2）调制可以对信号进行频谱搬移。

实际需要传输的信号往往是基带信号，它们的频率一般较低，甚至有的还包含直流成分。如果把这些低频信号都直接用基带方式传送，那么会出现不可想象的干扰及信道衰减，从而导致通信失败。例如，要在大气层中远程传输语音或视频等信号，就必须在发射机中通过调制把这些基带信号频谱搬移另一个较高频率的信号频谱上，使其满足信道传输的要求。

（3）调制便于频率分配。

为使无线电台发出的信号互不干扰，每个发射台都被分配了不同的频率。这样，利用调制技术把各种语音和图像等基带信号频谱调制到不同的载频上，以便用户根据需要选择各个电台，收看或收听所需节目。

（4）调制可以实现信道多路复用。

如果信道的通带较宽，那么可以用一个信道传输多个基带信号，把基带信号分别调制到相邻的载波上并将它们一起送入信道传输即可。这样就提高了系统的传输有效性。这种在频域上进行的多路复用称为频分复用。还可以对多个基带信号在不同时刻进行采样，将样值依次送入信道传输，这种在时域上进行的多路复用称为时分复用。

（5）调制可以减小噪声和干扰的影响。

噪声和干扰的影响不可能完全消除，但是可以通过选择适当的调制方式来减小它们的影响，不同的调制方式具有不同的抗噪声性能。例如，利用调制使已调信号的传输带宽远大于基带信号的带宽，用增加带宽的方法换取噪声影响的减小，这是通信系统设计的一个重要环节。调频信号的传输带宽比调幅信号的传输带宽宽得多，结果是提高了输出信噪比，减小了噪声的影响，提高了系统的传输可靠性。

（6）调制可以克服设备的限制。

通信系统中某些部件（如放大器和滤波器）的性能优劣和制造的难易程度不仅与信号的频率有关，还与信号的最高频率和最低频率之比有关。利用调制可以把信号频率变换为容易满足设计要求的频率。另外，通过调制还可以把宽带信号变为窄带信号。

资讯 2 调制的分类

调制的实质是进行频谱变换，把携带信息的基带信号的频谱搬移到较高的频谱上。已调波应该具有两个基本特性：一是仍然携带信息；二是适合信道传输。调制器模型如图 5-4 所示，其中的 $u_\Omega(t)$ 为基带信号，$u_c(t)$ 为载波信号，$x_c(t)$ 为已调信号。

根据 $u_\Omega(t)$、$u_c(t)$ 和调制器功能的不同，可对调制进行以下分类。

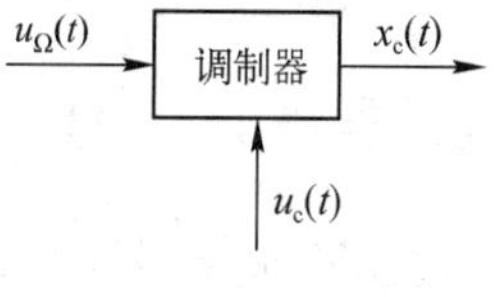

1. 根据基带信号分类

图5-4 调制器模型

根据基带信号的不同，可将调制分为模拟调制和数字调制两类。在模拟调制中，基带信号是模拟信号，通常以单音正弦波为代表。在数字调制中，基带信号是数字信号，通常以二进制数字脉冲为代表。

2．根据载波信号分类

由于用于携带信息的载波信号既可以是正弦波，又可以是脉冲序列，因此相应的调制也可据此进行分类。以正弦信号为载波的调制称为连续载波调制，以脉冲序列为载波的调制称为脉冲载波调制。在脉冲载波调制中，载波信号是时间间隔均匀的矩形脉冲。

3．根据调制器的功能分类

根据调制器的功能不同，调制可分为幅度调制、频率调制和相位调制。

（1）幅度调制：利用 $u_\Omega(t)$ 改变 $u_c(t)$ 的振幅参数，即利用 $u_c(t)$ 的幅度变化来传送 $u_\Omega(t)$ 的信息，如振幅调制（AM）、脉冲振幅调制（PAM）和振幅键控（ASK）等。

（2）频率调制：利用 $u_\Omega(t)$ 改变 $u_c(t)$ 的频率参数，即利用 $u_c(t)$ 的频率变化来传送 $u_\Omega(t)$ 的信息，如调频（FM）、脉冲频率调制（PFM）和频率键控（FSK）等。

（3）相位调制：利用 $u_\Omega(t)$ 改变 $u_c(t)$ 的相位参数，即利用 $u_c(t)$ 的相位变化来传送 $u_\Omega(t)$ 的信息，如调相（PM）、脉冲位置调制（PPM）、相位键控（PSK）等。

4．根据调制前后信号的频谱关系分类

根据已调信号频谱和调制前信号频谱之间的关系，可把调制分为线性调制和非线性调制两种。

（1）线性调制：已调信号 $x_c(t)$ 的频谱和 $u_\Omega(t)$ 的频谱为线性关系，如 AM、抑制载波双边带调制（DSB）、单边带调制（SSB）等。

（2）非线性调制：已调信号 $x_c(t)$ 的频谱和 $u_\Omega(t)$ 的频谱没有线性对应关系，即已调信号的频谱中含有与 $u_\Omega(t)$ 频谱无线性对应关系的频谱成分，如 FM、FSK 等。此外，可以使模拟信号数字化的脉冲编码调制（PCM）和增量调制（ΔM）等也属于非线性调制。

5.2 情牵一线——线性调制

如果已调信号的频谱和调制信号的频谱间为线性关系，那么这种调制称为线性调制。线性调制就是将基带信号的频谱沿频率轴线进行线性搬移的过程，故已调信号的频谱结构和基带信号的频谱结构相同，只不过搬移了一个频率位置。根据已调信号频谱与基带信号频谱之间的不同线性关系，可以得到不同的线性调制，如 AM、DSB、SSB 和残留边带调制（VSB）等。下面分别对它们进行介绍。

资讯 1 AM

AM 是指用叠加了一个直流分量的信号 $f(t)$ 来控制 $u_c(t)$ 的振幅，使已调信号的包络按照 $f(t)$ 的规律进行线性变化。

1．AM 信号的时域表示

AM 信号的时域表达式为

$$s_{AM}(t)=[A+f(t)]\cos\omega_c t \tag{5-1}$$

式中，$f(t)$ 为基带信号；A 为直流分量。

图 5-5 所示为 AM 信号的调制过程。图 5-5（a）所示为基带信号，该信号是一个低频余弦信号，初相为 0；图 5-5（b）所示为高频载波信号；图 5-5（c）所示为叠加了一个直流分量 A 的基带信号；图 5-5（d）所示为 AM 信号 $s_{AM}(t)$。

将图 5-5（d）中 AM 信号的各个最大点用平滑的曲线连起来，所得曲线就称为 AM 信号的包络。AM 信号的包络与基带信号波形完全一样，但 AM 信号的频率与高频载波信号的频率相同。也就是说，每个高频载波信号的周期都是相等的，因而其波形的疏密程度均匀一致，与未调制高频载波信号的波形疏密程度相同。

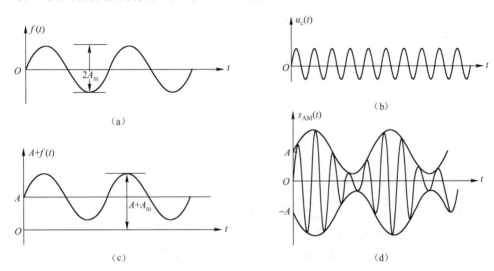

图 5-5　AM 信号的调制过程

设图 5-5 中的基带信号为

$$f(t)=A_m\cos\omega_m t=A_m\cos 2\pi f_m t \tag{5-2}$$

则 AM 信号为

$$s_{AM}(t)=(A+A_m\cos 2\pi f_m t)\cos\omega_c t=A(1+m_a\cos\omega_m t)\cos\omega_c t \tag{5-3}$$

式中，m_a 为比例常数，一般由调制电路确定，称为调幅指数或调幅度：

$$m_a=A_m/A \tag{5-4}$$

若 $m_a>1$，则已调信号的包络将严重失真，在接收端检波后，是不可能恢复基带信号波形的，这种情况称为过量调幅。因此，为避免失真，应使 $m_a\leqslant 1$。

以上介绍的是基带信号为单频正弦信号的情况，但通常传送的信号（如语言、图像等）基本都是由许多不同频率组成的多频信号。与前面单频正弦信号调制一样，AM 信号的振幅将分别按照各频率信号的变化规律而变化，由于这些变化都是与每个信号成比例的，因此最后输出的 AM 信号变化规律就与原始信号变化规律一致，即 AM 信号的幅度携带了原始信号代表的信息。因为任何复杂信号都可以分解为许多不同频率和幅度的正弦分量，所以一般为使分析简单，都以正弦信号为例进行介绍。图 5-6 所示为非正弦波调制时的 AM 信号波形。从图 5-6 中可以看出，该 AM 信号 $s_{AM}(t)$ 的包络与基带信号 $f(t)$ 波形仍然相似。当叠加的直流分量 A 小于基带信号的最大值时，AM 信号的包络将不再与基带信号波形一致,即由于过量调幅而失真。因此,必须要求 $A+f(t) \geqslant 0$。

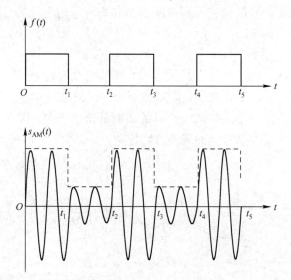

图 5-6 非正弦波调制时的 AM 信号波形

2. AM 信号的频域表示

设 $f(t)$ 的频谱为 $F(\omega)$,对信号的时域表达式进行傅里叶变换,即可求出其频域表达式:

$$S_{AM}(\omega)=F\{[A+f(t)]u_c(t)\}$$
$$=\pi A[\delta(\omega+\omega_c)+\delta(\omega-\omega_c)]+\frac{1}{2}[F(\omega-\omega_c)+F(\omega+\omega_c)] \tag{5-5}$$

由式(5-5)可知,AM 信号的频谱就是将基带信号的频谱减小一半后分别搬移到$-\omega_c \sim$ $+\omega_c$ 处,并且在$-\omega_c \sim +\omega_c$ 处各有一个强度为 πA 的冲激分量,如图 5-7 所示。图 5-7 中的 ω_m 为基带信号的最高角频率。

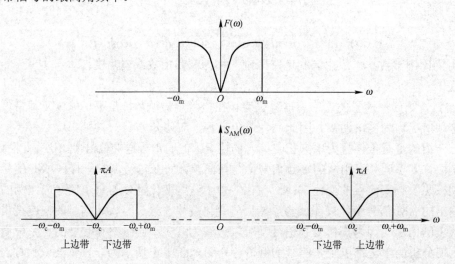

图 5-7 AM 信号的频谱

当基带信号是单频正弦信号 $A_m\cos2\pi f_m t$ 时，由于 $F(\omega)$ 为 $-\omega_m$～$+\omega_m$（或 $-2\pi f_m$～$+2\pi f_m$）处的两条谱线，因此此时已调信号的频谱强度为基带信号频谱强度的 1/2；角频率为 $\pm(\omega_c\pm\omega_m)$ 处的 4 条谱线，以及 $-\omega_c+\omega_c$ 处的两个强度均为 πA 的冲激分量，如图 5-8 所示。如果利用三角公式对该基带信号的时域表达式进行展开，那么也可得出同样的结论，即

$$u_{AM}(t)=A(1+m_a\cos2\pi f_m t)\cos2\pi f_c t$$
$$=A\cos2\pi f_c t+\frac{A}{2}[m_a\cos2\pi(f_c+f_m)t+a\cos2\pi(f_c-f_m)t] \tag{5-6}$$

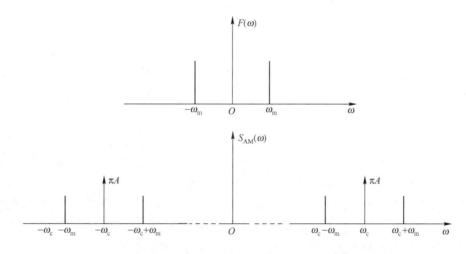

图 5-8　单频正弦信号经 AM 后的频谱

由式（5-6）可知，AM 信号由载频分量、上边带和下边带 3 部分组成。第 1 项的频率就是载波信号频率，与基带信号无关；第 2 项的频率等于载波信号频率与基带信号频率之和，称为上边频；第 3 项的频率等于载波信号频率与基带信号频率之差，称为下边频。上边频和下边频是调制产生的新频率分量，它们相对于载波信号频率对称分布，其幅度都与基带信号的幅度成正比。这说明上边频和下边频都包含基带信号的有关信息。AM 信号的带宽为

$$B_{AM}=(f_c+f_m)-(f_c-f_m)=2f_m \tag{5-7}$$

由于非单频信号的调制信号由许多频率分量组成，因此其频谱示意图不再用单一的谱线来表示，但基本的变换关系仍然与单频信号的变换关系一样，只是由对称结构的上、下边频 $\pm f_m$ 换成了关于载频对称的上、下边带 $\pm B_m$，其频带宽度为

$$B_{AM}=(f_c+B_m)-(f_c-B_m)=2B_m \tag{5-8}$$

由式（5-7）和式（5-8）可以看出，AM 信号的带宽为基带信号最高频率的 2 倍，故称 AM 为常规双边带调制。如果用频率为 300～3400Hz 的语音信号进行 AM，那么 AM 信号的带宽为 2×3400Hz=6800Hz。为避免各电台信号互相干扰，对不同频段与不同用途的电台允许占用的带宽都有十分严格的规定。我国规定广播电台的带宽为 9kHz，即基带信号的最高频率不超过 4.5kHz。

3. AM 信号的功率和效率

通常将基带信号的功率用该信号在阻值为 1Ω 的电阻上产生的平均功率来表示，等于

该信号的均方值，即对时域表达式先平方再求平均值。因此，AM 信号 $s_{AM}(t)$ 的功率为

$$P_{AM} = \overline{s_{AM}^2(t)} = \overline{[A+f(t)]^2 \cos^2 \omega_c t} = \overline{A^2 \cos^2 \omega_c t} + \overline{f^2(t)\cos^2 \omega_c t} + \overline{2Af(t)\cos^2 \omega_c t}$$
$$= \frac{1}{2}E\{[A^2 + f^2(t) + 2Af(t)](1 + \cos 2\omega_c t)\} \tag{5-9}$$

根据平均值的性质，式（5-9）可展开为

$$P_{AM} = \frac{1}{2}\overline{A^2} + \frac{1}{2}\overline{f^2(t)} + \overline{A \cdot f(t)} + \frac{1}{2}\overline{A^2 \cos^2 \omega_c t} + \frac{1}{2}\overline{f^2(t)\cos^2 \omega_c t} + \overline{A \cdot f(t)\cos^2 \omega_c t}$$

由于 $\overline{\cos^2 \omega_c t} = 0$，因此 AM 信号的功率为

$$P_{AM} = P_c + P_s \tag{5-10}$$

由式（5-10）可知，AM 信号的功率由两部分组成：载波功率 P_c，与信号无关，称为无用功率；信号功率 P_s，又称为边带功率。一般定义信号功率与 AM 信号的总功率之比为调制效率，记作 η_{AM}，即

$$\eta_{AM} = \frac{P_s}{P_{AM}} = \frac{\overline{f^2(t)}}{A^2 + \overline{f^2(t)}} \tag{5-11}$$

显然，AM 信号的调制效率总是小于 1。对于基带信号为正弦信号的 AM，其效率最高只能达到 33%。当基带信号为矩形波时，AM 的效率达到最高，但也只有 50%。

由此可以看出，AM 最大的缺点就是调制效率低，其功率的大部分都消耗在载波信号和直流分量上，这显然是极为浪费的。为了克服这一缺点，人们提出了只发射边频分量而不发射载波信号的调制方式，这就是后面将要介绍的 DSB。

4. AM 的调制与解调

根据 AM 信号的时域表达式 $s_{AM}(t)=[A+f(t)]\cos\omega_c t$，可以画出该信号的调制电路框图，如图 5-9 所示。图 5-9 中所用乘法器一般都是基于半导体元器件的平方律特性或开关特性来工作的。而载波信号则通过高频振荡电路直接获得，或者使振荡输出信号经过倍频电路来获得。

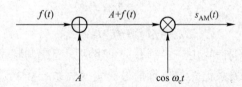

图 5-9　AM 信号的调制电路框图

由于 $s_{AM}(t)$ 的包络具有与基带信号波形相同的形状，因此它的解调通常有如下两种方式。

（1）包络检波法：用非线性元器件和滤波器检波提取出调制信号的包络，获得所需的 $f(t)$ 信息。包络检波法也称为 $s_{AM}(t)$ 的非相干检波，其原理如图 5-10（a）所示。RC 满足条件

$$\frac{1}{\omega_c} \ll RC \ll \frac{1}{\omega_H}$$

这时，包络检波器输出信号的包络与输入信号的包络十分相近，即 $s_{AM}(t) \approx A+f(t)$。

（2）相干解调：通过乘法器将收到的 $s_{AM}(t)$ 与接收机产生的与基带信号中载波信号同频同相的本地载波信号相乘，经过低通滤波就可以恢复原来的基带信号 $f(t)$，如图 5-10（b）所示。此时

$$s_{AM}(t) \cdot \cos\omega_c t = [A + f(t)]\cos^2\omega_c t = \frac{1}{2}[A + f(t)] + \frac{1}{2}[A + f(t)]\cos 2\omega_c t$$

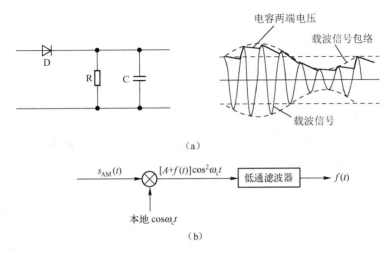

图 5-10　$s_{AM}(t)$ 的解调

通过对 $s_{AM}(t)$ 进行分析不难发现，AM 系统最大的优点就是其调制电路及解调电路都很简单，设备要求低。但 AM 信号抗干扰能力较差，信道中的加性噪声、选择性衰落等都会引起它的包络失真。另外，AM 的效率太低。因此，AM 常用于通信设备成本低、对通信质量要求不高的场合，如中波或短波调幅广播系统。

资讯2　DSB

如前所述，频谱中的载波分量（$-\omega_c \sim +\omega_c$ 处的两个冲激分量）并不携带信息，为节省功率，可将载波抑制，这样效率可以提高到 100%。这种调制方式就是抑制载波双边带调制，简称 DSB。DSB 信号的时域表达式为

$$s_{DSB}(t)=f(t)\cos\omega_c t=f(t)\cos 2\pi f_c t \tag{5-12}$$

显然，$s_{DSB}(t)$ 就是 $s_{AM}(t)$ 当 $A=0$ 时的一个特例，其波形及产生过程如图 5-11 所示。由图 5-11 可知，$s_{DSB}(t)$ 的包络已经不再具有与基带信号 $f(t)$ 波形相同的形状，因此不能采用包络检波法对其进行解调，但仍可使用相干解调方式。

设 $f(t)$ 的频谱为 $F(\omega)$，对 $s_{DSB}(t)$ 的时域表达式进行傅里叶变换，可得其频谱为

$$S_{DSB}(\omega)=F[f(t)u_c(t)]=\frac{1}{2}[F(\omega-\omega_c)+F(\omega+\omega_c)] \tag{5-13}$$

式（5-13）说明，AM 信号的频谱和常规双边带信号一样，都是基带信号的频谱减小一半后分别搬移到以 $-\omega_c$ 及 $+\omega_c$ 为中心的两处，只是 $S_{DSB}(\omega)$ 比 $S_{AM}(\omega)$ 少了 $-\omega_c$ 和 $+\omega_c$ 处的两个强度为 πA 的冲激分量，如图 5-12 所示。图 5-12 中的 ω_m 为基带信号的最高角频率。

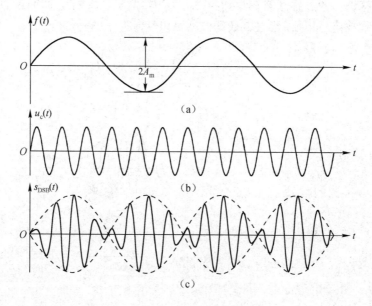

图 5-11 $s_{DSB}(t)$ 的波形及产生过程

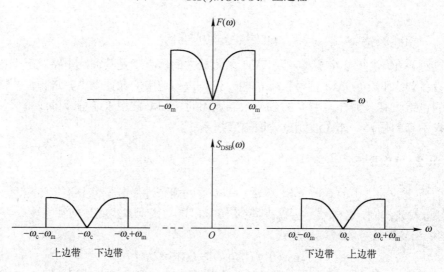

图 5-12 抑制载波双边带调制信号频谱

单频信号 $A_m\cos 2\pi f_m t$ 经 DSB 后的频谱如图 5-13 所示。

根据 SDB 信号的时域表达式 $s_{DSB}(t)=f(t)\cos\omega_c t$，可画出该信号的调制电路框图，如图 5-14 所示。

由于 $s_{DSB}(t)$ 的包络不再具有与基带信号波形相同的形状，因此它只能使用相干解调方式恢复原来的基带信号 $f(t)$，如图 5-15 所示。

在图 5-15 中，乘法器的输出为

$$s_{DSB}(t)\cdot\cos\omega_c t=f(t)\cos^2\omega_c t=\frac{1}{2}f(t)+\frac{1}{2}f(t)\cos2\omega_c t$$

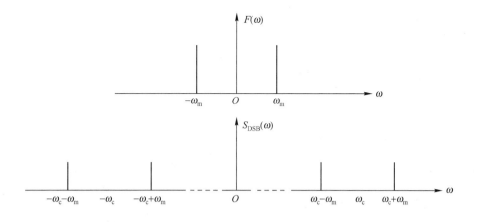

图 5-13　单频信号 $A_m\cos 2\pi f_m t$ 经 DSB 后的频谱

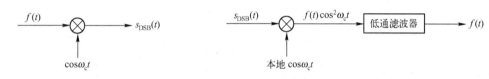

图 5-14　DSB 信号的调制电路框图 　　　　　图 5-15　$s_{DSB}(t)$ 的解调

经过低通滤波后，得到解调输出 $\frac{1}{2}f(t)$。显然，DSB 信号的调制电路实现无失真解调的关键在于相乘的本地载波信号是否与收到的信号完全同频同相。

由于 DSB 信号不含有载频分量离散谱，其频谱由上下对称的两个边带组成。因此，DSB 信号是不带载波的双边带信号，其带宽为基带信号带宽的 2 倍。但是上下两部分携带的信息完全一样。从频带的角度来看，AM 和 DSB 都浪费了一半的频率资源。为改进这一不足，人们提出了单边带和残留边带两种效率高且节约频带的调制方式。

资讯 3　SSB

DSB 信号的上下两个边带是完全一样的，每个边带所包含的基带信号信息也是完全一样的，因此可以只传输一个边带。这种仅利用一个边带传输信息的调制方式就是单边带调制，简称 SSB，其已调信号记作 $s_{SSB}(t)$。显然，SSB 分上边带调制和下边带调制，相应有上边带调制信号 $s_{HSB}(t)$ 和下边带调制信号 $s_{LSB}(t)$，如图 5-16 所示。其中，图 5-16（b）所示为上边带调制信号的频谱，图 5-16（c）所示为下边带调制信号的频谱。

SSB 信号的调制方式有滤波法、移相法及移相滤波法 3 种。其中，移相滤波法通信质量较差，已很少采用。

滤波法首先对基带信号进行 DSB，然后通过滤波器从 $s_{DSB}(t)$ 中滤出所需的上（或下）边带调制信号，如图 5-17 所示。

当滤波器的选通频带为 $\omega_c\sim(\omega_c+\omega_m)$ 时，输出 $s_{HSB}(t)$；当选通频带为 $(\omega_c-\omega_m)\sim\omega_c$ 时，输出 $s_{LSB}(t)$。

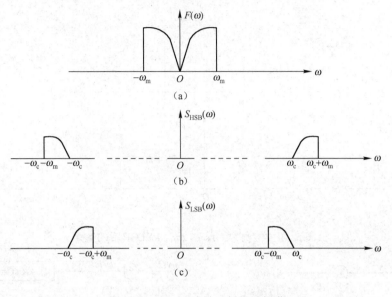

（a）

（b）

（c）

图 5-16　上、下边带调制信号频谱

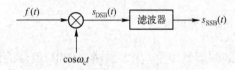

图 5-17　滤波法获取 $s_{SSB}(t)$ 的调制框图

虽然图 5-17 所示电路的实现方法简单，但由于基带信号多为中低频信号甚至包含直流成分，其频谱中上、下边带之间的间隔小，即过渡带很窄，因此对滤波器的边沿特性要求很高，即滤波器必须具有极为陡峭的上升沿和下降沿，制作难度大，只有采用多级调制、滤波才能实现。

当基带信号 $f(t)$ 为单频信号 $A_m\cos\omega_m t$ 时，根据 DSB 信号的时域表达式，结合 SSB 信号的频谱，可以导出上、下边带调制信号的表达式

$$s_{DSB}(t)=f(t)\cos\omega_c t=A_m\cos\omega_m t\cos\omega_c t$$
$$=\frac{1}{2}A_m\cos(\omega_c+\omega_m)t+\frac{1}{2}A_m\cos(\omega_c-\omega_m)t \qquad (5\text{-}14)$$

由式（5-14）可知

$$s_{HSB}(t)=(1/2)A_m\cos(\omega_c+\omega_m)t=(1/2)A_m(\cos\omega_c t\cos\omega_m t-\sin\omega_c t\sin\omega_m t) \qquad (5\text{-}15)$$

$$s_{LSB}(t)=(1/2)A_m\cos(\omega_c-\omega_m)t=(1/2)A_m(\cos\omega_c t\cos\omega_m t+\sin\omega_c t\sin\omega_m t) \qquad (5\text{-}16)$$

根据式（5-15）和式（5-16），当基带信号为单频信号时，用移相法获得 SSB 信号，如图 5-18 所示。其中，当移相器 2 选择移相+π/2 时，输出 $s_{HSB}(t)$；反之，输出 $s_{LSB}(t)$。

实际上，只要把图 5-18 中的移相器 1 由对单一频率分量移相-π/2 的窄带移相电路换成对基带信号频带中每个频率分量都移相-π/2 的宽带移相器，即可实现 SSB。实际上，这里的宽带移相器通常采用希尔伯特滤波器来实现。

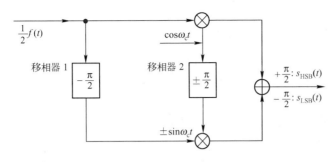

图 5-18　用移相法获得 SSB 信号

与 DSB 信号一样，SSB 信号的解调也不能采用简单的包络检波法，通常采用相干解调法，如图 5-19 所示。图 5-19 所示电路的工作原理与图 5-15 所示电路的工作原理类似，只是宽带相移器 1 的输出将是信号 $\frac{1}{2}f(t)$ 的希尔伯特变换 $\frac{1}{2}\hat{f}(t)$，我们对此不做要求，故不再具体分析。

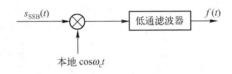

图 5-19　$s_{SSB}(t)$ 的解调

由上述介绍不难看出，单边带调制比双边带调制节省一半的传输频带，提高了频带利用率，而且单边带信号由于只有一个边带，因此不存在传输过程中载频和上下边带的相位关系容易遭到破坏的缺点，抗选择性衰落能力有所增强。但对于低频成分极为丰富的基带信号，其单边带调制电路很难制作，由此人们提出了介于单双边带调制之间的残留边带调制（VSB）。

资讯 4　VSB

VSB 是介于单边带调制与双边带调制之间的一种调制方式，它既克服了 DSB 占用频带宽的问题，又解决了 SSB 电路不易实现的难题。

在 VSB 中，除传送一个边带外，还保留另外一个边带的一部分。VSB 信号频谱如图 5-20 所示。其中，图 5-20（b）、（c）所示分别为残留部分下边带调制信号的频谱和残留部分上边带调制信号的频谱。显然，与 SSB 类似，VSB 也可用滤波法来实现，相关框图和图 5-17 基本相同，只是其中的滤波器由 SSB 滤波器 $H_{SSB}(\omega)$ 换成 VSB 滤波器 $H_{VSB}(\omega)$。SSB 滤波器和 VSB 滤波器的传递函数如图 5-21 所示。其中，图 5-21（a）、（b）分别对应上边带调制滤波器和下边带调制滤波器；图 5-21（c）和图 5-21（d）则分别对应残留部分下边带调制滤波器和残留部分上边带调制滤波器。显然，这两类滤波器的区别只是 $H_{VSB}(\omega)$ 的边带不像 $H_{SSB}(\omega)$ 的边带那么陡峭，故 VSB 的实现相对容易得多。

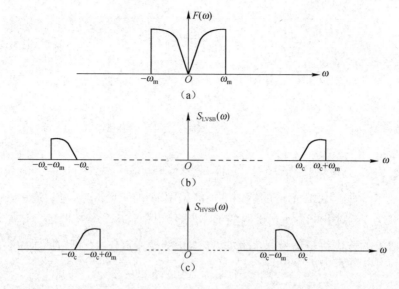

图 5-20　VSB 信号频谱

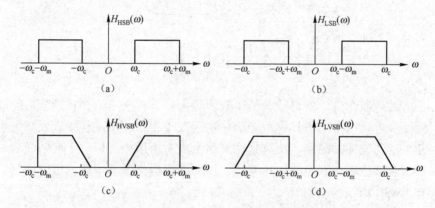

图 5-21　SSB 滤波器和 VSB 滤波器的传递函数

VSB 信号的解调也采用相干解调法，VSB 滤波器的传递函数必须具有互补对称特性，即满足式（5-17）的条件，这样接收端才能不失真地恢复原始基带信号。$H_{VSB}(\omega-\omega_c)$ 是 $H_{VSB}(\omega)$ 向右平移 ω_c 后的图形，$H_{VSB}(\omega+\omega_c)$ 是 $H_{VSB}(\omega)$ 向左平移 ω_c 后的图形，如图 5-22 所示。

$$H_{VSB}(\omega-\omega_c)+H_{VSB}(\omega+\omega_c)=常数 \tag{5-17}$$

电视图像信号都采用 VSB，其载频和上边带调制信号全部传送出去，而下边带调制信号则只传送不高于 0.75MHz 的低频部分。

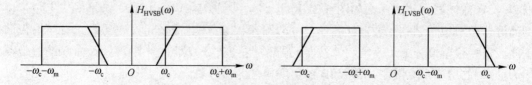

图 5-22　VSB 滤波器的互补对称特性

在低频信号的调制过程中，由于 VSB 滤波器的制作比 SSB 滤波器的制作容易，并且频带利用率也比较高，因此 VSB 是含有大量低频成分信号的首选调制方式。

5.3 自由飞翔——非线性调制

从本质上讲，调制是利用载波信号 3 个参数（幅度、频率、相位）中的某一个参数携带基带信号信息的。线性调制（如 AM、DSB、SSB、VSB）在频率上是简单搬移关系，即载波信号的幅度随基带信号 $f(t)$ 发生线性变化。在非线性调制中，载波信号的幅度保持不变，$f(t)$ 控制载波信号瞬时频率或相位的变化，变化的周期由 $f(t)$ 的频率决定，因而非线性调制也称为角度调制。根据 $f(t)$ 控制的是载波信号的角频率还是相位，可将角度调制分为频率调制（FM）和相位调制（PM）。其中，频率调制简称调频；相位调制简称调相。

资讯 1 角度调制的基本概念

在角度调制中，已调信号的频谱不像线性调制那样还和基带信号频谱之间保持某种线性关系，其频谱结构已经完全变化，出现许多新频率分量。

设载波信号为 $A\cos(\omega_c t + \varphi_0)$，则角度调制信号可统一表示为瞬时相位 $\theta(t)$ 的函数：

$$s(t) = A\cos[\theta(t)] \tag{5-18}$$

由此，可以推出 FM 信号和 PM 信号的时域表达式。

根据前面对 FM 的定义，FM 信号的载波频率增量和基带信号 $f(t)$ 成比例，即

$$\Delta\omega = K_{FM} f(t) \tag{5-19}$$

因此 FM 信号的瞬时频率为

$$\omega = \omega_c + \Delta\omega = \omega_c + K_{FM} f(t) \tag{5-20}$$

式中，K_{FM} 为频偏指数，完全由电路参数决定。由于瞬时角频率 $\omega(t)$ 和瞬时相位 $\theta(t)$ 之间存在以下关系：

$$\omega(t) = \frac{d\theta(t)}{dt} \tag{5-21}$$

因此可以求得此时的瞬时相位为

$$\theta(t) = \omega_c t + K_{FM} \int f(t)dt \tag{5-22}$$

由此可得 FM 信号的时域表达式为

$$s_{FM}(t) = A\cos[\omega_c t + K_{FM} \int f(t)dt] \tag{5-23}$$

与此类似，PM 信号的相位增量为

$$\Delta\theta = K_{PM} f(t) \tag{5-24}$$

式中，K_{PM} 为相偏指数，由电路参数决定，因此 PM 信号的时域表达式为

$$s_{PM}(t) = A\cos[\omega_c t + K_{PM} f(t)] \tag{5-25}$$

令基带信号 $f(t) = A_m \cos\omega_m t$，则单频正弦信号的 FM 信号和 PM 信号的表达式分别为

$$s_{FM}(t) = A\cos(\omega_c t + \beta_{FM} \sin\omega_m t) \tag{5-26}$$

$$s_{PM}(t) = A\cos(\omega_c t + \beta_{PM} \cos\omega_m t) \tag{5-27}$$

式中，$\beta_{\mathrm{FM}}=\dfrac{K_{\mathrm{FM}}\cdot A_{\mathrm{m}}}{\omega_{\mathrm{m}}}=\dfrac{\Delta\omega_{\max}}{\omega_{\mathrm{m}}}=\dfrac{\Delta f_{\max}}{f_{\mathrm{m}}}$，称为调频指数，$\Delta f_{\max}$ 为调频过程中的最大频偏；$\beta_{\mathrm{PM}}=K_{\mathrm{PM}}A_{\mathrm{m}}$，称为调相指数，表示调相过程中的最大相位偏移 $\Delta\omega_{\max}$。

显然，调频指数 β_{FM} 和调相指数 β_{PM} 由电路参数与基带信号的参量共同决定。

根据式（5-26）和式（5-27）可以得到正弦信号 $f(t)=A_{\mathrm{m}}\cos\omega_{\mathrm{m}}t$ 对载波信号 $A\cos\omega_c t$ 分别进行 FM 与 PM 时的波形，如图 5-23 所示。图 5-23（a）所示为 FM 信号 $s_{\mathrm{FM}}(t)$，图 5-23（b）所示为 PM 信号 $s_{\mathrm{PM}}(t)$。

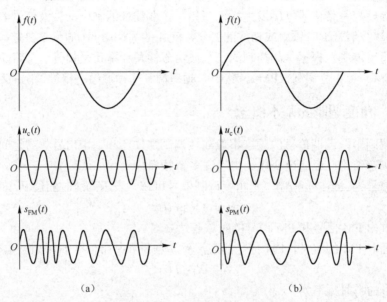

图 5-23　FM 信号和 PM 信号的波形

由图 5-23 可以看出，FM 信号的波形疏密程度和基带信号 $f(t)$ 的波形疏密程度完全一致。当 $f(t)$ 取正的最大值时，$s_{\mathrm{FM}}(t)$ 频率最高，即此时频偏最大，波形上对应位置处密度最大；当 $f(t)$ 取负的最小值时，$s_{\mathrm{FM}}(t)$ 频率最低，此时频偏也最大，但波形上对应位置处密度最小，即此时的频偏是最大负频偏。而 PM 信号的波形疏密程度却和基带信号 $f(t)$ 的波形疏密程度有 90°的偏差，这是因为瞬时相位和瞬时频率是微积分的关系。

下面分别具体介绍 FM 和 PM。

资讯 2　FM

根据调制后载波信号瞬时相位偏移的大小，可将 FM 分为窄带 FM 和宽带 FM 两种。FM 的数学表示式如式（5-23）所示，当

$$K_{\mathrm{FM}}\int f(t)\mathrm{d}t \ll \frac{\pi}{6}\text{（或 0.5 弧度）} \tag{5-28}$$

时，为窄带 FM；否则为宽带 FM。

一般将窄带 FM 简记为 NBFM，将宽带 FM 记为 WBFM。

1. NBFM

前面介绍了 FM 信号的时域表达式，根据式（5-28），可知 NBFM 信号的时域表达式为

$$s_{FM}(t) = A\cos[\omega_c t + K_{FM}\int f(t)dt]$$
$$= Af(t)\cdot\cos[K_{FM}\int f(t)dt] - A\sin\omega_c t\cdot\sin[K_{FM}\int f(t)dt] \qquad (5\text{-}29)$$

因为

$$K_{FM}\int f(t)dt \ll \frac{\pi}{6} \quad (\text{或 } 0.5 \text{ 弧度})$$

所以 $\cos[K_{FM}\int f(t)dt]\approx 1$，$\sin[K_{FM}\int f(t)dt]\approx K_{FM}\int f(t)dt$，将它们代入式（5-29）中，可得

$$s_{NBFM}(t) \approx A\cos\omega_c t - [AK_{FM}\int f(t)dt]\sin\omega_c t \qquad (5\text{-}30)$$

设基带信号 $f(t)$ 为零均值信号，其频谱为 $F(\omega)$，对式（5-30）进行傅里叶变换，可得 NBFM 信号的频谱为

$$S_{NBFM}(\omega) = \pi A[\delta(\omega-\omega_c)+\delta(\omega+\omega_c)] + \frac{AK_{FM}}{2}\left[\frac{F(\omega-\omega_c)}{\omega-\omega_c} - \frac{F(\omega+\omega_c)}{\omega+\omega_c}\right] \qquad (5\text{-}31)$$

当基带信号为单频信号时，设 $f(t)=\cos\omega_m t$，则根据式（5-31）可画出此时 NBFM 信号的频谱，如图 5-24 所示。图 5-24（a）～（c）所示分别为基带信号 $f(t)$、AM 信号 $s_{AM}(t)$ 和 NBFM 信号 $s_{NBFM}(t)$ 的频谱。

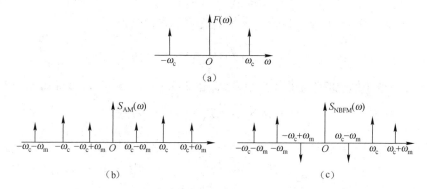

图 5-24　单频调制时的基带信号、AM 信号和 NBFM 信号的频谱

显然，图 5-24（b）和图 5-24（c）非常相似，这说明单频信号的 NBFM 信号和 AM 信号的频谱是比较接近的。它们都含有 ω_c 和 $\omega_c\pm\omega_m$ 频率分量，并且这两种信号的带宽一样，即 $B_{AM}=B_{NBFM}=2f_m$，只是 NBFM 信号中的 $\omega_c+\omega_m$ 分量与 $\omega_c-\omega_m$ 分量是反相的，即图 5-24（c）中的 $\omega_c-\omega_m$ 频率分量的谱线是向下的。

根据式（5-31）同样可以画出任意波形的 NBFM 信号频谱，并且它们同样和 AM 信号频谱相似，NBFM 信号频谱中的 $(\omega_c+\omega_m)$ 与 $(\omega_c-\omega_m)$ 也是彼此反相的，带宽也为 $B_{NBFM}=2f_m$（f_m 为基带信号的最高频率）。

2．WBFM

当 FM 信号的瞬时相位偏移不满足 NBFM 的条件式（5-28）时，就称此 FM 为 WBFM。

由于不满足条件式（5-28），故 FM 信号的表示式（5-23）就不能简化为式（5-30）的形式。由于对一般信号的 FM 信号进行分析比较困难，因此这里主要介绍单频信号调制下的 WBFM 信号，使读者由此对 WBFM 信号的基本性质有所理解和掌握。

对于单频信号经调制生成的 FM 信号，根据式（5-23）和式（5-26），利用三角公式可得

$$s_{FM}(t) = A\cos(\omega_c t + \beta_{FM}\sin\omega_m t)$$
$$= A\cos\omega_c t\cos(\beta_{FM}\sin\omega_m t) - A\sin\omega_c t\sin(\beta_{FM}\sin\omega_m t) \tag{5-32}$$

式中

$$\cos(\beta_{FM}\sin\omega_m t) = J_0(\beta_{FM}) + 2\sum_{n=1}^{\infty} J_{2n}(\beta_{FM})\cos 2n\omega_m t \tag{5-33}$$

$$\sin(\beta_{FM}\sin\omega_m t) = 2\sum_{n=1}^{\infty} J_{2n-1}(\beta_{FM})\sin(2n-1)\omega_m t \tag{5-34}$$

式中，$J_n(\beta_{FM})$ 称为第一类 n 阶贝塞尔函数，它具有如下 3 个基本性质。

（1）当 n 为奇数时，$J_{-n}(\beta_{FM})=-J_n(\beta_{FM})$；当 n 为偶数时，$J_{-n}(\beta_{FM})=J_n(\beta_{FM})$，即

$$J_{-n}(\beta_{FM})=(-1)^n J_n(\beta_{FM}) \tag{5-35}$$

（2）当调频指数 β_{FM} 很小时，有

$$J_0(\beta_{FM}) \approx 1$$
$$J_1(\beta_{FM}) \approx \beta_{FM}/2$$
$$J_n(\beta_{FM}) \approx 0 \quad (n>1) \tag{5-36}$$

（3）对于 β_{FM} 的任意取值，各阶贝塞尔函数的平方和恒为 1，即

$$\sum_{n=-\infty}^{\infty} J_n^2(\beta_{FM}) \equiv 1 \tag{5-37}$$

利用上述贝塞尔函数的基本性质，以及式（5-33）和式（5-34），可将式（5-32）改写为

$$s_{FM}(t) = A\sum_{n=-\infty}^{\infty} J_n(\beta_{FM})\cos(\omega_c + \omega_m)t \tag{5-38}$$

对式（5-38）进行傅里叶变换，得单频调制时 WBFM 信号的频谱为

$$S_{FM}(\omega) = \pi A\sum J_n(\beta_{FM})[\delta(\omega-\omega_c-n\omega_m) + \delta(\omega+\omega_c+n\omega_m)] \tag{5-39}$$

式（5-39）说明，FM 信号将生成无限多个频谱分量，各分量都以 ω_m 为间隔等距离地以载频 ω_c 为中心分布，每个边频分量（$\omega_c+n\omega_m$）的幅度都正比于 $J_n(\beta_{FM})$，而载频分量的幅度则正比于 $J_0(\beta_{FM})$。由此可知，FM 信号的带宽应为无穷大，但是由贝塞尔函数表可知，随着 n 的增大，$J_n(\beta_{FM})$ 迅速减小，因此绝大部分高次边频分量都可被忽略。

由第一类 n 阶贝塞尔函数的基本性质（3）可知，FM 信号所有边频分量的功率之和加上载频分量的功率为常数。可以证明，这个常数就是未调载波信号的功率 $A^2/2$。也就是说，由于 FM 信号只改变载波信号的频率疏密程度，而不改变其幅度，因此 FM 前后信号的总功率不变，只是由 FM 前信号功率全部分在载波信号上改为 FM 后这些信号功率分在载频和各次边频分量上。

3. FM 信号的产生

FM 信号可以采用直接调频法和间接调频法获取。直接调频就是指用基带信号 $f(t)$ 直接控制高频振荡器的元器件（一般是电感或电容），使其振荡频率随着 $f(t)$ 的变化而变化。实际中常用的变容二极管调频电路就是利用变容二极管的容量随外加电压的变化而改变的特性来改变输出振荡频率的。

直接调频线路简单，调制的频偏可以很大，但外界干扰因素也会导致高频振荡器的谐振回路发生变化，其振荡频率的稳定性较差，必须有附加的稳频电路。

而间接调频则是利用调相电路来产生 FM 信号的。根据式（5-23）和式（5-25），若首先对基带信号 $f(t)$ 进行积分，然后对该积分信号进行调相，则其输出的就是 FM 信号，如图 5-25 所示。由于 $f(t)$ 不直接控制振荡器的振荡频率，因此其输出频率较稳定，但频偏比较小，即调频程度不够深，只有在将该 FM 信号进行多次倍频后才能达到要求的调频指数。通常，设初始调频指数为 β_{FM}，则经过 n 次倍频后，其调频指数为 $n\beta_{FM}$。

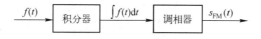

图 5-25　间接调频法原理框图

FM 信号的解调可以采用相干解调法和非相干解调法。最简单的非相干解调就是鉴频。鉴频器的形式很多，但它们的基本原理都是将微分器与包络检波器组合起来，用该组合提取出 FM 信号中基带信号 $f(t)$ 携带的信息，即使鉴频器输出正比于 $K_{FM}f(t)$。FM 信号的鉴频解调框图如图 5-26 所示。

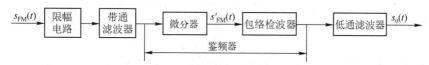

图 5-26　FM 信号的鉴频解调框图

图 5-26 中的输入 FM 信号为

$$s_{FM}(t) = A\cos[\omega_c t + K_{FM}\int f(t)\mathrm{d}t] \qquad (5\text{-}40)$$

该信号经过微分器后的输出为

$$s'_{FM}(t) = A[\omega_c t + K_{FM}f(t)] + \sin[\omega_c t + K_{FM}\int f(t)\mathrm{d}t] \qquad (5\text{-}41)$$

由于包络检波器只提取信号的包络信息，因此经过滤波后，电路输出为

$$s_0(t) = K_d K_{FM}f(t) \qquad (5\text{-}42)$$

式中，K_d 是一个常数，称为鉴频灵敏度。图 5-26 中的带通滤波器及限幅电路都用于降低包络检波器对由信道干扰等引起幅度变化的响应灵敏度，即提高鉴频器的抗干扰能力。

在当前的实际 FM 通信系统中，都采用集成锁相鉴频器，它的性能要比分立元器件组成的鉴频器的性能优越得多。在通信接收机与 FM 收音机中，集成锁相鉴频器被大量应用。

由于 NBFM 信号可以分解为如式（5-30）所示的同相分量与正交分量之和的形式，因此它的解调可以采取与线性调制信号一样的相干解调方式，如图 5-27 所示。

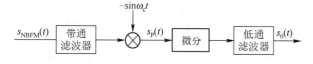

图 5-27　NBFM 信号的相干解调

图 5-27 中的带通滤波器输出的信号为

$$s_{\text{NBFM}}(t) = A\cos\omega_c t - [AK_{\text{FM}}\int f(t)\mathrm{d}t]\sin\omega_c t$$

该信号经过乘法器后，有

$$s_p(t) = \frac{1}{2}A\sin 2\omega_c t + [K_{\text{FM}}\int f(t)\mathrm{d}t]\sin^2\omega_c t$$

$$= -\frac{1}{2}A\sin 2\omega_c t + \frac{AK_{\text{FM}}}{2}\int f(t)\mathrm{d}t - \frac{AK_{\text{FM}}}{2}\int f(t)\mathrm{d}t\cos 2\omega_c t \tag{5-43}$$

经过微分及滤波后，输出为

$$s_0(t) = \frac{AK_{\text{FM}}}{2}f(t) \tag{5-44}$$

很显然，相干解调法只适用于 NBFM 信号。

资讯 3　PM

本节一开始就介绍了 PM 信号的波形及时域表达式，该信号的瞬时相位 $\theta(t)$ 是基带信号 $f(t)$ 的线性函数，即

$$s_{\text{PM}}(t)=A\cos[\omega_c t+K_{\text{PM}}f(t)]$$

与 FM 一样，PM 也有宽带 PM 和窄带 PM 之分，划分依据是当

$$|K_{\text{PM}}f(t)|_{\max}\ll\pi/6 \tag{5-45}$$

时，为窄带 PM，简记为 NBPM；否则为宽带 PM，简记为 WBPM。

1. NBPM

与 NBFM 相似，利用条件式（5-45）可以得出 NBPM 的表达式，即

$$s_{\text{NBPM}}(t) \approx A\cos\omega_c t - AK_{\text{PM}}f(t)\sin\omega_c t \tag{5-46}$$

与此相对应，NBPM 的频谱为

$$S_{\text{NBPM}}(\omega) = \pi A[\delta(\omega-\omega_c)+\delta(\omega+\omega_c)] + \frac{jAK_{\text{FM}}}{2}[F(\omega-\omega_c)-F(\omega+\omega_c)] \tag{5-47}$$

由式（5-47）可知，与 NBFM 一样，NBPM 信号的频谱也和 AM 信号的频谱相似，只是 NBPM 信号中基带信号的频谱在搬移到 $-\omega_c \sim +\omega_c$ 处时分别移相 $\pm 90°$。

2. WBPM

由前面可知，当 PM 信号不满足条件式（5-45）时，就称为 WBPM。

PM 信号的频谱和 FM 信号的频谱相似，也包含无限多个频率分量，并且都同样以 ω_m 间隔等距离地分布在载频 ω_c 的两侧，其幅度都和 $J_n(\beta_{\text{PM}})$ 成正比，随着 n 的增大，$J_n(\beta_{\text{PM}})$ 迅速减小。因此，虽然 PM 信号的带宽也应为无穷大，但仍可以按照式（5-48）来计算其带宽：

$$B_{\text{PM}}=2(1+\beta_{\text{PM}})f_m \tag{5-48}$$

即一般只考虑 $(\beta_{\text{PM}}+1)$ 次边频分量就足够了。

由于调相指数 $\beta_{\text{PM}}=K_{\text{PM}}A_m$，而调频指数 $\beta_{\text{FM}}=(K_{\text{FM}}A_m)/\omega_m$，因此当基带信号 $f(t)$ 的角频率 ω_m 增大（或减小）时，β_{PM} 不变而 β_{FM} 减小（或增大）。由此可知，PM 信号的带宽随基

带信号角频率的增加而增加；但由于 FM 信号的 β_{FM} 与 ω_m 反相变化，因此其带宽随基带信号角频率的变化而改变很小。这就是 FM 比 PM 应用广泛的主要原因。

由以上分析可见，FM 与 PM 之间并无本质区别。这是因为载波信号频率的任何改变都必然会导致其相位发生变化，反之亦然。与间接调频法类似，PM 也可以利用 FM 电路来实现，即先对 $f(t)$ 进行微分，再进行调频，即可得到 PM 信号，如图 5-28 所示。

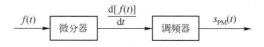

图 5-28　由 FM 电路获得 PM 信号

尽管 FM 和 PM 关系密切，但 FM 系统的性能优于 PM 系统的性能。因此，一般模拟调制都采用 FM 而非 PM，只是把 PM 电路作为产生 FM 信号的一种方法，二者之间可以互换。

与线性调制相比，角度调制的主要优点是抗干扰性能强，并且传输的带宽越大，抗干扰的性能就越强。这样，可以通过增加已调信号带宽的方法来换取接收机接收端输出信噪比的提升。角度调制的缺点是占用频带宽（指 WBFM），角度调制系统比 AM 系统复杂。FM 主要用于调频广播、电视、通信及遥控遥测等设备中。PM 主要用于数字通信系统和间接产生 FM。

5.4　各有千秋——各种模拟调制方式的比较

AM 的优点是接收设备简单；缺点是功率利用率低，抗干扰能力差，信号带宽较宽，频带利用率不高。因此，AM 用于通信质量要求不高的场合，目前主要用于中短波调幅广播中。

DSB 的优点是功率利用率高；缺点是带宽与 AM 带宽相同，频带利用率不高，接收要求同步解调，设备较复杂。DSB 只用于点对点的专用通信及低带宽信号多路复用系统。

SSB 的优点是功率利用率和频带利用率都较高，抗干扰能力和抗选择性衰落能力均优于 AM，而带宽只有 AM 带宽的一半；缺点是发送设备和接收设备都较复杂。SSB 普遍用于频带比较拥挤的场合，如短波段的无线电广播和频分多路复用系统。

VSB 的性能与 SSB 的性能相当，原则上也需要同步解调，但在某些 VSB 系统中，附加一个足够大的载波信号，形成 VSB+C 合成信号，这样就可以用包络检波法进行解调。这种 VSB+C 方式综合了 AM、SSB 和 DSB 的优点。因此，VSB 在数据传输、商用电视广播等领域得到了广泛使用。

FM 信号的幅度恒定不变，这使得它对非线性元器件不甚敏感，因此 FM 具有抗快衰落的能力，利用自动增益控制和带通限幅还可以消除快衰落造成的幅度变化效应。这些特点使得 NBFM 对微波中继系统颇具吸引力。WBFM 的抗干扰能力强，可以实现带宽与信噪比的互换，因而广泛应用于长距离、高质量的通信系统，如空间和卫星通信、调频立体声广播、短波电台等。WBFM 的缺点是频带利用率低，存在门限效应。在接收信号弱、干扰大的情况下宜采用 NBFM，这也是小型通信机常采用 NBFM 的原因。

就频带利用率而言，SSB 最好，VSB 与 SSB 接近，DSB、AM、NBFM 次之，WBFM 最差。FM 的调频指数越大，其抗噪性能越好，但占据带宽越宽，频带利用率越低。

就抗噪声性能而言，WBFM 最好，DSB、SSB、VSB 次之，AM 最差，NBFM 与 AM 接近。

综合上述分析，可总结各种调制方式的信号带宽、制度增益、输出信噪比、设备（调制与解调）复杂度及主要应用，如表 5-1 所示。表 5-1 中还进一步假设了 AM 为 100%调制。

表 5-1　各种模拟调制方式比较

调制方式	信号带宽	制度增益	输出信噪比	设备复杂度	主要应用
DSB	$2f_m$	2	$\dfrac{S_i}{n_0 f_m}$	中等：要求相干解调，常与 DSB 信号一起传输一个小导频	点对点的专用通信，低带宽信号多路复用系统
SSB	f_m	1	$\dfrac{S_i}{n_0 f_m}$	较高：要求相干解调，调制器也较复杂	短波无线电广播，音频多路通信
VSB	略大于 f_m	近似 SSB	近似 SSB	较高：要求相干解调，调制器需要对称滤波	数据传输；商用电视广播
AM	$2f_m$	$\dfrac{2}{3}$	$\dfrac{1}{3} \cdot \dfrac{S_i}{n_0 f_m}$	较低：调制与解调（包络检波）简单	中短波无线电广播
FM	$2(m_f+1)f_m$	$3m_f^2(m_f+1)$	$\dfrac{3}{2} m_f^2 \dfrac{S_i}{n_0 f_m}$	中等：调制器较复杂，解调器较简单	微波中继、超短波小功率电台（窄带）；卫星通信、调频立体声广播（宽带）

注：S_i 为输入信号功率，f_m 为基带信号带宽，n_0 为双边带功率谱密度的 2 倍，m_f 为调频指数。

实践体验：超外差式接收机的制作

1. 电路原理

超外差式接收机是电调谐单片 FM 收音机，其电路如图 5-29 所示。该接收机的核心是集成电路 SC1088，它采用特殊的中低频（70kHz）技术，外围电路省去了中频变压器和陶瓷滤波器，电路简单可靠，调试方便。SC1088 采用 16 脚 SOT 封装，各引脚功能如表 5-2 所示。

（1）FM 信号输入。

如图 5-29 所示，FM 信号由耳机线馈入，经 C_{13}、C_{15} 和 L_1 的输入电路，通过 11 引脚、12 引脚进入 SC1088 的混频电路。此时的 FM 信号没有调谐信号，即所有 FM 电台信号都可进入。

（2）本振调谐电路。

本振调谐电路的关键元器件是变容二极管 V_1，它是利用 PN 结的结电容与偏压有关的特性制成的可变电容。当为变容二极管加反向电压时，其结电容随电压的变化而变化，这种由电压控制的可变电容广泛用于调谐、扫频等电路。

在如图 5-29 所示的电路中，控制 V_1 的电压由 SC1088 的 16 引脚给出。当按下选台开关 S_1 时，SC1088 内部的 RS 触发器打开恒流源，由 16 引脚向电容 C_9 充电，C_9 两端电压不断上升，电压由 R_4 到 V_1，V_1 电容量不断变化，由 V_1、C_8、L_4 构成的本振调谐电路的频率不断变化，从而实现调谐。当收到 FM 电台信号后，信号检测电路使 SC1088 内的 RS 触发器翻转，恒流源停止对 C_9 的充电，同时在 AFC 电路作用下，锁住所接收的广播节目频率，从而可以稳定接收电台广播，直到再次按下 S_1 开始新的搜索。当按下复位（Reset）开关 S_2 时，C_9 放电，本振频率回到最低端。

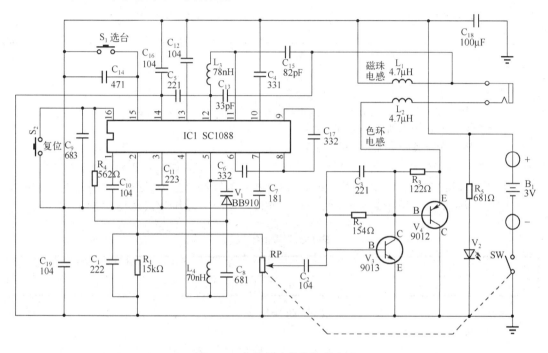

图 5-29　超外差式接收机的电路

（3）中频放大、限幅与鉴频。

中频放大、限幅与鉴频电路的有源元器件及电阻均在 SC1088 内。FM 广播信号和本振调谐电路信号在 SC1088 内的混频器中混频产生 70kHz 的中频信号，经内部 1dB 放大器、中频限幅器，送到鉴频器检出音频信号，经内部环路滤波后由 2 引脚输出音频信号。电路中 1 引脚连接的 C_{10} 为静噪电容，3 引脚连接的 C_{11} 为 AF（音频）环路滤波电容，6 引脚连接的 C_6 为中频反馈电容，7 引脚连接的 C_7 为低通电容，8 引脚与 9 引脚之间的电容 C_{17} 为中频耦合电容，10 引脚连接的 C_4 为限幅器的低通电容，13 引脚连接的 C_{12} 为中频限幅器失调电压电容，C_{13} 为滤波电容。

（4）耳机放大电路。

由于耳机收听所需功率很小，因此本机采用了简单的晶体管放大电路，2 引脚输出的音频信号经电位器 RP 调节电量后，由 V_3、V_4 组成的复合甲类放大。R_1 和 C_1 组成音频输出负载，线圈 L_1 和 L_2 分别为射频与音频的隔离线圈。这种电路耗电多少与有无广播信号及音量大小无关，不收听时关断电源即可。

表 5-2 SC1088 各引脚功能

引脚	功　　能	引脚	功　　能
1	静噪输出	9	IF 输入
2	音频输出	10	IF 限幅放大器的低通电容
3	AF 环路滤波	11	射频信号输入
4	VCC	12	射频信号输入
5	本振调谐回路	13	限幅器失调电压电容
6	IF 反馈	14	接地
7	1dB 放大器的低通滤波电容	15	全通滤波电容搜索调谐输入
8	IF 输出	16	电调谐 AFC 输出

2. 调试

（1）所有元器件焊接完成后目测检查。

（2）测总电流。

① 检查无误后将电源线焊接到电池片上。

② 在电位器开关断开的状态下装入电池。

③ 插入耳机。

④ 用万能表 200mA（数字表）或 50mA（指针表）挡跨接在开关两端测电流。正常电流应为 7～30mA（与电源电压有关），并且 LED 正常亮。样机测试结果如表 5-3 所示。

表 5-3 样机测试结果

工作电压/V	1.8	2	2.5	3	3.2
工作电流/mA	8	11	17	24	28

注意：如果电流为零或超过 35mA，则应检查电路。

（3）搜索电台广播。

如果电流在正常范围，可按下 S_1 搜索电台广播，只要元器件质量完好，安装正确，焊接可靠，不用调任何部分即可收到电台广播。

如果收不到电台广播，则应仔细检查电路，特别是要检查有无错装、虚焊、漏焊等缺陷。

（4）调频率覆盖。

我国调频广播的频率范围为 87～108MHz，在进行调试时可找一个当地频率最低的 FM 电台，适当改变 L_4 的匝间距，按过 S_2 后第一次按 S_1 可收到这个电台。由于 SC1088 集成度高，如果元器件一致性好，那么在一般收到低端电台后均可覆盖 FM 频段，因此可不调高端而仅做检查（可用一个成品 FM 收音机对照检查）。

（5）调灵敏度。

本机灵敏度由电路及元器件决定，一般不可调整，调好覆盖后即可正常收听，无线电爱好者可在收听频段中间台（如 97.4MHz 音乐台）适当调整 L_4 匝间距，使灵敏度最高（耳机监听音量最大），不过实际效果不明显。

3. 总装

（1）蜡封线圈。

调试完成后将适量泡沫塑料填入 L_4（注意不要改变线圈形状及匝间距），滴入适量蜡使线圈固定。

（2）固定 SMB/装外壳。

① 将外壳面板平放到桌面上（注意不要划伤面板）。

② 将两个按键帽放入孔内（S_1 键帽上有缺口，在放按键帽时要对准壳上的凸起，S_2 键帽上无缺口）。

③ 将 SMB 对准位置放入壳内。

- 注意对准 LED 位置，若有偏差则可轻轻掰动，偏差过大必须重焊。
- 注意 3 个孔与外壳螺柱的配合。
- 电源线应不妨碍机壳装配。

④ 装上中间螺钉。

⑤ 装电位器旋钮，注意旋钮上点的位置。

⑥ 装后盖，装上两边的两个螺钉。

⑦ 装上别扣。

4．检查

总装完成后，装入电池，插入耳机进行检查，要求如下。

（1）电源开关手感良好。

（2）音量正常可调。

（3）收听正常。

（4）表面无损伤。

练习与思考

1．简述无线电波发射和接收的过程。

2．简述超外差接收原理，画出超外差式接收机的电路图。

3．调制的作用是什么？

4．调制器根据功能不同可分为哪几类？

5．什么是抑制载波双边带调制？

6．残留边带调制如何实现？

7．可以用哪些方法产生调频信号？试说明调频原理。

单元 6　数字基带传输系统

 学习引导

数字基带信号的传输不仅在有线通信系统中得到了广泛应用，还在无线通信系统中有一定的用途。数字通信系统所传输的信号本身就是二进制数字信号，其频谱包括直流、低频和高频等多种成分。例如，计算机输出的数字码流、各种文字、图像的二进制代码，传真机、打字机或其他数字设备输出的各种代码，由数字电话终端送出的 PCM 信号等，它们都可以直接在信道中传输。我们把数字信号按原有波形（以脉冲形式）直接在信道上进行的传输称为数字基带传输。

1. 移动基站

在 TD-SCDMA 系统中，采用分布式基站［基带单元（BBU）＋基带拉远模块（RRU）］较为普遍。这些基站均采用了拉远技术，包括射频拉远、中频拉远和基带拉远，如图 6-1 所示。

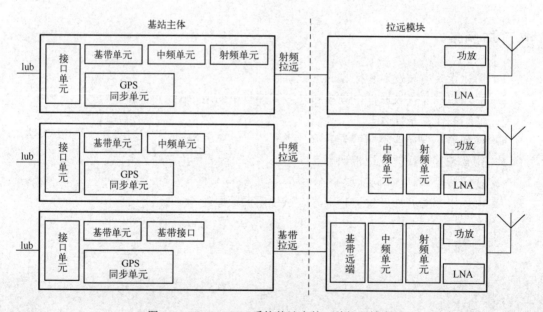

图 6-1　TD-SCDMA 系统基站中的 3 种拉远技术

这 3 种拉远方式在组网中应用不同，射频拉远和中频拉远在连接线上传输的是射频信号与中频信号，只能采用电缆来实现，拉远距离分别在 100m 和 300m 左右，仅实现本地拉远（机房和天线位于同一个站点）。基带拉远在连接线上传输的是数字信号，可以采用光纤来实现，传输距离一般可达 5km，是一种典型的基带传输。

当数字终端机和无线电收发机之间有一定距离时，数字终端机送出的数字基带信号首先要经过一定距离的电缆传输到无线电发射机，然后对无线电发射机进行载波调制，调制后的数字频带信号经过无线信道传输到无线电接收机。无线电接收机对数字频带信号进行解调得到数字基带信号，数字基带信号经过一定距离的电缆传输到达数字终端机。一般在无线通信系统中，数字基带信号的基带传输是近距离的（不超过 10km），不需要再生中继站。但在有线通信系统中，数字基带信号的传输有可能是长距离的（几十到几百千米），此时要加很多再生中继站。数字基带信号的传输如图 6-2 所示。

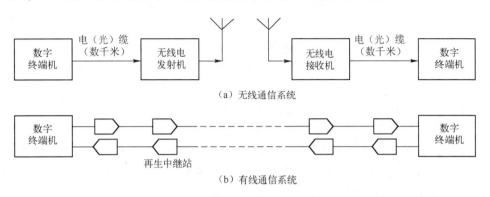

（a）无线通信系统

（b）有线通信系统

图 6-2　数字基带信号的传输

再生中继站的作用是将输入的已失真小信号进行放大和均衡，并从中提取同步定时脉冲和再生出与发送端一样的脉冲波形。只要再生中继站的距离选得比较合适，就可以使每段的误码率控制在比较低的量级。当采用 m 个再生中继站时，各段的误码率为 P_e，总的误码率是要增加的，当 P_e 较小时，m 段的总误码率近似为 mP_e。

2. 手机终端

由于目前手机的发展趋势是小型化、省电、高可靠，因此手机的基带芯片均采用专用集成电路。各个芯片厂商生产的基带芯片的组成可能不同，但其基带芯片所实现的功能基本相同。根据目前工艺水平，基带芯片通常分为两个芯片，即便是单芯片的基带电路，实际也是两个芯片用多芯片组装工艺制成的。在两个芯片中，一个芯片由信道编码、数字信号处理器、CPU 组成。在 CPU 的控制下完成各种运算，包括语音编解码、基于 Viterbi 算法的信道均衡、软判决、交织/去交织、加/解密、信道编/解码（卷积码、FIRE 码、奇偶校验码）等。另一个芯片主要完成射频控制（AFC、AGC、APC 等）、GMSK 调制/解调、A/D 转换和 D/A 转换。

6.1　万马奔腾——常用数字基带信号

由 PCM 和 ΔM 得到的信号称为数字基带信号。这种信号具有较低的频谱分量，所占据的频谱通常是从直流式低频段开始的，其带宽是有限的。数字基带信号的特点是频谱基本上从零开始，一直扩展到很宽。在传输距离不太远的情况下，数字基带信号可以不经调制而直接在市话电缆中传输，利用中继方式也可以实现长距离的直接传输。这种信号在进行传输时不经过频谱搬移，只经过简单的频谱变换，称为数字信号的基带传输。

数字基带信号的形式很多，下面逐一对它们进行介绍。

资讯 1   数字基带信号的常用码型

数字基带信号是数字信息序列的一种电信号表示形式，包括代表不同数字信息的码元格式（码型）及体现单个码元的脉冲形状（波形）。数字基带信号的主要特点是功率谱集中在零频率附近。

通常，由信源编码输出的数字信号多为经自然编码的脉冲序列，高电平表示"1"，低电平表示"0"。这种信号虽然是名副其实的数字信号，但并不适合在信道中直接传输。数字基带传输系统首要考虑的问题是选择什么样的信号形式，包括确定码元脉冲的波形及码元序列的格式。为了在传输信道中获得优良的传输特性，一般要将信息码元信号转换为适合信道传输特性的传输码（又称为线路码），即进行适当的码型变换。通过码型编码或码型变换将数字基带信号用合适的脉冲表示。在有线信道中传输的数字基带信号又称为线路传输码型。

由于数字基带信号常包含直流分量或低频分量，因此信号可能无法通过低频受限的信道。例如，有线信道的低频特性很差，很难传送零频率附近的分量。并且经自然编码后，有可能出现连"0"或连"1"数据，这时的数字基带信号会出现长时间不变的低电平或高电平，这样接收端在确定各个码元的位置时会遇到困难。

不同码型的数字基带信号具有不同的频谱结构，而具有不同传输特性的信道对所传输信号频谱结构的要求又各不相同。数字基带信号的码型种类很多，每种码型都不是完美的。在实际应用中，往往根据需要全盘考虑，有取有舍，合理选择。如何将不适合进行信道传输的数字信号变得适合信道传输是码型变换的主要任务。

数字基带信号的形式很多，基本的二元码为单极性不归零码、双极性不归零码、单极性归零码、双极性归零码、差分码、HDB_3（三阶高密度双极性码）码等。其中 HDB_3 码应用最广泛。

1．基本的二元码

（1）单极性不归零码。

单极性不归零码（NRZ 码）是最简单的二元码。设消息代码由二进制符号"0"和"1"组成，则单极性不归零码的波形如图 6-3 所示。信号在一个码元时间内，不是有电压（或电流）就是无电压（或电流），脉冲之间没有间隔，不易区分识别。单极性不归零码除简单高效外，还具有实现低廉的特点。但是，当采用单极性不归零码传输信息时，若出现连"0"或连"1"的码型，则会失去定时信息，不利于传输过程中对同步信号的提取；连"1"或连"0"的码型会使传输信号出现直流分量，不利于接收端的判决。

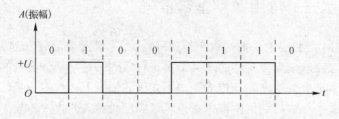

图 6-3   单极性不归零码的波形

单极性不归零码主要用于终端设备及数字调制设备。单极性不归零码在传输时要求信道的一端接地，不能用两根芯线均不接地的电缆等传输线。

（2）双极性不归零码。

双极性不归零码（BNRZ 码）用宽度等于码元间隔的两个幅度相同但极性相反的矩形脉冲来表示码元"1"或"0"，如用正极性脉冲表示"1"、用负极性脉冲表示"0"，如图 6-4 所示。与单极性不归零码相比，双极性不归零码具有以下优点。

① 由于实际数字消息序列中码元"1"和"0"出现的概率基本相等，因此这种形式的基带信号直流分量近似为零。

② 在接收双极性不归零码时，判决电平为 0，稳定不变，抗噪声性能好。

③ 双极性不归零码既可以在电缆等无接地的传输线上传输，又可以用于数字调制器中。

近年来，随着 100Mbit/s 高速网络技术的发展，双极性不归零码的优点（特别是信号传输带宽窄）越来越受到人们的关注，已成为主流编码技术。例如，计算机中使用的串行 RS-232 接口采用的就是这种编码传输方式。双极性不归零码的特点基本上与单极性不归零码的特点相同。双极性不归零码的主要缺点：不能直接从中提取同步信号；当 1 码和 0 码不等概率出现时，仍有直流成分。

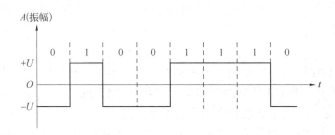

图 6-4　双极性不归零码

（3）单极性归零码。

单极性归零码（RZ 码）表示码元的方法与单极性不归零码表示码元的方法相同，但其矩形脉冲的宽度小于码元间隔，即每个脉冲都在相应的码元间隔内回到零电位，码元"0"不对应脉冲，仍按零电平传输，如图 6-5 所示。从图 6-5 中还可以看出，单极性归零码的脉冲宽度 τ 小于码元宽度 T_s，即占空比 τ/T_s 小于 1。这样，单极性归零码中含有定时信号分量。但这并不意味着单极性归零码可以广泛应用于信道传输，它只是其他码型在提取同步信号时需要采用的一个过渡码型。也就是说，其他适合信道传输但不能直接提取同步信号的码型，可以先变为单极性归零码再提取同步信号。

单极性归零码的长连"0"信号仍无法用于提取同步信号。

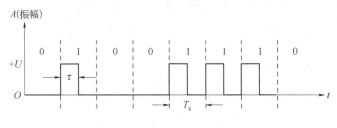

图 6-5　单极性归零码

（4）双极性归零码。

双极性归零码（BRZ 码）与双极性不归零码类似，只是其矩形脉冲的宽度小于码元间隔，任意数据组合之间都有零电位相隔。双极性归零码有利于传输同步信号，但仍存在直流分量问题，如图 6-6 所示。双极性归零码的主要优点是可以通过简单的变换（全波整流）电路变换为单极性归零码，从而可以提取同步信号。因此，双极性归零码得到比较广泛的应用。

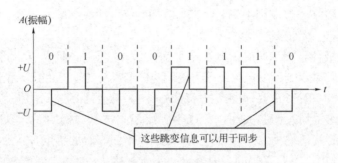

图 6-6　双极性归零码

上述 4 种码型只适用于设备内部及近距离传输，因为它们含有丰富的低频成分或直流成分，所以不适合进行具有交流耦合的远距离信道传输。

（5）差分码。

差分码的特点是把二进制脉冲序列中的"1"或"0"反映在相邻信号码元的相对极性变化上。在差分码中，不用电平的绝对值来表示码元"1"或"0"，而用电平的跳变或不跳变表示码元"1"或"0"。若用电平跳变表示"1"，则称为传号差分码（借用了电报通信中把"1"称为传号，把"0"称为空号的概念）；若用电平跳变表示"0"，则称为空号差分码。由于差分码中的电平只有相对意义，因此它是一种相对码，如图 6-7 所示。差分码并未解决简单二元码存在的问题，但是这种码型与码元 1 和 0 不是绝对的对应关系，而只有相对关系，这种码型的波形与码元本身的极性无关，因此即使接收端接收到的码元极性与发送端的码元极性完全相反，也能正确地进行判决。因此，差分码可以用来解决相移键控（PSK）信号解调时的相位模糊问题。

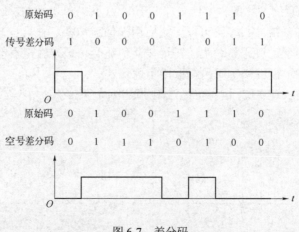

图 6-7　差分码

2. 1B/2B 码

如果用一组两位的二元码来表示编码后的原始二元码，那么把这类码称为 1B/2B 码，如曼彻斯特码、密勒码和 CMI 码。

（1）曼彻斯特码。

曼彻斯特（Manchester）码的编码规律为：对于信息"1"，用前半周期为 $-U$（或 $+U$），后半周期为 $+U$（或 $-U$）来表示；对于信息"0"，则用前半周期为 $+U$（或 $-U$），后半周期为 $-U$（或 $+U$）来表示，如图 6-8（a）所示。这种做法的目的是用传输每位码元中间的跳变方向表示传输信息。与前几种码型的编码方式相比，该码型的编码每传输一位码元都对应一次跳变，这有利于同步信号的提取；对于每一位码元，其 $+U$ 或 $-U$ 电平占用的时间相同，因此直流分量恒定不变，有利于接收端判决电路的工作。但是，编码后信息脉冲频率为信息传输速率的 2 倍。曼彻斯特码广泛用于中速短距离传输的数据终端设备，如以太网采用曼彻斯特码作为线路传输码。

差分曼彻斯特编码和曼彻斯特编码一样，在每个码元间隔的中间，信号都会发生跳变，它们之间的区别在于，前者在码元间隔开始位置有一个附加的跳变，用来表示不同的码元。码元间隔开始位置有跳变表示"0"，没有跳变则表示"1"。差分曼彻斯特编码常用于令牌环网，如图 6-8（b）所示。

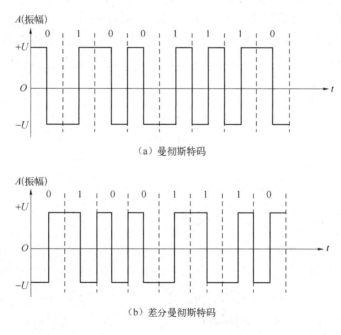

（a）曼彻斯特码

（b）差分曼彻斯特码

图 6-8　曼彻斯特码和差分曼彻斯特码

（2）密勒码。

密勒（Miller）码又称为延迟调制码，是曼彻斯特码的一种变形。密勒码的编码规则如下。

"1"用码元间隔中心出现跳变表示，即用"10"或"01"表示。"0"的表示有两种：当为单个"0"时，在码元期间不出现跳变，而且在与相邻码元的边界处也不跳变；当出现连"0"时,在两个"0"的边界处出现跳变,即"00"与"11"交替。

密勒码如图6-9所示。当两个"1"之间有一个"0"时,在第一个"1"的码元中心与第二个"1"的码元中心之间无跳变,此时密勒码中出现两个码元周期。也就是说,不会出现多于4个连码的情况,密勒码的这种性质可用于误码检测。密勒码最初用于气象卫星和磁记录,现也用于低速基带数传机。

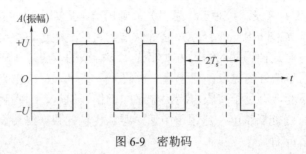

图6-9　密勒码

（3）CMI码。

CMI（信号反转）码与曼彻斯特码类似,也是一种双极性二元码。CMI码的编码规则是:"1"交替地用"00"和"11"两位码表示;而"0"固定地用"01"表示,如图6-10所示。这种码的优点是没有直流分量,并且频繁出现跳变波形,便于提取定时信息,具有误码监测能力。由于CMI码易于实现,因此在高次群脉冲编码调制终端设备中广泛被用作接口码型,在速率低于8.448Mbit/s的光纤数字传输系统中也被建议用作线路传输码型。国际电信联盟（ITU）的G.703建议规定CMI码为PCM四次群的接口码型。

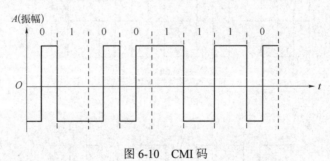

图6-10　CMI码

3. 1B/1T码（三元码）

（1）极性交替转换码。

极性交替转换码（AMI码）的编码规则是:"1"顺序交替地用+U和-U表示,"0"仍变换为"0"电平,如图6-11所示。这种码型实际上是把二进制脉冲序列变为了三电平的符号序列。AMI码具有如下优点。

① 在"1"和"0"不等概率条件下也无直流成分。

② 零频率附近的低频分量小,有利于在不允许直流和低频信号通过的介质和信道中传输。

③ 由于"1"对应的传输码电平正负交替出现,因此有利于误码的检测,即使接收端收到的码元极性与发送端的码元极性完全相反也能正确判别。

④ AMI码经过全波整流就可以变为单极性码,如果AMI码是归零的,那么在变为单

极性归零码后就可以提取同步信号。

AMI 码是 PCM 基带线路传输中常用的码型之一。

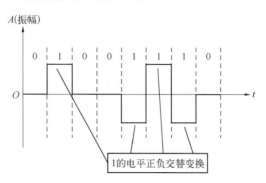

图 6-11　极性交替转换码

（2）HDB₃ 码。

HDB₃ 码可以看作 AMI 码的一种改进码型。HDB₃ 码可以解决原信息码中出现一连串"0"时同步信号提取困难的问题。这是因为连"0"时 AMI 码输出均为零电平，连"0"时间内无法提取位同步信号，而前面非连"0"时提取的位同步信号又不能保持足够的时间。

HDB₃ 码的编码原理如下。

① 当输入二进制码元序列中连"0"不超过 3 个时，HDB₃ 码和 AMI 码完全一样；当出现 4 个连"0"时，应将第 4 个连"0"改为"1"，将长连"0"码切断为不超过 3 个连"0"的段。这个由"0"改变来的"1"称为破坏脉冲，用符号 V 表示；而原来的二进制码元序列中所有的"1"称为信息码元，用符号 B 表示，如图 6-12 所示。

② 当信息码元中间加破坏脉冲以后，信息码元 B 和破坏脉冲 V 的正负确定的规则：B 和 V 各自都应始终保持极性交替变化，以便确保编好的码中没有直流成分；V 必须与前一个码（信息码元 B）同极性，以便和正常的 AMI 码区别开来。如果这一条件得不到满足，则应在 4 个连"0"的第 1 个"0"位置（4 个连"0"的第 4 个"0"位置）加一个与 V 同极性的补码，用符号 B′ 表示。

(a) 输入二进制码元序列	0　10000	1　10　000　0　10 10
(b) AMI码（+1表示正脉冲， 　　-1表示负脉冲）	0+100 00	-1+10　000　0-10+10
(c) 信息码元B加上破坏脉冲V	0　B 000V	B　B　00V　0B　0B
(d) B、V再加上补码B′（+表示 　　正脉冲，-表示负脉冲）	0　B 000V+	B-B+B′-　00V-0B+0B-0
(e) HDB3码	0+100 0+1-1+1-1	00-1　0+10-10

图 6-12　HDB₃ 码编码过程

HDB₃ 解码原理：从相邻两个同极性码中找出 V，同极性码中后面的那个码是 V。由 V 向前数第 3 个码如果不是"0"，则表明它是补码 B′；把 V 和 B′ 去掉以后，留下来的全是信息码元（但它们不一定正负极性交替），对这些信息码元进行全波整流后得到的是单极性码。

HDB₃ 码除具有 AMI 码的优点外，还克服了 AMI 码的缺点，即使在出现长连"0"时也能提取位同步信号。HDB₃码是应用极广泛的码型，我国四次群以下的 A 律 PCM 终端设备的接口码型均为 HDB₃码。HDB₃码也是欧洲和日本 PCM 系统中使用的传输码型之一。

AMI 码和 HDB₃码的每位二进制码都被变换成一个三电平取值（+1、0、–1）的码，属于三电平码，我们把这类码称为 1B/1T 码。

4．多元码

当数字基带信号中有 M 种符号时，称为 M 元码，相应地要用 M 种电平表示。当 $M>2$ 时，M 元码也称为多元码。在多元码中，每个符号都可以用来表示一个二进制码组。换句话说，对 n 位二进制码组来说，可以用 $M=2^n$ 元码来传输。例如，两位二进制码组可用 $M=2^2=4$ 元码来传输，用 4 种不同幅度的脉冲来表示。在码元速率相同的条件下，二元码和多元码的传输带宽是相同的，但是多元码的信息传输速率提高至 $\log_2 M$（Baud）。

多元码在频带受限的高速数字传输系统中得到了广泛应用。例如，若用电话线来传输数据，则基本传输速率为 144Baud，ITU 建议的线路码型为 2B1Q。在 2B1Q 中，两个二进制码元用 1 个 4 元码表示，如图 6-13 所示。

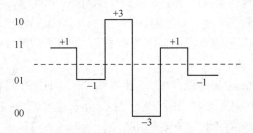

图 6-13　2B1Q

多元码通常用格雷码表示，相邻幅度电平对应的码组之间只相差一比特。这样可以减少在接收时由错误判定电平引起的误比特率。多元码除用于基带传输外，还更广泛地用于多进制数字调制的传输中，以提高频带利用率。

以上这些不同的码型可以通过一定的电路进行转换。实际系统可根据不同码型的特点选择最适用的一种。例如，单极性码含有直流分量，不宜在线路中传输，通常只用于设备内部；双极性码和交替极性码的直流分量基本上都等于零，比较适合在线路中传输；多电平信号的传信率高，抗噪声性能较差，宜用于要求高传信率而信道噪声较小的场合。此外，构成数字基带信号脉冲的波形并非一定是矩形的，也可以是其他形状的，如余弦、三角形等。

资讯 2　码型变换的基本方法

码型变换的目的是把简单的二进制码变换成所需码型，接收端的解码实施码型变换反过程。根据不同的线路码，在编/解码时除要考虑码型本身的变换外，还必须考虑时钟频率的变换，同时要加上组（帧）同步。

码型变换有多种方法，解码通常采用一种方法。对编/解码电路的要求：电路简单，工作可靠，适应码速高等。下面介绍 3 种常用的编/解码方法。

1. 码表存储法

码表存储法如图 6-14 所示。在使用该方法时，将二进制码与所需线路码型的码表（对应关系表）写入可编程只读存储器（PROM）中，将待变换的码字作为地址码，在数据线上即可得到变换后的码。在解码器端，在地址线上输入编码码字，数据线上即输出还原了的二进制原码。在实际应用时，考虑到码表的写入与修改方便，一般用 EPROM（可改写的只读存储器）存放码表。

码表存储法简单易行，是最常用的码型变换方法，其最大的优点是在码型反变换的同时用很少的元器件就可实现不中断业务的误码监测。码表存储法适用于有固定码结构的线路码，如 5B6B 码等；但受到存储器存储量和工作速率的限制，一般编组码元数要小于或等于 7。

2. 布线逻辑法

布线逻辑法又称为组合逻辑法，根据数字逻辑部件的要求，按组合逻辑设计的方法来实现码型变换，如图 6-15 所示。在某些情况下，布线逻辑法也可看作用组合逻辑代替码表存储法中的 PROM。对于 1B/2B、2B/3B 等码，用此种方法比用码表存储法简单。图 6-16 给出了用布线逻辑法实现的 CMI 编解码器及各点波形。

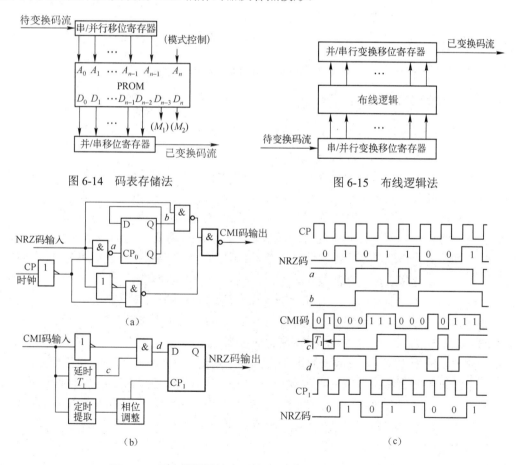

图 6-14　码表存储法　　　　　　　图 6-15　布线逻辑法

图 6-16　用布线逻辑法实现的 CMI 编解码器及各点波形

3. 缓存插入法

缓存插入法主要用于 mB1P、mB1C 和 mB1H 等类型码的码型变换。这 3 种码都是每发送 m 个二进制码就加 1 个二进制码，此二进制码的加入不仅破坏连 "0" 或连 "1"，还在码组中起不同作用。先为码型变换器设置一个适当长度的缓存器，用输入码的速度写入，再以变换后的速度读出，在需要时插入相应的插入码，如图 6-17 所示。

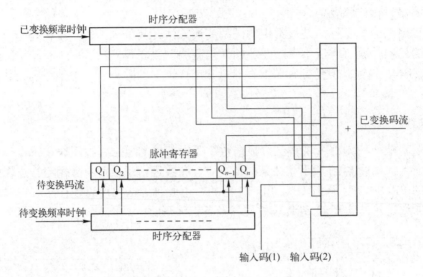

图 6-17　缓存插入法

资讯 3　数字基带信号的频谱

数字基带信号直接在信道上进行传输时，应该考虑的问题有 3 个：数字基带信号的频谱特性；信道的传输特性；经过信道后数字基带信号的波形。

数字基带信号具有低频分量和直流分量。通过分析数字基带信号的频谱，可以了解信号中有无直流成分、同步信号及信号的带宽等信息。

在实际通信中，被传送的信息是收信者事先未知的，因而数字基带信号是随机的脉冲序列。由于随机信号不能用确定的时间函数表示，也就没有确定的频谱函数，因此不能采用确定信号频谱分析法，要从统计数学的角度，用功率谱密度来描述随机信号的频域特性。由于这种分析在数学运算上比较复杂，因此，这里用图解波形进行说明，如图 6-18 所示。二进制随机脉冲序列的功率谱一般包含连续谱和离散谱两部分。

连续谱总是存在的，通过观察连续谱在频谱上的分布可以了解数字基带信号功率在频谱上的分布情况，从而确定传输数字基带信号的带宽。离散谱却不一定存在，它与脉冲波形及脉冲出现的概率有关。离散谱的存在与否关系到能否从脉冲序列中直接提取定时信号，如果一个二进制随机脉冲序列的功率谱中没有离散谱，那么要设法变换数字基带信号的码型，使功率谱中出现离散部分，以利于定时信号的提取。图 6-18 中的功率谱是一种典型的数字基带信号功率谱，其分布似花瓣状，功率谱第一个过零点之内的花瓣最大，称为主瓣。因为主瓣内集中了数字基带信号的绝大部分功率，所以主瓣的宽度可以作为数字基带信号的近似带宽，通常称为谱零点带宽。图 6-18 中的横坐标为 f/f_b，其中 f_b 表示码元传输速率。

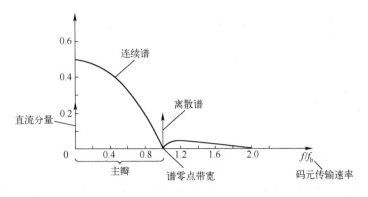

图 6-18　数字基带信号的频谱

6.2　安步当车——数字基带传输系统的介绍

通常在传输距离不太远的情况下，数字基带信号可以不经调制而直接在电（光）缆中传输。利用中继方式也可以实现数字基带信号长距离的直接传输。这就好比人们出行一般，有的人徒步到达终点，全然不依靠车、船等交通工具，因此距离不能太远。

资讯 1　数字基带传输系统的基本组成

数字基带传输系统的基本框图如图 6-19 所示。

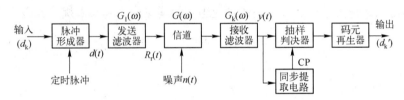

图 6-19　数字基带传输系统的基本框图

基带传输不需要调制，但要对数字信息源产生的数字基带信号进行码型变换和波形形成（由图 6-19 中的发送滤波器、信道和接收滤波器等部分实现）。波形形成就是使数据传输既满足可靠性的要求，又达到有效性足够高目标的一种数据传输技术。脉冲形成器输入的是由电传机、计算机等终端设备发送来的二进制数据序列或经 A/D 转换后的二进制（也可为多进制）脉冲序列，用 d_k 表示，它们一般是脉冲宽度为 T_b 的单极性码，并不适合信道传输。脉冲形成器的作用是将 d_k 变换成比较适合信道传输的码型并提供同步定时信息，使信号适合信道传输，保证收发双方同步工作。

不同的码型具有不同的频域特性。码型变换后的信号经发送滤波器变换成适合信道传输的波形，即发送滤波器的作用是将输入的矩形脉冲变换成适合信道传输的波形。这是因为矩形脉冲含有丰富的高频成分，直接送入信道传输容易产生失真。

数字基带传输系统的信道通常采用电缆、架空明线、光纤等。信道在传送信号时，存在的噪声和频率特性不理想会对数字基带信号造成损害，使波形产生畸变，严重时会发生误码。

接收滤波器是接收端为了消除或削弱信道特性不理想和噪声对信号传输的影响而设

置的，其主要作用是滤除带外噪声并对已接收的波形进行均衡，以便抽样判决器能够正确判决。

抽样判决器的作用是在规定的时刻（由定时脉冲控制）对接收滤波器输出的信号进行抽样，并对样值进行判决，以确定各码元是"1"还是"0"。

码元再生器的作用是对抽样判决器输出的"0""1"进行原始码元再生，以获得与输入码型对应的原脉冲序列。

另外，接收端还要附加同步提取电路，其任务是提取收到信号中的定时信息。

数字基带传输系统的输入信号是由信息源（如数据终端设备等）产生的脉冲序列。为了使这种序列满足信道传输的需要，一般要对其进行码型变换和波形处理。码型变换是为了满足信道对传输码型的要求，而波形处理则是为了使信号在数字基带传输系统内减少码间串扰。信号在经过传输信道的传输之后，由于信道传输特性的不理想，信号波形将发生畸变，从而引起码元之间的波形串扰。此外，由于信道中存在随机的加性噪声干扰，这种干扰使信号波形发生随机变化，从而有可能造成接收端的判决错误。因此，信号在到达接收端时，首先需要进行匹配滤波，滤除带外噪声，然后经过均衡器，校正包括发送滤波器和接收滤波器在内的因信道传输特性不理想而产生的波形失真或码间串扰。最后，在抽样定时脉冲的作用下，做出正确判决，恢复原数字基带信号。

数字基带传输系统各点的波形如图6-20所示，显然，传输过程中第4个码元产生误码。产生误码的原因：信道加性噪声和频率特性不理想引起的波形畸变使码元之间相互干扰，如图6-21所示。此时，实际抽样判决值是本码元的值与几个邻近脉冲拖尾及加性噪声的叠加。这种脉冲拖尾重叠并在接收端造成判决困难的现象称为码间串扰（或码间干扰）。

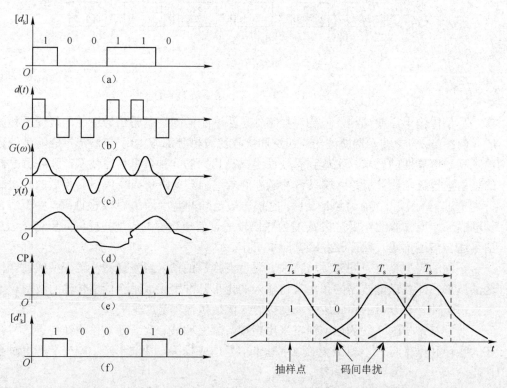

图6-20　数字基带传输系统各点的波形　　　　　图6-21　产生误码的原因

资讯 2 数字基带传输中的码间串扰与噪声

实际通信系统中信道的带宽不可能无穷大，而数字基带信号在频域内又是无限延伸的，如果信道带宽设为 0 至第一个谱零点处，那么当这个数字基带信号通过该信道时，第一个谱零点后的频率就被截掉了，成为一个带限信号，这样会引起较大的波形传输失真。

1. 码间串扰

一个时间有限信号（如门信号）的傅里叶变换在频域上是沿正负频率方向无限延伸的；反之，一个频带受限的频域信号在时域上必定是无限延伸的。这样，前面的码元对后面的若干码元就会造成不良影响（码间串扰），如图 6-22 所示。

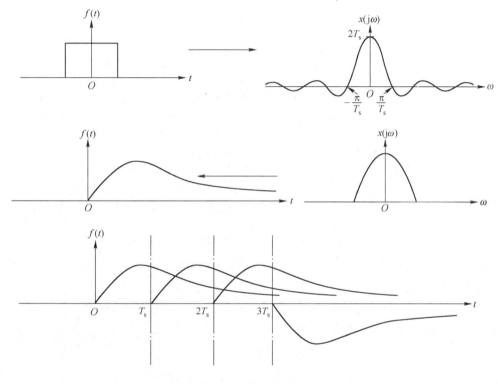

图 6-22 码间串扰

码间串扰（或符号间串扰）是影响数字基带信号进行可靠传输的主要因素，它不仅存在于基带传输中，还存在于频带传输中。

怎样才能保证信号在传输时不出现或少出现码间串扰呢？这是关系到信号可靠传输的一个关键问题。奈奎斯特对此进行了研究，提出了不出现码间串扰的理论条件：当一个数字基带信号的码元在某一理想低通信道中传输时，若信号的传输速率为 $R_b=2f$（理想低通截止频率），各码元的间隔 $T_b=1/R_b=1/(2f_c)$，则此时系统输出波形在码元响应的最大值处将不产生码间串扰，并且信道的频带利用率达到最高极限 $2T_b=2\text{Band/Hz}$。该理论条件是传输数字基带信号的一个重要准则，通常称为奈奎斯特第一准则。也就是说，传输数字基带信号所要求的信道带宽 B_w 应该是码元传输速率的一半，即 $B_w=f_c=R_b/2=1/(2T_b)$。

在数字基带信号的传输中，信息是加在码元波形幅度上的。接收端经过再生判决如果能准确地恢复幅度信息，那么原始信号就能无误地得到传送。因此，即便信号经传输后，其整个波形发生了变化，只要再生判决点的样值能反映其所携带的幅度信息，那么仍然可以准确无误地恢复原始信号。也就是说，只需要研究特定时刻的波形幅值怎样可以无失真传输即可，而不必要求信号的整个波形保持不变。

当满足这一条件时，其他码元的拖尾振幅在对应于某一码元响应的最大值处刚好为 0。设某一脉冲序列为…1101001…，当它以 $R_b=2f_c$ 的速率发送时，其输出响应将如图 6-23（a）所示。因此，当码元传输过程中不存在码间串扰时，接收端对传输过来的数字基带信号进行检测就显得较为容易，因为只要抽样判决与码元传输速率同步并在对应码元相应的最大值处进行，就可以检测传输过来的数字基带信号是"0"还是"1"，如图 6-23（b）所示。此外，在给定发送信号能量和信道噪声的条件下，在奈奎斯特判决上能得到最大的信噪比。

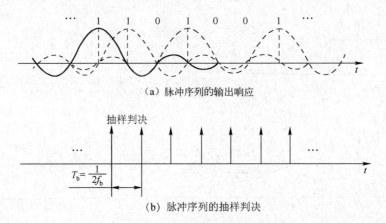

（a）脉冲序列的输出响应

（b）脉冲序列的抽样判决

图 6-23 脉冲序列的输出响应及抽样判决示意图

码元 1 的接收波形除在 $t=0$ 时刻样值为 S_0 外，在 $t=kT$（$k \neq 0$）的其他抽样时刻皆为 0；而码元 2 的接收波形除在 $t=T$ 时刻样值为 S_0 外，在 $t=kT$（$k \neq 1$）的其他抽样时刻皆为 0；依次类推，仅在码元的抽样时刻有最大值，而对其他码元的抽样时刻信号值无影响，这样就能实现无码间串扰，如图 6-24 所示。

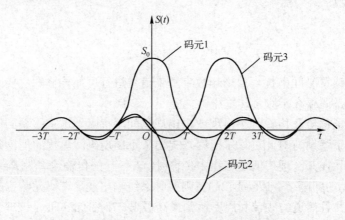

图 6-24 无码间串扰

但这样会对信道有一定的限制，满足上述条件的信道传输公式为

$$\sum_{n=-\infty}^{\infty} S\left(\omega + \frac{2n\pi}{T}\right) = S_0 T \quad \left(-\frac{\pi}{T} \leqslant \omega \leqslant \frac{\pi}{T}\right) \tag{6-1}$$

式（6-1）的物理意义是把传输函数在 ω 轴上以 $2\pi/T$ 为间隔切开，然后分段沿 ω 轴平移到 $(-\pi/T, \pi/T)$ 区间内，将它们叠加起来，结果应当为一个常数，如图 6-25 所示。

2．无码间串扰的传输特性

满足式（6-1）的函数有多种，如直线滚降和升余弦特性函数等。前者是理想情况下的函数，而在实际中得到广泛应用的是后者，如图 6-26 所示。

综上所述，理想低通传输系统在码间串扰、频带利用率、抽样判决点处信噪比等方面都能达到理想要求。但理想低通特性是无法实现的，即实际传输中不可能有绝对理想的数字基带传输系统。这样就不得不降低频带利用率，采用具有奇对称滚降特性的低通滤波网络作为传输网络。"滚降"是指信号的频域过渡特性或频域衰减特性。

对于具有滚降特性的低通滤波网络，由于其幅频特性在 f 处平滑变化，因此容易实现。但实现的关键是该低通滤波网络作为传输网络是否满足无码间串扰的条件，或者说当滚降低通特性符合哪些要求时，可做到其输出波形在抽样判决点无码间串扰。

根据推论可知，只要滚降低通的幅频特性相对于点 $C(\pi/T, 1/2)$（设该幅频特性振幅的最大值为 1）呈对称滚降，就可满足无码间串扰的条件［此时仍满足传输速率 $R_b = 2\omega/(2\pi)$］。

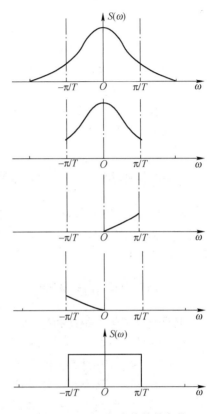

图 6-25　无码间串扰传输条件

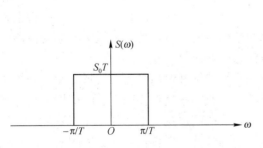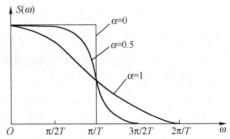

图 6-26　直线滚降和升余弦特性

由图 6-26 可知，升余弦滚降信号在前后样值处的串扰始终为 0，因而满足样值无串扰的传输条件。随着滚降系数 α 的增大，两个零点之间的波形振荡起伏变小，波形的衰减与 $1/t^3$ 成正比。但随着 α 的增大，升余弦滚降信号所占频带的带宽增加。当 $\alpha = 0$ 时，该系统为理想数字基带传输系统；当 $\alpha = 1$ 时，升余弦滚降信号所占频带最宽，是理想数字基带传输系统频带带宽的 2 倍。也就是说，在用滚降低通滤波网作为传输网络时，信号实际占用的频带展宽了，而传输效率有所下降，因而频带利用率为1；当0<α<1时，系统的频带利用率为2/(1+α)。

滚降系数α不能太小，α通常不能小于0.2。

3．无码间串扰时噪声对传输性能的影响

误码是由码间串扰和噪声引起的，如果同时计入码间串扰和噪声再计算误码率，那么计算会非常复杂。为简化起见，一般都在无码间串扰的条件下计算由噪声引起的误码率。以下是推导误码率P_e的两个条件。

（1）不考虑码间串扰，只考虑噪声引起的误码。

（2）噪声只考虑加性噪声，这个加性噪声在接收端是高斯白噪声，但经过接收滤波器后变为高斯窄带噪声。

6.3 淡妆浓抹——时域均衡

在数字基带传输系统中，不可避免地会受到干扰的影响，从而使信号发生波形畸变，形成失真或产生误码。为此，可以采用增设滤波器的方法来补偿和纠正这种偏差。这就如同演员化妆时用粉底霜遮盖面部缺陷，塑造完美的形象。

资讯1 均衡的基本概念

由于受信道传输特性和噪声的影响，实际的数字基带传输系统不可能完全满足无码间串扰传输条件，总会有一定的偏差，因此该系统还是会存在码间串扰的。当码间串扰严重时，必须对系统的幅频特性和相频特性进行校正，使其达到或接近无码间串扰要求的特性。理论和实践表明，只要在接收端插入一种可调（或不可调）滤波器就可以校正或补偿系统偏差，从而减小码间串扰的影响。这个对系统进行校正的过程称为均衡，实现均衡的滤波器称为均衡器。

采用何种类型的均衡器与信号性质有关。在传输电话信号时，由于人耳对相位不敏感，因此只对传输信道的幅频特性提出要求。在传输电视信号时，对传输信道的幅频特性和相频特性均有要求，否则图像会失真。在传输数字信号时，也对传输信道的幅频特性和相频特性都有要求，因为波形畸变会引起码间串扰而导致误码。

均衡可以在频域和时域中实现，分别称为频域均衡和时域均衡。频域均衡用来校正幅频特性与相频特性，使整个系统的传输特性满足无码间串扰传输条件。时域均衡从时域角度使包括均衡器在内的整个系统的冲激响应满足无码间串扰传输条件。随着数字信号处理技术和超大规模集成电路的发展，时域均衡已成为高速数据传输广泛应用的方法。时域均衡并不要求传输波形的所有细节都与奈氏准则所要求的理想波形细节一致，只要消除抽样点的码间干扰就可以提高判决的可靠性。下面主要讨论时域均衡的基本原理。

资讯2 时域均衡的基本原理

时域均衡利用波形补偿方法对失真的波形直接加以补偿。下面结合如图6-27所示的波形简单说明时域均衡的基本原理。设如图6-27（a）所示的波形为收到的单个脉冲，由于信

道特性不理想而产生了失真，即产生了"拖尾"，在各抽样点上会对其他码元造成干扰。如果设法加上一条补偿波形［图 6-27（a）中的虚线部分］，与拖尾波形大小相等、极性相反，那么这个波形恰好把原来失真波形的"尾巴"抵消掉。校正后的波形不再有拖尾，如图 6-27（b）所示，从而消除了对其他码元的干扰，达到了均衡的目的。

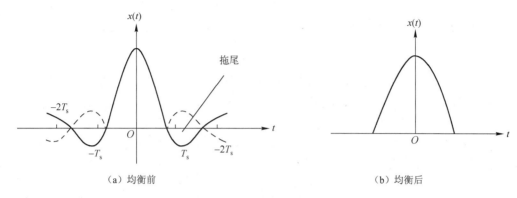

（a）均衡前　　　　　　　　　　　　　　　　（b）均衡后

图 6-27　均衡前后的波形

上述时域均衡所需要的补偿波形可以由接收到的波形延迟加权得到，即在接收滤波器后面插入一个横向滤波器，它实际是由无限多个横向排列的延迟单元和抽头系统（可变增益放大器）组成的，如图 6-28 所示。横向滤波器共有 $2N$ 个延迟线，延时等于码元宽度 T_b，各延迟线之间引出的抽头共 $2N+1$ 个。每个抽头的输出经可变增益放大器加权后输出。可变增益放大器的功能是将输入端抽样时刻有码间串扰的响应波形变换成抽样时刻上无码间串扰的响应波形。由于横向滤波器的均衡原理是建立在响应滤波上的，因此把这种均衡称为时域均衡。

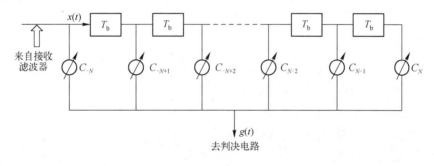

图 6-28　横向滤波器

由于横向滤波器的特性完全取决于各抽头系数 C_i（$i=0,\pm1,\pm2,\cdots$），不同的 C_i 将得出不同的输出信号 $h(t)$。因此只要各抽头系数是可调的，则如图 6-28 所示的横向滤波器就是通用的。另外，把抽头系统设计成可调的，也为随时修改系统的时间响应提供了可能。

以上分析表明，用横向滤波器实现时域均衡是可能的。从理论上讲，只有利用无限长的均衡滤波器才能把失真波形完全校正。由于实际信道只有少数脉冲波形对邻近的码元产生串扰，因此只要用具有 10～20 个抽头的均衡滤波器就可以校正失真波形。

若在数字基带传输系统接收滤波器与判决电路之间插入一个具有 $2N+1$ 个抽头的有限阶跃横向滤波器，横向滤波器的输入（接收滤波器的输出）信号为 $x(t)$，则当不考虑噪声时，该滤波器的输入单脉冲与输出单脉冲的响应如图 6-29 所示。

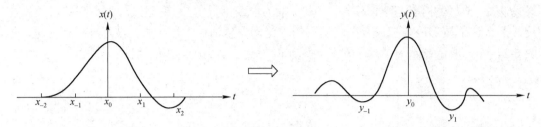

图 6-29　具有 2N+1 个抽头的有限阶跃横向滤波器的输入单脉冲与输出单脉冲的响应

如果有限阶跃横向滤波器的单位冲激响应为 $h(t)$，相应的频率特性为 $H(\omega)$，那么

$$h(t) = \sum_{i=-N}^{N} C_i \delta(t - iT_b) \tag{6-2}$$

相应的频率特性为

$$H(\omega) = \sum_{i=-N}^{N} C_i e^{-j\omega T_b} \tag{6-3}$$

由此可见，$H(\omega)$ 由 2N+1 个 C_i 确定。显然，C_i 不同，均衡特性也不同。

由于横向滤波器的输出 $y(t)$ 是 $x(t)$ 与 $h(t)$ 的卷积，即

$$y(t) = x(t) * h(t) = \sum_{i=-N}^{N} C_i x(t - iT_b) \tag{6-4}$$

因此，在抽样时刻 $kT_b + t_0$，t_0 是图 6-29 中 x_0 对应的时刻，输出应为

$$y(kT_b + t_0) = \sum_{i=-N}^{N} C_i x(kT_b + t_0 - iT_b) = \sum_{i=-N}^{N} C_i x[(k-i)T_b + t_0] \tag{6-5}$$

式（6-5）也可简写为

$$y_k = \sum_{i=-N}^{N} C_i x_{k-i} \tag{6-6}$$

由式（6-6）可知，均衡器在第 k 个抽样时刻得到的样值 y_k 将由 2N+1 个 C_i 与 x_{k-i} 乘积之和来确定。不难看出，当输入波形 $x(t)$ 给定，即各种可能的 x_{k-i} 确定时，通过调整 C_i 使指定的 y_k 等于零是容易办到的，但同时要求除 k=0 外的所有 y_k 都等于零是很难办到的。

一般来说，当均衡器的抽头有限时，不可能完全消除码间串扰，但当抽头数量较多时可以将码间串扰的程度减小到很小。

6.4　简约不简单——眼图

在实际通信系统中，完全消除码间串扰是十分困难的，信道传输特性总是偏离理想情况，特别是当信道特性不完全确定时，无法得到定量分析方法。为了衡量数字基带传输系统性能的优劣，在实际工作中，通常用示波器观察接收信号波形的方法来分析码间串扰和噪声对系统性能的影响。由于示波器屏幕上显示的图形类似人眼，因此称该图形为眼图，对应的方法称为眼图分析法。

眼图分析法的具体使用方法：将一台示波器跨接在接收滤波器的输出端，调整示波器

水平扫描周期，使示波器的水平扫描周期与接收码元的周期严格同步，并适当调整相位，使波形的中心对准统改为抽样时刻，这样在示波器屏幕上就出现了一个或几个接收到的信号波形。当第一个波形过去之后，在示波器屏幕的余辉作用下，多个波形重叠在一起，形成眼图。这时就可以根据示波器屏幕上的图形，观察出码间串扰和噪声的影响，从而估计出系统性能的优劣程度了。

下面根据图 6-30 来解释这种观察方法，为了便于理解，这里不考虑噪声的影响。在无噪声存在的情况下，一个二元数字基带传输系统将在接收滤波器的输出端得到一个基带脉冲序列。如果基带传输特性是无码间串扰的，那么将得到如图 6-30（a）所示的基带脉冲序列；如果基带传输特性是有码间串扰的，那么得到的基带脉冲序列如图 6-30（c）所示。

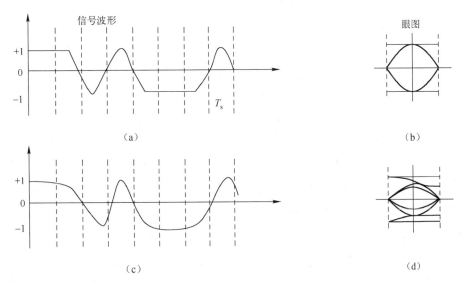

图 6-30　数字基带信号波形及眼图

现在用示波器来观察如图 6-30（a）所示的波形，并将示波器扫描周期调整为码元周期，这时，图 6-30（a）中的每个码元都将重叠在一起。尽管图 6-30（a）中的波形不是周期波形而是随机波形，但在示波器屏幕的余辉作用下，若干码元叠加显示。由于图 6-30（a）中的波形无码间串扰，因此叠加的图形都完全重合在一起，这使得示波器显示的线迹又细又清晰，如图 6-30（b）所示。用示波器观察如图 6-30（c）所示的波形，由于存在码间串扰，示波器的扫描线迹不能完全重合，因此形成的线迹较粗且不清晰，如图 6-30（d）所示。

从图 6-30（b）及图 6-30（d）中可以看出，当无码间串扰时，眼图像一只完全张开的眼睛。眼图中央的垂直线表示最佳的抽样时刻，信号取值为±1；眼图中央的横轴位置表示最佳的判决门限电平。当存在码间串扰时，在抽样时刻得到的信号取值不再为±1，而是分布在比 1 小或比-1 大的附近，因而眼图将部分闭合。由此可见，眼图中"眼睛"张开的大小程度反映了系统码间串扰的强弱。

当系统存在噪声时，噪声叠加在有用信号上，使得眼图的线迹更不清晰，于是"眼睛"的张开程度就更小。同时，在图形上并不能观察到噪声的全部形态。例如，出现机会少的大幅度噪声在示波器屏幕上一晃而过，人眼是无法观察到它的。因此，根据示波器屏幕上显示的波形只能大致估计噪声的强弱。

图 6-31 是部分眼图的照片。为了说明眼图和系统性能之间的关系，把眼图简化为一个模型，如图 6-32 所示。

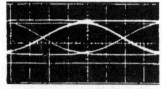 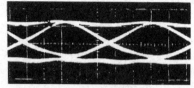 

（a）几乎无噪声和码间串扰　　　（b）有一定噪声和码间串扰　　　（c）三电平部分响应信号

图 6-31　部分眼图的照片

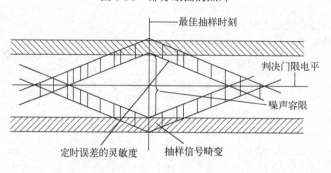

图 6-32　眼图模型

眼图的模型表述了如下内容。

（1）对接收波形的最佳抽样时刻应选择在模型中"眼睛"张开的最大处。

（2）定时误差的灵敏度可由眼图的斜边的斜率决定，斜率越大，系统受定时误差的影响就越大。也就是说，眼图上边（或下边）的两条人字形斜线收得越拢，定时误差灵敏度就越高，对系统的影响就越大。

（3）在抽样时刻，眼图上下两分支的垂直高度，即图 6-32 中阴影区的垂直高度，表示信号畸变范围。

（4）在抽样时刻，眼图上下两分支离门限最近的一根线迹至门限的距离表示各自相应电平的噪声容限，当噪声瞬时值超过这个容限时，可能发生判决差错。

（5）对于从信号过零点取平均来得到定时信息的接收系统，眼图倾斜分支与横轴相交区域的大小表示零点位置的变动范围，这个变动范围的大小对提取定时信息有重要的影响。

6.5　接力赛跑——再生中继传输

信号在信道中传输时，由于信道对信号存在一定的衰减作用，因此信号会产生失真，传输距离越长，信号失真越厉害。为了解决这一问题，在有线通信系统中传输数字基带信号时，应像接力赛跑那样，设置再生中继系统。

资讯 1　基带传输的再生中继系统

在有线通信系统中传输数字基带信号时，由于信道对信号存在衰减作用，并且受到信道带宽不够和各种噪声干扰等因素的影响，因此数字基带信号会产生失真。失真主要表现为接收信号的波形幅度变小、波峰延后、脉冲宽度加宽。当传输距离增加到一定长度时，接收的信号将很难识别。这会造成误码率增加，通信质量下降。为了延长通信距离，在传输通路的适当位置应设置再生中继器，使失真的信号经过整形后再向更远的距离传送。

一个带宽为 0.4μs、幅度为 1V 的矩形脉冲分别通过长度为 461m、927m、1397m 的电缆传输后，其波形如图 6-33 所示。

由图 6-33 可知，这种矩形脉冲经信道传输后，波形产生失真，电缆越长，信号幅度越小，拖尾现象越严重。因此，为了减小信号在传输过程中的波形失真，在传输通路的适当位置应设置再生中继器，对经过一定距离传输后失真的波形进行整形，再生出与发送端一样的标准脉冲，使之能传输更远的距离。这就是再生中继器的作用。

图 6-33　矩形脉冲经不同长度电缆传输后的波形示意图

再生中继的目的：当信噪比不太大时，能对失真的波形进行及时识别判决（识别出是"1"还是"0"），只要不误判，经过再生中继后的输出脉冲就都会完全恢复原信号序列。一个通信系统需要设置再生中继器的数量视通信距离和对通信质量的要求而定。当一个通信系统包含多个再生中继器时，称为再生中继系统。

在基带传输线路上设置再生中继系统的优点如下。

（1）无噪声积累。

数字信号在传输过程中会产生信号幅度的失真。模拟信号也是如此，它在传送一定的距离后也要用增音设备对衰减失真的信号加以放大，但噪声也会被放大，并且噪声的干扰无法消除，因此随着通信距离的增加，噪声会积累，信噪比变得越来越小。由于噪声干扰可以由再生中继系统进行均衡放大、再生判决而消除，因此理想的再生中继系统是不存在噪声积累的。

（2）有误码的积累。

消除误码积累是延长数字信号传输距离的关键。误码就是信息码在再生中继系统再生判决过程中，在码间串扰和噪声干扰的影响下，判决电路产生的错误判决，即"1"误判为"0"，"0"误判为"1"。一旦误码产生，就无法消除，并且随着通信距离的延长，误码会产生积累。因为各个再生中继器都可能产生误码，所以通信距离越长，再生中继装置越多，误码的积累越多。

资讯 2　再生中继器

再生中继器主要由均衡放大器、时钟提取电路和判决再生电路 3 部分组成。再生中继器的原理如图 6-34 所示。

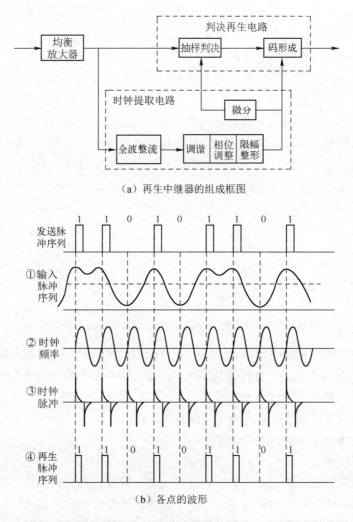

（a）再生中继器的组成框图

（b）各点的波形

图 6-34　再生中继器的原理

（1）均衡放大器。

均衡放大器的主要功能是对输入信号进行放大和均衡，形成适合抽样判决的波形，这个波形称为均衡波形。放大是为了补偿线路对信号的衰减，为后级电路提供合适的信号幅度。均衡就是对频率和相位进行补偿，它用于修复输入信号的波形畸变，为判决再生电路提供良好的波形。自动增益控制（AGC）电路用于自动控制均衡放大器的电压增益，以保证均衡放大器既能工作于不同长度的中继段，又能适应传输线路的时变衰减特性，使判决门限电平始终处于最佳值。适合再生判决的均衡波形应满足以下要求。

① 波形幅度大且波峰附近变化平坦。

② 相邻码间干扰尽量小。

（2）时钟提取电路。

时钟提取电路的主要功能是从输入信号中提取时钟信号，为判决再生电路提供与发送端同频同相的时钟脉冲。该电路通常由 LC 谐振电路及限幅微分电路组成。LC 谐振电路用于提取时钟频率，限幅微分电路用于产生时钟脉冲。只要输入脉冲序列不是全"0"，即使其波形存在严重畸变，在输入脉冲序列的频谱中就必定含有该序列的基波频率分量。因此，通过 LC 谐振电路便可将该分量分离出来，从而获得输入信号的时钟频率，其波形如图 6-34（b）中的波形②所示。由 LC 谐振电路分离出来的基波频率分量经限幅变为方波，再经过微分便得到尖脉冲，即时钟脉冲，其波形如图 6-34（b）中的波形③所示。时钟脉冲之所以选用尖脉冲，是为了保证判决再生电路能准确动作。

定时提取的方法有外同步定时法和自同步定时法两种，将在后面详细讨论。适合再生判决的均衡波形常用升余弦波形和有理函数均衡波形。

（3）判决再生电路。

判决指从已经均衡好的均衡波形中识别出"1"或"0"，也称为识别；再生就是将判决出来的码元进行整形与变换，形成半占空的双极性码，也称为码形成。为了实现正确识别，判决应该在均衡波的波峰处进行。

资讯 3　再生中继传输的性能分析

数字信号传输系统中反映传输质量的指标是误码率和相位抖动。二者产生的原因是数字信号在传输时信道特性不理想及信道中存在噪声干扰。

1. 串扰

信道特性已讨论过，这里只讨论电缆线对间的相互串扰，即串扰。电缆线对间的串扰主要是由电磁感应耦合引起的。同一电缆管内多线对之间的串扰如图 6-35 所示。线间的串扰分为近端串扰（NCT）和远端串扰（FCT）。NCT 表示本系统或邻近系统的发送端感应到系统侧接收端的干扰；FCT 表示邻近系统侧发送端对本系统侧接收端的干扰。串扰与电缆质量、线对间位置及信号频率有关。

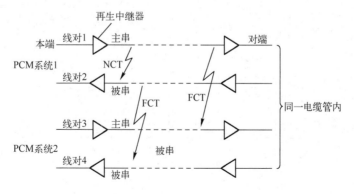

图 6-35　同一电缆管内多线对之间的串扰

2．误码率的累计

实际的再生中继系统包含多个再生中继段，那么总误码率 P_E 与每个再生中继段的误码率 P_{ei} 有什么关系呢？一般认为，当每个再生中继段的误码传输到后一个再生中继段上时，后一个再生中继段误判而将前一个再生中继段的误码纠正的概率是非常小的。因此，可近似地认为各再生中继段的误码是互不相关的，这样具有 n 个再生中继段的总误码率为

$$P_E = \sum_{i=1}^{n} P_{ei} \tag{6-7}$$

当每个再生中继段的误码率 $P_{ei}=P_e$ 时，全程总误码率为

$$P_E \approx nP_e \tag{6-8}$$

即全程总误率 P_E 是由各再生中继段的误码率线性累加得到的。

实际上，在各再生中继段误码率不相等的情况下，全程总误码率主要是由信噪比最差的再生中继段决定的。

3．相位抖动

数字基带信号在经过信道传输后，各中继站和终端接收的脉冲信号在时间上不再等间距，而随时间变动，这种现象称为相位抖动，也称为定时抖动，如图 6-36（a）所示。相位抖动不仅使再生判决时刻的时钟偏离信号最大值而产生误码，同时解码后的 PAM 信号脉冲的相位抖动会使重建后的信号产生失真，如图 6-36（b）所示。抖动的大小可以用相位弧度、时间或比特周期来表示。一个比特周期的抖动称为 1 比特抖动，对应 2π 弧度或 360°。在数字基带信号传输过程中应利用去抖动技术来防止抖动的发生。

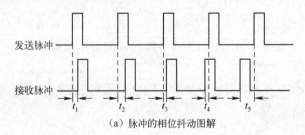

（a）脉冲的相位抖动图解

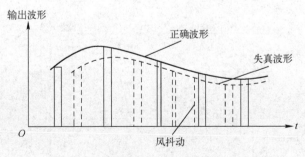

（b）解码后的PAM信号波形存在负抖动

图 6-36　脉冲信号的相位抖动

实践体验：PCM 线路再生中继器的电路制作

再生中继器电路原理图如图 6-37 所示。再生中继器的主要芯片是 CD22301。来自信道的输入 PCM 信号经输入耦合变压器后，分为两路单极性信号输出，分别进入 CD22301 的引脚 IN+和引脚 IN-。预放后的 PCM 信号从引脚 OUT+、OUT-经反馈电路分别接至引脚 IN+、IN-，起到增益控制的作用。根据实际信道特性进行适当的均衡，均衡后的信号经定时检测和提取电路适当调节后送至 LC_1、LC_2 外接的 LC 谐振回路，即可在 CP_0 端得到所需的主时钟 CP_0。CP_0 经电容移相后得到 CP_1、CP_2 送至判决电路，将判决输出的单极性信号 DO_1、DO_2 经输出耦合变压器转换成双极性 PCM 再生码，并送往信道。

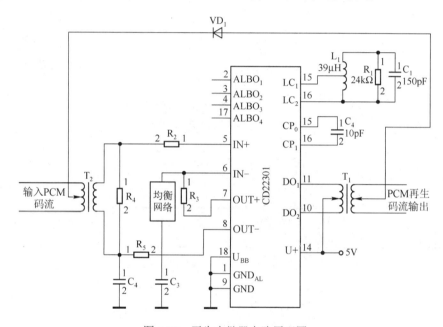

图 6-37　再生中继器电路原理图

（1）技术特点。

① 典型工作速率：1.544Mbit/s 及 2.048Mbit/s。

② 编码码型：二元码或三元码。

③ 电源电压：+5.1V。

④ 电源电流：22mA。

⑤ 功耗：110mW。

⑥ 工艺：CMOS。

⑦ 18 引脚 DIP（双列直插）封装。

⑧ 通常用于 PCM 基群信号传输。

（2）引脚功能说明。

CD22301 的引脚排列如图 6-38 所示。CD22301 引脚与功能说明如表 6-1 所示。

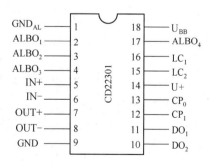

图6-38　CD22301的引脚排列

表 6-1　CD22301 引脚与功能说明

引脚编号	引脚名称	功　能　说　明
1	GND_{AL}	线路均衡接口，作为线路均衡单元的接地端
2	$ALBO_1$	线路均衡接口，线路自动均衡单元相应的输出接口与偏量端
3	$ALBO_2$	同 $ALBO_1$
4	$ALBO_3$	同 $ALBO_1$
5	IN+	PCM 码流预放输入端
6	IN−	PCM 码流预放输入端
7	OUT+	PCM 码流预放输出端
8	OUT−	PCM 码流预放输出端
9	GND	地
10	DO_2	数码输出，经 PCM 再生后输出 PCM 码对之一，与 DO_1 一起，经输出变压器合成再生的 PCM 双极性码流
11	DO_1	数码输出，经 PCM 再生后输出 PCM 码对之一，与 DO_2 一起，经输出变压器合成再生的 PCM 双极性码流
12	CP_1	定时信号输入端，再生中继器提取时钟 CP_0 经过适当移相进入 CP_1 端
13	CP_0	时钟限幅输出端，通常时钟输出 CP_0 与 CP_1 之间接一电容，用于定时移相
14	U+	正电源
15	LC_2	接回路端，LC_2 和 LC_1 分别接外部 LC 谐振回路的终端与抽头端，构成从码流中提取定时信号的选频电路
16	LC_1	接回路端
17	$ALBO_4$	线路均衡接口，同 $ALBO_1$
18	U_{BB}	衬底，通常接地

（3）芯片电路原理。

CD22301 的电路组成如图 6-39 所示。

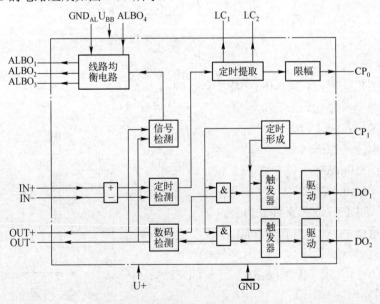

图 6-39　CD22301 的电路组成

双极性 PCM 信号经输入变压器后成为两种单极性信号，并分别输入 IN+ 及 IN- 端，经预放进行门限检测，由 LC 谐振回路提取定时信号，移相后整形、恢复同步的定时序列，对检测后的数据加以选通、定位和缓放，从 DO_1、DO_2 端输出一对单极性信号，经输出耦合变压器，再生出双极性 PCM 信号。

练习与思考

1. AMI 码和 HDB_3 码是怎样构成的？它们各有什么优/缺点？
2. 将二进制码 11001110110001111100110100100010 编为 HDB_3 码，并画出波形。
3. 画出数字基带传输系统的方框图，并说明各部分的作用。
4. 什么叫码间串扰？它是如何产生的？怎样消除或减小它？
5. 简述均衡的基本原理。
6. 眼图的作用是什么？有码间串扰的眼图和无码间串扰的眼图有什么不同？
7. 再生中继系统的作用是什么？
8. 影响数字基带传输系统传输质量的因素有哪些？

单元 7 数字频带传输系统

在通信系统中，为了实现远距离传输和无线传输，需要将数字基带信号进行调制处理后再传输，这种传输方式称为频带（或带通）传输。

很多电子通信设备（如MP3、手机、计算机等）处理的都是数字基带信号，这些设备内部处理的数字基带信号含有大量的低频分量，只适合在低通型信道中传输，如双绞线。但很多传输信道都是带通型的，并不适合传输数字基带信号，如无线信道、光纤信道。为了使数字基带信号能在带通型信道中传输，必须采用数字调制方式。

带通型信道的带宽比低通型信道的带宽大得多，可以采用频分复用技术传输多路信号。为了实现数字基带信号的远距离传输，需要将数字基带信号调制到较高频段。前面已经介绍了模拟信号的各种调制方式，并完成了把低频信号"搬移"到高频段或指定频段的任务。其中的许多概念依然适用于数字基带信号。用数字基带信号对载波信号进行调制，把数字基带信号的频谱"搬移"到较高的载波信号频段上。这种信号处理方式称为数字调制，相应的传输方式称为数字基带信号的频带传输。

频带传输是一种采用调制、解调技术的传输方式。数字频带传输是指先将数字基带信号变换（调制）成便于在模拟信道中传输、具有较高频率范围的模拟信号（称为频带信号），再将这种频带信号在模拟信道中传输。因此，数字频带传输是一种数字基带信号的模拟传输。

与模拟调制相似，数字调制所用的载波信号一般也是连续的正弦信号，而基带信号为数字基带信号。理论上，载波信号的形式可以是任意的，如三角波、方波等，适合在带通型信道中传输即可。在实际通信中，多选用正弦信号，因为它具有形式简单、便于产生和接收等优点。现代移动通信系统和数字电视系统都是采用数字频带传输信号的。

数字调制可以分为幅度调制、频率调制和相位调制。由于二进制数字调制信号只有两种状态，因此调制后的载波信号参量只有两种取值。因为这种调制效果如同开关的控制效果，所以这种调制称为键控。调制过程就像用基带信号去控制一个开关，从两个具有不同参量的载波信号中选择相应的载波信号输出，从而形成已调信号。键控可分为移幅键控（ASK）、移频键控（FSK）和移相键控（PSK）。

7.1 "0"和"1"的世界——数字调制原理

现代移动通信系统都使用数字调制。用于调制的信号是由"0"和"1"组成的离散信号，其载波信号是连续波。为了使数字基带信号可以在有限带宽的信道中传输，必须用数字基带信号对载波信号进行调制。在实际应用中，在发送端用数字基带信号控制高频载波信号，把数字基带信号变换为数字频带信号，即进行调制；在接收端利用解调器把数字频带信号还原成数字基带信号，即进行解调。通常把调制与解调合称为数字调制，把包括调制和解调过程的传输系统称为数字频带传输系统。

数字频带传输系统如图7-1所示。由图7-1可知，原始数字序列{a_n}先经基带信号形成器变成适合信道传输的数字基带信号 $s(t)$，然后送到键控器（用于控制射频载波信号的振幅、频率和相位），形成数字调制信号，最后送至信道。在信道中传输的还有各种干扰。接收滤波器把叠加在干扰和噪声中的有用信号提取出来，经过相应的解调器恢复数字基带信号 $s(t)$ 或原始数字序列{a_n}。

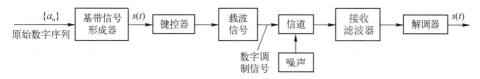

图 7-1　数字频带传输系统

第一代数字蜂窝移动通信系统采用 FM 传输模拟语音，其信令系统是数字型的，采用 2FSK 数字调制技术。第二代数字蜂窝移动通信系统传输的语音是经过数字语音编码和信道编码的数字信号。GSM 系统采用 GMSK 调制；IS-54 系统和 PDC 系统都采用 π/4-DQPSK 调制；CDMA 系统（IS-95）的下行信道采用 QPSK 调制，上行信道采用 OQPSK 调制。第三代及第三代以后的数字蜂窝移动通信系统采用 M 元正交调幅调制（MQAM）、平衡四相扩频调制（BQM）、复四相扩频调制（CQM）、双四相扩频调制（DQM）等技术。

调制是对信源的编码信息（信源）进行处理，使其变为适合信道传输的信号的过程。编码信息中含有直流分量和低频分量，称其为基带信号。基带信号一般不能直接作为传输信号，而必须转换为比基带频率高很多的带通信号，以适合信道传输。这种带通信号称为已调信号。调制是通过改变高频载波信号的幅度、相位或频率，使其随着基带信号的变化而变化来实现的；解调则是将基带信号从载波信号中提取出来的过程。

一般而言，数字调制技术可分为两种：第一种利用模拟方法实现数字调制，也就是把数字基带信号当作模拟信号的特殊情况来处理；第二种利用数字基带信号的离散取值特点对载波信号进行键控，从而实现数字调制。第二种技术通常称为键控法。例如，用数字基带信号对载波信号的幅度、频率及相位进行键控，即可进行 ASK、FSK 及 PSK。也有同时改变载波信号幅度和相位的调制技术，如正交调幅（QAM）。键控法一般由数字电路实现，它具有调制变换速度快、调整测试方便、体积小和设备可靠性高等优点。数字调制与模拟调制在本质上没有什么不同，它们都属正弦波调制。但是，数字调制是调制信号为数字型的正弦波调制，而模拟调制是调制信号为连续型的正弦波调制。

在数字调制中，所选参量可能变化的状态数应与信息元数相对应。由于数字信息有二进制数和多进制数之分，因此数字调制可分为二进制调制和多进制调制两种。在二进制调制中，信号参量只有两种可能取值；而在多进制调制中，信号参量可能有 M（$M > 2$）种取值。一般而言，在码率一定的情况下，M 取值越大，信息传输速率越高，但其抗干扰性能越差。

在实际应用中，数字调制根据已调信号的结构形式可分为线性调制和非线性调制两种。

在线性调制中，已调信号表示为基带信号与载波信号的乘积，已调信号的频谱结构和基带信号的频谱结构相同，只不过"搬移"了一个频率位置。线性调制主要包括各种 PSK 和 QAM 等。线性调制技术不适用于非线性移动无线信道，因为它们不能满足占用频带的要求。但线性调制技术可用于线性移动信道。由于从基带频率变换到无线电载频，以及从基带电平放大到发射电平，都需要高度的线性，即小的失真度，因此线性调制设备的设计难度大、制造成本高。但随着放大器设计技术的不断突破，出现了高效率且实用的线性放大器，这使得无线移动通信系统有效地使用线性调制方法成为可能。1987 年以后，QPSK 等线性调制技术开始广泛应用。

在非线性调制中，已调信号具有恒定包络（连续相位）的特性，即非线性调制属于恒定包络调制。已调信号的频谱结构和基带信号的频谱结构不同，不是简单的"频谱搬移"关系。非线性调制的优点是，已调信号具有相对窄的功率谱和对放大设备没有线性要求，可使用高效率的 C 类功率放大器，降低了功放成本。具有代表性的非线性调制技术有 MSK、GMSK、TFM 等。

在调制过程中，要注意相位路径。载波信号相位变化值是一个随时间变化的函数，记作 $\Phi(t)$。$\Phi(t)$ 随时间 t 变化的轨迹称为相位路径或相位轨迹。一个已调信号的频谱高频滚降特性与其相位路径有着紧密的关系，相位路径不同，对应的已调信号的频谱高频滚降速度也不同。因此，为了控制已调信号的频谱特性，就必须控制它的相位路径。例如，GSM 系统使用 GMSK 调制而不使用 MSK 调制就是基于相位路径考虑的。

在通常情况下，相位路径分为两类，即连续相位路径和非连续相位路径。

数字调相分为绝对调相和相对调相两种基本形式。绝对调相就是以未调载波信号相位为基准的调相。例如，在两相调制中，当码元取"1"时，已调载波信号相位与未调载波信号相位相同，即相位差为 0°；当码元取"0"时，则反相，即相位差为 180°。数字调相又称为 PSK，是用数字信号改变载波信号相位的一种调制方式。相对调相是用相邻前一个码元的载波信号相位作为基准的。通常，数字调相有二相和多相之分。

综上所述，数字调制的分类如图 7-2 所示。

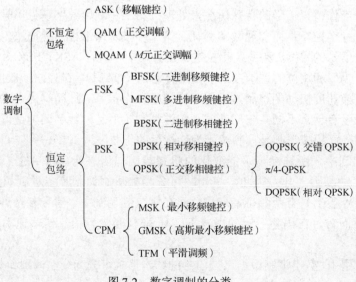

图 7-2　数字调制的分类

7.2 泛起的涟漪——数字移幅键控

移幅键控（ASK）是用数字调制信号控制载波信号通断的。例如，在二进制信号中，发送"0"的时候不发送载波信号，发送"1"的时候发送载波信号，以此使载波信号的幅度随数字调制信号发生变化。在示波器的屏幕上能方便地观测到一阵阵出现的波形，如同泛起的涟漪一般。

资讯1　二进制移幅键控信号的调制

用数字基带信号控制载波信号幅度的调制称为数字振幅调制，也称为移幅键控（ASK）。二进制移幅键控（2ASK）是数字调制中出现较早的，也是较简单的。但因 2ASK 抗噪声的能力较差，故在数字通信中用得不多。不过，2ASK 常作为研究其他数字调制方式的基础，因此，熟悉 2ASK 仍然是必要的。

2ASK 是指将一个信息源发出的由二进制码元"0""1"组成的单极性矩形脉冲序列 $s(t)$ 与一个正弦载波信号相乘，二者相乘可得

$$S_{2ASK}(t) = s(t) \cdot \cos\omega_c t$$

实现 2ASK 的方法有乘法器法和键控法两种，2ASK 的实现及波形如图 7-3 所示。图 7-3（a）采用乘法器进行调幅，该乘法器通常由环形调制器实现。$s(t)$ 与正弦载波信号相乘后，$s(t)$ 的频谱"搬移"到 $\pm f_c$ 附近，实现了 2ASK。带通滤波器滤出所需的已调信号，防止带外辐射影响邻台。图 7-3（b）所示为键控法示意图。键控法又称为通断控制（OOK）法。典型的键控法是用一个电键来控制载波发生器输出而实现 2ASK 的。

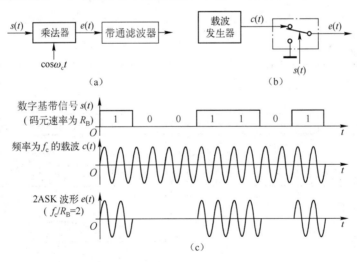

图 7-3　2ASK 的实现及波形

资讯2　二进制移幅键控信号的解调

二进制移幅键控（2ASK）信号的解调有包络解调法和相干解调法两种，如图 7-4 所示。与 AM 信号的解调过程相比，2ASK 信号的解调过程增加了一个抽样判决器，这样可以提高对数字基带信号的接收性能。

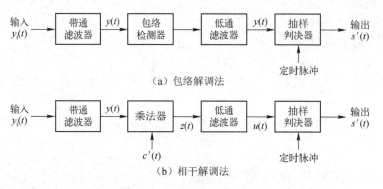

（a）包络解调法

（b）相干解调法

图 7-4　2ASK 信号的解调

（1）包络解调法。

包络解调法是一种非相干解调方法。在包络解调法中，带通滤波器用于滤除大量的带外噪声；包络检测器就是解调器，用于检测 2ASK 信号的包络（恢复数字基带信号）；低通滤波器允许低于截止频率的信号通过，阻断高于截止频率的信号；抽样判决器用于抽样、判决和码元形成。

用包络解调法解调的 2ASK 信号的波形如图 7-5 所示。如图 7-5（a）所示，脉宽很窄的定时脉冲通常位于每个码元的中间位置，其重复周期等于码元宽度。如果不考虑噪声的影响，低通滤波器输出 $y(t)$ 的波形如图 7-5（b）所示；包络检测器输出经过低通滤波器后 $u(t)$ 的波形如图 7-5（c）所示；抽样判决器输出 $s'(t)$ 的波形如图 7-5（d）所示。如果考虑噪声的影响，则包络检测器输出经过低通滤波器后 $u(t)$ 的波形如图 7-5（e）所示；抽样判决器输出 $s'(t)$ 的波形如图 7-5（f）所示，此时由于噪声影响出现了误码。

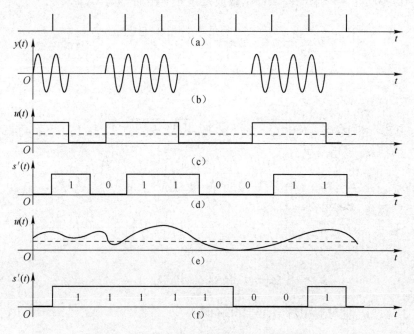

图 7-5　用包络解调法解调的 2ASK 信号的波形

由图 7-5 可以看出，即使不考虑信道的时延，因为定时脉冲不可能在码元的起始位置（一般在码元中间位置，少数情况下在码元即将结束位置），所以抽样判决器输出的码元序列与原码元序列相比都有一定的时延。

（2）相干解调法。

相干解调法将本地载波信号与接收到的 2ASK 信号相乘，乘法器的输出经低通滤波器后输出到抽样判决器。如果不考虑噪声和干扰的影响，那么乘法器的输出为

$$z(t) = y(t)\cos\omega_c t = s(t)\cos^2\omega_c t = \frac{1}{2}s(t)(1 + \cos 2\omega_c t)$$

$$= \frac{1}{2}s(t) + \frac{1}{2}s(t)\cos 2\omega_c t$$

式中，第一项是数字基带信号；第二项是二次谐波分量。二者载频相差很大。经低通滤波器滤除二次谐波后，输出为 $\frac{1}{2}s(t)$。由于噪声影响及信道传输特性不理想，因此低通滤波器输出波形存在失真现象，经抽样、判决、整形后再生原数字基带信号。

如果本地载波信号与调制载波信号同频同相，那么得到的原数字信号幅度最大，这是最好的结果。在现有技术条件下，达到同频不成问题，但要达到同相难以实现。调制载波信号与本地载波信号间存在相位差，这会使输出信号减弱。显然，相位差越小，得到的原数字信号幅度就越大。一旦相位差接近 90°，得到的信号幅度就接近于零，也就无法正确抽样判决。目前，在技术上可以使本地载波信号和调制载波信号的相位差很小，接近 0°。

资讯 3　多进制移幅键控

多进制移幅键控（MASK）信号的载波信号幅度有 M 种取值，在一个码元期间 T_S 内，只发送其中一种幅度的载波信号。

MASK 信号波形如图 7-6 所示，不同的数字信息（0、1、2、3）用载波信号的不同幅度来表示。由图 7-6（c）可知，MASK 信号可以分解成多个 2ASK 信号。因此，m 电平的 MASK 信号可以看作由振幅互不相等、时间上互不相容的 $m-1$ 个 2ASK 信号叠加而成，即

$$e(t) = \sum_{i=1}^{m-1} e_i(t)$$

可见，MASK 信号的功率谱与 2ASK 信号的功率谱完全相同，它是由 $m-1$ 个 2ASK 信号的功率谱叠加而成的，而每一个 2ASK 信号功率谱的带宽都是一样的，只是幅度不一样。因此，MASK 信号的带宽与其分解的任意一个 2ASK 信号的带宽都是相同的。MASK 信号的带宽可表示为

$$B_{MASK} = 2f_b'$$

式中，$f_b' = 1/T_b'$，表示多进制码元速率。

MASK 的特点如下。

（1）传输效率高。当码元速率相同时，MASK 调制的信息速率比二进制调制的信息速率高，二者的频带利用率相同。在相同的信息速率下，MASK 系统频带利用率高于 2ASK 系统频带利用率，当采用 QAM 后，MASK 系统的频带利用率还可以进一步提高。因此，MASK 在高信息速率的传输系统中得到广泛应用。

（2）抗衰落能力差。MASK 信号只适合在恒参信道（如有线信道）中使用。

（3）在接收机输入平均信噪比相等的情况下，MASK 系统的误码率比 2ASK 系统的误码率要高。

（4）电平数 M 越大，设备越复杂。

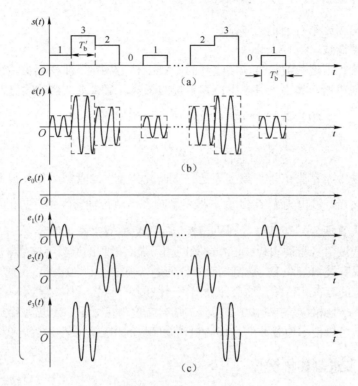

图 7-6　MASK 信号波形

7.3　律动的心——数字移频键控

移频键控（FSK）是利用数字调制信号的正负极性不同来控制载波信号频率的。当数字基带信号的振幅为正时，载波信号的频率为 f_1；当数字基带信号的振幅为负时，载波信号的频率为 f_2。FSK 有快有慢，节律分明，仿佛在跳一支美丽的华尔兹舞。

资讯 1　二进制移频键控信号的调制

FSK 用载波信号的频率来传输数字基带信号，即用所传输的数字基带信号控制载波信号的频率。在 FSK 中，幅度恒定不变，其载波信号的频率随两种可能的状态（高频率和低频率，分别代表二进制的"1"和"0"）而切换。FSK 信号既可能呈现连续相位（恒定包络）波形，又可能呈现不连续相位波形，将它们分别记作 CPFSK 和 DPFSK。

设输入调制器的比特流为 $\{u_n\}$，$u_n=\pm1$，n 为整数，则 FSK 的输出信号形式（第 n 个比特区间）为

$$s(t)=\begin{cases}\cos(\omega_1 t+\theta_1), & a_n=+1\\ \cos(\omega_2 t+\theta_2), & a_n=-1\end{cases}$$

即当输入为传号"+1"时，输出频率为 f_1 的正弦波；当输入为空号"-1"时，输出频率为 f_2 的正弦波。

FSK 信号的带宽大约为

$$B=|f_2-f_1|+2f_s$$

FSK 信号的调制方法有直接调频法和频率键控法两种，它们分别对应相位连续的 FSK 和相位不连续的 FSK。

从原理上讲，数字调频既可以用直接调频法来实现，又可以用频率键控法来实现，后者较为方便。频率键控法是利用数字序列来控制开关电路，从而选择不同载频输出的。输出波形的相位可能连续，也可能不连续。

（1）直接调频法（相位连续 FSK 信号的产生）。

直接调频法用数字基带信号控制振荡器的某些参数，直接改变其振荡频率，从而在输出端得到不同频率的已调信号。因为用此方法产生的 FSK 信号对应两种频率的载波信号，在码元转换时刻，两种载波信号的相位能够保持连续，所以称其为相位连续的 FSK 信号。

直接调频法虽易于实现，但频率稳定性较差，因而实际应用范围不广。

（2）频率键控法（相位不连续 FSK 信号的产生）。

频率键控法也称为频率转换法，它用数字基带信号控制电子开关，使电子开关在两个独立的振荡器之间进行转换，从而在输出端得到不同频率的已调信号。相位不连续 FSK 信号的产生和各点波形如图 7-7 所示。由图 7-7 可知，在两个码元转换时刻，前、后码元的相位不连续，这种类型的信号称为相位不连续的 FSK 信号。

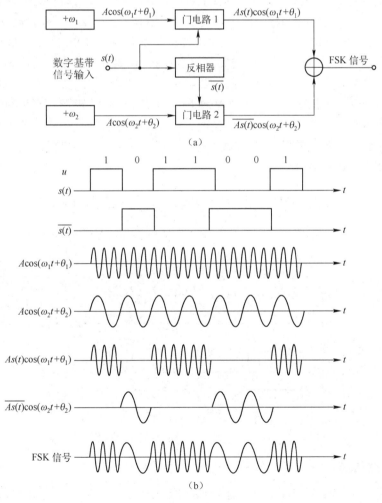

图 7-7 相位不连续 FSK 信号的产生和各点波形

由图 7-7 可知，当数字基带信号为"1"时，门电路 1 接通，门电路 2 断开，输出频率为 f_1；当数字基带信号为"0"时，门电路 1 断开，门电路 2 接通，输出频率为 f_2。如果产生 f_1 和 f_2 的两个振荡器是独立的，那么输出 FSK 信号的相位是不连续的。FSK 的优点是转换速度快、波形好、频率稳定性高、电路不复杂。

资讯 2 二进制移频键控信号的解调

数字调频信号的解调方法很多，这些方法可以分为线性鉴频法和分离滤波法两类。线性鉴频法包括模拟鉴频法、过零检测法、差分检测法等；分离滤波法包括相干检测法、非相干检测法及动态滤波法等。非相干检测法的具体解调电路采用的是包络解调法；相干检测法的具体解调电路采用的是同步解调法。下面对过零检测法、包络解调法及相干解调法进行介绍。

1. 过零检测法

过零检测法又称为零交点法、计数法，其方框图及各点波形如图 7-8 所示。单位时间内信号经过零点的次数可以用来衡量频率的高低。由于数字调频信号的过零点次数随不同载频而异，因此检出过零点次数可以得到关于频率的差异，这就是过零检测法的基本思想。

一个相位连续的 FSK 信号 a，经放大限幅得到一个矩形方波信号 b，经微分得到双向微分脉冲信号 c，经全波整流得到单向尖脉冲信号 d，单向尖脉冲信号的密集程度反映了输入信号的频率高低，单向尖脉冲信号的个数就是信号过零点的次数。单向尖脉冲信号触发脉冲发生器，产生一串幅度为 E、宽度为 t 的矩形归零脉冲 e。矩形归零脉冲的直流分量代表输入信号的频率，脉冲越密，直流分量越大，输入信号的频率越高。经低通滤波器就可得到矩形归零脉冲的直流分量 f。这样就完成了频率—幅度变换，再根据直流分量幅度上的区别还原出数字基带信号"1"和"0"。

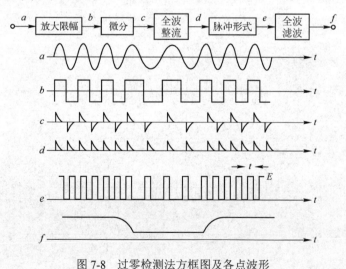

图 7-8 过零检测法方框图及各点波形

2. 包络解调法

图 7-9 所示为包络解调法方框图及各点波形。用两个窄带的带通滤波器分别滤出频率

为 f_1 及 f_2 的高频脉冲，经包络检测后分别取出它们的包络。把两路输出同时送到抽样判决器进行比较，从而判决输出数字基带信号。

设频率 f_1 代表数字基带信号"1"，f_2 代表数字基带信号"0"，则抽样判决器的判决准则应为

$$\begin{cases} v_1 > v_2, & \text{即 } v_1 - v_2 > 0, \text{ 判为 "1"} \\ v_1 < v_2, & \text{即 } v_1 - v_2 < 0, \text{ 判为 "0"} \end{cases}$$

式中，v_1、v_2 分别为抽样时刻两个包络检波器的输出值。这里的抽样判决器要比较 v_1、v_2 大小，或者说把差值 $v_1 - v_2$ 与零电平进行比较。因此，有时称这种抽样判决器的判决门限为零电平。

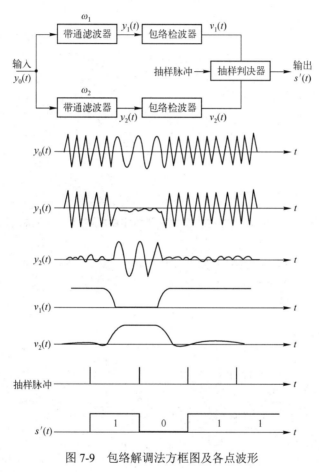

图 7-9　包络解调法方框图及各点波形

3．相干解调法

相干解调法方框图如图 7-10 所示。图 7-10 中的两个带通滤波器的作用与图 7-9 中的两个带通滤波器的作用相同，起分路作用。它们的输出分别与相应的同步相干载波信号相乘，再分别输入低通滤波器，得到含数字基带信号的低频信号，滤除二倍频信号，抽样判决器在抽样脉冲到来时，对两个低频信号进行比较判决，即可还原出数字基带信号。

相干解调法能提供较好的接收性能，但是要求接收机具有准确频率和相应的相干参考电压，这增加了设备的复杂性。

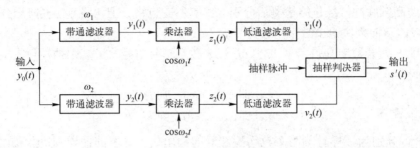

图 7-10　相干解调法方框图

对相干解调法与包络解调法进行比较，可以得出如下结论。

（1）两种解调方法均可工作在最佳门限电平。

（2）在输入信号信噪比一定时，相干解调法的误码率小于包络解调法的误码率。当系统的误码率一定时，相干解调法比包络解调法对输入信号的信噪比要求低。因此，相干解调法的抗噪声性能优于包络解调法的抗噪声性能。但当输入信号的信噪比很大时，二者的差别不明显。

（3）相干解调法需要两个相干载波信号，电路较为复杂；包络解调法不需要相干载波信号，电路较为简单。一般而言，当信噪比大时，常用包络解调法；当信噪比小时，常用相干解调法。

资讯3　多进制移频键控

多进制移频键控（MFSK）是 2FSK 的扩展，MFSK 使用不同的载波信号频率来表示数字信息。

图 7-11 所示为 MFSK 信号的调制与解调系统方框图。该系统将输入的串行二进制信息转换成多进制码，不同的多进制码对应选通某一个门电路，同时其他门电路关闭，相应地输出某一频率的载波信号。

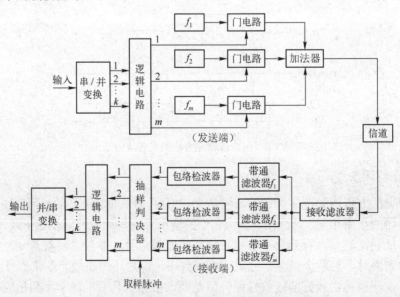

图 7-11　MFSK 信号的调制与解调系统方框图

在接收端，MFSK 信号输入各个不同的带通滤波器，各带通滤波器的中心频率分别为各个载频。当某一已调信号到来时，只有一个带通滤波器有信号及噪声通过，其他带通滤波器只有噪声通过。抽样判决器的任务就是在某时刻比较所有包络检波器输出的电压，判决哪一路输出的电压最大，也就是判决对方送来的是什么频率，并选出最大者进行输出，这个输出相当于多进制的某一码元。逻辑电路把这个输出解码成用 k 位二进制并行码表示的 m 进制数，经并/串变换转换为串行的二进制输出信号，从而完成 MFSK 信号的传输。

对于用键控法获得的 MFSK 信号，其相位是不连续的，可用 DPMFSK 表示。DPMFSK 可以看作由 m 个振幅相同、载频不同、时间上互不相容的 2ASK 信号叠加而成。设 MFSK 信号码元的宽度为 T_b'，即传输速率 $f_b' = 1/T_b'$，则 m 进制 MFSK 信号的带宽为

$$B_{MFSK} = f_m - f_1 + 2f_b'$$

式中，f_m 为最高频率；f_1 为最低频率。

MFSK 信号的特点如下。

（1）在传输速率一定时，由于采用多进制，每个码元包含的信息量都增加了，码元宽度加宽，因此在信号电平一定时，每个码元的能量都增加了。

（2）一个频率对应一个二进制码元组合，因此，总的判决数减少了。

（3）码元加宽后可有效地降低由多径效应造成的码间串扰的影响，从而提高衰落信道的抗干扰能力。

MFSK 的主要缺点是信号频带宽，频带利用率低。

MFSK 一般用于调制速率（载频变化率）不高的短波，衰落信道上的数字通信。

7.4　相由心生——数字相位调制

用数字基带信号的振幅正负控制载波信号的相位的过程称为数字相位调制，又称为移相键控（PSK）。PSK 信号的频率其实没有改变，只是相位发生了变化，当数字基带信号的振幅为正时，载波信号起始相位取 0°；当数字基带信号的振幅为负时，载波信号起始相位取 180°。二进制移相键控记作 2PSK（或 BPSK），多进制移相键控记作 MPSK。它们是利用载波信号相位的变化来传输数字信息的。

资讯 1　二进制移相键控

二进制移相键控（2PSK）是用载波信号的两个或两种相位来传输二进制数字信号的。载波信号只用两个相位（多为固定值）来表达数字信号，显然每个相位只能表达一个二进制数（0 或 1）。通常把二进制移相分为绝对移相和相对移相两种。

绝对码和相对码是 PSK 的基础。绝对码是用数字基带信号码元的电平直接表示数字信号的。高电平代表"1"，低电平代表"0"，如图 7-12 中 $\{a_n\}$ 所示。相对码（差分码）是用数字基带信号码元的电平相对前一码元的电平有无变化来表示数字信号的。相对电平有跳变表示"1"，无跳变表示"0"。由于初始参考电平有两种可能，因此相对码也有两种波形，如图 7-12 中 $\{b_n\}_1$、$\{b_n\}_2$ 所示。由图 7-12 可知，$\{b_n\}_1$、$\{b_n\}_2$ 相位相反，当用二进制数码表示波形时，它们互为反码。

绝对移相是用载波信号的相位偏移（某一码元所对应的已调信号与参考载波信号的初相差）直接表示数据信号的移相方式。

设输入比特率为 $\{a_n\}$，$a_n = \pm 1$，则 PSK 信号形式为

$$s(t) = \begin{cases} A\cos\omega_c t, & a_n = +1 \\ -A\cos\omega_c t, & a_n = -1 \end{cases}, \quad nT_b \leqslant t < (n+1)T_b$$

即当输入为 "+1" 时，对应的信号 $s(t)$ 附加相位为 "0"；当输入为 "−1" 时，对应的信号 $s(t)$ 附加相位为 "π"。2PSK 信号如图 7-13 所示。

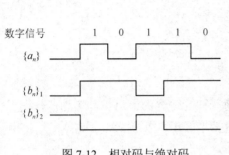

图 7-12　相对码与绝对码

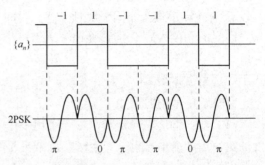

图 7-13　2PSK 信号

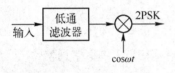

图 7-14　PSK 方框图

图 7-14 所示为 PSK 方框图。图 7-14 中的乘法器完成数字基带信号到 2PSK 信号的变换，也就是用双极性数字基带信号 $s(t)$ 与载波信号直接相乘。这种产生 2PSK 信号的方法称为直接调相法。用直接调相法获得 2PSK 信号如图 7-15 所示。根据规定，$s(t)$ 为正电平时代表 "0"，为负电平时代表 "1"。若原始数字基带信号是单极性码，则必须先进行极性变换，再与载波信号相乘。在图 7-15（a）中，当 A 点电位高于 B 点电位时，$s(t)$ 代表 "0"，二极管 V_1、V_3 导通，V_2、V_4 截止，载波信号经变压器正向输出，$e(t)=\cos\omega_c t$；当 A 点电位低于 B 点电位时，$s(t)$ 代表 "1"，二极管 V_2、V_4 导通，V_1、V_3 截止，载波信号经变压器反向输出，$e(t)=-\cos\omega_c t=\cos(\omega_c t-\pi)$，即绝对移相 π。

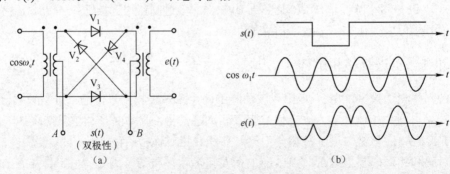

图 7-15　用直接调相法获得 2PSK 信号

DPSK 是 PSK 的非相干形式，它不需要以参考载波信号的相位为基准，称为差分移相键控或相对移相键控。非相干接收机比较容易实现且价格低廉，因此广泛应用于无线通信领域。DPSK 调制器方框图及 DPSK 信号如图 7-16 所示。

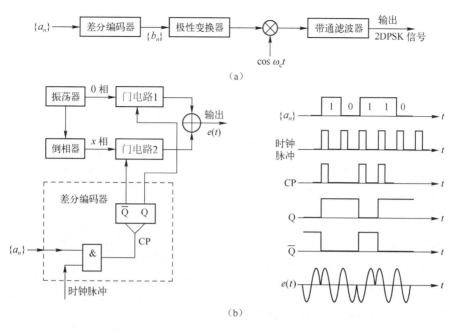

图 7-16　DPSK 调制器方框图及 DPSK 信号

资讯 2　移相键控信号的解调

1.　二进制移相键控信号的解调

二进制移相键控（2PSK）信号波形如图 7-17 所示。用输出信号 $v_o(t)$ 恢复原数字基带信号 $m(t)$。因为 $v_o(t)$ 实质是一种乘积调制信号，所以接收端在解调时借助本机振荡器恢复出的载波信号采用相干解调（同步检波）法非常容易达到解调的目的。设本机恢复出的载波信号为 $v_r(t)=V_m\sin\omega_c t$，接收到的信号为 $v_i(t)=V_{cm}m(t)\sin\omega_c t$，将它们一同送到相干解调电路（乘法器），即 $v_i(t)\times v_r(t)=V_{cm}m(t)\sin\omega_c t\times V_m\sin\omega_c t=V_{Am}[m(t)-m(t)\cos2\omega_c t]$，其中 $V_{Am}=V_{cm}\times V_m/2$。所得信号通过低通滤波器，滤除高频项 $V_{Am}(t)\cos\omega_c t$，即得解调后的信号 $v_o(t)=V_{Am}(t)$。

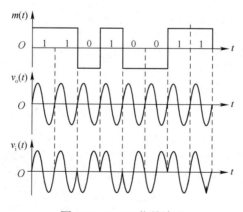

图 7-17　2PSK 信号波形

如图 7-18 所示，2PSK 信号可采用相干解调法和差分相干解调法获得。

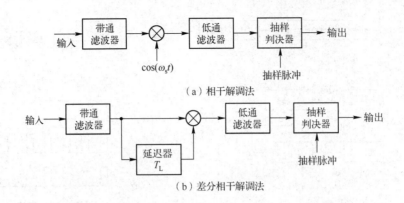

(a) 相干解调法

(b) 差分相干解调法

图 7-18   2PSK 信号的解调

2PSK 信号是以一个固定初相的未调载波信号为参考的。因此，2PSK 信号在解调时必须有与该载波信号同频同相的同步载波信号。如果同步不完善，存在相位差，那么容易造成错误判决，这称为相位模糊。这是 2PSK 实际应用较少的主要原因。

2. 二进制相对移相键控信号的解调

（1）极性比较——码变换法。

码变换法与调制中的先"差分编码"后"调制"相对应，即先"解调"，后"差分解码"。二进制相对移相键控（2DPSK）解调器将输入的 2DPSK 信号还原成相对码$\{b_n\}$，差分解码器把相对码转换成绝对码，输出$\{a_n\}$，如图 7-19 所示。

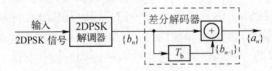

图 7-19   用码变换法进行 2DPSK 信号的解调

2PSK 解调器存在"反相工作"问题，而 2DPSK 解调器不存在"反相工作"问题。这是由于当 2PSK 解码器的相干载波信号倒相时，输出的 b_n 变为 $\overline{b}_n$（b_n 的反码）。而差分解码器的功能是 $b_n \oplus b_{n-1}=a_n$，即 b_n 倒相后，使等式 $\overline{b}_n \oplus \overline{b}_{n-1} = a_n$ 成立。因此，即使相干载波信号倒相，2DPSK 解调器仍然能正常工作。由于相对移相法无"反相工作"问题，因此此方法得到广泛应用。

（2）相位比较——差分检测法。

码变换法最后才进行绝对码的恢复，而差分检测法一开始就考虑了前、后码元间的相位。用差分检测法解调 2DPSK 信号如图 7-20 所示。差分检测法不需要码变换器，也不需要专门的相干载波发生器，因而设备比较简单且实用。在图 7-20 中，T_b 时延电路的输出信号具有与参考载波信号相同的作用，乘法器具有相位比较（鉴相）的作用。

由图 7-20 可知，首先 $y_2(t)$ 由 $y_1(t)$ 延迟一个 T_b 后得到，将 $y_1(t)$ 与 $y_2(t)$ 相乘，若 $y_1(t)$ 与 $y_2(t)$ 同相，则输出正电平；若 $y_1(t)$ 与 $y_2(t)$ 反相，则输出负电平，得到 $z(t)$。之后经过低通滤波器，得到 $z(t)$ 的低频分量 $x(t)$。最后经过抽样判决器得到绝对码。

由 2PSK 信号调制及解调的过程容易发现，2PSK 信号的载波信号利用率不高，即调制效率不高。这是因为每一个载波信号的相位一次只能传输一个二进制数。

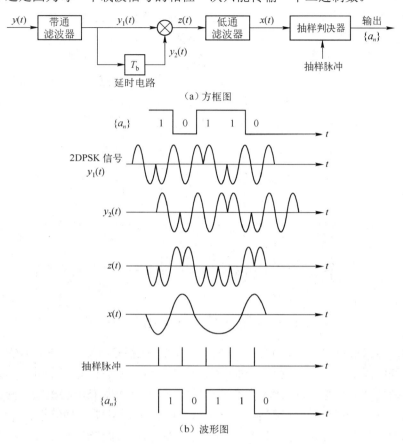

（a）方框图

（b）波形图

图 7-20　用差分检测法解调 2DPSK 信号

资讯 3　多进制移相键控

1．多进制移相键控信号的调制

多进制移相键控（MPSK）是利用载波信号的不同相位（或相位差）来表征数字信号的调制方式。MPSK 的已调信号可表示为

$$e_o(t)=A\sin(\omega_c t+\varPhi_n)$$

式中，A 为已调信号的振幅，对于调相（频），A 为常数；ω_c 为载波信号角频率；$\varPhi_n$ 是已调信号第 n 时刻的相移；对于 $N=2^L$ 相制，L 为对应每个载波信号相位的电平数，即"二进制符号数"。$\varPhi_n$ 有 N 种离散值，即 $\varPhi_1,\varPhi_2,\cdots,\varPhi_N$。进一步将上式展开得

$$e_o(t)=A\sin\varPhi_n\cos\omega_c t+A\cos\varPhi_n\sin\omega_c t$$

可见，MPSK 相当于对两个正交载波信号进行多电平的双边带调幅，式中的 $A\cos\varPhi_n$ 和 $A\sin\varPhi_n$ 分别称为同相分量和正交分量。对于 MPSK 的已调信号，每个调制的载波信号相位含有 L 个二进制数，N 越大，L 越大，载波信号的利用率越高。

下面以四相制（$\varPhi_n$ 有 4 种离散值）为例进行介绍。首先把单极性的输入码元转换为双极性波形，然后分别对两个正交载波信号进行双电平双边带调幅，就能实现正交移相键控（QPSK）。

QPSK 又称为四相移相键控，可记作 4PSK，有 4 种相位状态，分别对应 4 种数据（码元），即 00、01、10、11。因为每一种载波信号相位都对应两比特信息，所以每个码元又称为双比特码元。QPSK 信号可视为两路正交载波信号经 PSK 后的信号叠加，在这种叠加过程中信号所占用的带宽保持不变。因此，当在一个调制符号中传输 2bit 时，QPSK 的带宽效率为 PSK 的 2 倍。QPSK 信号的相位为 4 个间隔相等的值（±π/4 和±3π/4），其相位星座图如图 7-21（a）所示；也可以将相位星座图旋转 45°，得到图 7-21（b），其相位值是 0、±π/2 和 π，该图为交错正交移相键控（OQPSK）信号的相位星座图。

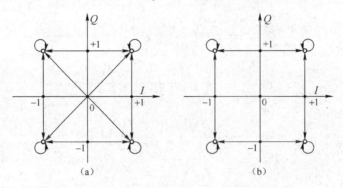

图 7-21　QPSK 信号和 OQPSK 信号的相位星座图

OQPSK（Offset QPSK）称为交错 QPSK，也称为偏移 QPSK。在进行 OQPSK 时，I、Q 两条支路在时间上错开一个码元的时间 T_b。这样可避免在进行 QPSK 时，码元转换在这两条支路上总是同时发生，因而在转换时刻，载波信号可能产生 180°的相位跳变。在 OQPSK 中，两条支路的码元不可能同时转换，因而 OQPSK 最多只能有±90°相位的跳变。因为 OQPSK 的相位跳变小，所以它的频谱特性要比 QPSK 好。OQPSK 对边瓣和频带加宽等有害现象不敏感，可使信号得到高效放大，其他特性均与 QPSK 差不多。

QPSK 信号实际是两个正交的 2PSK 信号之和，但相移是由二位码组键控的。因此，QPSK 信号产生电路可由两个二相调相器组成，如图 7-22 所示。输入数字信号 $m(t)$ 首先经过由串到并的变换电路分成两位码组流 $m_I(t)$ 和 $m_Q(t)$，它们分别按 $\cos[(i-1)\pi/2+\pi/4]$ 和 $\sin[(i-1)\pi/2+\pi/4]$ 规则转换，如表 7-1 所示。

表 7-1　$m_I(t)$ 和 $m_Q(t)$ 的转换规则

$m(t)$	11（$i=1$）	01（$i=2$）	00（$i=3$）	10（$i=4$）
$m_I(t)=\cos[(i-1)\pi/2+\pi/4]$	$+1/\sqrt{2}$	$-1/\sqrt{2}$	$-1/\sqrt{2}$	$+1/\sqrt{2}$
$m_Q(t)=\sin[(i-1)\pi/2+\pi/4]$	$+1/\sqrt{2}$	$+1/\sqrt{2}$	$-1/\sqrt{2}$	$-1/\sqrt{2}$

在图 7-22 中，由于 $m_I(t)$ 和 $m_Q(t)$ 分别对 $V_{cm}\sin\omega_c t$ 和 $V_{cm}\cos\omega_c t$ 进行调制，因此 $m_I(t)$ 和 $m_Q(t)$ 分别称为同相分量和正交分量。然后在两个平衡调制器中分别对 $V_{cm}\sin\omega_c t$ 和 $V_{cm}\cos\omega_c t$ 进行双边带调制，经带通滤波器后叠加得到所需的 QPSK 信号，如图 7-23 所示。

2. 多进制移相键控信号的解调

由于多进制相位调制属于平衡调制，因此 QPSK 信号和 OQPSK 信号都可以采用相干解调法进行解调。图 7-24 所示为 QPSK 信号解调电路。通过载波提取获得的同步信号 $V_c(t)=$

$V_{cm}\sin\omega_c t$ 经 $\pi/2$ 相移网络产生正交同步信号 $V_{cm}\cos\omega_c t$，将这两个信号分别加到两个同步检波器中，并通过抽样判决器取出 $m_I(t)$ 和 $m_Q(t)$，再由数据选择器交替选通 $m_I(t)$ 和 $m_Q(t)$，就可得到解调后所需的 QPSK 信号，如图 7-25 所示。

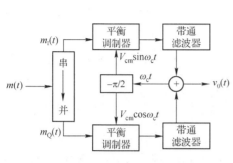

图 7-22　QPSK 信号产生电路

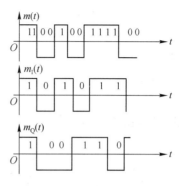

图 7-23　QPSK 信号波形

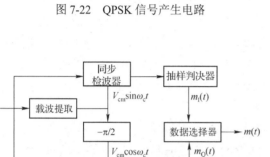

图 7-24　QPSK 信号解调电路

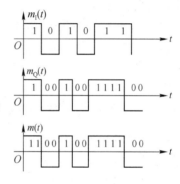

图 7-25　QPSK 信号解调波形

QPSK 信号占用的带宽和 OQPSK 信号占用的带宽相同，但在抗噪声干扰、带宽效率和带限性方面，OQPSK 信号均优于 QPSK 信号，因此 OQPSK 信号非常适用于移动通信系统。

7.5　两仪生四相——现代数字调制技术

现代数字通信系统要求数字基带信号在有限带宽的高频信道中传输时具有较高的频带和功率利用率，以及较强的抗噪声性能。单一的基本调制方式，如 ASK、FSK 和 PSK 等，已无法满足这种要求，于是人们在它们的基础上进行了新的组合，获得了多种新的调制方式。

资讯1　正交调幅

在单独使用振幅或相位携带信息时，不能充分地利用信号平面。在采用多进制振幅调制时，矢量端点在一条轴上分布；在采用多进制相位调制时，矢量端点在一个圆上分布。随着进制数 N 的增大，这些矢量端点之间的最小距离逐渐减小，误判概率增大。如果充分地利用整个信号平面，使矢量端点重新合理地分布，那么有可能在不减小矢量端点之间最小距离的情况下，增加信号的矢量端点数目。从上述概念出发，引出了振幅与相位相结合的调制方式，这种方式通常称为数字复合调制。一般的数字复合调制称为幅相键控（APK），两个正交载波信号的幅相键控称为正交调幅（QAM）。

QAM 是 2PSK、OQPSK 的进一步推广，通过相位和振幅的联合控制，可以得到更高的频谱调制效率，从而可以在限定的频带内传输更高速率的数据。在一般情况下，L 个电平的 QAM 在二维信号平面上产生 $m=2^L$ 种状态，m 为总信号状态数。QAM 是用两个独立数字基带信号对两个相互正交的同频载波信号进行抑制载波的双边带调制，它利用已调信号在同一带宽内频谱正交的性质来实现两路并行的数字信号传输。如果 $m_I(t)$ 和 $m_Q(t)$ 是两个独立的带宽受限的数字基带信号，$\cos\omega_c t$ 和 $\sin\omega_c t$ 是两个相互正交的载波信号，那么发送端形成的 QAM 信号为

$$e_0(t)=m_I(t)\cos\omega_c t+m_Q(t)\sin\omega_c t$$

式中，$\sin\omega_c t$ 称为正交信号或 Q 信号；$\cos\omega_c t$ 称为同相信号或 I 信号。显然，当 $m_Q(t)$ 是 $m_I(t)$ 的希尔伯特变换时，QAM 就变成了单边带调制；同时，当 $m_I(t)$ 与 $m_Q(t)$ 的取值分别为 +1 和 -1 时，QAM 和 QPSK 完全相同，即 QPSK 信号实际也是一种 QAM 信号。当上式中输入的数字基带信号为多电平（如 16 或 32）时，便可以构成多电平 QAM。下面以 16-QAM 为例来说明 QAM 的特征。图 7-26 所示为 16-QAM 信号星座图，其中第 i 个信号的表达式为

$$S_i(t)=A_i\cos(\omega_c t+\Phi_i),\ i=1,2,\cdots,16$$

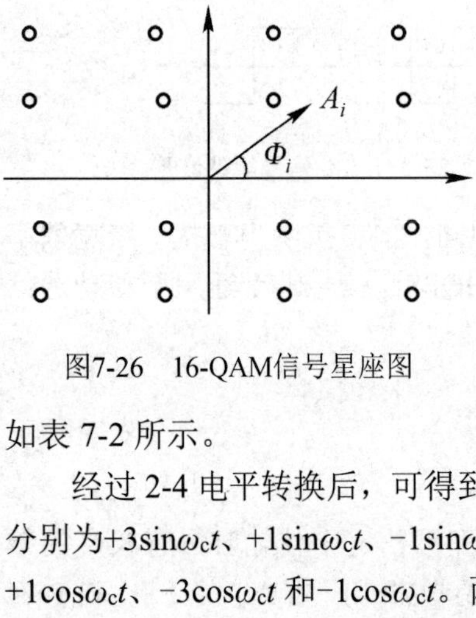

图7-26　16-QAM信号星座图

获取 16-QAM 信号的基本方法有两种：一种是用两路正交的四电平 ASK 信号叠加而成；另一种是用两路独立的 QPSK 信号叠加而成。图 7-27 所示为 16-QAM 原理。二进制数输入以后，以 4bit 为一组，先分别取出 2bit 送入两个 2-4 电平转换器，再分别送入两个调制器进行幅度调制，调制后的两个信号相加便得到 16-QAM 信号。如果输入二进制数的速率为 f_a，那么送到 2-4 电平转换器的速率为 $f_a/4$。a_1a_2 和 b_1b_2 的真值表如表 7-2 所示。

经过 2-4 电平转换后，可得到 -1、-3、+1 和 +3 共 4 个电平，调制器 I 输出的 4 个信号分别为 $+3\sin\omega_c t$、$+1\sin\omega_c t$、$-1\sin\omega_c t$ 和 $-3\sin\omega_c t$；调制器 II 输出的 4 个信号分别为 $+3\cos\omega_c t$、$+1\cos\omega_c t$、$-3\cos\omega_c t$ 和 $-1\cos\omega_c t$。两路已调信号相加便形成 16-QAM 信号星座图。

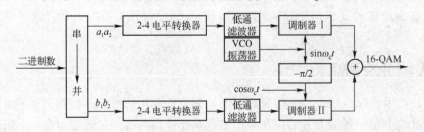

图 7-27　16-QAM 原理

表 7-2　a_1a_2 和 b_1b_2 的真值表

a_1a_2		b_1b_2	
输　入	输　出	输　入	输　出
00	-1	00	-1
01	-3	01	-3
10	+1	10	+1
11	+3	11	+3

图 7-28 所示为 16-QAM 信号的形成过程。16-QAM 信号的各电平状态都对应两个正交电平 Q 和 P，其调制对应值如表 7-3 所示。

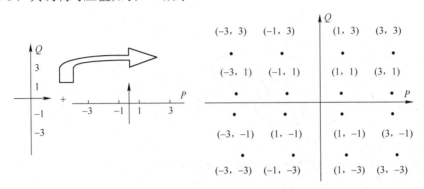

图 7-28　16-QAM 信号的形成过程

表 7-3　Q 和 P 的调制对应值

状态	1	2	3	4	5	6	7	8	9	10	11	12	13	14	15	16
Q	-3	-3	-3	-3	-1	-1	-1	-1	+1	+1	+1	+1	+3	+3	+3	+3
P	-3	-1	+1	+3	-3	-1	+1	+3	-3	-1	+1	+3	-3	-1	+1	+3

16-QAM 信号的调制与解调原理可以通过图 7-29 来说明。发送端两路输入的数字基带信号均为经过转换后的 4 电平信号。接收端将解调后的信号进行由并到串的转换后还原为原信号。

接下来简单介绍 16-QAM 信号的带宽和频谱利用率。设当输入二进制数的速率为 10Mbit/s 时，经 2-4 电平转换后的输入速率为 10/4=2.5Mbit/s；当二进制数中"1""0"出现概率相等时，数字基带信号的频率最高为 2.5/2=1.25MHz。根据平衡调制理论，已调信号的带宽为基带信号最高频率（Ω）的 2 倍，即 2Ω。当 Ω=1.25MHz 时，2Ω=2.5MHz。也就是说，速率为 10Mbit/s 的二进制数经 16-QAM 得到的 16-QAM 信号的带宽为 2.5MHz，频谱利用率为 10/2.5=4bit/(s·Hz)。

为了改善方形 QAM 的接收性能，我们可以采用星形的 QAM。在实际应用中，除二进制 QAM（简称 4-QAM）外，还经常采用 16-QAM（四进制 QAM）、64-QAM（八进制 QAM）、256-QAM（十六进制 QAM）等方式。通常，把信号矢量端点的分布图称为星座图。M 进制星形 QAM 信号的星座图如图 7-30 所示（纵坐标表示电平状态）。

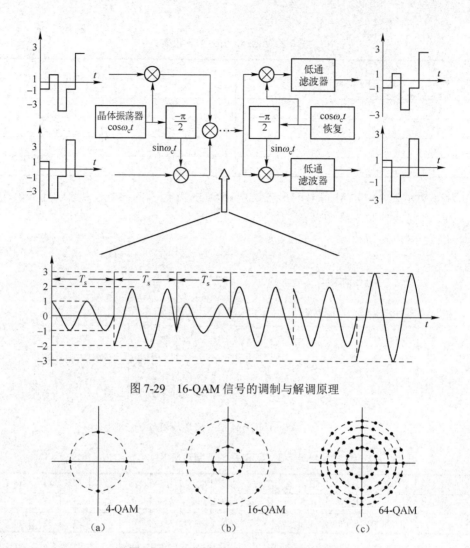

图 7-29　16-QAM 信号的调制与解调原理

4-QAM　　　　　16-QAM　　　　　64-QAM
（a）　　　　　　（b）　　　　　　（c）

图 7-30　M 进制星形 QAM 信号的星座图

　　数字电视的有线传输及 COFDM 广泛采用的是 64-QAM。64-QAM 信号的每个电平状态都是 6bit，由于电缆的工作环境不像地面广播系统那样恶劣，因此 64-QAM 能用更多的数据电平（比特/符号）来传输信号以获得更高的码率。考虑到接收机的复杂性与价格，系统基本不再采用格形编码或内码编码，即前向纠错码（FEC）。但在某些特殊情况下仍采用格形编码或 RS 码的前向纠错，如信道性能劣化或干扰过大等。在这种情况下，将编码器和调制器综合考虑，使系统在多电平 m-QAM 下的欧氏距离和汉明距离达到最佳，并使系统编解码最优化，最后将信号进行滤波和调制后送至发送器的数据接口。

　　可以证明，在方形 64-QAM 信号的星座图中有 10 种不同的振幅和 44 种不同的相位。在正常的 8MHz 信道中，64-QAM 最大可以支持 38Mbit/s 的视频数据流。多电平 m-QAM 也广泛应用在其他类型的通信系统中，如移动通信系统。美国 LSI 公司研发的 L64767 和 L64768 就是分别用 16/32/64/128/256-QAM 编解码的，并且 L64767 和 L64768 分别含有前向纠错（RS 编码）和 FEC 解码等功能，在国际市场占有较大的份额。

资讯 2 OQPSK

QPSK 和 OQPSK 原理方框图如图 7-31 所示。

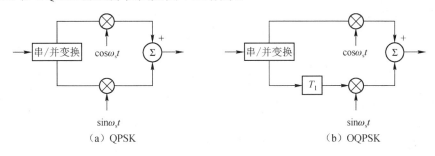

（a）QPSK   （b）OQPSK

图 7-31　QPSK 和 OQPSK 原理方框图

QPSK 规定的 4 种载波信号相位为 45°、135°、225° 和 275°。它们分别对应 4 种数据（码元）：00、01、10 和 11。

QPSK 相干解调方框图如图 7-32 所示。对输入 QPSK 信号分别用同相载波信号和正交载波信号进行解调。用于解调的相干载波信号用载波恢复电路从接收信号中恢复。输出端的两个判决电路分别产生同相和正交的二进制数据流。这两部分数据流经并/串变换后，生出原始的二进制数据流。

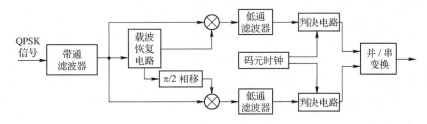

图 7-32　QPSK 相干解调方框图

资讯 3　π/4–DQPSK

载波恢复通常都存在一定的相位模糊性。QPSK 可能出现四相模糊性，从而引起很高的误码率。为了消除相位模糊性，可在调制器内加一个差分编码器，这就是相对 QPSK（DQPSK）。DQPSK 与 QPSK 的不同之处在于其所传符号对应的不是载波信号的绝对相位，而是相位的改变，即相位差。

π/4-DQPSK 是一种正交移相键控技术，相比于 QPSK，它进行了一定改进：一是将 QPSK 的最大相位跳变从 ±π 降为 ±3π/4，从而改善了频谱特性；二是优化了解调方式，QPSK 只能用相干方式解调，而 π/4-DQPSK 既可以用相干方式解调，又可以用非相干方式解调，这使得接收机的设计极大简化。π/4-DQPSK 已用于美国的 IS-136 数字蜂窝通信系统和个人接入通信系统（PCS）。

π/4-DQPSK 调制器的方框图如图 7-33 所示。输入数据经串/并变换后得到同相和正交的两种脉冲序列 S_I 和 S_Q。通过差分相位编码，在 $kT_S \leqslant t < (k+1)T_S$ 时间内，I 通道的信号 U_K 和 Q 通道的信号 V_K 发生相应的变化后，分别进行正交调制合成 π/4-DQPSK 信号。

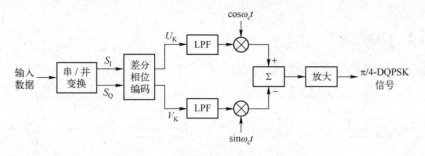

图 7-33 π/4-DQPSK 调制器的方框图

设已调信号为

$$s_K(t)=\cos(\omega_c t+\theta_K)$$

式中，θ_K 为 $KT_S \leqslant t < (K+1)T_S$ 之间的附加相位。π/4-DQPSK 信号的相位关系如图 7-34 所示。

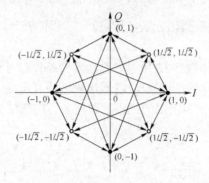

图 7-34 π/4-DQPSK 信号的相位关系

在码元转换时刻，π/4-DQPSK 信号的相位跳变量只有 $\pm\pi/4$ 和 $\pm 3\pi/4$ 4 种取值。从图 7-34 中可看出，相位跳变必定在 "○" 组和 "●" 组之间跳变。也就是说，相邻码元之间仅会出现从 "○" 组到 "●" 组相位点（或从 "●" 组到 "○" 组）的跳变，而不会在同组内跳变。π/4-DQPSK 是一种包络不恒定的线性调制方式。

π/4-DQPSK 信号的解调可采用相干检测法、差分检测法或鉴频器检测法实现。中频差分检测方框图如图 7-35 所示。中频差分检测的优点是只需要两个鉴相器而不需要本地振荡器。接收到的 π/4-DQPSK 信号首先变频到中频（IF），然后经过带通滤波器，由 X_K 和 Y_K 抽样、判决后获得的结果经限幅器和串/并变换，最后生出原始的二进制数据流。

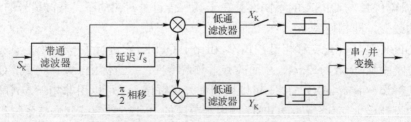

图 7-35 中频差分检测方框图

资讯 4 最小移频键控

最小移频键控（MSK）又称为快速移频键控（FFSK），是一种特殊的连续相位 FSK。

这里的"快速"是指，对于给定的频带，MSK 能比 2PSK 传输更高速率的数据；"最小"是指，这种调制方式能以最小的调制指数（$h=0.5$）获得正交的调制信号。

MSK 是一种特殊形式的 FSK，其频差是满足两个频率相互正交（相关函数值等于 0）的最小频差，要求 FSK 信号的相位连续。MSK 的频差 $\Delta f = f_2 - f_1 = 1/2T_b$，调制指数为

$$h = \frac{\Delta f}{1/T_b} = 0.5$$

式中，T_b 为输入数据流的比特宽度。

MSK 信号的表达式为

$$s(t) = \cos(\omega_c t + \frac{\pi}{2T_b} a_K t + X_K)$$

式中，X_K 是保证 $t=KT_b$ 时相位连续而加入的相位常量。

MSK 调制器方框图如图 7-36 所示。MSK 是一种高效的调制方法，特别适合在移动通信系统中使用，具有很好的特性，如恒定包络、频谱利用率高、误比特率低和自同步。

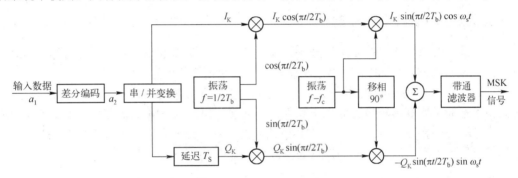

图 7-36　MSK 调制器方框图

产生 MSK 信号的步骤如下。

（1）对输入数据序列进行差分编码。

（2）将差分编码后的数据通过串/并变换分成两路，并相互交错一个比特宽度 T_b。

（3）用加权函数 $\cos(\pi t/2T_b)$ 和 $\sin(\pi t/2T_b)$ 分别对两路数据进行加权。

（4）用两路加权后的数据分别对正交载波 $\cos\omega_c t$ 和 $\sin\omega_c t$ 进行调制。

（5）将两路输出信号进行叠加。

综合以上分析可知，MSK 信号具有以下特点。

（1）已调信号的振幅是恒定的。

（2）信号的频率偏移严格等于 $\pm 1/(4T_b)$，相应的调制指数 $h = \Delta f T_b = (f_2 - f_1)T_b = 0.5$。

（3）以载波信号相位为基准的信号相位在一个码元期间准确地进行线性变化，变化幅度为 $\pm\pi/2$。

（4）在一个码元期间，信号应包括 1/4 载波周期的整数倍。

（5）在码元转换时刻，信号的相位是连续的，或者说信号的波形没有突变。

MSK 信号可以采用鉴频器解调，也可以采用相干解调法解调。MSK 相干解调方框图如图 7-37 所示。

与 FSK 相比，由于 MSK 各支路的实际码元宽度为 $2T_b$，因此对应的低通滤波器带宽减小为原带宽的 1/2，MSK 的输出信噪比提高了 1 倍。

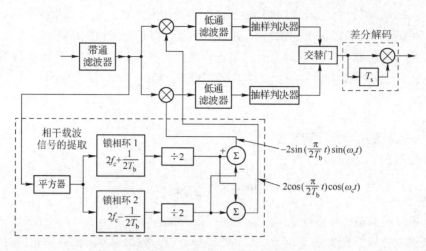

图 7-37 MSK 相干解调方框图

资讯 5 高斯最小频移键控

高斯最小频移键控（GMSK）能满足移动通信环境下对邻道干扰的严格要求。GMSK 是一种由 MSK 演变而来的简单二进制调制，是连续相位的恒定包络调制。

MSK 信号可由 FM 调制器产生，由于输入二进制不归零脉冲序列具有较宽的频谱，因此已调信号的带外衰落较慢。如果将输入信号滤波后再送入 FM 调制器，那么必然会改善已调信号的带外特性。因此，获得 GMSK 信号的简单方法就是在 FM 调制器前加装一个数字基带信号预处理滤波器，即高斯低通滤波器，如图 7-38 所示。

图 7-38 GMSK 信号产生原理

GMSK 能将数字基带信号变换成高斯脉冲信号。高斯脉冲信号包络既无陡峭沿，又无拐点，相位路径比较平滑，如图 7-39 所示。GMSK 早已被确定为欧洲新一代移动通信的标准调制方式，应用在 GSM 等系统中。

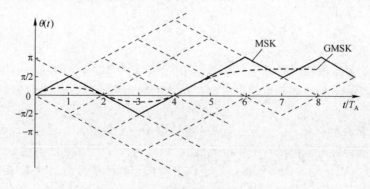

图 7-39 GMSK 信号的相位路径

GMSK 信号的解调可以用正交相干解调法来实现。在相干解调法中，最重要的是相干载波信号的提取。这在移动通信的环境中是比较困难的，因而移动通信系统通常采用差分解调和鉴频器解调等非相干解调方法。图 7-40 所示为 1bit 延迟差分检测解调器方框图。

图 7-40　1bit 延迟差分检测解调器方框图

资讯 6　正交频分复用

正交频分复用（OFDM）是多载波数字传输技术，由多载波调制（MCM）技术发展而来，也可看作一种数字调制技术。OFDM 对数据进行编码后将其调制为射频信号。与常规的单载波技术不同，AM/FM 在某一时刻只用单一频率发送单一信号，而 OFDM 在经过特别计算的正交频率上同时发送多路高速信号。这就如同在噪声和其他干扰中突发通信一样，可以有效利用带宽。

在无线传输系统，特别是电视广播系统中，存在城市建筑群或其他复杂的地理环境，发送的信号经过反射、散射等传播路径后，到达接收端的信号通常由多个幅度和相位各不相同的信号叠加而成，接收端接收到的信号幅度会出现随机起伏变化，形成多径干扰，引起信号频率选择性地衰落，导致信号畸变。在实际的移动通信中，多径干扰根据产生的条件大致可分为 3 类：第 1 类是用户附近快速移动物体的反射形成的干扰，其特点是在信号的频域上产生多普勒频率扩散，引起时间选择性衰落；第 2 类是远处山丘与高大建筑物反射形成的干扰，其特点是信号在时间和空间上发生了扩散，引起相应的频率选择性衰落和空间选择性衰落；第 3 类是基站附近建筑物和其他物体的反射形成的干扰，其特点是严重影响到达天线的信号入射角分布，引起空间选择性衰落。

为了克服这 3 类多径干扰引起的 3 种不同的选择性衰落，人们开发了许多技术：分集接收技术专门用于克服由角度扩散引起的空间选择性衰落；信道交织编码技术专门用于克服由多普勒频率扩散引起的时间选择性衰落；Rake 接收技术专门用于克服由多径传播时延功率谱的扩散引起的频率选择性衰落。

在传统的多载波通信系统中，整个系统频带被划分为若干个互相分离的子信道（子载波）。子信道之间有一定的保护间隔，接收端通过滤波器把各个子信道分离后分别接收所需信息。这样虽然可以避免不同信道的相互干扰，却是以牺牲频谱利用率为代价的。并且当子信道数量很多时，滤波器的设置几乎成了不可能的事情。20 世纪中期，人们提出了混叠频带的多载波通信方案，选择用相互之间正交载波信号的频率作为子载波信号，也就是OFDM。按照这种设想，OFDM 可以充分利用信道带宽，利用率提高了 1 倍，如图 7-41 所示。除此之外，OFDM 还可以使单个用户的信息流经串/并变换转化为多个低速率码流，每个码流都用一个子载波信号发送。

OFDM 系统将串行高速数据流分成若干组并行的低速数据流，用多个子载波信号并行传输，使每路信号的频带都小于信道的相关带宽。这样对每一个子载波信号来说，信道都是频率平坦的，可以有效降低频率选择性衰落对系统性能的影响，从而实现频率分集。由于 OFDM 使用无干扰正交载波技术，单个载波信号不需要保护频带，并且频谱可相互重叠，因此可用频谱的使用效率更高。另外，OFDM 可动态分配子信道上的数据。为获得更大的数据吞吐量，多载波调制器可以智能地分配更多的数据到噪声小的子信道上。

频域中 OFDM 各个子载波信号的关系如图 7-42 所示。从图 7-42 中可以看出，在每个子载波信号频率的最大值处，所有其他子信道的频谱值都为零。由于在解调过程中需要计算这些点所对应的每个子载波信号频率的最大值，因此可以从多个相互重叠的子信道符号频谱中提取出每个子信道符号，而不会受到其他子信道的干扰。

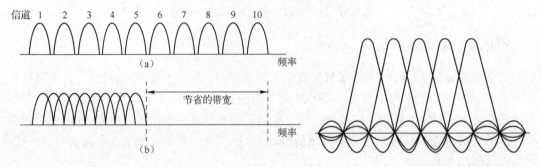

图 7-41　带宽节省示意图　　　图 7-42　频域中 OFDM 各个子载波信号的关系

OFDM 信号的频谱不是严格限带的，多径传输会引起线性失真，这样每个子信道的能量都会扩散到相邻信道，从而产生符号间干扰。防止这种符号间干扰的方法是周期性地加入保护间隔，在每个 OFDM 符号前面都加入信号本身周期性的扩展。符号总的持续时间为 $T_{total}=T+\Delta$，其中 Δ 是保护间隔；T 是有用信号的持续时间。只要保护间隔大于信道脉冲响应或多径延迟就可以消除符号间干扰。由于加入保护间隔会导致数据流量增加，因此通常 Δ 小于 $T/4$，这种结构符合电视广播信道的特性，带有保护间隔的 OFDM 时频表示如图 7-43 所示。

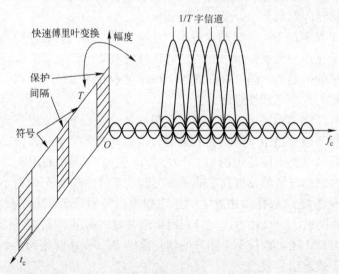

图 7-43　带有保护间隔的 OFDM 时频表示

OFDM 的物理意义：把通常由一个载波信号传输的串行高速数据流用多个载波信号并行处理，从而降低对每个载波信号通道的要求。虽然这个过程复杂，但在抗多路反相方面的性能十分优良。只要延迟信号滞后直接信号的时间不大于 1.2 倍保护间隔（约为 300μs，对应传播距离为 90km），各个低速 OFDM 载波信号就不会混叠。OFDM 所能容许的 300μs 延迟极大超出了单反射机多路反射造成的延迟，这为开发单频网提供了可能。在单频网中，发射同样节目的多台发射机可工作在同一频率。只要各发射信号同步，并且它们的传播距离相差不超过 90km，那么在接收机上多路信号的总效果就是信号质量的提高。因此，OFDM 的基本特征是先将串行传输的数据流分成若干组（段），再将每组（段）待传输的数据分成 N 个符号，为每个符号都分配一个彼此正交的载波信号，调制后将它们一并发送出去。这样，在传输时可使每个载波信号的符号（比特）持续时间或周期都延长 N 倍。

OFDM 通常需要几百或上千个载频，这给实际应用带来极大困难。于是 Weinstein 提出利用离散傅里叶变换（DFT）来实现 OFDM。DFT 将多载波信号转换成单载波信号来处理，极大简化了处理电路。

OFDM 系统的实现：在发送端，先根据 $\{C_k\}$（输入信号序列）的 IDFT（离散傅里叶反变换）求得 $\{s_n\}$，再使其经过低通滤波器，即得所需的 OFDM 信号 $s(t)$；在接收端，先对 OFDM 信号 $s(t)$ 抽样得到 $\{s_n\}$，再对 $\{s_n\}$ 求 DFT，即得 $\{C_k\}$。当 $N=2^m$（m 为正整数）时，可用快速算法，实现非常简单。这样，把多载波信号转换成数字基带信号来处理，在实际调制时只采用单载波信号。OFDM 数字调制和解调示意图如图 7-44 所示。

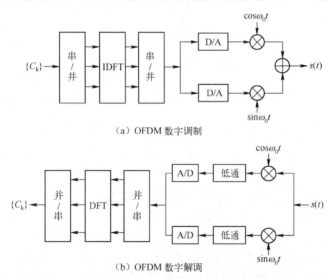

（a）OFDM 数字调制

（b）OFDM 数字解调

图 7-44 OFDM 数字调制和解调示意图

OFDM 中每个子载波信号所用的调制方法不必相同。各个子载波信号可以根据不同的信道状况选择不同的调制方式，如 BPSK、QPSK、8-PSK、16-QAM、64-QAM 等，以频谱利用率和误码率之间的最佳平衡为原则。通过选择满足一定误码率的最佳调制方式可以获得最大频谱利用率。无线多径信道的频率选择性衰落会导致接收信号功率大幅下降，下降幅度经常会达到 30dB，信噪比也随之下降。为了提高频谱利用率，应该采用与信噪比相匹配的调制方式。可靠性是通信系统正常运行的基本考核指标。出于保证系统可靠性的考虑，很多通信系统倾向于选择抗干扰能力强的调制方式，如 BPSK 或 OPSK，确保满足信道最坏条件下的信噪比要求，但是这两种调制方式的频谱利用率很低。而 OFDM 采用自适应调制，可以根据信道条件的好坏采用不同的调制方式。例如，在终端靠近基站时，信道条件一般比较好，调制方式可以由 BPSK［频谱利用率为 1bit/(s·Hz)］转换成 16-QAM～64-QAM［频谱利用率为（4～6）bit/(s·Hz)］，这样整个系统的频谱利用率会得到大幅改善。自适应调制能够扩大系统容量，但信号必须包含一定的开销比特，以告知接收端信号所采用的调制方式。

自适应调制要求系统必须及时、精确地了解信道的性能，如果在性能较差的信道上采用较强的调制方式，那么会产生很高的误码率，从而影响系统的可用性。OFDM 系统可以用导频信号或参考码字来测试信道的好坏：发送一个已知数据的码字，测出每条信道的信噪比，根据这个信噪比来确定最适合的调制方式。

OFDM 作为一种多载波传输技术，主要应用于数字视频广播系统多通道多点分布服务（Multichannel Multipoint Distribution Service，MMDS）和 WLAN 服务。

图 7-45 所示为单载波信号调制、FDM 及 OFDM 的频谱比较。

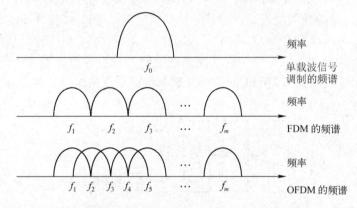

图 7-45 单载波信号调制、FDM 及 OFDM 的频谱比较

OFDM 将一个高速率的数据流分割成多个低速率的数据流，并分别发送每个数据流，降低了比特率，较好地解决了多址干扰问题。

OFDM 很好地解决了多径环境中的信道选择性衰落问题，但对信道平坦性衰落问题尚未实现较好的解决，即各载波信号的幅度服从瑞利分布的衰落。用信道编码方式来解决这一问题的是 COFDM（编码正交频分复用）。

COFDM 在多径衰落环境下具有较好的性能且可组成单频网，很好地满足了地面广播信道的要求。COFDM 系统用加保护间隔的方式来克服地面广播信道的多径干扰问题，发生在保护间隔内的任何回波都不会产生码间串扰。但由于存在多径干扰，接收 COFDM 信号的不同载波信号有不同的幅度衰落和相位偏移，因此 COFDM 信号不同，载波信号的信噪比（SNR）也不同。处于信道频率响应波谷处的载波信号具有较低的信噪比，处于信道频率响应波峰处的载波信号具有较高的信噪比。调制在高信噪比载波信号上的数据比调制在低信噪比载波信号上的数据具有更高的可靠性。

实践体验：无线对讲机的制作

无线对讲机的应用非常广泛，它具有即时沟通、经济实用、运营成本低、不需要通话费用等特点，同时具有通播组呼叫、系统呼叫、机密呼叫等功能。在处理紧急突发事件及进行调度指挥时，无线对讲机的作用是其他通信工具所不能比拟的。如今，无线对讲机已广泛应用于学校、工厂等场所。

1．电路原理

无线对讲机电路原理图如图 7-46 所示。三极管 V、电感线圈 L_1、电容器 C_1 和电容器 C_2 等组成电容三点式振荡电路，产生频率约为 100MHz 的载频信号。集成功放电路 LM386 和电容器 C_8、电容器 C_9、电容器 C_{10}、电容器 C_{11} 等组成低频放大电路。扬声器 BL 作为话筒。

当无线对讲机电路工作在接收状态时，将收/发转换开关 S_2 置于"接收"位置，从天线 ANT 接收到的信号经由 V、L_1、C_1、C_2 及高频阻流电感线圈 L_2 等组成的超再生检波电路进行检波。检波后的信号经电容器 C_8 耦合到低频放大器的输入端，经放大后由电容器 C_{11} 耦合 BL 发声。

当无线对讲机电路工作在发送状态时，S_2 置于"发送"位置，由 BL 将语音变成电信号，经 LM386 低频放大后，由 C_{11}、S_2、R_3、C_4 等将信号加到 V 的基极，使 V 的集电结电容值随着语音信号的变化而变化。因为 V 的集电结是并联在 L_1 两端的，所以电容三点式振荡电路的频率随之变化，实现调频，并将已调信号经 C_3 从天线发射出去。

在调试时，先将 S_2 置于"接收"位置，这时 BL 应有较大的噪声。用手摸一下 V 的外壳，若噪声消失说明接收电路工作正常。再将 S_2 置于"发送"位置，将一台调频收音机放在无线对讲机附近，将接收频率调到 100MHz 左右，这时收音机中应有较大的啸叫声，将收音机与无线对讲机拉开约 10m 距离后，啸叫声应消失，对准 BL 讲话，在收音机中应能听到清晰洪亮的声音。若无声音或音量小，则可调整收音机的频率。当两部无线对讲机完成上述调试后，进行互通试验，适当调整 L_1 的间距使接收和发送都能统一到同一个频率上。当无线对讲机所用频率与本地电台频率重叠时，需要更换 C_1，以防互相干扰，影响正常使用。

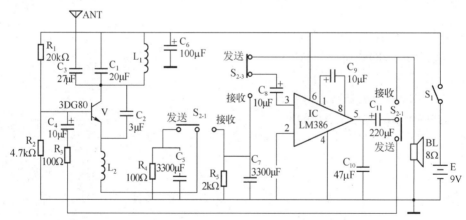

图 7-46　无线对讲机电路原理图

2．元器件选择

电阻器：R_1 的阻值为 20kΩ；R_2 的阻值为 4.7kΩ；R_3 的阻值为 100Ω；R_4 的阻值为 100Ω；R_5 的阻值为 2kΩ。

电容器：C_1 的电容值为 20μF；C_2 的电容值为 3μF；C_3 的电容值为 27μF；C_4 的电容值

为 10μF；C_5 的电容值为 3300μF；C_6 的电容值为 100μF；C_7 的电容值为 3300μF；C_8 的电容值为 10μF；C_9 的电容值为 10μF；C_{10} 的电容值为 47μF；C_{11} 的电容值为 220μF。

电感线圈：L_1 用线径 0.8mm 漆包线平绕 6 圈，内径为 6mm，然后拉长为间距为 1mm 的空心线圈；L_2 用线径 0.1mm 漆包线在 1/8W、100Ω 电阻上绕 100 圈而成。

三极管：V 选用 $f_T \geqslant 600MHz$ 的硅高频小功率管，如 3DGB80、3DG56。

开关：S_1、S_2 都选用二位开关。

喇叭：BL 选用直径为 5cm 的电动式喇叭。

IC：选用 LM386。

3．调试方法

先调试发送部分，后调试接收部分。首先进行近距离调试，可先固定其中一部无线对讲机的接收部分，细调另外一部无线对讲机的发送部分，微调频率敏感元器件 L_1、C_1、L_2 及 C_2，使用于接收的无线对讲机能收到声音；然后微调其接收部分的频率敏感元器件 L_1、L_2 和双联可调电容，使声音比较清晰；最后进行远距离调试，可拉开一定距离（1km～2km）进行更细致的微调，使发送与接收效果达到最佳。

练习与思考

1．什么是调制？数字调制有哪些方式？

2．简要介绍 ASK 信号的解调方法。

3．FSK 信号的调制方式有哪些？

4．简述过零检测法的原理。

5．简述直接调相的工作原理。

6．简述正交调幅的工作原理。

7．QPSK 与 OQPSK 有何不同？

8．试说明 π/4-DQPSK 信号的相位关系。

9．MSK 信号是怎样产生的？

10．GMSK 与 MSK 有什么区别？

11．OFDM 系统是怎样实现的？

单元 8　信道与复用

学习引导

我们已步入信息时代，各种传输信息的网络把整个世界连成一体，无论是机与机之间，还是机与人之间，通信联系都通过这些网络进行。这些网络既可以是有线的，又可以是无线的，它们为消费者带来了极大的便利。

早期的有线网络主要由电缆连接。后来，人们发现用光缆传输信息比用电缆传输信息更为经济和理想。光缆的优势体现在通信容量大，设备简单、维护方便，可以节省大量的有色金属，通信的保密性强。如今，光缆已基本成为我国的骨干通信媒质。

无线网络属于一种无线信道。无线电波可以在无线信道中自由传播。无线信道不需要敷设专门的线路，具有方便快捷、节省投资、接入灵活、抗灾变能力强等特点。

有线通信技术及无线通信技术各有其优势及局限。无线通信技术较适用于必须随身携带的电子产品，如移动电话、蓝牙设备等。其他产品则适合采用有线通信技术，如固定电话、有线电视等。

在现代通信系统中，有线通信和无线通信是密不可分的。虽然无线通信发展较为迅速，但对于机与机，以及人与机之间的联系，有线网络更为适用。有线网络不会因为无线网络的发展而逐渐退出市场。

8.1　漫漫长路——信道

信道是信号传输的通道。从信源到信宿的过程就像开车到目的地的过程，前路漫漫，沿途有秀丽风景，也不乏艰难险阻，只有熟悉路况，才能确保畅通无阻。这也是了解信道的目的。

资讯 1　信道的定义与分类

通俗来讲，信道是指以传播媒质为基础的信号通路，是将信号从发送端传输到接收端的通道。具体地说，信道是指由有线线路或无线线路组成的信号通路。抽象地说，信道是指定的一段频带，它让信号通过，同时给信号以限制和损耗。

信道的作用是传输信号。信道通常有狭义和广义之分。如果信道仅是指信号的传播媒质，那么这种信道称为狭义信道；如果信道不仅是传播媒质，还包括通信系统中的一些转换装置，那么这种信道称为广义信道。

在讨论通信的一般原理时，我们关心的只是通信系统中的基本问题，因而通常采用的是广义信道。很明显，广义信道的范围比狭义信道的范围广，它不仅包含传播媒质，还包含相关转换装置。

狭义信道是指接在发送端设备和接收端设备中间的传播媒质。狭义信道通常按具体传播媒质的不同又可分为有线信道和无线信道。无线信道利用电磁波（如中长波、超短波、微波、短波等）等传播媒质来传输信号；有线信道利用架空明线、对称电缆（又称为电话电缆）、同轴电缆、光缆等传播媒质来传输信号。

有线信道是现代通信网中较常用的信道之一。例如，对称电缆广泛应用于（市内）近程传输。无线信道的传播媒质比较多，可以这样认为，凡不属于有线信道的传播媒质均为无线信道的传播媒质。在移动通信设备中，无线信道通常分为语音信道（VC）和控制信道（CC）两种类型。无线信道在稳定和可靠方面比有线信道差，但无线信道具有方便、灵活、通信者可移动等优点。

广义信道除包括传播媒质外，还可能包括有关的转换装置，这些装置可以是发送设备、接收设备、馈线、天线、调制器、解调器等。

广义信道通常也可分为两种，即调制信道和编码信道。调制信道的范围是从调制器输出端到解调器输入端。因为从调制和解调的角度来看，对于从调制器输出端到解调器输入端的所有转换器及传播媒质，不管其中间过程如何，它们只是把已调信号进行了某种变换，我们只需要关心变换的最终结果，而无须关心形成这个最终结果的详细过程。因此，在研究调制与解调问题时，定义一个调制信道是方便和恰当的。根据乘性干扰对调制信道的影响，可以把调制信道分为两类：一类称为恒参信道；另一类称为随参信道（或称为变参信道）。在一般情况下，人们认为有线信道绝大多数都是恒参信道，而无线信道大部分都是随参信道。

在数字移动通信系统中，如果仅着眼于编码和解码问题，那么可得到另一种广义信道——编码信道。编码信道是包括调制信道、调制器及解调器在内的信道。这是因为从编码和解码的角度来看，编码器的输出仍是某一数字序列，解码器的输入同样是某一数字序列，它们在一般情况下是相同的数字序列。因此，从编码器输出端到解码器输入端的所有转换器及传播媒质都可用一个用于完成数字序列变换的方框加以概括，即编码信道。调制信道与编码信道的示意图如图 8-1 所示。另外，根据研究对象和关心问题的不同，也可以定义其他形式的广义信道。

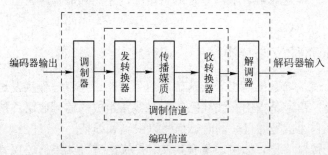

图 8-1　调制信道与编码信道的示意图

编码信道可进一步细分为无记忆编码信道和有记忆编码信道。有记忆编码信道中码元发生差错的事件不是独立的，即前、后码元发生的错误是有联系的。

资讯 2　信道的数学模型

信道是信号传播媒质和中间设备的总称。不同信源形式对应的变换处理方式不同，与之对应的信道形式也不同。在实际应用中，存在各种类型的通信系统，它们在具体的结构和功能上各不相同，为了便于分析，可以将它们抽象成信道模型。在讨论通信的一般原理时，我们采用广义信道的定义。

在广义信道中，如果仅着眼于编码和解码问题，那么可用调制信道模型和编码信道模型进行表述。

1.　调制信道模型

在具有调制过程和解调过程的任何一种通信方式中，调制器输出的已调信号都被送入调制信道。对于研究调制与解调的性能，可以不考虑信号在调制信道中进行了什么样的变换，也可以不考虑选用了什么样的传播媒质，我们只关心已调信号通过调制信道后的最终结果，即只关心调制信道中输出信号与输入信号之间的关系。

调制信道常用在模拟通信中，具有如下主要特性。

（1）有一对（或多对）输入端及一对（或多对）输出端。

（2）绝大部分信道都是线性的，即满足叠加原理。

（3）信号通过信道需要一定的时延。

（4）信道对信号有损耗（固定损耗或时变损耗）。

（5）即使没有信号输入，在信道的输出端仍可能有一定的功率输出（噪声）。

根据这些特性，我们可以用一个二对端（或多对端）的时变线性网络来表示调制信道，这个网络就称为调制信道模型，如图 8-2 所示。

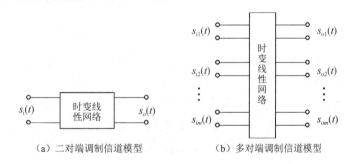

（a）二对端调制信道模型　　　　　（b）多对端调制信道模型

图 8-2　调制信道模型

对于二对端调制信道模型（一对输入端和一对输出端），其输出与输入的关系为

$$s_o(t)=f[s_i(t)]+n(t)$$

式中，$s_i(t)$为输入的已调信号；$s_o(t)$为总输出信号；$n(t)$为加性干扰，与$e_i(t)$相互独立；$f[s_i(t)]$为已调信号通过信道所发生的（时变）线性变换。

设$f[s_i(t)]=k(t)s_i(t)$，则有

$$s_o(t)=k(t)s_i(t)+n(t)$$

调制信道的作用相当于对输入信号乘了一个系数$k(t)$。上式为调制信号的一般数学模型。

调制信道对信号的影响可归纳为两点：一是乘性干扰的影响，它主要依赖于网络特性；

二是加性干扰的影响。通常，乘性干扰 $k(t)$ 是一个复杂的函数，包括各种线性畸变和非线性畸变。由于信道的时延特性和损耗特性随时间进行随机变化，因此通常用随机过程来表述调制信道对信号的影响。

当没有信号输入时，加性干扰也存在，但没有乘性干扰输出。

2. 编码信道模型

编码信道的输入信号和输出信号都是数字序列，即二进制数 0 和 1 的序列。

编码信道对信号的影响是一种数字序列的变换，即把一种数字序列变换成另一种数字序列。一般把编码信道看作一种数字信道。

编码信道模型可以用数字的转移概率来描述。在该模型中，把 $P(0/0)$、$P(1/0)$、$P(0/1)$、$P(1/1)$ 称为信道转移概率。例如，$P(1/0)$ 的含义是"经信道传输，把 0 转移为 1 的概率"。这是一种错误转移概率。图 8-3 所示为二进制编码信道模型。

二进制编码信道模型可用转移矩阵表示为

$$T = \begin{bmatrix} P(0/0) & P(0/1) \\ P(1/0) & P(1/1) \end{bmatrix}$$

如果编码信道的输入信号和输出信号为四进制码序列，那么该信道称为四进制编码信道，如图 8-4 所示。

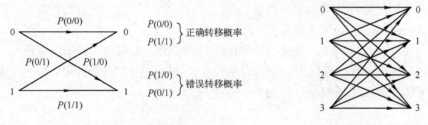

图 8-3　二进制编码信道模型　　　　图 8-4　四进制编码信道

如果码元的转移概率与其前、后码元的取值无关，即一个码元的差错与其前、后码元是否出错无关，那么这种信道为无记忆编码信道，否则为有记忆编码信道。

编码信道是无记忆的，即前、后码元的差错是互相独立的。如果编码信道是有记忆的，即信道中前、后码元的差错是非独立的，那么编码信道模型会比如图 8-3 和图 8-4 所示的模型复杂得多，并且信道转移概率表达式也会很复杂，这里不进行详细介绍。

8.2　空中快车——无线信道

无线信道是对无线通信中发送端和接收端之间通路的一种形象比喻。无线信道中的信息主要是通过自由空间进行传输的，但必须通过发射机系统、发射天线系统、接收天线系统和接收机系统才能使携带信息的信号正常传输。

对于无线电波，它从发送端传播到接收端的过程并没有一个有形的连接，它的传播路径可能有多条。但是为了形象地描述发送端与接收端之间的工作，想象二者之间有一条看不见的通路衔接，无线电波像空中客车一样在其间往来穿梭，我们把这条衔接通路称为无线信道。

资讯 1　电磁波的产生与发射

1865 年，麦克斯韦在前人成就的基础上，预言了电磁波的存在。1888 年，赫兹通过实验证实了麦克斯韦的预言。

1. 电磁波的发射条件

（1）电路必须开放。

电路中的电容器与电感线圈都是储能元器件，为了把能量以电磁波的形式发射出去，必须减小电容器极板面积，加大极板间距，并减少电感线圈的匝数，分散电磁场的形成如图 8-5 所示。

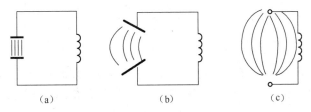

图 8-5　分散电磁场的形成

（2）频率必须足够高。

理论和实验均表明，振荡频率越高，电路的辐射功率越大，越有利于电磁波的发射。

上述两个条件是相互联系的。事实上，在按如图 8-5 所示的顺序改造 LC 振荡电路的同时，电路中电容和电感的值都在不断地减小，因此电路的振荡频率在不断地增高。最后得到的振荡电偶极子已经是能够有效发射电磁波的振源了。

2. 电磁波的性质

电磁波具有以下主要性质。

（1）电磁波中的电场强度和磁感应强度都进行周期性变化，在任意给定的位置，电场和磁场的相位相同。

（2）在传播过程中，电场和磁场在空间上是相互垂直的，同时二者都垂直于传播方向，因此电磁波是横波，如图 8-6 所示。

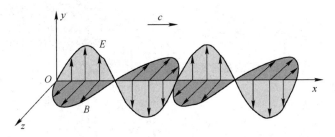

图 8-6　电磁波的传播方向

（3）在空间中的同一点，电场强度 E 和磁感应强度 B 的数值关系为

$$\sqrt{\varepsilon}E = B/\sqrt{\mu}$$

（4）电磁波的传播速度为

$$v = 1/\sqrt{\mu\varepsilon}$$

式中，ε 为介电常数；μ 为磁导率，下方加下标"0"表示真空状态。

3. 电磁波的能量

电磁波中电场能量和磁场能量的总和称为电磁波的能量，也称为辐射能。电磁波的能量密度 w 称为电磁能密度，真空中的电磁能密度为

$$w = w_\mathrm{e} + w_\mathrm{m} = \frac{1}{2}\varepsilon_0 E^2 + \frac{B^2}{2\mu_0} = \varepsilon_0 E^2 = \frac{B^2}{\mu_0}$$

电磁波在传播时，其能量也随之传播。单位时间内通过与传播方向垂直单位面积的能量称为电磁波的能流密度。平均能流密度就是电磁波的强度，即

$$S = wv = \left(\frac{1}{2}\varepsilon_0 E^2 + \frac{B^2}{2\mu_0}\right)\frac{1}{\sqrt{\varepsilon_0\mu_0}} = \frac{1}{\mu}EB$$

4. 电磁波的动量

由于电磁波具有能量，因此它具有动量。由于电磁波以光速 c 传播，因此它不可能具有静止质量。根据相对论，真空中传播的电磁波在单位体积内具有动量，动量密度为

$$p = \frac{w}{c} = \frac{\varepsilon_0 E}{c} = \frac{B^2}{c\mu_0}$$

由于电磁波具有动量，因此当它射到物体表面上时，会对该表面产生压力。这种压力称为辐射压力或光压。

资讯 2　无线电波的频段

人们在认识到光是电磁波后，又进一步发现 X 射线、γ 射线等都是电磁波，它们在真空中的传播速度都是光速，都具有与电磁波相同的特性，但它们的波长（或频率）相差很大。按照电磁波波长（或频率）大小顺序排列成的谱称为电磁波谱，如图 8-7 所示。

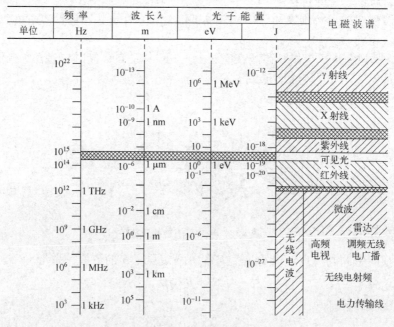

图 8-7　电磁波谱

按波长可将无线电波分为长波（$\lambda>10^3$m）、中波（10^2m$<\lambda<10^3$m）、短波（1m$<\lambda<10^2$m）和微波（10^{-4}m$<\lambda<$1m）4个波段。无线电波主要用于广播、电视和通信等。

无线电波传播时所占用的频率统称为无线电频谱。无线电频谱是一种特殊的自然资源，是无线电技术发展的基础和前提条件，也是现代社会赖以生存的基本要素之一。

根据国际电信联盟（ITU）制定的《国际无线电规则》，无线电波划分为不同频段，每个频段都用于一个或多个具有相似特性的业务，如表 8-1 所示。

表 8-1　无线电波的频段划分

频段名称	频段范围	名　　称		波长范围（m）	应用领域
极低频（ELF）	3～30Hz	极长波		10^7～10^8	
超低频（SLF）	30～300Hz	超长波		10^6～10^7	海底通信、电报
特低频（ULF）	300～3000Hz	特长波		10^5～10^6	数据通信、电话
甚低频（VLF）	3kHz～30kHz	甚长波		10^4～10^5	导航、载波电报和电话、频率标准
低频（LF）	30kHz～300kHz	长波		10^3～10^4	导航、电力通信、地下通信
中频（MF）	300kHz～3000kHz	中波		10^2～10^3	广播、业务、移动通信
高频（HF）	3MHz～30MHz	短波		10～10^2	广播、军用、国际通信
甚高频（VHF）	30MHz～300MHz	米波		1～10	电视、调频广播、模拟移动通信
特高频（UHF）	300MHz～3000MHz	微波	分米波	10^{-1}～1	电视、雷达、移动通信
超高频（SHF）	3GHz～30GHz		厘米波	10^{-2}～10^{-1}	卫星通信、微波通信
极高频（EHF）	30GHz～300GHz		毫米波	10^{-3}～10^{-2}	射电天文、科学研究
至高频	300GHz～3000GHz		丝米波	10^{-4}～10^{-3}	

无线电波和光波一样，其传播速度也和传播媒质有关。无线电波在真空中的传播速度等于光速。无线电波在传播媒质中的传播速度为 $v=c/\sqrt{\varepsilon}$，其中 ε 为传播媒质的相对介电常数。

空气的相对介电常数约为 1，因此认为 $v=c$。

无线电波的波长、频率和传播速度的关系为

$$\lambda=v/f$$

式中，v 为速度，单位为 m/s；f 为频率，单位为 Hz；λ 为波长，单位为 m。由上述关系式不难看出，同一频率的无线电波在不同的传播媒质中传播时，速度是不同的，因此波长也不同。

无线电波的传播方式主要分为天波传播、地波传播和视线传播 3 种。

1. 天波传播

天波传播如图 8-8 所示。天波传播是靠电磁波在地面和电离层之间来回反射进行传播的，频率范围为 2MHz～30MHz。天波传播是短波的主要传播途径。短波信号由天线发出后，经电离层反射回地面，又由地面反射回电离层，可以多次反射，因而传播距离很远（可达上万千米），而且不受地面障碍物的阻挡。但天波传播的最大弱点是信号很不稳定，处理不好会影响通信效果。

电离层对不同波长的电磁波表现出不同的特性。波长短于 10m（频率为 30MHz）的微波能穿过电离层，波长超过 3000km 的长波几乎会被电离层全部吸收。对于中波、中短波、短波，其波长越短，电离层对其吸收得越少而反射得越多。因此，短波比较适合以天波的形式传播。

但是，电离层是不稳定的，白天在受阳光照射时电离程度高，夜间电离程度低。因此，电离层在夜间对中波和中短波的吸收减弱，中波和中短波这时也能以天波的形式传播。这也是收音机能在夜间收听到许多远地的中波或中短波电台的原因。

2．地波传播

地波传播频率在 2MHz 以下，它沿大地与空气的分界面传播。地波传播如图 8-9 所示。无线电波在传播时可随地球表面的弯曲而改变传播方向，其在传播途中的衰减大致与传播距离成正比。由于地波传播比较稳定，不受昼夜变化的影响，因此长波、中波和中短波均可用此方式传播。

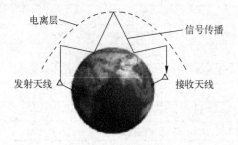

图 8-8　天波传播

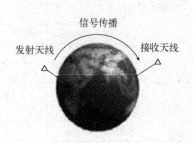

图 8-9　地波传播

根据波的衍射特性，当波长大于或等于障碍物的尺寸时，波才能明显地绕到障碍物的后面。地面上障碍物的尺寸一般不太大时，长波可以很好地绕过它们；中波和中短波也能较好地绕过它们；短波和微波由于波长过短，绕过障碍物的本领很差。

由于地波在传播过程中会不断损失能量，并且频率越高损失越大，因此中波和中短波的传播距离不长，一般为几百千米，收音机在这两个波段一般只能收听到本地或邻近省市的电台。长波沿地面传播的距离很远，但发射长波的设备庞大、造价高，因此长波很少用于无线电广播，而多用于超远程无线电通信和导航等。

3．视线传播

频率高于 30MHz 的电磁波将穿透电离层而不能被反射回来，只能进行视线传播，即直线传播。视线传播如图 8-10 所示。典型的视线传播是微波通信，它采用微波接力站实现，天线的高度越高，传播距离越远。

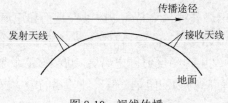

图 8-10　视线传播

4．影响无线电波传播的 3 种基本传播机制

（1）反射。

当无线电波在传播过程中遇到比其波长大得多的物体时会发生反射，反射发生于地球表面和墙壁表面等位置。

（2）绕射。

当接收天线和发射天线之间的无线信道被尖利的边缘阻挡时，无线电波会发生绕射。由阻挡体表面产生的二次波散布于空间，甚至存在于阻挡体的背面。绕射会使无线电波绕地球表面曲线传播。这样，无线电波就能够传播到阻挡体后面。

（3）散射。

当无线电波穿行的媒质中存在小于其波长的物体，并且单位体积内阻挡体的个数非常多时，无线电波会发生散射。散射波产生于粗糙物体或其他不规则物体的表面。在实际移动通信环境中，散射信号强度比单独的绕射信号和反射信号的强度大。这是因为当无线电波遇到粗糙表面时，反射能量会散布于所有方向，这为接收天线提供了额外的能量。

资讯 3　无线通信系统

1．无线信道的划分

无线信道具有一定的频率带宽，不同频率的无线信道划分如下。

长波信道：使用的频段为 300kHz 以下，波长为 1000m 以上。

中波信道：使用的频段为 0.3MHz～3MHz，波长为 100～1000m。

短波信道：使用的频段为 3MHz～30MHz，波长为 10～100m，也称为高频（HF）信道。

超短波信道：使用的频段通常认为是 30MHz～3000MHz，还可以进行细分，其中 30MHz～300MHz 称为甚高频（VHF），300MHz～3000MHz 称为特高频（UHF）。

微波信道：使用的频段为 300MHz 以上。微波在现代通信系统中占有重要地位。

卫星信道：用人造地球卫星作为中继站转发无线信号，在多个地球站之间进行通信的信息传输信道。

散射信道：在现代通信系统中常用散射信道。散射信道利用对流层和电离层的不均匀性或流星余迹，使得具有一定仰角的电磁波束射在上层空间有一部分能量可回到地面而被接收。

2．无线通信系统的组成

无线通信系统的组成如图 8-11 所示。

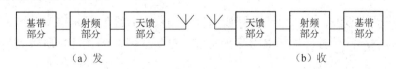

图 8-11　无线通信系统的组成

基带部分：进行语音编码、信道编码、交织、扩频、调制等处理。

射频部分：进行变频、高功率放大、低噪声放大、分合路等处理。

天馈部分：将高频电信号转化为电磁波并进行发射、汇聚等。

8.3 轨道交通——有线信道

在有线信道中，电磁波是沿有形传播媒质传播的，有形传播媒质像列车轨道一样构成信号可以直接流通的通路。有线信道适用于基带传输或频带传输。传输语音信号的电话网、传输数据信号的计算机网，以及传输视频信号的有线电视网均是常见的有线信道。

有线信道可完成长距离的信息传输，为了实现此功能，有线信道还包括再增音和均衡处理设备。

构成有线信道的传播媒质包括架空明线、对称（平衡）电缆、同轴电缆、光缆、波导管等，它们用于适应各种不同的通信方式及满足不同容量的需要。

架空明线的优点是架设比较容易、建设较快、传输衰耗较小；架空明线的缺点是随频率升高辐射损耗迅速增加，线对间串话问题严重。此外，架空明线受环境影响较大，保密性较差，维护工作量较大。

对称电缆由若干对双绞线组成，如图 8-12 所示。对称电缆每对信号传输线（双绞线）间的距离比架空明线每对信号传输线间的距离小，而且包扎在绝缘体内。对称电缆的通信容量比架空明线的通信容量大，其每条线路投资比架空明线每条线路投资小，电气性能比较稳定，安全保密性较好。

同轴电缆将电磁波封闭在同轴管内，内导体多为实心导线，外导体为一根空心导电管或金属编织网，如图 8-13 所示。即使工作频率较高，同轴电缆之间电磁波的相互干扰也较小，因此适用于高频段、大容量载波电话（电报）通信。同轴电缆通常用来构建容量较大的有线信道。常用的同轴电缆有两种：一种是外径为 4.4mm 的细同轴电缆；另一种是外径为 9.5mm 的粗同轴电缆。

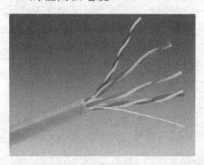
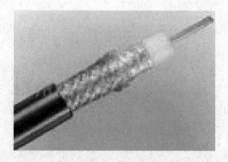

图 8-12　对称电缆　　　　　　　　　　图 8-13　同轴电缆

光缆以光波为载波，以光纤为传播媒质进行通信。光缆如图 8-14 所示。

光在高折射率的传播媒质中具有聚焦特性。把折射率高的传播媒质做成芯线，把折射率低的传播媒质做成芯线的包层，就构成了光纤。光纤集中在一起构成光缆。光缆通信容量极大，传输损耗极小，几乎没有串话现象，不受电磁感应干扰。

光纤损耗与波长的关系如图 8-15 所示。

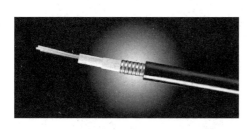

图 8-14　光缆

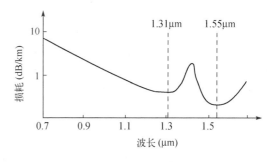

图 8-15　光纤损耗与波长的关系

由图 8-15 可见，1.31μm 与 1.55μm 处损耗最小，这是目前应用较广的两种波长。

光纤根据传播模式不同分为多模光纤和单模光纤两种。

多模光纤是指光波在光纤中有多条传播路径的光纤。多模光纤用发光二极管作为光源，光源不是单色的，包含多种成分的频率。各传播路径的传播时延不同，存在色散现象，波形存在失真，带宽小。

单模光纤是指光波在光纤中只有一种传播模式的光纤。单模光纤用激光器作为光源，单色波只有一种传播模式，带宽大。

单模光纤传输采用激光器，成本高，用于远距离传输；多模光纤采用发光二极管，成本低，用于近距离传输。

8.4　树欲静而风不止——信道内的噪声与干扰

信号在信道内传输的过程中，除衰落外，还会受到噪声和干扰的影响。其中噪声又可分为内部噪声和外部噪声。外部噪声包括自然噪声和人为噪声。干扰是指无线电台之间的相互干扰，包括电台本身产生的干扰，如邻道干扰、同频道干扰、互调干扰，以及由远近效应引起的近端信号对远端信号的干扰等。

资讯 1　信道中的噪声

信道中不需要的电信号统称为噪声。噪声是一种加性干扰，叠加在信号之上。

噪声不仅会使模拟信号失真，还会使数字信号发生错码，并且限制信号传输的速率。

通信系统中噪声的来源是多方面的。这里把噪声看作通信系统中对信号有影响所有干扰的集合。噪声根据来源不同可以粗略地分为如下 4 类。

（1）无线电噪声。

无线电噪声来源于各种用途的无线电发射机。这类噪声的频率范围很广，从甚低频到特高频都可能有无线电噪声存在，并且噪声的强度有时很大。无线电噪声的特点是干扰频率固定，可以预先设法防止。特别是在加强了无线电频率的管理，在频率的稳定性、准确性，以及谐波辐射等方面都有严格的规定后，信道内信号受无线电噪声的影响可减至最小。

（2）工业噪声。

工业噪声来源于各种电气设备，如点火系统、电车、电源开关、电力铁道、高频电炉等。这类噪声来源很广，我国各地几乎都有工业噪声存在。尤其是在现代化社会，各种电气设备越来越多，工业噪声的强度越来越大。工业噪声的特点是其频谱集中在较低的频率范围，如几十兆赫兹以内。因此，选用高于这个频段的信道就可防止信号受到它的干扰。另外可以在干扰源方面设法消除或降低工业噪声。例如，加强屏蔽和滤波措施、防止接触不良、消除波形失真。

（3）天电噪声。

天电噪声来源于雷电、磁暴、太阳黑子及宇宙射线等。可以说，整个宇宙空间都是产生这类噪声的根源。因此，天电噪声的存在是客观的。由于天电噪声与发生的时间、季节、地区等都有关系，因此信号受天电噪声的影响是不均匀的。例如，夏季比冬季严重，赤道比两极严重。在太阳黑子活动剧烈的年份，天电噪声对信号的影响更严重。由于天电噪声所占的频谱范围也很宽，并且其频率不是固定的，因此很难防止其干扰。

（4）内部噪声。

内部噪声来源于信道本身所包含的各种电子元器件，以及天线或传输线等。例如，电阻及各种导体都会在分子热运动的影响下产生热噪声，电子管或晶体管等电子元器件会由于电子发射不均匀等产生元器件噪声。这类噪声是由无数个自由电子进行不规则运动形成的，其波形是不规则变化的。由于在示波器屏幕上观察该噪声波形时，它就像一大片被风吹得起起伏伏的茅草，因此通常又称为起伏噪声。由于在数学上可以用随机过程来描述这类噪声，因此又可称其为随机噪声。

以上噪声的分类是根据其来源进行的，所以比较直观。

随机噪声按照性质的不同还可以分成如下几类。

（1）单频噪声，一个连续的已调正弦波或一个振幅恒定的单一频率正弦波，如相邻电台信号。

（2）脉冲噪声，如电气开关合断噪声、工业电火花。

（3）起伏噪声，如热噪声、散弹噪声、宇宙噪声。

随机噪声又称为高斯白噪声。热噪声、散弹噪声、宇宙噪声均为随机噪声，它们在很宽的频率范围内都具有平坦的功率谱密度。

随机噪声是基本的噪声，但经过接收机带通滤波器的过滤后，随机噪声成为窄带噪声，即变成一种低通型噪声或带限白噪声。

资讯 2　信道内的干扰

信号在信道内传输的过程中会受到各种干扰，其中最主要的就是互调干扰。互调干扰是由信道中的非线性电路产生的，指两个或多个信号作用在通信设备的非线性元器件上，产生与有用信号频率相近的组合频率，从而对通信系统造成干扰的现象。

在通信系统中，应考虑的 3 种主要干扰：同道干扰、邻道干扰及互调干扰，它们都是在组网过程中产生的。此外，还有由发射机寄生辐射、接收机寄生灵敏度、接收机阻塞，以及收发信设备内部变频、倍频器产生的组合频率干扰等，它们主要是电台本身产生的。

1. 同道干扰

同道干扰即同信道干扰，也称为同频干扰，是指相同载频电台之间的干扰。在电台密集的地方，当频率管理或系统设计不当时，就会造成同道干扰。

在移动通信系统中，为了提高频率利用率，当信道相隔一定距离时，可以使用相同的频率，这称为同信道复用。也就是说，可以将相同的频率（或频率组）分配给彼此相隔一定距离的两个或多个无线小区使用。显然，在同频环境中，当有两条或多条同频波道同时进行通信时，产生的就是同道干扰。复用距离越远，同道干扰越小，但频率复用次数越少，频率利用率越低。因此，在进行无线小区群的频率分配时，二者要兼顾。

为了避免同道干扰并保证接收质量，必须将复用信道的无线小区之间的最小距离作为同频道复用的最小安全距离，简称同频道复用距离或共道复用距离。这里的"安全"是指接收机输入端的信号电平与同频干扰电平之比大于或等于射频防护比。

射频防护比是指达到主观限定接收质量所需的射频信号与干扰信号的比值。当然，射频防护比不仅取决于通信距离，还与调制方式、电波传播特性、通信可靠度、无线小区半径、选用的工作方式等因素有关。

图 8-16 所示为同频道复用距离的示意图。假设基站 A 和基站 B 使用相同的频道，移动台 M 正在接收基站 A 发射的信号，由于基站天线高度大于移动台天线高度，因此当移动台 M 处于小区的边缘时，容易受到基站 B 发射信号的同道干扰。

若输入移动台接收机的有用信号与同道干扰之比等于射频防护比，则基站 A、B 之间的距离即同频道复用距离，记作 D。被干扰接收机到干扰发射机的距离为 D_I，发射台的有用信号的传播距离为 D_S，即小区半径 r_0。它们之间的关系为

$$D=D_S+D_I=r_0+D_I$$

因此，同频道复用系数为

$$a = \frac{D}{r_0} = 1 + \frac{D_I}{r_0}$$

应该指出的是，以上的估算是在仅考虑一个同频干扰源情况下进行的。当同频干扰源不只有一个时（在小区制移动通信系统中这种情况是存在的），干扰信号电平应用功率叠加方式获得。

也可以采用其他方式避免产生同道干扰，如使用定向天线、降低天线高度、斜置天线波束、选择适当的天线场址等。

2. 邻道干扰

邻道干扰是指相邻或邻近频道之间的干扰。因此，移动通信系统的信道之间必须有一定的频率间隔。目前，移动通信系统广泛使用的 VHF 电台及 UHF 电台的频道间隔都是 25kHz。由于调频信号的频谱很宽，理论上有无穷边频分量，因此，当其中某些边频分量落入邻道接收机的通带内时，就会造成邻道干扰。

在多信道工作的移动通信系统中，如果用户 A 占用了 K 信道，用户 B 占用了 $K+1$ 信

道或 K-1 信道，那么就称这两个用户在相邻信道上工作。理论而言，这两个用户之间不存在干扰，但是当一个（如用户 B）距基站较近，另一个（如用户 A）距基站较远时，基站收到来自 K 信道的有用信号较弱，而来自 K+1 信道的有用信号很强，当用户 B 一端的发射机存在调制边带扩展和边带噪声辐射时，就会有部分 K+1 信道的信号落入 K 信道，并且其强度与有用信号强度相差不多，这时就会对 K 信道接收机形成干扰。通常把这种现象称为邻道干扰。

邻道干扰如图 8-17 所示，图中给出了第一频道（No.1）发送的调频信号落入邻道（No.2）的示意图。图 8-17 中的 F_m 表示调制信号的最高频率，B_r 表示频道间隔，B_I 表示接收机的中频带宽。考虑到收发信机的频率不稳定而造成的频率偏差为 Δf_{TR}，在最坏情况下，落入邻道接收机通带内的最低边频次数为

$$n = \frac{B_r - 0.5B_I - \Delta f_{TR}}{F_m}$$

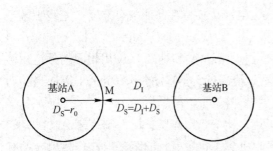

图 8-16 同频道复用距离的示意图

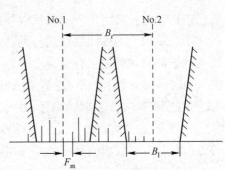

图 8-17 邻道干扰

一般来说，产生干扰的移动台距基站越近，路径传输损耗越小，邻道干扰越严重，但基站发射机对移动台接收机的邻道干扰不大。这是因为移动台接收机装有信道滤波器，此时它接收到的有用信号功率远大于邻道干扰功率。对于基站的收发信机，因为二者的收发双工频距足够大，所以发射机的调制边带扩展和边带噪声辐射不致对接收机产生严重干扰。当移动台相互靠近时，也因为收发双工频距很大而不会产生严重干扰。

为了减小邻道干扰，必须提高接收机的频率稳定度和准确度，同时要求发射机的瞬时频偏不超过最大允许值（如 5kHz）。为了保证调制后的信号频偏不超过该值，必须对调制信号的幅度加以限制。

3. 互调干扰

在蜂窝移动通信系统中，存在各种各样的干扰，其中最主要的就是互调干扰。

移动通信中的互调干扰主要有 3 种：发射机互调干扰、接收机互调干扰及由外部效应引起的互调干扰。由外部效应引起的互调干扰是由于发射机高频滤波器及天线馈线等接插件的接触不良，或者发射机拉杆天线及天线螺栓等金属构件锈蚀产生的非线性作用而出现的。只要保证插接部位接触良好，并用良好的涂料防止金属构件锈蚀，便可以避免这种互调干扰。

（1）发射机互调干扰。

通常为了提高发射机效率，其末级大多工作于非线性状态。当有两个或两个以上的信号作用于发射机末级时，将产生很多的组合频率成分（互调产物）。当它们通过天线辐射出去后，如果有些互调产物落入接收机信道内，就会对接收机接收的正常信号产生干扰。这种因发射机非线性而构成的对接收机的干扰称为发射机互调干扰。

图 8-18 所示为两台发射机产生互调干扰的示意图。发射机 1 的信号（频率 f_1）通过空间耦合将会进入发射机 2，由于发射机 2 的末级工作在非线性状态，因此将产生三阶互调产物（频率 $2f_2-f_1$）。同理，当信号（频率 f_2）进入发射机 1 时，也将产生三阶互调产物（频率 $2f_1-f_2$）。这两个三阶互调产物都将到达接收机输入端，如果它们正好落入接收机通带内，那么必将造成干扰。

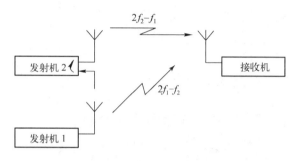

图 8-18　两台发射机产生互调干扰的示意图

由图 8-18 可以看出，从发射机 1 到被干扰的接收机，互调产物导致的全部损耗为

$$L=L_C+L_I+L_P$$

式中，L_C 为耦合损耗；L_I 为互调转换损耗；L_P 为传输损耗。

耦合损耗 L_C 又称为天线隔离度，是指发射机 1 的输出功率与它发出的信号进入发射机 2 输出端（末级）的功率之比。互调转换损耗 L_I 是指在发射机 2 输出端上，发射机 1 发出的信号的功率（干扰功率）与发射机 2 产生的互调产物功率之比。L_I 取决于发射机 2 末级的非线性特性和输出回路的选择性，一般晶体管丙类放大器的三阶 L_I 为 5～20dB（典型值）。发射机输出端与被干扰的接收机输入端之间存在互调干扰信号的传输损耗 L_P。

发射机互调干扰的大小如果用相对电平表示，那么主要取决于 L_C 和 L_I 的大小。这是因为有用信号也具有传输损耗 L_P，因此在计算互调大小时，有用信号电平与 L_P 无关。又因为 L_I 局限于 5～20dB，所以要防止产生三阶互调干扰，只能增大耦合损耗 L_C。

当多台发射机同时工作时，三阶互调产物的数量将增多。

减小发射机互调干扰的措施有如下 3 种。

① 增加发射机天线之间的间距。半波偶极天线间的耦合损耗 L_C 与天线间距的关系如图 8-19、图 8-20 所示。在 150MHz 频段，为了满足 L_C=50dB 的指标，垂直放置天线的间隔应为 6m，如图 8-19 所示；水平放置天线的间隔应为 80m，如图 8-20 所示。

② 采用单向隔离元器件。考虑到经济、技术或场地方面的问题，在移动通信中广泛使用天线共用器，即几台发射机或收发信机共用一副天线。在这种情况下，为了减小设备之间的互调干扰，多采用单向隔离元器件，如单向环行器、3dB 定向耦合器等，如图 8-21 所示。

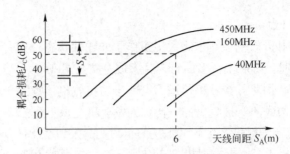

图 8-19　半波偶极天线间的耦合损耗 L_C 与天线间距的关系（垂直放置）

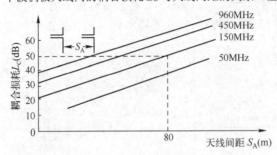

图 8-20　半波偶极天线间的耦合损耗 L_C 与天线间距的关系（水平放置）

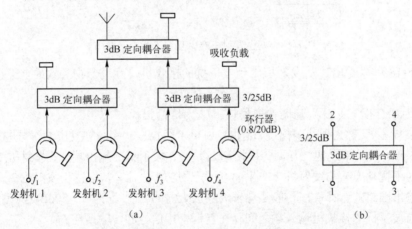

图 8-21　天线共用器和 3dB 定向耦合器

3dB 定向耦合器是一种四端口元器件，如图 8-21（b）所示。

3dB 定向耦合器的基本特性：若从 1 端输入射频功率，则 2、4 端各输出该功率的一半，而 3 端无输出；若从 3 端输入射频功率，则 2、4 端也各输出该功率的一半，而 1 端无输出。因此，可以利用 1、3 端的隔离特性，在 1、3 端各连接一台发射机，2、4 端分别接至天线和一个吸收负载。每台发射机都将一半功率反馈给天线，另一半功率被吸收负载吸收。理论上，1、3 端是没有相互耦合的，但实际上它们之间的耦合损耗为 25dB 左右。

图 8-21（a）是 4 台发射机用 3dB 定向耦合器构成的天线共用器。可见，每经过一次合并，功率都将损失 3dB。另外，在使用这种天线共用器时，为了增加各发射机之间的耦合损耗，通常在各发射机输出和定向耦合器之间插入一个环行器。在 150MHz 和 450MHz 频段，环行器的正向损耗小于 0.8dB，反向损耗大于 20dB。根据天线共用器的结构，能够方便地计算出各发射机之间的耦合损耗。例如，按图 8-21（a）可得发射机 1 和发射机 2 之

间的耦合损耗为

$$L_C=0.8+25+20 \approx 46\text{dB}$$

发射机 1（或 2）与发射机 3（或 4）之间的耦合损耗为

$$L_C=0.8+3+25+3+20 \approx 52\text{dB}$$

用定向耦合器构成的天线共用器结构简单、体积小、工作稳定，并且当发射机之间的频距（工作频率差）很小时也可使用。但是，因为这种天线共用器的传输损耗随发射机数量的增多而增加，所以它只适用于工作信道数较少的场合。

③ 采用高 Q 值空腔谐振器。用空腔谐振器、环行器和分支耦合器构成的天线共用器如图 8-22 所示。高 Q 值空腔谐振器调谐至相应的发射机工作频率上，以它尖锐的频率选择性提供各发射机之间必要的耦合损耗，并减少有用信号的传输损耗。

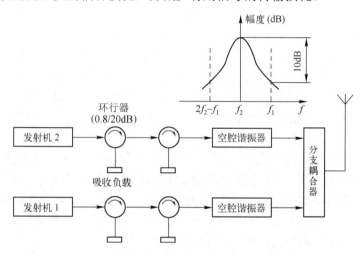

图 8-22　用空腔谐振器、环形器和分支耦合器构成的天线共用器

显然，当空腔谐振器的 Q 值一定时，发射机之间的频距越大，空腔谐振器提供的耦合损耗越大，它通常按 6dB 倍频程的速率增加。例如，当两台发射机的频距为 0.25MHz 时，空腔谐振器可提供 10dB 的耦合损耗；若在发射机和空腔谐振器之间插入一个环行器，则两台发射机之间的耦合损耗至少可达 30dB。若频距增大 1 倍，则耦合损耗至少可达 36dB；若需要更大的耦合损耗，还可以在发射机和空腔谐振器之间插入两个串联的环行器。

由发射机 1 进入发射机 2 的耦合损耗为

$$L_C=0.8\times2+10+20+20 \approx 52\text{dB}$$

L_I=15dB，同时考虑到 $2f_2-f_1$ 再次经过空腔谐振器产生的损耗为 10dB，因此互调产物受到的全部损耗可达 77 dB。

由于空腔谐振器的正向传输损耗很小，仅为 0.2dB，因此由它构成的天线共用器的优点是有用信号的传输损耗小，并且与天线共用器的发射机数量关系不大，传输损耗一般可按 4dB 估算。这种天线共用器的主要缺点是结构复杂、体积大、加工困难、稳定性不够好，因此它只适用于发射机之间频距较大（如按等频距分配法分配信道）的场合，多在 900MHz 频率的大容量系统中应用。

（2）接收机互调干扰。

接收机前端射频通带一般较宽。如果有两个或多个干扰信号同时进入高放级或混频级，那么通过它们自身的非线性作用，各干扰信号就会彼此作用产生互调产物。如果互调产物落入接收机频带内，就会形成接收机的互调干扰。

由于基站的多台发射机通常是同时工作的，因此当移动台靠近基站时，就会有几个较高电平的信号同时作用在移动台接收机的前端，在接收机前端电路的非线性作用下形成互调干扰。当移动台互调指标太低时，就会发生严重干扰。当有用信号与互调产物的强度比大于或等于射频防卫比 S/I（dB）时，不致造成干扰，即

$$E_S(\text{dB}) - E_{\Sigma I}(\text{dB}) \geqslant \frac{S}{I}(\text{dB})$$

式中，E_S 为接收机有用信号电平（dB）；$E_{\Sigma I}$ 为总互调产物干扰电平（dB）。

总互调产物干扰电平的大小不仅取决于干扰信号的强度和数量，还取决于接收机的互调抗拒比。如果互调产物不止一个，那么需要将各互调产物按功率叠加。

当基站附近有两台或多台发射机同时工作时，将在基站接收机中产生互调干扰。互调干扰的大小除与基站接收机的互调指标及干扰信号强度有关外，还与移动台在基站附近同时发起呼叫的概率有关。当同时发起呼叫概率不大时，互调干扰通常是不严重的。需要指出的是，当基站接收机使用共用天线时，在天线共用器中，公共放大器产生的互调产物将严重影响接收机的互调指标。为减小这种影响，通常要求公共放大器的互调指标高于接收机的互调指标。

当两个移动台接近基站且同时发起呼叫时，在两个强信号及基站接收机前端电路的非线性作用下，将产生互调干扰。如果移动台输出功率为 10W，移动台传输到基站的损耗为 80dB，那么到达基站接收机输入端的电平为-70dBW。为了保证互调干扰电平在环境噪声电平（-140dBW）以下，要求互调指标不低于 70dB。一般接收机互调指标为-80～-70dB。

为了减小接收机互调干扰，可以采取以下措施。

（1）提高输入回路选择性，或者高放、混频电路采用平方律特性的元器件，以提高接收机的射频互调抗拒比。一般要求射频互调抗拒比大于 70dB。

（2）移动台发射机采用自动功率控制系统。减小无线小区半径，降低最大接收电平。

（3）在进行系统设计时，选用无三阶互调信道组。但在多信道公用系统中，这一点难以实现。

8.5 香农的预言——信道容量

信道容量是指信道能够实现的最大平均信息传输速率，它表示信道的极限传输能力。根据信息论观点，信道主要分为如下两类。

（1）编码信道（其模型用转移概率表示）。

（2）调制信道（其模型用时变线性网络表示）。

1. 编码信道容量

编码信道是一种离散信道。

编码信道容量的两种等价描述如下。

（1）用每个符号能够传输的平均信息量的最大值表示信道容量 C。

（2）用单位时间（秒）内能够传输的平均信息量的最大值表示信道容量 C_t。

设有 n 个发送符号，如果信道无噪声，那么它的输入与输出一一对应，即 $P(x_i)$ 和 $P(y_i)$ 相同，如图 8-23 所示。

如果信道有噪声，设 $P(x_i)$ 为发送符号 x_i 的概率；$P(y_i)$ 为收到符号 y_i 的概率；$P(y_i/x_i)$ 为转移概率，即发送 x_i 的条件下收到 y_i 的概率，$i=1,2,\cdots,n$。在这种信道中，输入与输出不是一一对应关系，而是随机对应关系，如图 8-24 所示。当输入为 x_1 时，输出既可能为 y_1，也可能为 y_i，但它们之间存在一定的统计关联。

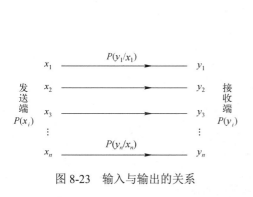

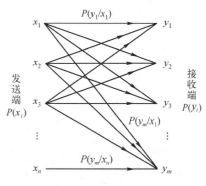

图 8-23 输入与输出的关系　　　　　图 8-24 随机对应关系

信道容量定义为

$$C = \max_{P(x)}[H(x) - H(x/y)]$$

信道容量表示每个符号传输的平均信息量的最大值。当没有噪声时，$C=H(x)$，C 最大。当 $H(x)=H(x/y)$ 时，$C=0$，信道容量为 0，噪声最大。

如果单位时间内信道传输的符号数为 r，那么信道每秒传输的平均信息量（称为信息传输速率）为

$$R=r[H(x)-H(x/y)]$$

该式表明：有噪声信道中信息传输速率等于每秒钟信息源发送的信息量与因信道不确定性而丢失的信息量之差。

信道容量也可表示为

$$C = \max_{P(x)}\{r[H(x) - H(x/y)]\}$$

即对于一切可能的信息源概率分布，信道的信息传输速率 R 的最大值称为信道容量。

2. 调制信道容量

调制信道是一种连续信道。

带宽和平均功率有限的高斯白噪声连续信道容量为

$$C_t = B\log_2(1+\frac{S}{N})$$

式中，B 为带宽（Hz）；S 为信号平均功率（W）；N 为噪声功率（W）。C_t 的单位为 bit/s（比特/秒）。

如果高斯白噪声单边功率谱密度为 n_0（W/Hz），那么 $N=n_0B$（W），故

$$C_t = B \log_2(1 + \frac{S}{n_0 B})$$

该式是信息论中具有重要意义的香农公式。

关于香农公式的几个重要结论如下。

（1）若提高信噪比，则信道容量 C_t 也提高。信噪比特性曲线如图 8-25 所示。

（2）若 $n_0 \to 0$，则 $C_t \to \infty$。这意味着无干扰信道容量为无穷大。

（3）若信噪比保持不变，增加带宽 B，则 C_t 也增加，但增加的幅度很小。这是因为带宽增加的同时，噪声功率随之增加。当 $B \to \infty$ 时，根据洛必达法则，可求出 $C_t = 1.44 S/n_0$，即当带宽趋于无限大时，信道容量仍保持有限值。

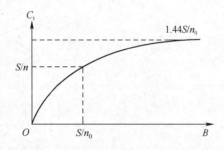

图 8-25　信噪比特性曲线

若信息传输速率 $R \leqslant C_t$，则理论上可实现无误差（任意小的差错率）传输。

若 $R > C_t$，则不可能实现无误差传输。

若 $R = C_t$，则对应的通信系统称为理想通信系统。

8.6　资源共享——信道复用

在通信系统中，信道上存在多路信号同时传输的问题。在解决多路信号同时传输问题时，必须考虑信道复用，采用复用技术可以提高电信线路的传输效率，降低成本。将多路信号在发送端合并后通过信道进行传输，再在接收端将它们分开并恢复为原始各路信号的过程称为复接和分接。理论上，只要各路信号分量相互正交，就能实现信道复用。常用的复用方式有频分复用、时分复用和码分复用。数字复接技术就是在多路复用的基础上把若干个小容量的低速数据流合并成一个大容量的高速数据流，再通过高速信道传输到接收端并在接收端将其分开的。

资讯 1　频分多路复用

频分复用广泛应用于模拟通信系统，如固定电话系统和有线（闭路）电视系统等。

频分多路复用（FDM）是指将多路信号按频率的不同进行复接并传输的方法，多用于模拟通信。在 FDM 中，信道的带宽被分成若干个互不重叠的频段，每路信号都占用其中一个频段，在接收端可采用适当的带通滤波器将多路信号分开，恢复出所需要的原始信号。这个过程就是多路信号的复接和分接。FDM 实质上就是每个信号在全部时间内占用部分的频谱。

FDM 系统原理框图和以 $N=3$ 为例的总信号的频谱图如图 8-26 和图 8-27 所示。

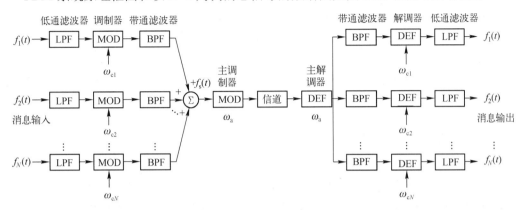

图 8-26　FDM 系统原理框图

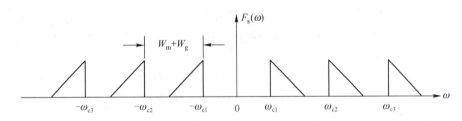

图 8-27　以 $N=3$ 为例的总信号的频谱图

图 8-26 是 FDM 系统原理框图。假设有 N 路相似的信息信号 $f_1(t)$、$f_2(t)$、…、$f_N(t)$，各信息信号的频谱范围都为 W_m。由 FDM 系统原理框图可知，在系统的输入端，首先要将各路输入信号复接。各路输入信号首先通过低通滤波器消除信号中的高频成分，变为带限信号。然后用这一带限信号分别对不同频率的载波信号进行调制。N 路载波信号 ω_{c1}、ω_{c2}、…、ω_{cN} 称为副载波信号。

调制后的带通滤波器将各个已调信号频带限制在规定的范围内，系统通过复接把各个带通滤波器的输出合并成总信号 $f_s(t)$。

当 $N=3$，使用 SSB 调制方式，并且系统工作在上边带时，总信号的频谱图如图 8-27 所示。在图 8-27 中，副载波信号频率之间的间隔 $W_s=W_m+W_g$。其中，W_m 为信息信号的频谱范围；W_g 为邻路间隔保护频带。例如，在通信时，语音信号最高频率 W_m 为 3400Hz，W_g 通常为 300～500Hz，这样就可以使邻道干扰电平低于 40dB，最终副载波信号间隔 W_s 为 4kHz。在某些信道中，总信号可以直接在信道中传输，这时所需的最小带宽为

$$W_{SSB}=NW_m+(N-1)W_g$$

在无线信道中，当采用微波频分复用线路时，总信号必须经过二次调制，这时所用的主载波信号频率比副载波信号频率高得多。最终系统把已调载波信号 ω_a 送入信道发送出去。

接收端的基本处理过程与发送端的基本处理过程恰好相反。如果总信号是通过特定信道无主载波信号调制的，那么首先直接经各路带通滤波器滤出相应的支路信号，然后通过副载波信号解调，送低通滤波器得到各路原始信号；如果总信号是通过主载波信号调制而送到信道的，那么首先要用主解调器把包括各路信号在内的总信号从主载波信号上解调下来，然后将总信号送入各路带通滤波器，完成原始信号的恢复。

FDM 是利用各路信号在频域上互不重叠来区分它们的，复用路数的多少主要取决于允许的带宽和费用，传输的路数越多，信号传输的有效性越高。

FDM 的优点是复用路数多，分路方便，多路信号可同时在信道中传输，节省功率。FDM 的缺点是设备庞大、复杂，路间不可避免地会出现干扰（这是系统中非线性因素引起的）。

需要说明的是，OFDM 尽管也是一种频分复用技术，但已完全不同于传统的 FDM 技术。OFDM 系统的收发信机实际上是通过正反快速傅里叶变换实现的一组调制解调器。

资讯 2 时分多路复用

在数字通信系统中，模拟信号的数字传输或数字信号的多路传输一般都采用时分多路复用（TDM）方式来实现，以此提高系统的传输效率。

在 PCM 中，由于单路抽样信号与时间上离散的相邻脉冲之间有很大的空隙，因此可在空隙中插入若干路其他抽样信号，只要各路信号在时间上不重叠并能区分开，那么一个信道就有可能同时传输多路信号，达到多路复用的目的。这种多路复用称为时分多路复用。时分多路复用是为需要传输的多路信号分配固定的传输时隙，以统一的时间间隔依次循环进行断续传输的方式或过程。

由抽样定理可知：一个频带限制在 0 到 f_x 以内的低通模拟信号 $x(t)$ 可以用时间上离散的样值来传输，样值中包含 $x(t)$ 的全部信息，并且当抽样频率 $f_S \geq 2f_x$ 时，可以从已抽样的输出信号中不失真地恢复出原始信号。

例如，在语音通信中，模拟语音信号的最高频率为 3.4kHz，一般取其为 f_H=4kHz，若对该信号进行 PCM，则抽样频率为 f_S=2f_H=8kHz，对应的抽样间隔为 T_S=1/f_S=125μs。如果每个抽样点的持续时间均为 25μs，那么样值信号的相邻两个抽样点之间就有 100μs 的空闲时间。若一个信道只传输一路这样的 PCM 信号，则每秒都有约 0.8s 被浪费。如果进行远距离传输，信道利用率低，那么传输成本会增加很多。

如图 8-28 所示，假设收发端各有 3 人要用同一个信道同时通话，则可以采用时分多路复用方式。

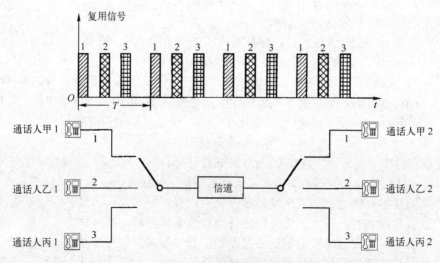

图 8-28 时分多路复用

将他们分成甲、乙、丙 3 组，并以固定的传输时隙和一定的顺序分别传输他们的信号。假如开关第 1 秒拨在 1 位传输甲组通话者的信号，第 2 秒拨在 2 位传输乙组通话者的信号，第 3 秒拨在 3 位传输丙组通话者的信号，第 4 秒又拨到 1 位传送甲组通话者的信号，如此循环，直到通话完毕。时分多路复用的特点是各路信号在频谱上是互相重叠的，但在传输时彼此独立，在任意时刻信道上都只有一路信号在传输。

在上述通信过程中要注意如下两个原则。

第 1 个原则：把各路信号的样值信号分别传输一次的时间 T 必须小于或等于 125μs，但每一路信号所占用的时间没有严格限制。显然，一路信号占用的时间越少，可复用的信号路数越多。

第 2 个原则：接收端和发送端的转换开关必须同步，否则信号传输就会发生混乱。

时分多路复用技术的应用非常广泛，如第二代移动通信技术中的 GSM 制式及传统的交换技术都使用了时分多路复用技术。

在电路交换网中，不管有没有信息传输，相应的信道都不能被其他用户使用。但如果有一路或多路信号在轮到它们传输的时刻没有传输，那么事先分配给它们的这一段时间就浪费了。例如，人们打电话时的语音信号就是时断时续的。如果复用的路数比较多，那么这种时间浪费就不可忽视，因为它降低了信道利用率。为此，人们又提出了统计时分多路复用（STDM），又称为异步时分多路复用。之所以称为异步时分多路复用，是因为它利用信道时隙的方法与传统时分多路复用技术利用信道时隙的方法不同。异步时分多路复用将信道时隙按需分配，即只为需要传输信息或正在工作的终端分配时隙，这样就使所有的时隙都能"物尽其用"，从而可以使服务的终端数大于时隙的个数，提高信道的利用率，进而实现复用的目的。

多路复用信号可以直接送到某些信道传输，或者先调制变换成适合在某些信道传输的形式再进行传输。传输接收端的任务是将接收到的信号进行解调或逆变换，以恢复原始各路信号。

资讯 3　时分多路复用所需的信道带宽

一路模拟语音信号和一路 PCM 语音信号的带宽是不同的。一路模拟语音信号的带宽为 4kHz，而一路 PCM 语音信号的带宽为 32kHz。在 A 律量化中，一个样值用 8 位二进制编码，按抽样定理每 125μs 抽样一次，则一秒内共传输二进制码元的个数为 8×8000=64000 个，也就是说，信息传输速率为 64kbit/s。而传输 64kbit/s 的数字信号理论上所需带宽最少为 32kHz。由此可见，一路 PCM 语音信号的带宽至少是一路模拟语音信号带宽的 8 倍，因此，用频分复用技术传输 PCM 信号不是很合适。

在移动通信系统中，由于 PCM 占用的带宽大，不利于提高系统容量，因此移动通信中无论是 GSM 还是 CDMA，都有自己的语音编码技术，它们都采用了混合编码技术，目的就是尽量降低编码速率并保证良好的语音质量。

1. 抽样频率 f_S、抽样脉冲的宽度 τ 和复用路数 N 的关系

根据抽样定理，抽样频率 $f_S \geq 2f_x$。例如，对于语音信号 $x(t)$，通常取 f_S 为 8kHz，即抽样周期 $T_S=125$μs，抽样脉冲的宽度 τ 比 125μs 还小。

对于 N 路时分多路复用信号，在抽样周期内要顺序地插入 N 路抽样脉冲，并且各个脉冲间要留出一些空隙作为保护时间。若取保护时间和抽样脉冲宽度相等，则抽样脉冲的宽度 $\tau = T_S/(2N)$，N 越大，τ 越小，但 τ 不能太小。因此，时分多路复用的路数也不能太多。

2. 时分多路复用信号带宽 B 与复用路数 N 的关系

时分多路复用信号的带宽具有多种含义，其中一种是信号本身具有的带宽，理论上，时分多路复用信号是一串窄脉冲序列，应具有无限大的带宽，但其频谱的主要能量集中在 $0 \sim 1/\tau$。因此，从传输主要能量的方面考虑，$B = 1/\tau \sim 2/\tau = 2Nf_S \sim 4Nf_S$。

如果不传输复用信号的主要能量，也不要求脉冲序列的波形不失真，只要求传输抽样脉冲序列的包络，因为抽样脉冲的信息携带在幅度上，所以只要幅度信息没有损失，那么脉冲形状的失真就无关紧要。

根据抽样定律，对于一个频带限制在 f_x 的信号，只要有 $2f_x$ 个独立的信息样值，就可用带宽 $B = f_x$ 的低通滤波器恢复出原始信号。N 个频带都是 f_x 的复用信号的独立对应值为 $2Nf_x = Nf_S$。如果将信道表示为一个理想的低通滤波器，为了防止组合波形丢失信息，那么传输带宽必须满足

$$B \geqslant Nf_S/2 = Nf_x$$

该式表明，N 路信号时分复用时每秒 Nf_x 中的信息可以在 $Nf_S/2$ 的带宽内传输。总之，带宽 B 与 Nf_S 成正比。对于语音信号，抽样频率 f_S 一般取 8kHz，因此，复用路数 N 越大，带宽 B 越大。

3. 时分多路复用信号仍是基带信号

时分复用后得到的信号仍然是基带信号，只不过这个信号的脉冲速率是单路抽样信号脉冲速率的 N 倍，即 $f = Nf_S$。这个信号既可以通过基带传输系统直接传输，又可以在频带调制后在频带传输信道中进行传输。

4. 时分多路复用系统必须严格同步

在时分多路复用系统中，发送端的转换开关与接收端的分路开关要严格同步，否则系统会出现紊乱。具体同步方法有位同步、帧同步及网同步等。

资讯 4 PCM 时分多路复用通信系统

1. 系统构成

由对信号的抽样过程可知，抽样的一个重要特点是信号占用的时间有限。这样，多路信号的样值在时间上可以互不重叠。当多路信号在信道上传输时，各路信号的抽样只是周期地占用抽样间隔的一部分，因此在分时复用信道的基础上，可以用一个信源信息相邻样值之间的空闲时间段来传输多个其他彼此无关的信源信息。这样便构成了时分多路复用通信。

PCM 时分多路复用通信系统的构成如图 8-29 所示，图 8-29 中只画出了 3 路信号复用的情况。下面分析 PCM 时分多路复用通信系统的工作原理。

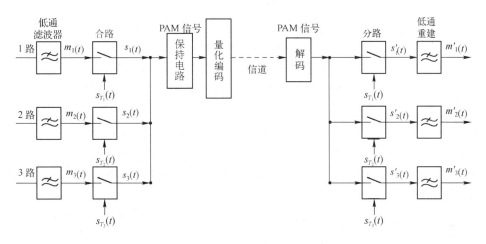

图 8-29   PCM 时分多路复用通信系统的构成

　　为了避免抽样后的 PAM 信号产生折叠噪声,各路语音信号都需要先经过一个低通滤波器。低通滤波器的截止频率为 3.4 kHz,这样,各路语音信号的频率就被限制在 0.3～3.4kHz,频率高于 3.4kHz 的信号不会通过。3 路语音信号分别用 $m_1(t)$、$m_2(t)$ 和 $m_3(t)$ 来表示,经各抽样门进行抽样。在实际应用中,抽样周期 T=125μs,抽样频率 f_s=8kHz,对应各路语音信号的抽样脉冲用 $s_{T_1}(t)$、$s_{T_2}(t)$ 和 $s_{T_3}(t)$ 来表示。在进行抽样时,各路抽样脉冲出现的时刻依次错开后,抽样后各路语音信号的样值在时间上是分开的,从而达到多路复用的目的。

　　抽样之后要进行编码。由于编码需要一定时间,为了保证编码的精度,要求将各路样值进行展宽并占满整个时隙。因此要首先将合路后的 PAM 信号送到保持电路,保持电路将每一个样值以一路时隙的时间进行展宽,然后通过量化编码将它们变成 PCM 码字,每一路的 PCM 码字都依次占用一路时隙。在接收端,通过解码将多路信号还原成合路的 PAM 信号。这时会有一定量化误差。由于解码是在一路码字都到齐后才解码成原样值的,因此信号恢复后在时间上会推迟一些。最后通过分路门电路将合路的 PAM 信号分开,并分配至相应的各路中。各路信号再经过低通滤波器重建,最终近似地恢复为原始的语音信号。

　　以下为几个基本概念。

- 帧:抽样时各路信号每轮一次抽样的总时间(开关旋转一周的时间),即一个抽样周期内的全部信号构成的“图案”。
- 路时隙:合路的 PAM 信号每个样值编码所允许占用的时间间隔。
- 位时隙:1 位码占用的时间。

2. 系统中的位同步

　　数字传输的同步是指接收端设备数字速率跟踪发送端设备数字速率,两端设备协调工作,这也称为接收同步。为了保证在接收端能正确地接收每一比特,并能正确地区分每一路语音信号,PCM 时分多路复用通信系统中接收端和发送端的同步应包括位同步(比特同步)和帧同步。

　　位同步就是码元同步。在 PCM 时分多路复用通信系统中,各类信号的传输与处理都是在规定的时间内进行的。例如,发送端各路模拟信号都要按照固定顺序在指定的信道时隙内轮流进行抽样,逐位进行编码,按照严格的时序规定在帧同步时隙位置插入帧同步信号,在信令时隙位置插入信令信号进行传输；接收端也必须按照严格的时序规定进行逆变换才能恢复出与发送端一致的模拟信号，否则会产生滑动，并导致误码，使通信无法正常进行。因此，接收端和发送端都要由时钟信号进行统一的控制，这项任务由定时系统来完成。定时系统产生各种定时脉冲，对上述过程进行统一指挥和控制，以保证接收端和发送端按照相同的时间规律正常地工作。

接收同步的实质是使接收端的时钟频率与发送端的时钟频率相同。只有两端的时钟频率相同，才能保证接收端正确识别每一个码元，这相当于两端高速旋转开关的旋转速率相同。在位同步的前提下，如果能把每帧的首尾都辨别出来，就可以正确区分每一路语音信号。

3．系统中的帧同步

帧同步的目的：接收端与发送端相应的各路在时间上对准，即从收到的码流中分辨出哪 8 位码是一个样值的码字，以便正确解码；能分辨出这 8 位码是哪一路的，以便正确分路。这相当于接收端和发送端的高速旋转开关的旋转起始位置相同。

为了做到帧同步，要求在每一帧的第一个时隙位置安排标志码，即帧同步码，以使接收端能判断帧的开始位置是否与发送端帧开始的位置相对应。每一帧内各信号的位置都是固定的，如果能把每帧的首尾辨别出来，就可以正确区分每一路信号，即实现帧同步。

资讯 5　PCM 30/32 路系统的帧结构

PCM 30/32 路系统在脉冲调制通信中是一个基群设备，它既可组成高次群，又可独立使用，作为有线或无线电话的时分多路终端设备。

根据 ITU-T 的建议，语音信号采用 8kHz 抽样频率，抽样周期为 125μs。在 125μs 内，各路样值所编成的 PCM 码顺序传输一次。这些 PCM 码所对应的各个数字时隙有次序地组合，称其为一帧。显然，PCM 帧周期就是 125μs。

在每一帧中，除了要传输各路 PCM 码，还要传输帧同步码及信令码等控制信号。信令是通信网中与连接的建立、拆除和控制，以及网路管理有关的信息，如电话的占用、拨号、应答及挂线等状态的信息。为了合理地利用帧结构中的某些比特，通常将若干个帧组成一个复帧，各路信令分别在同一复帧中不同帧的信道中传输。既然有复帧，也相应地有复帧同步码。

综上所述，一帧码流中含有帧同步码、复帧同步码、各路信息码元及信令码等。PCM 30/32 路系统的帧与复帧结构如图 8-30 所示。

1．路时隙：$TS_1 \sim TS_{15}$，$TS_{17} \sim TS_{31}$

$TS_1 \sim TS_{15}$ 分别传输第 1～15 路语音信号，$TS_{17} \sim TS_{31}$ 分别传输第 16～30 路语音信号。

2．帧同步时隙：TS_0

不同帧的 TS_0 位置传输的码组是不一样的，分为偶帧 TS_0 和奇帧 TS_0 两种情况。

（1）偶帧 TS_0：传输帧同步码。

偶帧 TS_0 的 8 位码中第 1 位留给国际用，暂定为 1；第 2～8 位为帧同步码 0011011。

（2）奇帧 TS_0：传输帧失步告警码。

奇帧 TS_0 的 8 位码中第 1 位留给国际用，暂定为 1；第 2 位固定为 1，以便在接收端区别是偶帧 TS_0 还是奇帧 TS_0；第 3 位 A_1 为帧失步时向对端发送的告警码，简称帧对告码。当帧同步时，A_1 为 0；当帧失步时，A_1 为 1，告诉对方接收端已经出现失步，无法工作。奇帧 TS_0 的第 4～8 位可用于传输其他信息，如业务联络等。这几位码在不使用时，固定为 1，这样，奇帧 TS_0 时隙的码组为 11$A_1$11111。

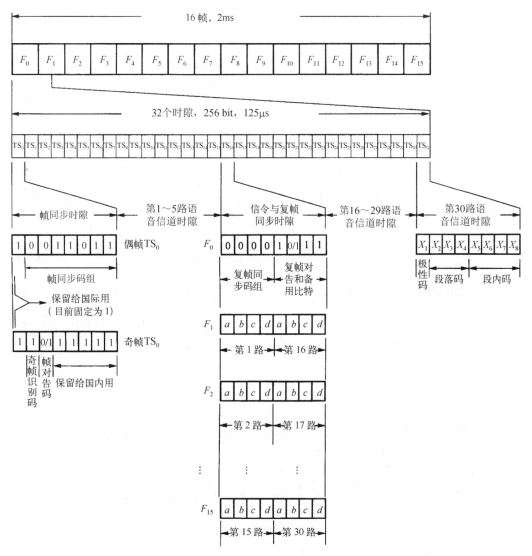

图 8-30　PCM 30/32 路系统的帧与复帧结构

3. 信令与复帧同步时隙：TS_{16}

为了实现各种控制，每一路语音信号都有相应的信令信号，即要传输信令信号。由于信令信号频率很低，其抽样频率为 500Hz，即抽样周期为 2ms，而且只有 4 位码（称为信令码），因此对于每路的信令码，只要每隔 16 帧传输一次即可。在每一帧的 TS_{16} 传输 2 路信令码（前 4 位码为一路，后 4 位码为一路），这样 15 个帧（F_1～F_{15}）的时隙就可以轮流传输 30 路的信令码；而 F_n 帧的 TS_{16} 传送复帧同步码和复帧对告码。

16 帧合起来称为一个复帧（$F_0 \sim F_{15}$）。为了保证接收端和发送端各路信令码在时间上对准，每个复帧都需要送出一个复帧同步码，将其安排在 F_0 帧 TS_{16} 中的前 4 位，码组为 0000。另外，F_0 帧 TS_{16} 的第 6 位 A_2 为复帧对告码。当复帧同步时，A_2 为 0；当复帧失步时，A_2 为 1。第 5、7、8 位码也可用于传输其他信息；当不用时，固定为 1。

需要注意的是，信令码组 *abcd* 的值不能为 0000，否则可能被识别成复帧同步码。对于 PCM 30/32 路系统，可以记住以下几个常用参数。

（1）帧周期为 125μs，帧长度为 32×8=256bit。

（2）路时隙 t_c 为 3.91μs。

（3）位时隙 t_B 为 0.488μs。

（4）数字速率 f_b 为 2048kbit/s。

8.7 溪流汇入大江——数字复接技术

如前所述，为了提高信道的利用率和码率，可以采用 TDM 技术把多路信号在同一个信道中分时传输。研究发现，如果要对 120 路语音信号进行复用，根据 PCM 过程，首先要在 125μs 内完成对 120 路语音信号的抽样，然后对 120 个样值分别进行量化和编码。这样对每路信号的处理时间不超过 1μs，如果复用的信号路数增加，如 480 路，那么每路信号的处理时间更短。

要在如此短的时间内完成多路数信号的 PCM 复用，尤其是完成 PCM 编码，对电路及元器件精度的要求会很高，在技术上实现起来比较困难。因此，对于一定路数的信号，直接采用 TDM 是可行的；对于多路数的信号，PCM 复用在理论上是可行的，但实际上难以实现。于是，人们提出了数字复接技术。

资讯 1   PCM 复用和数字复接

随着通信技术的发展，数字通信的容量不断扩大。目前，PCM 通信方式的传输容量已由一次群（PCM 30/32 路或 PCM 24 路）扩大到二次群、三次群、四次群及五次群，以及更高速率的多路系统。

扩大数字通信系统容量，形成二次群以上的高次群的方法通常有两种：PCM 复用和数字复接。

1. PCM 复用

PCM 复用直接将多路信号编码复用，即首先将多路模拟语音信号按 125μs 的抽样周期分别进行抽样，然后合在一起统一编码形成多路数字信号。

PCM 复用可以形成一次群（基群）。基群通常用帧结构来表示，如图 8-31 所示。在 2M 系列的基群中，一帧也就是 125μs 中复用了 32 个时隙。其中，$TS_1 \sim TS_{15}$ 和 $TS_{17} \sim TS_{31}$ 这 30 个时隙用来传输 30 路语音信号的 8 位编码码组；而 TS_0 用作帧同步；TS_{16} 专门用于传输各路信令。虽然这种帧结构中每帧都有 32 路时隙，但真正能用于传输语音或数据的时隙只有 30 路。因此，对应基群又被称为 30/32 路基群。通常，一条 E1 就是一条采用 PCM 编码的 2048kbit/s 基群链路。

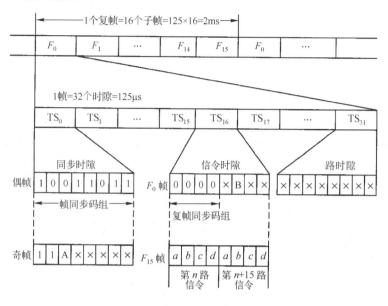

图 8-31　基群

显然，基群（PCM 30/32 路）的形成属于 PCM 复用。PCM 复用是否适用于二次群及更高次群的形成呢？以二次群为例，如果采用 PCM 复用，那么要对 120 路语音信号分别按 8kHz 的抽样周期进行抽样，一帧 125μs 内有 120 多个路时隙，一个二次群路时隙约为一个基群路时隙的 1/4，即每个样值 8 位码的编码时间都仅为 1μs，编码速率是基群编码速率的 4 倍。而编码速率越高，对编码器元器件精度的要求越高，编码器越不易实现。因此，高次群的形成一般不采用 PCM 复用，而采用数字复接。

2. 数字复接

数字复接将几个低次群在时间的空隙上叠加合成高次群。数字复接是将两个或多个低码率数字流合并成一个较高码率数字流的过程、方法或技术。数字复接只负责把多路数字信号编排在给定的时间内，不需要进行抽样、量化和编码的 PCM 过程，从而减少了对每路信号的处理时间，降低了对元器件和电路的要求，实现了多路数信号的时分复用。例如，将 4 个基群合成 1 个二次群；将 4 个二次群合成 1 个三次群等。图 8-32 所示为数字复接原理示意图。

图 8-32 中低次群 1 的码率与低次群 2 的码率完全相同（假设全为"1"码）。为了达到数字复接的目的，首先将各低次群的脉宽缩窄（A 和 B 是脉宽缩窄后的低次群），以便留出空隙进行复接；然后对低次群 2 进行时间位移（延迟），就是将低次群 2 的脉冲信号移到低次群 1 脉冲信号的空隙中；最后将低次群 1 和低次群 2 合成高次群 C。

经过数字复接后，虽然码率提高了，但是每一个低次群的编码速率没有提高。数字复接克服了 PCM 复用的缺点，目前这种方法被广泛使用。

为了便于国际通信的发展，ITU 推荐了两个数字复接等级系列，分别为 2M 系列和 1.5M 系列，如表 8-2 所示。

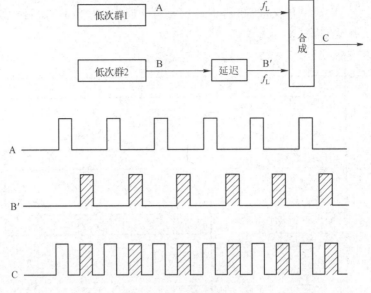

图 8-32　数字复接原理示意图

表 8-2　数字复接等级系列

群　　次	2M 系列（A 律）		1.5M 系列（μ 律）	
	码率（Mbit/s）	路　　数	码率（Mbit/s）	路　　数
一次群（基群）	2.048	30	1.544	24
二次群	8.448	30×4=120	6.312	24×4=96
三次群	34.368	120×4=480	32.064	96×5=480
四次群	139.264	480×4=1920	97.728	480×3=1440
五次群	564.992	1920×4=7680	397.200	1440×4=5760

由于美国和日本采用 1.544Mbit/s 基本复接单元，因此其数字复接等级系列称为 1.5M 系列；而欧洲各国和我国采用 2.048Mbit/s 基本复接单元，因此其数字复接等级系列称为 2M 系列。

资讯 2　数字复接的实现

每一次数字复接都是建立在上一次群的基础上的。例如，2M 系列的三次群就是在二次群 120 路的基础上复接了 4 个 120 路才得到 480 路、34Mbit/s 的高速数据流的。

数字复接的实现主要有两种方法，即按位数字复接和按字数字复接。

1. 按位数字复接

按位数字复接是每次都复接各低次群的一位码形成高次群。图 8-33（a）是 4 个 PCM 30/32 路基群时隙的 TS₁ 码字情况。图 8-33（b）是按位数字复接的情况，复接后的二次群信号码中第 1 位码表示第 1 支路第 1 位码的状态；第 2 位码表示第 2 支路第 1 位码的状态；第 3 位码表示第 3 支路第 1 位码的状态；第 4 位码表示第 4 支路第 1 位码的状态。4 个支路第 1 位码取过之后，再循环取后面各位，依次循环下去就可以实现数字复接。复接完成后高次群每位码的间隔都是复接前各支路每位码间隔的 1/4，即高次群的码率提高到复接前各支路码率的 4 倍。

按位数字复接要求复接电路存储容量小、简单易行，准同步数字体系（PDH）大多采用这种方法。但这种方法破坏了 1 字节的完整性，不利于以字节为单位的信息的处理和交换。

2. 按字数字复接

在采用按位数字复接时，复接器依次轮流复接各个支路的 1bit 信号。在采用按字数字复接时，复接器每次都复接每个支路（各低次群）的一个码字（8bit）形成高次群。图 8-33（c）是按字数字复接的情况，每个支路都要设置缓冲存储器，事先将接收到的每一支路的信息码元存储起来，在传输时刻一次性高速将 8 位码取出，4 个支路轮流被复接。此方式根据字数要求需要有较大的存储容量，但保证了 1 字节的完整性，有利于以字节为单位的信息的处理和交换。按字数字复接具有不破坏原来的帧结构、有利于交换的优点，但需要更大的存储容量。同步数字体系（SDH）大多采用这种方法。

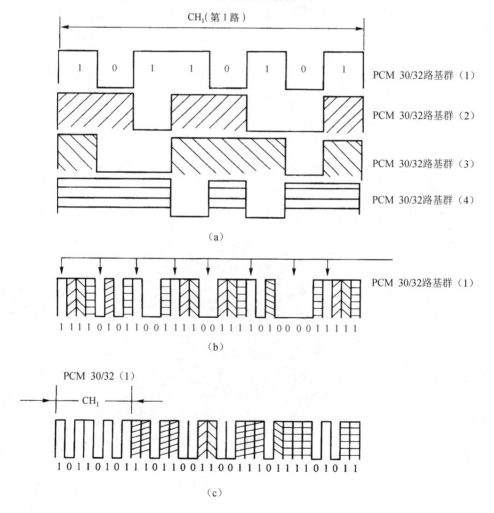

图 8-33　按位数字复接与按字数字复接示意图

复接器的作用是对码元进行压缩和重新编排。这样，单位时间内可以传输更多码元，码率可以更高，从而可以实现将几个低速数据流合成一个高速数字流。

资讯 3　数字复接的同步

数字复接的同步要解决同步和复接两个问题。同步指的是被复接的几个低次群的码率相同。如果几个低次群信号是由各自的时钟控制产生的，那么即使它们的标称码率相同（如 PCM 30/32 路基群的标称码率都是 2048kbit/s），它们的瞬时码率也总是不同的，因为几个晶体振荡器的振荡频率不可能完全相同。ITU-T 规定 PCM 30/32 路基群的码率为 2048kbit/s±100bit/s，即允许有 100bit/s 的误差。这样，几个低次群复接后的数码就会产生重叠和错位。因此，码率不同的低次群是不能直接进行数字复接的。

在各低次群复接之前，必须采取适当措施对各低次群的码率进行调整（码速调整），使各低次群码率互相同步，同时使其码率符合高次群帧结构的要求。数字复接的同步是系统与系统间的同步，因而也称为系统同步。

基群在复接时首先需要进行码速调整。几个低次群在复接成一个高次群时，理想情况下的码率应该是一致的，复接没有任何问题。但实际上，各低次群的时钟频率都是各自产生的，而各支路的晶体振荡器产生的时钟频率不可能完全相同，因此即使要求它们的标称码率都是 2048kbit/s，它们的瞬时码率也可能是不同的。这样几个低次群复接后的数码就会产生重叠或错位，如图 8-34 所示。这样复接合成后的数字码流会产生干扰，在接收端是无法分接并恢复出原来低次群的。

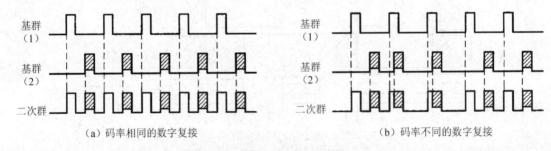

（a）码率相同的数字复接　　　　　　　　　　（b）码率不同的数字复接

图 8-34　码率对数字复接的影响

因此，码率不同的低次群是不能直接复接的。在复接前要使各支路输入码流彼此同步并与复接器的定时信号同步。这既是实现复接的前提条件，也是复接面临的主要问题。根据此条件划分的复接可分为 3 种：同步复接、准同步复接和异步复接。

同步复接的优点是不需要进行码率调整，复接效率比较高。同步复接的缺点是主时钟一旦出现故障，相关的通信系统会全部中断。因此，绝大多数国家在将低次群复接成高次群时不采用同步复接而采用准同步复接。准同步复接的最大特点是各支路都具有自己的时钟信号。准同步复接的灵活性比同步复接的灵活性强，而且实现电路不太复杂。

异步复接与准同步复接基本相同，只是前者的码率调整单元电路要复杂一些，而且要适应码率大范围的变化，因此需要大量的存储器才能满足需求。

1. 同步复接

同步复接用一个高稳定的主时钟源来控制被复接的几个低次群，使这几个低次群的码率统一在主时钟的频率上，从而可直接进行复接。理论上不需要调整码率，但是由于每个基群的传输距离不同及线路参数存在差异，这样各基群之间的相位就不同，因此需要先调整相位。在复接设备中，相位调整是通过缓冲存储器来完成的。也就是说，每个基群都先按 2048kbit/s 的速率存入各自的缓冲存储器中，再按二次群的结构在规定的时刻将相应基群的内容取出发往输出电路，通过存和取的时间差异完成相位调整。同步复接只限于局部地区使用。

在同步复接中，虽然被复接各支路的时钟都是由同一时钟源供给的，可以保证其码率相等，但为了满足在接收端分接的需要，还需要插入一定数量的帧同步码；为了复接器、分接器能正常工作，需要加入帧对告码，以及邻站监测和勤务联系等公务码。这样，码率就要增加，还需要进行码率的调整，即需要进行码率变换。码率变换和相位调整都通过缓冲存储器来完成。

下面以基群复接成二次群为例说明码率变换与恢复过程。

已知二次群的码率为 8448kbit/s，8448/4=2112kbit/s。码率变换是为了插入附加码，如帧同步码、告警码、插入码和插入标志码等，从而留出空位。这样可以将码率由 2048kbit/s 提高到 2112kbit/s。由此可以算出，插入码元的支路子帧的长度为 L_s=2112×10³bit/s×125×10⁻⁶s=264bit。可见，各支路每 256 位码中（125μs 内）应插入 8 位码。例如，对于按位数字复接，插入的码元均匀地分布在原码流中，即平均每 256 1832 位码插入 1 位。接收端进行码率恢复，即去掉发送端插入的码元，将各支路码率由 2112kbit/s 还原成 2048kbit/s。码率变换及恢复过程如图 8-35 所示。

在复接端，基群在写脉冲的控制下以 2048kbit/s 的码率写入缓冲存储器，而在读脉冲的控制下以 2112kbit/s 的码率从缓冲存储器中读出。基群处于慢写快读的状态。在图 8-35（a）中，起点时刻 2112kbit/s 的码率读出脉冲滞后于 2048kbit/s 的码率写入脉冲近一个码元周期读出，即留下一个空位。由于读出码率高于写入码率，因此随着读出码位逐渐增多，读出脉冲相位越来越接近写入脉冲相位，读完第 32 位码元后，下一个读出脉冲与写入脉冲可能同时出现，或者出现脉冲还未写入即要读出的情况。这时，禁止读出脉冲即禁读一个码元，也就是插入一个空位。之后，下一个读出脉冲从缓冲存储器读下一位码元，这时读出脉冲与写入脉冲又差一个码元周期。依次循环下去，即构成每 32 位码插入一个空位的 2112kbit/s 的数码流，以供复接合成。

在分接端（接收端），分接出来的各支路码率为 2112kbit/s。在写脉冲的控制下，数码流以 2112kbit/s 的码率写入缓冲存储器；在读脉冲的控制下，数码流以 2048kbit/s 的码率读出。数码流处于快写慢读状态。在起点，码元的写入与读出几乎同时完成。由于读出码率低于写入码率，因此随着码位逐渐增多，读写相位差越来越大，到该写入第 33 位码元时，读出脉冲才读到第 32 位码元。如果此时不进行处理，存储器积存一位，那么随着时间的推移，存储器码位越积越多，会产生溢出。但分接器已知第 33 位是插入码，在写入时扣除了该处的一个写入脉冲，即写入脉冲每隔 32 位停写一次，到第 33 位时读写相位关系与起点处读写相位一致。依次循环下去，2112kbit/s 码流就恢复成 2048kbit/s 的原支路码流。

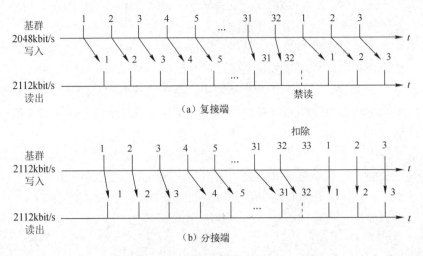

（a）复接端

（b）分接端

图 8-35 码率变换及恢复过程

2. 异步复接

在异步复接中，各低次群各自使用自己的时钟。由于各低次群的时钟频率不一定相等，各低次群的码率不完全相同，因此要先进行码率调整，使各低次群获得同步，再复接。各低次群的标称码率相等，允许有一定偏差。

在异步复接时，4 个基群的标称码率都是 2048kbit/s，各自使用自己的时钟源，并且允许有 ±100kbit/s 的偏差。因此，4 个基群的瞬时码率各不相等。在复接前，需要将各基群的速率由 2048kbit/s 左右统一调整为 2112kbit/s。

码率调整技术分为正码率调整、正频码率调整和正/零/负码率调整 3 种。其中正码率调整具有设备简单、技术比较完善的优点，因此其应用较为普遍。

正码率调整把复接的各支路码率都同步到某一规定的较高码率上。通过人为地在各待复接的支路信号中插入一些脉冲，码率低的多插一些，码率高的少插一些，使这些支路信号在插入适当的脉冲之后变为瞬时码率完全一致的信号。码率调整的主体是缓冲存储器。各基群以原码率逐位写入缓冲存储器，并将写入的频率记为 f_1。同时以频率 f_m 从缓冲存储器中逐位读出各基群的内容。在分接端，分接器先对高次群总信息码元进行分接，再通过标志信号检出电路标志信号，根据此标志信号扣除插入脉冲后恢复出原支路信息码元。正码率调整及恢复过程如图 8-36 所示。

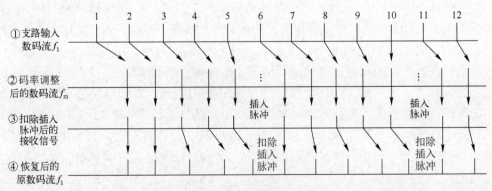

图 8-36 正码率调整及恢复过程

f_m 和 f_1 之间的关系应该是 $f_m>f_1$。读出频率快了，码率也就提高了，但缓冲存储器会读得快而写得慢。最终码率缓冲存储器中的信息被取空，再读出的信息将是虚假信息。为了防止缓冲存储器信息被取空，当缓冲存储器中的信息尚未取空而快要取空时，系统会发出控制信号，停读一次，以相同时差插入一个特定的控制脉冲。在停读时，缓冲存储器的信息就不能读出去，而这时信息仍往缓冲存储器中存入，因此缓冲存储器就增加 1bit。这样就可以继续读取信息，从而完成码率的调整。

实践体验：PCM 基群终端机的指标测试

PCM 基群终端机既可以用来组成高次群，又可以独立使用，与市话电缆、长途电缆、数字微波、光纤等传输信道连接，作为有线或无线电话的时分多路终端设备。

PCM 基群终端机以二线方式连至交换机或电话机。在 PCM 基群终端机内部，接收和发送各需一对线，共有 4 条线，因此要加二/四线转换电路。该电路具有邻端方向传输衰减小、对端方向传输衰减大的特点。

对于 PCM 基群终端机，除每月都需要测量一次主电源及电源变换器的输出电压外，一般还需要每季度或半年进行一次系统测试。通常测试话路的 8 项主要指标：传输电平、频率特性、电平特性、总信噪比、空闲信道噪声、路际可懂串扰防卫度、2Mbit/s 口输出脉冲波形和告警性能。下面对部分指标进行介绍。

1. 传输电平

传输电平指 PCM 基群终端机话路盘二线插孔和四线插孔处的电平。

将正弦波振荡器调整到 900Hz（以下测试的频率均与此相同），阻抗为 600Ω，电平为 −10dBm，用 600Ω 电平表在终端进行测试，各测试点传输电平标准如表 8-3 所示。调整时允许偏差为 0.1dBm，若传输电平不合格，则一般可调整收信音频放大器增益。

表 8-3　各测试点传输电平标准

测　试　点	相对电平（dBm）	测试电平（dBm）
二线发	0	−10
四线发	−13	−23
二线收	−2	−12
四线收	4.3	−5.7

2. 频率特性

频率特性指有效传输频带（300～3400Hz）内净衰减与频率的关系，其测试电路如图 8-37 所示。在四线插孔处测试，测试频率可选 300Hz、420Hz、500Hz、600Hz、900Hz、1020Hz、2040Hz、2400Hz、2600Hz、2800Hz、3000Hz、3200Hz 和 3400Hz 等。用测得的各个频率的净衰减值减去 900Hz 的净衰减值，其差值用 $\Delta\alpha$ 表示。$\Delta\alpha$ 与频率 f 的关系曲线就是频率特性曲线。$\Delta\alpha$ 控制范围如表 8-4 所示。若频率特性不合格，则一般应检查话路盘内的滤波器和均衡网络是否正常。

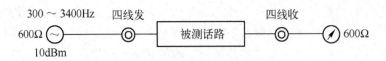

图 8-37　频率特性的测试电路

表 8-4　Δα 控制范围

频率范围（Hz）	Δα（dB）
200~300	-0.5~+1.8
300~2400	-0.5~+0.5
2400~3000	-0.5~+0.9
3000 以上	-0.5~+1.8

3. 电平特性

电平特性是指话路净衰减或净增益与话路输入电平的关系。在理想情况下，话路输出电平随输入电平 L_i（如二线发或四线发等）的增加而线性增加，即话路的净衰减或净增益不随话路输入电平的变化而变化。但受到模拟部分的非线性元器件的影响，实际情况与理想情况略有不同。

电平特性测试电路如图 8-38 所示。振荡器的频率和阻抗分别为 900Hz 和 600Ω。在输入电平 L_i=-10dBm，调整电路净衰减 α=2dB 后，调整外加的可变衰减器，使输入电平在-55~3dBm 之间变化，用电平表终端法测量话路净衰减的变化 $\Delta\alpha$ 或净增益的变化 ΔG。以 L_i=-10dBm 为参考的 $\Delta\alpha$ 或 ΔG 标准范围如表 8-5 所示。

图 8-38　电平特性测试电路

表 8-5　以 L_i=-10dBm 为参考的 Δα 或 ΔG 标准范围

输入电平（dBm）	Δα 或 ΔG（dB）
-55~-50	-3~+3
-55~-40	-1~+1
-40~3	-0.5~+0.5

4. 总信噪比

电路的总噪声包括量化噪声、热噪声、非线性噪声、信道误码及外来干扰产生的噪声等。其中的主要噪声为量化噪声，因为它是不可避免的，所以总信噪比也称为量化失真。

总信噪比的测试方法有两种：一种是利用正弦信源测试；另一种是利用模拟语音随机测试源测试。下面介绍用噪声信号作为测试源的测试。用噪声信号作为测试源测试总信噪比的测试电路如图 8-39 所示。将符合规定的噪声信号送入被测话路的音频输入口，在对应的音频输出口分别用带通滤波器和带阻滤波器分离出信号功率和噪声功率，从而得到总信噪比。输入噪声信号时的总信噪比如表 8-6 所示。

图 8-39 用噪声信号作为测试源测试总信噪比的测试电路

表 8-6 输入噪声信号时的总信噪比

输入电平（dBm）	信噪比（dB）
−55～−34	12～32.2
−34～−27	32.2～33.9
−27～−6	33.9
−6～−3	33.9～26.3

5．空闲信道噪声

空闲信道噪声是衡量 PCM 基群终端机的一项重要指标。空闲信道噪声是指 PCM 基群终端机接通所有话路，每个话路的输入端与输出端均接 600Ω 标准阻抗，在不通话时测得的背景噪声。这种噪声包括热噪声、空载编码噪声、抽样脉冲的泄漏噪声等，其中以空载编码噪声为主。空闲信道噪声一般可用衡重噪声、单频噪声和接收设备的噪声来测试。下面只介绍衡重噪声测试。

衡重噪声测试电路如图 8-40 所示。衡重噪声是指用带有衡重网络的噪声计测量出来的噪声。在测量时，将被测话路音频输入端接 600Ω 电阻，用噪声计在对应音频输出端测量衡重噪声，要求测量值不大于−65dBm。

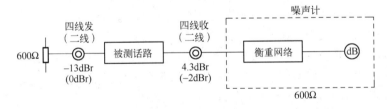

图 8-40 衡重噪声测试电路

6．路际可懂串扰防卫度

路际串扰是指同一个 PCM 系统内各路之间的串扰，分为可懂串扰和不可懂串扰两种。不可懂串扰按噪声处理；可懂串扰会造成失密，应严格禁止。串扰又可分为远端串扰和近端串扰。串扰常用串扰防卫度来衡量。串扰防卫度是指有用信号电平与串扰电平之差。

路际可懂串扰防卫度测试电路如图 8-41 所示。在测试时，首先对被测电路的传输电平进行适当调整，此时测试点有用信号功率已知，然后按如图 8-41 所示的测试电路测试串扰电平，即可得到路际可懂串扰防卫度。要求路际可懂串扰防卫度大于或等于 65dB。

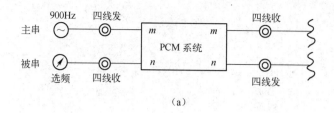

(a)

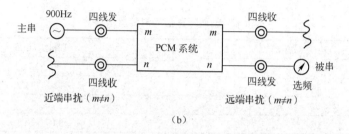

(b)

图 8-41　路际可懂串扰防卫度测试电路

练习与思考

1. 什么是广义信道？什么是狭义信道？
2. 调制信道的主要特性有哪些？
3. 电磁波的发射需要什么条件？
4. 画出无线通信系统的方框图，并简述各单元的组成及作用。
5. 有线信道的传播媒质有哪些？各有何特点？
6. 通信系统中的噪声分为哪几类？各会产生什么样的影响？
7. 信道内主要干扰有哪些？举例说明这些干扰对信道的影响。
8. 香农公式怎样表示？该公式中各符号表示什么？
9. 时分复用和频分复用有什么区别？各有何优缺点？二者分别适用于什么场合？
10. PCM 时分多路复用系统对定时和同步的要求为什么很严格？
11. 按位数字复接和按字数字复接有什么不同？
12. 比较同步复接、准同步复接和异步复接的性能优劣。

单元 9　信道纠错编码

自 20 世纪 50 年代以来，在深空通信和无线通信系统对纠错编码巨大需求的推动下，信道编码几乎每 10 年都会取得一次巨大进步。

信道编码是数字通信的关键技术。在蜂窝移动通信和数字电视广播中，为了使传输过程中数码差错率足够低，并提高数字通信系统的抗噪声性能和可靠性，需要采用信道编码技术对可能或已经出现的差错进行控制。

信道编码的作用是使不规律或规律性不强的原始数字信号变换为有规律或规律性强的数字信号。信道解码则利用这些规律来鉴别是否发生错误，或者纠正错误。

20 世纪 50 年代至 20 世纪 60 年代奠定了线性分组码的理论基础，得出了关于码距的一系列基本极限，提出了 BCH 编解码方法及卷积码的序列解码算法。

20 世纪 60 年代至 20 世纪 70 年代是校验码理论发展的活跃时期，人们开始关注实用化问题，提出了许多有效的解码算法，如门限解码算法和维特比解码算法等。

20 世纪 70 年代至 20 世纪 80 年代，得益于数字信号处理技术的发展，根据频域研究校验码的技术得到重视。同时，大规模集成电路的迅速发展为实现许多较为复杂的编解码系统打下了坚实的物质基础。校验码和调制相结合产生的 TCM 技术成为许多通信技术标准的重要组成部分；校验码和信源码相结合产生的信源—信道联合编码技术至今仍是一个活跃的研究方向。

信道编码在经历了半个多世纪的发展后，Berrou 等学者提出了具有划时代意义的 Turbo 码及其迭代算法。该算法是第一个可以真正逼近信道容量的算法。1996 年，Mackay 等人提出了低密度奇偶校验码（LDPC 码），并验证了这也是一种可以逼近信道容量的编码。如今，LDPC 码已成为第 4 代/第 5 代移动通信的主要编码。

LTE 采用 OFDM 和 MIMO 作为其无线网络演进的标准，在 20MHz 频谱带宽下，能够提供下行 326Mbit/s、上行 86Mbit/s 的峰值速率。LTE 的容量和速率是 3G 网络容量和速率的 100 多倍，并且时延更短。中国移动通信集团公司在上海世博会期间搭建的 TD-LTE 演示网可支持 24 路高清视频的同时传输。

本单元主要介绍当前通信系统中广泛应用的信道编码。

9.1　穿上太空服——信道编码

数字信号的编码包括信源编码和信道编码。经信源编码后的信号要想在信道中可靠传输，必须采取防护措施，这样才能完好无损地到达目的地。信道编码好比为信号穿上太空服，以提高信号传输的可靠性。实现信道编码的主要方法是增大码率或带宽，即增大所需的信道容量，这一点与信源编码相反。

信源码的输出信息码是由"1""0"组成的码元序列（或称为位流）。要使这种位流在信道中可靠地传输，首先要使其频率特性与信道的频率特性相适应，否则位流在传输时会产生波形失真、误码增多及抗干扰性能变差等情况，并且会对邻近频道产生干扰。因此，在传输前必须对其进行处理，将其码型变换成适合信道传输的形式。这种变换过程就是信道编码。

信道码包括数字调制（简称调制）码和校验码。二者均用于克服数字信号在存储/传输通道中产生的失真（或错误），但它们的侧重点不同，前者主要用于克服码间串扰产生的错误，后者主要用于克服外界干扰产生的突发性错误。校验码对误码性能的改善是以降低有效信息传输速率为代价的。对于多进制调制系统，校验码不能使系统性能达到最佳。人们发现，在带限信号不增加信道传输带宽的前提下，将校验码与调制码结合起来加以设计有利于实现误码率最小化。

在信号的传输与接收过程中，根据干扰和信道各种不同的传输特性，通信系统可以通过多种渠道来提高可靠性。例如，信源码字之间互相正交或不相关就能使系统具有一定的抗干扰能力；基带信号选用某些合适的码型可提供一定的抗干扰性；信道的码间串扰通常可以采用均衡的办法纠正。

数字信道传输误码对图像质量的影响是明显的。例如，对于预测编码，当 DPCM 信道中产生误码时，接收机输入端在输入差值信号的基础上叠加了一个误差值，经加法器后，这一误差值又作用于接收端的预测器。根据预测编码原理，这会使下一个及其后续抽样点的预测值产生误差，从而引起误差扩散。对于一维预测，其传输误码将在同一扫描行中向后面各个像素扩散，单个传输误码会在画面的灰暗区表现为一条水平亮线，在画面的明亮区表现为一条水平黑线，使画面呈现某种撕裂状态。对于二维预测，其传输误差会一行接一行扩散，单个传输误码呈现出以"彗星状"向右下方扩散的特征，因误码的亮度电平比画面的亮度电平高，故图中"彗星状"呈现白色。

衡量数字信号传输质量好坏的一个重要指标是误码率。误码率是单位时间内误差比特数与总比特数之比。例如，当 PAL 制亮/色信号以 4：2：2 方式抽样时，Y 信号抽样频率为 13.5MHz，C_r、C_b 分别以 6.75MHz 的抽样频率抽样，若每个样值都采用 10bit 量化，则总的视频传输码率为(13.5MHz+2×6.75MHz)×10bit=270Mbit/s，如果每一电视帧内都有 1bit 的误差，根据误码率的定义，可以分别求出 NTSC 制和 PAL 制两种情况下的误码率，即

$$BER_{NTSC}=30/(270×10^6)=1.11×10^{-7}$$
$$BER_{PAL}=25/(270×10^6)=0.93×10^{-7}$$

误码率越小，所传输的信号质量越好，信道质量也越好。实践证明，如果要求在接收端难以察觉误码图案（像），那么 DPCM 的传输误码率应低于 $5×10^{-6}$；一维预测的传输误码率应低于 10^{-9}；二维预测的传输误码率应低于 10^{-8}；采用冗余度纠错编码，可使误码率由 10^{-6} 降为 10^{-9}。不同的压缩标准对信道的误码率要求也不一样，如 H.261 标准适用于误码率不大于 $1×10^{-6}$ 的 ISDN 信道，而 MPEG 标准适用于误码率不大于 $7×10^{-5}$ 的 ISDN 信道。总之，要提高图像信号的传输质量，采用抗干扰的纠错编码是必不可少的，并且针对不同的信道，要采取合适的调制方式。先进的数字调制技术能在相同的带宽内传输更多的数码流。客观上，数字信号传输的最大特点是数字信号在经过特殊的编码处理（差错编码控制）

后，可以对传输差错产生一定的抵抗力（纠错能力）。因此只要将传输差错控制在一定范围内，接收端就能正确地解码出传输信号。信道编码又称为纠错编码。因为数字电视信号是实时传输与接收的，所以不宜采用"反馈重发"的方法来纠错。此外，基于解码或编解码相结合的多种误码掩盖技术，即对实时传输图像已发生错误的一种弥补技术，近年来逐渐引起人们的关注。

特别提示：信道编码并非指信号经上变频发送出去后在信道中（地面、有线或卫星）的编码，其主要意义是使信号经过编码后便于匹配信道传输和减少差错，其实质是找到适合数字信号在相应信道中安全传输的模式。因此，经信源压缩编码（传输流）后的所有编码（包括交织和卷积等）都可以笼统地划为信道编码。信道编码的一般结构框图如图 9-1 所示。

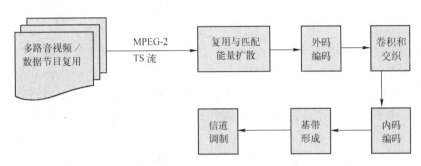

图 9-1　信道编码的一般结构框图

在图 9-1 中，外码编码多为具有很强突发纠错能力的 RS（n,k,t）编码，其中 n 为（缩短）码长，k 为信息位，t 为纠正随机性或突发性错误的码位，通常 n、k、t 分别为 204、188、8。RS 编码的特点是只纠正与本组有关的误码，尤其对纠正突发性的误码有效，适合前向纠错（FEC）。

交织可以使原来顺序发送的数据按一定分布规律发送，从而使突发性干扰造成的成片错误分散开来，便于接收端在纠错能力的范围内纠正错误，即通过交织将系统无法承受或处理的大误码块划分为系统可承受的小误码段。交织过程不增加信号的冗余度，交织技术是对 RS 编码的很好补充，它增强了 RS 编码的纠错能力。交织的基本过程：将外码输入的数据包以连续若干个包为一个单元，一个包一个包地输入存储器，读出顺序和输入顺序不同，在接收端按相应的关系进行去交织。

内码编码一般采用卷积编码，其特点是不仅纠正本组的误码，还纠正其他组的误码。内码编码可以采用不同的编码速率，如 1/2、2/3、3/4、5/6、7/8 等形式。1/2 是指在外码送来的码流中加上 100%的多余码作为校验码。在这种情况下，码的纠错能力大大提高，即使在较低信噪比的环境下也可收到质量很好的信号，但信息传输的速率也下降了一半，同时所需的带宽增加了。7/8 是指内码加入的校验码只占外码送来码流的 1/8，虽然码的纠错能力有所下降，但信息传输速率或信息传输效率（包括信道利用率）得以提高。目前，在数字电视信号（包括 HDTV 信号）的传输过程中，内码编码多使用一定约束长度的网格编码（TCM），即编码与调制结合在一起的 TCM，大大提高了纠错能力。

从信道编码的主要构成可以看出，为提高数字视频信号的纠错能力而引入的冗余码即外码，其内码编码即卷积编码（或 TCM），内码编码引入冗余码的数量比外码编码引入冗余码的数量大。

客观来看，信道是很复杂的，信道编码的形式也因服务质量（QoS）而多样。一般考虑的是加性噪声（AWGN）信道。在数字视频信号传输过程中，信道编码主要包括 RS 编码、交织编码、卷积编码、TCM、QPSK（或 QAM 或 VSB 或 OFFDM），以及上变频与功放等过程。其中 RS 编码与 TCM 是信道编码的核心。不同的调制方式适合不同的传输方式，如 QAM 适合有线传输，VSB 和 COFDM 适合地面传输，QPSK 适合卫星传输等。不同传输信道的质量差别较大，引入纠错编码的类型不尽相同。在一般情况下，有线信道的质量较好，引入的纠错编码（冗余度）较少。

信道编码的分类方法有多种，一般可按下列方法对它进行分类。

（1）根据信息码元和监督码元之间的约束方式不同，信道编码可分为分组编码和卷积编码。如果本码组的监督码元仅与本码组的信息码元有关，而与其他码组的信息码元无关，那么这类编码称为分组编码；如果本码组的监督码元不仅与本码组的信息码元有关，还与本码组相邻的前若干个码组的信息码元有关，那么这类编码称为卷积编码。

（2）根据编码功能的不同，信道编码可分为检错编码、纠错编码和纠删编码等。检错编码仅具备识别错码功能而无纠正错码功能；纠错编码不仅具备识别错码功能，还具备纠正错码功能；纠删编码不仅具备识别错码和纠正错码的功能，并且当错码超过纠正范围时可把无法纠错的信息删除。

（3）根据信息码元与监督码元之间的关系，信道编码可分为线性编码和非线性编码。若编码规则可以用线性方程组来表示，则称为线性编码；反之，则称为非线性编码。线性编码又分为循环编码和非循环编码。

（4）根据编码后每个码元的结构是否保持不变，信道编码可分为系统编码和非系统编码。在系统编码中，编码后的信息码元保持不变；而在非系统编码中，信息码元改变了原有的信号形式。由于原有码元发生了变化，解码电路更为复杂，因此非系统编码较少使用。

（5）根据纠正错误的类型不同，信道编码可以分为纠正随机差错编码和纠正突发差错编码。前者主要用于发生少量独立错误的信道；后者则用于出现大面积连续误码的情况及以突发差错为主的信道。

（6）根据码字中每个码元的取值不同，信道编码可分为二进制编码和多进制编码等。

9.2 未雨绸缪——纠错编码

在实际信道上传输数字信号时，受到噪声或干扰的影响，信号码元波形会变差，传输到接收端后可能发生错误判决，即把"0"误判为"1"或把"1"误判为"0"。有时受到突发的脉冲干扰，错码会成串出现，接收端接收到的数字信号不可避免地会发生错误。为了在已知信噪比的情况下达到一定的比特误码率指标，首先应该合理设计基带信号，选择调制/解调方式，采用时域均衡和频域均衡，使比特误码率尽可能低。但实际上，许多通信系统中的比特误码率并不能满足需求。此时必须采用纠错编码，做到未雨绸缪，这样才能使比特误码率进一步降低，从而满足系统指标要求。随着纠错编码理论的完善和数字电路技术的飞速发展，纠错编码已经成功地应用于各种音视频传输系统中。纠错编码主要用于研究检错码和校验码的概念，以及它们的基本实现方法。

纠错编码的基本实现方法：发送端在被传输的信息中附加一些监督码元，这些监督码元与信息码元之间以某种确定的规则相互关联（约束）；接收端按照既定的规则校验信息码元与监督码元之间的关系，一旦传输出现差错，信息码元与监督码元的关系就会受到破坏，从而接收端可以发现错误并纠正错误。因此，研究各种编码和解码的方法是纠错编码的关键。编码器主要根据输入信息码元产生的相应监督码元来实现对差错的控制，解码器则主要进行检错和纠错。一般来说，纠错编码中增加的监督码元越多，检（纠）错的能力就越强。

在传输数字信号时，往往要进行各种编码。不同的编码方法具有不同的检错或纠错能力，有些编码方法只能检错，不能纠错。一般来说，监督码元所占比例越大（位数越多），检（纠）错能力越强。监督码元位数的多少通常用冗余度来衡量。可见，纠错编码原则上是以降低信息传输速率为代价来换取传输可靠性的提高的。

对纠错编码的基本要求：检错能力和纠错能力尽量强；编码效率尽量高；编码规律尽量简单。

纠错编码涉及的内容比较广泛，前向纠错编码（FEC）、线性分组码（汉明码、循环码）、RS 码、BCH 码、交织码、卷积码、TCM、Turbo 码等都是纠错编码的研究范畴。本单元只对其中的某些内容进行简单介绍。

资讯1 纠错方式

根据噪声或干扰的变化规律，可以将信道分为随机信道、突发信道和混合信道 3 类。不同种类信道中出现的差错也不一样。恒参高斯白噪声信道是典型的随机信道，其中差错的出现是随机的，即各个码元发生错误是互相独立的事件，通常不会成串地出现错误。这种情况一般是由信道的加性随机噪声引起的。

具有脉冲干扰的信道是典型的突发信道，其中的差错是成串（成群）出现的，即在短时间内出现大量错误。通常在一个突发差错持续时间内，开头和末尾的码元总是错的，中间的某些码元可能错也可能对，但错误的码元相对较多。例如，移动通信中信号在某一段时间内发生衰落，出现一串差错；汽车在发动时电火花干扰造成的错误；光盘上的一条划痕等。

短波信道和对流层散射信道是典型的混合信道，其中的随机差错和成串错误都占有一定比例。对于不同类型的信道，应采用不同的纠错方式。

常用的纠错方式有 3 种：检错重发、前向纠错和混合纠错。纠错方式如图 9-2 所示。

1. 检错重发

检错重发又称为自动请求重传，发送端送出能够发现错误的码，接收端收到通过信道传来的码后，解码器根据该码的编码规则，判决收到的码序列中有无错误。若发现错误，则首先通过反向信道把这一判决结果反馈给发送端，然后发送端把接收端认为错误的信息重发，直到接收端认为信息正确。检错重发系统具有多种重发机制，如停发等候重发、X.25 协议的滑动窗口选择重发等。检错重发的特点：需要反馈信道，效率较低，解码设备简单，在突发差错和信道干扰较严重时有效，实时性差。检错重发主要用于计算机数据通信。

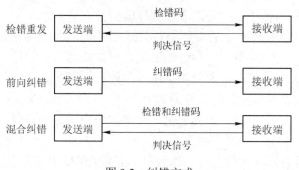

图 9-2 纠错方式

2．前向纠错

在前向纠错方式中，发送端送出能够纠正错误的码，接收端收到该码后自动地纠正传输中的错误。前向纠错的特点：单向传输，不需要反馈信道，实时性好，解码设备较复杂。CDMA2000 标准中使用 Turbo 码、卷积码前向纠错方式。前向纠错是不需要通过反馈信道来传递重发指令的，也不存在反复重发带来的时延，实时性好。纠错设备要比检错设备复杂，纠错能力越强，编解码设备越复杂。同时，选用的码字必须与信道的干扰情况相匹配。为了获得较低的误码率，必须以最坏的信道条件来设计校验码，但所需的冗余码元比检错重发所需的冗余码元多，从而降低了编码效率。

3．混合纠错

混合纠错是检错重发和前向纠错的结合。发送端送出具有自动纠错和检错能力的码，接收端收到该码后，检查错误情况。如果错误在码的纠错能力范围以内，那么自动纠错；如果错误超过了码的纠错能力范围，但能检测出来，那么通过反馈信道请求发送端重发。混合纠错方式具有前向纠错和检错重发的优点，可实现较低的误码率，近年来得到广泛的应用。

资讯 2 纠错编码的基本原理

信道怎样编码才能检错或纠错呢？为了方便大家理解，下面以从鸡场往超市运送鸡蛋为例进行说明。

在运送鸡蛋时，为了不让鸡蛋在运送途中损坏，常将稻壳或泡沫纸等与鸡蛋混放在一起。尽管这样运送的鸡蛋数量有所减少，但轻易不会出现鸡蛋破损的情况。纠错编码与此类似，发送端的信道编码器在信息码元序列中附加一些监督码元。这些监督码元和信息码元之间具有一定的关系，在接收端，信道解码器可以根据这种关系发现或纠正可能存在的误码。

在带宽一定的信道中，总的传输码率是固定的，而纠错编码增加了监督码元，其结果只能以降低传输有用信息码率为代价。可见，增加的冗余数据越多，传输的有效性越差。

1．基本概念

（1）信息码元与监督码元。

信息码元又称为信息序列或信息位，是发送端得到的经过信源编码的被传输原始信息，

通常用 k 表示。监督码元又称为监督位或附加数据比特，通常用 r 表示。监督码元是为了检错而在信道编码时加入的判断数据位。

（2）码字、码组与码长。

码字是由信息码元和监督码元组成的具有一定长度的编码组合。码组是不同信息码元经纠错编码后形成的由多个码字组成的集合。码组或码字中编码的总位数称为码的长度，简称码长。

（3）许用码组与禁用码组。

纠错编码后的总码长为 n，总的码组数为 2^n，即 2^{k+r}。其中，被传输的 2^k 个信息码组通常称为许用码组；其余 2^n-2^k 个不传输的码组称为禁用码组。发送端纠错编码的任务是寻求某种规则，以从总码组 2^n 中选出许用码组；而接收端解码的任务是利用相应的规则来判断及校正收到的码字，以匹配许用码组。

（4）编码效率。

通常把信息码元数目 k 与编码后的总码长 n 之比称为编码效率或编码速率，表示为

$$R = \frac{k}{n} = \frac{k}{k+r} \tag{9-1}$$

编码效率是衡量纠错编码性能的一项重要指标。在一般情况下，监督码元越多(r越大)，检（纠）错能力越强，编码效率越低。

通信系统可靠性的提高是以降低有效性为代价的，纠错编码的目的就是在一定的可靠性条件下，使得编码效率尽可能高，同时保证解码方法尽可能简单。

（5）码重与码距。

在分组编码后，每个码组中非零码元的数目（分组码中 1 的数目）称为码字的重量，简称码重，通常用 W 表示。例如，码字 10110 的码重为 $W=3$。两个等长码组之间对应位置上取值不同（1 或 0）的码元数目称为码组的距离，又称为汉明距离，简称码距，通常用 d 表示。例如，000 与 101 之间的码距为 $d=2$，000 与 111 之间的码距为 $d=3$。对于 (n,k) 码，其许用码组为 2^k 个，码中各码组之间的距离最小值称为最小码距，通常用 d_{min} 表示。最小码距是纠错编码的一个重要参数，是衡量检（纠）错能力的重要依据。

2. 最小码距与检（纠）错能力的关系

设有两个信息 A 和 B，可用 1bit 表示，即 0 表示 A，1 表示 B，最小码距为 $d_{min}=1$。如果直接传输信息码，就没有检（纠）错能力，因为只要出现一位误码，原许用码就会变成另一个许用码，无论是由 1 错为 0，还是由 0 错为 1，接收端都无法判断其是否出错，更不能纠正。

如果信息 A 和信息 B 经过纠错编码后，增加 1bit 监督码元，得到 $(2,1)$ 码组，即 $n=2$，$k=1$，$r=n-k=1$，就具有检错能力。由于 $n=2$，故总码长为 $2^2=4$。同时由于 $k=1$，故许用码组数 $2^1=2$，其余为禁用码组。可以看出，许用码组有两种选择，即 00/11 或 01/10，其结果是相同的，只是信息码元与监督码元之间的约束规律不同。现采用信息码元重复一次得到许用码组的编码方式，许用码组为 00 表示 A，11 表示 B。这时，A 和 B 都具有 1 位检错能力。因为 $A(00)$ 或 $B(11)$ 只要出现一位误码，必将变成 (01) 或 (10)，它们都是禁用码组。因此，接收端完全可以按不符合信息码重复一次的准则来将它们判断为误码，但不能纠正其错误，

因为无法判断误码(01)或(10)是由(00)错误造成的，还是由(11)错误造成的，即无法判定原信息是 A 还是 B，即 A 与 B 形成误码的可能性（或概率）是相同的。如果产生二位误码，即 00 错为 11，或者 11 错为 00，那么原许用码组变成另一个许用码组，接收端无法判断是否出错。通常用 e 表示检错能力（位数），用 t 表示纠错能力（位数）。由上述分析可知，在 $d_{min}=2$ 的情况下，码组的检错能力 $e=1$，纠错能力 $t=0$。

为了提高检（纠）错能力，可对上述两个信息 A 和 B 进行纠错编码，增加 2bit 监督码元，得到(3,1)码组，即 $n=3$，$k=1$，$r=n-k=2$，总码长为 $2^n=2^3=8$。经过编码后，许用码组之间的最小码距 d_{min} 越大，检（纠）错的能力越强。此例中由于 $k=1$，故只有 2 个许用码组，其余 6 个为禁用码组。可见，最小码距取最大值时共有 4 种选择方式，即 000/111、001/110、010/101、011/100。由于这 4 种选择方式具有相同的最小码距，故其抗干扰能力或检（纠）错能力也相同。为了编码直接、简便，选择二重重复编码方式，即按信息码元重复两次的规律来产生许用码组，编码结果为 000 表示 A，111 表示 B，A 与 B 之间的最小码距 $d_{min}=3$。此时的两个许用码组 A 或 B 都具有一位纠错能力。例如，当 A(000)产生一位错误时，将有 3 种误码，即 001、010 和 100，这些都是禁用码组，可确定是误码。与这 3 种误码距离最近的许用码组为 000，另一个许用码组 111 与其距离较远。根据误码少的概率大于误码多的概率的规律，可以判定原来的正确码组是 000，只要把误码中的 1 改为 0 即可实现纠正。同理，如果信息 B(111)产生一位错误，那么可能产生另外 3 种误码，即 110、101 和 011，可以判定原来的正确码组是 111，并能纠正错误。但是，当 A(000) 或 B(111)出现两位错误时，虽然能根据出现的禁用码组识别其错误，但在纠错时会做出错误的纠正而造成误纠错。当 A(000)或 B(111)出现三位错误时，许用码组 A（或 B）将变成另一个许用码组 B（或 A）。这时既检不出错，更不会纠错，因为误码已成为合法组合的许用码组，解码后必然产生错误。

综上所述，可以得到以下结论。

（1）在一个码组内，为了检测 e 个误码，要求最小码距满足 $d_{min} \geqslant e+1$。

（2）在一个码组内，为了纠正 t 个误码，要求最小码距满足 $d_{min} \geqslant 2t+1$。

（3）在一个码组内，为了纠正 t 个误码，同时能检测 e 个误码（$e>t$），要求最小码距满足 $d_{min} \geqslant e+t+1$。

最小码距越大，监督码元越多。因此，若要提高编码的检（纠）错能力，不能仅靠简单地增加监督码元的位数，更要加大最小码距，也就是增强码组之间的差异程度。

3. 基本原理

在从概念上分析纠错编码的基本原理时，可以把纠错能力的获取方法归结为两种：一种是利用冗余度；另一种是噪声均化（随机化）。

（1）利用冗余度。

利用冗余度就是在信息流中插入冗余比特，这些冗余比特与信息比特之间存在特定的相关性。这样，即使在传输过程中个别信息比特被误传，也可以利用相关性从其他未受损的冗余比特中推测出误传比特的原貌，从而保证信息的可靠性。例如，如果用 2bit 表示 4 种意义，那么无论如何也不能发现错误，因为当某一信息被误传为另一信息（如 01 错为 00）时，根本无法判断是在传输过程中由 01 错为 00，还是原本发送的就是 00。但是，如果用 3bit 来表示 4 种意义，那么就有可能发现错误。因为 3bit 的 8 种组合能表示 8 种意义，用它表示 4 种意义尚剩 4 种冗余组合，如果传输差错使收到的 3bit 组合落入这 4 种冗余组合之一，就可判断一定有误传发生了。加多少及加什么样的冗余比特时相关性最好正是纠错编码所要解决的问题，但必须有冗余，这是纠错编码的基本原理。

（2）噪声均化。

噪声均化的基本思想是设法将危害较大且较为集中的噪声干扰分摊开来，使不可恢复的信息损伤最小。这是因为噪声干扰的危害大小不仅与噪声总量有关，还与噪声的分布有关。例如，(7,4)汉明码能纠 1 个差错，如果噪声在 14bit（2 个码字）上产生 2 个差错，那么差错的不同分布将产生不同后果；如果 2 个差错集中在前 7bit（1 个码字）上，那么该码字将出错；如果前 7bit 出现 1 个差错，后 7bit 也出现一个差错，那么每个码字中差错比特的个数都没有超出其纠错能力范围，这 2 个码字将全部正确解码。由此可见，集中噪声干扰（突发差错）的危害比分散噪声干扰（随机差错）的危害更严重。噪声均化正是通过将差错均匀分摊给各码字，来达到提高总体差错控制能力的目的的。

噪声均化的方法主要有如下 3 种。

（1）增加码长。增加码长可使解码平均误差减小，这是因为码长越大，每个码字中误码的比例越接近统计平均值，换言之，噪声按平均数被均摊到各码字上。

（2）卷积。上面的例子都先把信息流分割成组，每组再单独编码，也就是说，相关性局限在各个码字内，而码字之间是彼此无关的。卷积码的出现改变了这种状况。卷积码在一定约束长度内的若干码字之间加进了相关性，在解码时不是根据单个码字，而是根据一串码字来进行判决。如果同时采用适当的编解码方法，就能够使噪声分摊到码字序列而不是一个码字上，达到噪声均化的目的。

（3）交织。交织是解决突发差错的有效措施。突发噪声使码流产生集中、不可纠正的差错，若能采取某种措施对编码器输出的码流与信道上的符号流进行顺序上的变换，则信道噪声造成的符号流中的突发差错有可能被均化而转换为码流上随机、可纠正的差错。带交织器的传输系统如图 9-3 所示。

图 9-3　带交织器的传输系统

交织的效果取决于信道噪声的特点和交织方式。最简单的交织器是一个 1×m 的存储阵列，码流按行输入后按列输出。图 9-4 所示为 5 行×7 列交织器的工作原理。从图 9-4 中可以看到，码流的顺序为 1,2,3,4,5,6,7,8,9…，经交织器后变为 1,8,15,22,29,2,9…。现假设信道中产生了 5 个连续的差错，如果不进行交织，那么这 5 个差错集中在 1 个或 2 个码字上，很可能就不可纠正。采用交织方法，则去交织后差错分摊在 5 个码字上，每个码字仅有 1 个差错。

图 9-4 5 行×7 列交织器的工作原理

资讯 3 简单纠错编码

1. 奇偶校验码

奇偶校验码也称为奇偶监督码，是最简单的线性分组检错编码。奇偶校验可分为奇校验和偶校验，二者的实现原理是相同的。首先把信源编码后的信息数据流分成等长码组，并在每一个信息码组之后加入一位（1bit）监督码元作为奇偶检验位，使得总码长 n（包括信息位 k 位和监督位 1 位）中的码重为偶数（对应码组称为偶校验码）或奇数（对应码组称为奇校验码）。如果在传输过程中任何一个码组发生一位（或奇数位）错误，那么收到的码组必然不再符合奇偶校验的规律，这样就可以发现误码。奇校验和偶校验具有完全相同的工作原理和检错能力，原则上采用哪一种都是可以的。

由于每两个 1 的模 2 相加结果为 0，故利用模 2 加法可以判断一个码组中码重是奇数还是偶数。模 2 加法等同于"异或"运算。下面以偶校验为例进行介绍。

由于偶校验应满足

$$a_{n-1} \oplus a_{n-2} \oplus \cdots \oplus a_0 = 0 \tag{9-2}$$

故监督码元为

$$a_0 = a_{n-1} \oplus a_{n-2} \oplus \cdots \oplus a_1 \tag{9-3}$$

不难理解，奇偶校验码只能检出单个或奇数个误码，而无法检出偶数个误码，也不能检出连续多位的突发误码，故检错能力有限。另外，由于编码后码组的最小码距为 $d_{min}=2$，故没有纠错能力。奇偶校验码常用于反馈纠错法。

实际数据传输中所用的奇偶校验可分为水平（行）校验、垂直（列）校验和水平（行）垂直（列）校验等几种。

2. 行列校验码

行列校验码是二维的奇偶校验码，又称为矩阵码，可以克服奇偶校验码不能发现偶数个差错的缺点，是一种用于纠正突发差错的简单校验码。

为了提高奇偶校验码对突发差错的检测能力，可以考虑用行列校验码。将若干奇偶校验码排成若干行，对每列进行奇偶校验后将其放在最后一行。按照列顺序进行传输，在接收端按照行的顺序检验是否存在差错。这样，奇偶校验码的一致监督关系按行和列组成。每一行和每一列都是一个奇偶校验码，当某一行（或某一列）出现偶数个差错时，在该行（或该列）虽不能发现，但只要差错所在的列（或行）没有同时出现偶数个差错，则这种差错仍然可以被发现。由于突发差错是成串发生的，经过这样的传输后，差错被分散成随机差错，故较容易被检测出来。

设每个字符都由 4 位二进制数组成，并且每 4 个字符为一个奇偶校验组，采用行列校验，如图 9-5 所示。

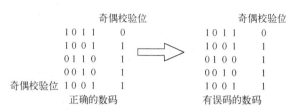

图 9-5　行列校验

当传输过程中出现误码时，如第 3 行第 3 列的 1 错为 0，则第 3 行包括奇偶校验位在内的 1 的个数为偶数，第 3 列 1 的个数也为偶数。这样可以确定第 3 列和第 3 行交叉点的数码 0 为误码，正确数码应为 1。在纠错电路中，只要将这个 0 纠正为 1，就可还原出正确数码。

如果增加奇偶校验位，那么可以大大增强对随机误码的纠错能力。

9.3　武装押运——线性分组码

线性分组码是指信息码元与监督码元之间有某种线性运算关系，并且监督码元的确定只与本码字中信息码元有关，而与其他码字中信息码元无关的一类校验码。这些监督码元好比武装押运人员，确保信息码元在传输途中的安全。由于线性分组码的码字通常是信息码元在前，监督码元在后的系统码，故可表示为(n,k)，其中 n 表示信息分组码总码长，k 表示信息码元位数，$r=n-k$ 表示监督码元位数。线性分组码建立在代数学群论的基础上，各许用码组的集合构成代数学中的群，因此又称为群码。

资讯 1　基本概念

线性分组码(n,k)是由 k 位信息码元和由若干信息码元按规则线性组合成的 $n-k$ 个监督码元构成的码长为 n 的校验码。线性分组码中许用码组为 2^k 个，其余 2^n-2^k 个禁用码组是不能表示所要传输信息的码组。如果线性分组码(n,k)满足 $2^r-1 \geq n$，那么有可能构造出纠正一位或一位以上错误的线性分组码。线性分组码(n,k)中的"线性"既指每个码字的 $n-k$ 个监督码元是若干信息码元的线性组合（模 2 和），又指线性分组码(n,k)的 2^k 个码字集合中的任意 2 个或每个码字的模 2 和仍为该集合中的一个码字。

线性分组码的运算规则：1+1=0, 1+0=1, 0+1=1, 0+0=0；1×1=1, 1×0=0, 0×0=0, 0×1=0。同时，码字 $C_i=(c_{n-1}^i, c_{n-2}^i, \cdots, c_0^i)$ 与码字 $C_j=(c_{n-1}^j, c_{n-2}^j, \cdots, c_0^j)$ 的运算在各个相应比特位上也符合上述运算规则。我们可以把线性分组码(n,k)的每一个码字都看作一个 n 维线性空间中的一个矢量。

线性分组码具有如下两个重要性质。

（1）封闭性，任意两个码组的和还是许用码组。

（2）码的最小距离等于非零码的最小码重。

线性分组码有汉明码、循环码、BCH 码、RS 码等多种。

资讯 2　线性分组码的一般原理

可以将线性分组码与线性空间联系起来，我们知道线性分组码(n,k)的编码问题是如何根据已知的 k 个信息码元求得 $n-k$ 个监督码元，对此，需要用 $n-k=r$ 个线性方程组来求解。

1. 监督矩阵 H 和生成矩阵 G

设在线性分组码(n,k)中，$k=4$，为能纠正一位误码，要求 $r \geqslant 3$。现取 $r=3$，则 $n=k+r=7$。用 a_0、a_1、a_2、a_3、a_4、a_5、a_6 表示这 7 个码元，其中 a_6、a_5、a_4、a_3 为信息码元，a_2、a_1、a_0 为监督码元。以线性分组码$(7,4)$为例，它们的监督关系式为

$$\left. \begin{array}{l} 1 \cdot a_6 \oplus 1 \cdot a_5 \oplus 1 \cdot a_4 \oplus 0 \cdot a_3 \oplus 1 \cdot a_2 \oplus 0 \cdot a_1 \oplus 0 \cdot a_0 = 0 \\ 1 \cdot a_6 \oplus 1 \cdot a_5 \oplus 0 \cdot a_4 \oplus 1 \cdot a_3 \oplus 0 \cdot a_2 \oplus 1 \cdot a_1 \oplus 0 \cdot a_0 = 0 \\ 1 \cdot a_6 \oplus 0 \cdot a_5 \oplus 1 \cdot a_4 \oplus 1 \cdot a_3 \oplus 0 \cdot a_2 \oplus 0 \cdot a_1 \oplus 1 \cdot a_0 = 0 \end{array} \right\} \tag{9-4}$$

式（9-4）中的 $\oplus$ 表示模 2 加。式（9-4）的矩阵形式为

$$\begin{bmatrix} 1110100 \\ 1101010 \\ 1011001 \end{bmatrix} \begin{bmatrix} a_6 a_5 a_4 a_3 a_2 a_1 a_0 \end{bmatrix}^{\mathrm{T}} = \begin{bmatrix} 0 \\ 0 \\ 0 \end{bmatrix} \tag{9-5}$$

简记为 $\boldsymbol{H}\boldsymbol{A}^{\mathrm{T}}=\boldsymbol{0}^{\mathrm{T}}$ 或 $\boldsymbol{A}\boldsymbol{H}^{\mathrm{T}}=\boldsymbol{0}$

$\boldsymbol{H}$ 称为监督矩阵，也称为校验矩阵。$\boldsymbol{H}$ 有 r 行 n 列，$\boldsymbol{H}$ 的每行之间都彼此线性无关。也可将 $\boldsymbol{H}$ 分为两部分，即

$$\boldsymbol{H} = \begin{bmatrix} 1 & 1 & 1 & 0 & \vdots & 1 & 0 & 0 \\ 1 & 1 & 0 & 1 & \vdots & 0 & 1 & 0 \\ 1 & 0 & 1 & 0 & \vdots & 0 & 0 & 1 \end{bmatrix} = \boldsymbol{P}\boldsymbol{I}_r \tag{9-6}$$

$$\quad a_6 \ a_5 \ a_4 \ a_3 \ \vdots \ a_2 \ a_1 \ a_0$$

式中，$\boldsymbol{P}$ 为 $r \times k$ 阶矩阵；$\boldsymbol{I}_r$ 为 $r \times r$ 阶单位矩阵。

若把监督关系式改写补充为

$$a_6 = a_6$$
$$a_5 = \quad a_5$$
$$a_4 = \quad\quad a_4$$
$$a_3 = \quad\quad\quad a_3$$
$$a_2 = a_6 + a_5 + a_4$$
$$a_1 = a_6 + a_5 \quad + a_3$$
$$a_0 = a_6 \quad\quad + a_4 + a_3$$

则可改其矩阵形式为

$$\begin{bmatrix} a_6 \\ a_5 \\ a_4 \\ a_3 \\ a_2 \\ a_1 \\ a_0 \end{bmatrix} = \begin{bmatrix} 1000 \\ 0100 \\ 0010 \\ 0001 \\ 1110 \\ 1101 \\ 1011 \end{bmatrix} \cdot \begin{bmatrix} a_6 \\ a_5 \\ a_4 \\ a_3 \end{bmatrix} \tag{9-7}$$

即 $\pmb{A}^{\mathrm{T}}=\pmb{G}^{\mathrm{T}}\begin{bmatrix} a_6 \\ a_5 \\ a_4 \\ a_3 \end{bmatrix}$，可变换为 $\pmb{A}=[a_6 a_5 a_4 a_3]\cdot\pmb{G}$，式中

$$\pmb{G} = \begin{bmatrix} 1 & 0 & 0 & 0 & \vdots & 1 & 1 & 1 \\ 1 & 0 & 0 & 0 & \vdots & 1 & 1 & 1 \\ 1 & 0 & 0 & 0 & \vdots & 1 & 1 & 1 \\ 1 & 0 & 0 & 0 & \vdots & 1 & 1 & 1 \end{bmatrix} = \pmb{I}_k\pmb{Q} \tag{9-8}$$
$$\qquad\quad \pmb{I}_k \qquad \vdots \qquad \pmb{Q}$$

$\pmb{G}$ 称为生成矩阵，也称为典型生成矩阵；$\pmb{I}_k$ 为 $k\times k$ 阶方阵。如果找到 $\pmb{G}$，那么纠错编码方法即可确定，由信息组和 $\pmb{G}$ 可产生全部码字。$\pmb{Q}$ 是 $\pmb{P}$ 的转置。

在由 $\pmb{G}$ 得出的码组 $\pmb{A}$ 中，信息码元不变，监督码元附加其后，显然这种码是系统码。

2. 校正子 S

设发送码组 $\pmb{A}=[a_{n-1},a_{n-2},\cdots,a_1,a_0]$（在传输过程中可能出现误码），接收码组 $\pmb{B}=[b_{n-1},b_{n-2},\cdots,b_1,b_0]$，则发送码组与接收码组之差定义为 $\pmb{E}$（称为错误图样）。

$$\pmb{E}=\pmb{B}-\pmb{A} \quad （模 2） \tag{9-9}$$

$$\pmb{E}=[e_{n-1},e_{n-2},\cdots,e_1,e_0], \quad e_i=\begin{cases} 0, & b_i=a_i \\ 1, & b_i\neq a_i \end{cases}$$

因此，若 $e_i=0$，则表示该位接收码元无错；若 $e_i=1$，则表示该位接收码元有错。

例如，发送码组 $\pmb{A}=[1\,0\,0\,0\,1\,1\,1]$，错误图样 $\pmb{E}=[0\,0\,0\,0\,1\,0\,0]$，接收码组 $\pmb{B}=[1\,0\,0\,0\,0\,1\,1]$。

令 $\pmb{S}=\pmb{B}\cdot\pmb{H}^{\mathrm{T}}$，称 $\pmb{S}$ 为校正子（也称为伴随式），则

$$\pmb{S}=\pmb{B}\cdot\pmb{H}^{\mathrm{T}}=(\pmb{A}+\pmb{E})\pmb{H}^{\mathrm{T}}=\pmb{A}\pmb{H}^{\mathrm{T}}+\pmb{E}\pmb{H}^{\mathrm{T}}=\pmb{E}\pmb{H}^{\mathrm{T}} \quad （\pmb{A}\pmb{H}^{\mathrm{T}} 为零矩阵） \tag{9-10}$$

由此可见，校正子 $\pmb{S}$ 与错误图样 $\pmb{E}$ 之间有确定的线性变换关系，若 $\pmb{S}$ 和 $\pmb{E}$ 一一对应，则 $\pmb{S}$ 能代表误码的位置。

接收端解码器的任务就是先根据校正子 $\pmb{S}$ 确定错误图样 $\pmb{E}$，再从接收到的码字中减去错误图样 $\pmb{E}$。

资讯3 汉明码

汉明码是一种能纠正单个差错的线性分组码。汉明码是所有能够纠正单个差错的线性分组码中效率最高（码率最大）的。

由奇偶校验码可知，在传输码流中加入一定的检验位可以实现检错，而实现检错的关键是检验位与传输码流之间要有一定的关系。汉明码把信源编码器输出的二进制序列进行分段处理，即首先从二进制序列中取出 k 个信息码元组成信息码组，然后以一定的规律在 k 个信息码元后加上 r 个监督码元，组成码长为 $n=k+r$ 的码字。

对于式（9-2），由于它使用了一位监督码元 a_0，因此它能和信息码元 $a_{n-1}a_{n-2}\cdots a_1$ 一起构成一个代数式，在接收端解码时，实际上是在计算

$$S=a_{n-1} \oplus a_{n-2} \oplus \cdots \oplus a_1 \oplus a_0 \tag{9-11}$$

若 $S=0$，则认为无误码；若 $S=1$，则认为有误码。式（9-11）是一致监督关系式。由于 S 的取值只有 0 和 1 两种，因此它只能代表有错和无错两种信息，而不能指出误码的位置。不难推想，若监督码元增加一位，变成两位，则能增加一个类似于式（9-3）的监督关系式。由于两个校正子的可能值有 4 种组合，分别为 00、01、10、11，故能表示 4 种不同的信息，其中一种表示无错，其余三种就可以用来指示一位误码的 3 种不同位置。同理，r 个一致监督关系式能指示一位误码的 2^r-1 个可能位置。

一般来说，若码长为 n，信息码元的位数为 k，则监督码元的位数 $r=n-k$。若希望用 r 个监督码元构造出 r 个监督关系式来指示一位误码的 n 种可能位置，则要求

$$2^r-1 \geqslant n \text{ 或 } 2^r \geqslant k+r+1$$

在线性分组码(7,4)中，用 S_1、S_2、S_3 表示由 3 个一致监督关系式计算得到的结果，并假设 $S_1S_2S_3$ 码组与误码位置具有一定的对应关系，如表 9-1 所示。

表 9-1　$S_1S_2S_3$ 码组与误码位置的对应关系

$S_1S_2S_3$	误 码 位 置	$S_1S_2S_3$	误 码 位 置	$S_1S_2S_3$	误 码 位 置
0 0 1	a_0	0 1 1	a_3	1 1 1	a_6
0 1 0	a_1	1 0 1	a_4	0 0 0	无错
1 0 0	a_2	1 1 0	a_5		

由表 9-1 可知，当误码位置在 a_2、a_4、a_5、a_6 时，$S_1=1$；否则，$S_1=0$。因此，有

$$S_1=a_6 \oplus a_5 \oplus a_4 \oplus a_2 \tag{9-12}$$

同理，有 $S_2=a_6 \oplus a_5 \oplus a_3 \oplus a_1$ 和 $S_3=a_6 \oplus a_4 \oplus a_3 \oplus a_0$。在编码时，$a_6$、$a_5$、$a_4$、$a_3$ 为信息码元，a_2、a_1、a_0 为监督码元。这样，监督码元可由以下监督关系式唯一确定。

$$\begin{cases} a_6 \oplus a_5 \oplus a_4 \oplus a_2 =0 \\ a_6 \oplus a_5 \oplus a_3 \oplus a_1 =0 \\ a_6 \oplus a_4 \oplus a_3 \oplus a_0 =0 \end{cases} \text{即} \begin{cases} a_2=a_6 \oplus a_5 \oplus a_4 \\ a_1=a_6 \oplus a_5 \oplus a_3 \\ a_0=a_6 \oplus a_4 \oplus a_3 \end{cases} \tag{9-13}$$

由式（9-13）可得到 16 个许用码组，如表 9-2 所示。接收端在收到每个码组后，计算出 S_1、S_2、S_3，如果它们不全为 0，那么表示存在差错，可以根据表 9-1 确定差错位置并予以纠正。例如，接收端收到的码组为 0000011，可计算得出 $S_1S_2S_3=011$，由表 9-1 可知，a_5 上有一个误码。可见，线性分组码(7,4)的最小码距为 $d_{min}=3$，它能纠正一个误码或检测两个误码。如果超出纠错能力，那么会因"乱纠"而出现新的误码。

表 9-2　线性分组码(7,4)的许用码组

序　　号	信息码元 $a_6a_5a_4a_3$	监督码元 $a_2a_1a_0$	序　　号	信息码元 $a_6a_5a_4a_3$	监督码元 $a_2a_1a_0$
0	0000	000	8	1000	111
1	0001	011	9	1001	100
2	0010	101	10	1010	010
3	0011	110	11	1011	001
4	0100	110	12	1100	001
5	0101	101	13	1101	010
6	0110	011	14	1110	100
7	0111	000	15	1111	111

能纠正单个误码的线性分组码称为汉明码。汉明码的特点：码长为 $n=2^m-1$，最小码距为 $d_{\min}=3$；信息码元码长为 $k=2^m-m-1$，纠错能力为 $t=1$；监督码元码长为 $r=n-k=m$。这里的 m 为不小于 2 的正整数，给定 m 后，就可构造出汉明码 (n,k)。

汉明码是一种能以高码率纠正单个误码的高效线性分组码。汉明码及其变形目前已广泛应用于数字通信、数据存储系统和数字广播电视等领域。

9.4　生生不息——循环码

循环码是一种特殊的线性分组码，具有循环特性。循环码的任何一个非全零许用码组在位移 n 次（$n=1,2\cdots$）后，仍是一个许用码组。循环码还具有线性和分组的特征。循环码的优点在于编码和解码简单、易于在设备上实现。实际常用的性能较好的循环码基本都是多元且码长很长的检（纠）错码，如 CRC 码、BCH 码和 RS 码。CRC 编码是一种高效的纠错编码方法，其特点是检错能力极强、开销小、易于用编码器及检测电路实现。因此，在数据存储和数据通信领域，循环码无处不在。著名的通信协议 X.25 的 FCS（帧校验序列）采用的是 CRC-CCITT，ARJ、LHA 等压缩工具软件采用的是 CRC32，磁盘驱动器的读写采用的是 CRC16，通用的图像存储格式 GIF、TIFF 等都采用 CRC。

资讯1　循环码的概念及性质

循环码是线性分组码中重要的一种子类。循环码除具有线性分组码所具有的特点外，还具有循环特性，即循环码中任意一个码字经过循环移位后仍然是该循环码中的码字。

循环码具有许多特殊的代数性质，这些性质有助于按照要求的纠错能力系统地构造循环码，并且简化解码算法。目前，大部分线性码都与循环码有密切关系。循环码还具有易于实现的特点，很容易用带反馈的移位寄存器实现硬件。由于循环码具有码的代数结构清晰、性能较好、编解码简单和易于实现的优点，因此目前计算机纠错系统所使用的线性分组码几乎都是循环码。循环码不仅可以用于纠正独立的随机差错，还可以用于纠正突发差错。

人们常用代数多项式来表示循环码的码字，这种多项式称为码多项式。(n,k)循环码码字的码多项式（以降幂顺序排列）为

$$A(x) = a_{n-1}x^{n-1} + a_{n-2}x^{n-2} + \cdots + a_1 x + a_0 \quad\quad\quad (9\text{-}14)$$

码组中各位码元的数值都是码多项式中相应各项的系数值（0 或 1）。例如，表 9-2 中序号为 4 的码字可用多项式 $A_4(x) = x^6 + x^3 + x^2 + x$ 表示。

循环码的编解码是根据循环特性及多项式代数运算原理实现的。一个二进制码可以用一个以 2 为底的多项式来表示。循环码(n,k)也可以用一个 $n-1$ 次的多项式来表示。循环码中次数最低的多项式（全 0 码字除外）称为生成多项式 $g(x)$。根据循环码的循环特性，将 $g(x)$ 循环移位 $k-1$ 次，可得到 k 个码字，分别为 $g(x)$、$xg(x)$、$\cdots$、$x^{k-1}g(x)$。可以证明，$g(x)$ 是常数项为 1 的 $n-k$ 次多项式，是 x^k+1 的一个因式。循环码的码多项式都是 $g(x)$ 的倍式。

例如，$g(x)$可由 x^7+1 分解因式（系数按模 2 运算，此处的运算规则不同于普通代数）得到，即 $x^7+1=(x^4+x^3+x^2+1)(x^3+x^2+1)$。

在数据通信中，循环码常用于检查数据传输过程中是否产生误码。

循环码具有以下特性。

（1）封闭性（线性）。任何许用码组的线性和还是许用码组。由此性质可知，线性码都包含全零码，并且最小码重就是最小码距。

（2）循环性。任何许用码组循环移位后得到的码组还是许用码组。

资讯 2　循环码的编码方法

在编码时，首先要根据给定的(n,k)值选定 $g(x)$，即从(x^n+1)的因子中选一个 $n-k$ 次多项式作为 $g(x)$。

由前面的讨论可知，所有的码字对应的多项式 $A(x)$ 都可被 $g(x)$ 整除。根据这条原则，可以对给定的信息码元进行编码。

设 $m(x)$ 为码多项式，其次数小于 k。用 x^{n-k} 乘以 $m(x)$，得到的 $x^{n-k}m(x)$ 的次数必小于 n。用 $g(x)$ 除以 $x^{n-k}m(x)$，得到余式 $r(x)$，$r(x)$ 的次数必小于 $g(x)$ 的次数，即 $r(x)$ 的次数必小于 $n-k$。将此余式加信息码元的结果作为监督码元，即将 $r(x)$ 与 $x^{n-k}m(x)$ 相加，得到的多项式必为一个码多项式，因为它必能被 $g(x)$ 整除，并且商的次数不大于 $k-1$。

根据上述原理，循环码的编码步骤可归纳如下。

（1）用 x^{n-k} 乘以 $m(x)$。这一运算实际上是在信息码元之后附加$(n-k)$个"0"。

（2）用 $g(x)$ 除以 $x^{n-k}m(x)$，得到余式 $r(x)$，即

$$\frac{x^{n-k}m(x)}{g(x)} = Q(x) + \frac{r(x)}{g(x)} \quad\quad\quad (9\text{-}15)$$

（3）编出的码组为

$$A(x)=x^{n-k}m(x)+r(x) \quad\quad\quad (9\text{-}16)$$

循环码的编码方法有软件法和硬件法两种。这里简要介绍硬件法的实现原理。编码电路的主体是由生成多项式构成的除法电路。当 $g(x)=x^4+x^3+x^2+1$ 时，循环码$(7,3)$的编码电路如图 9-6 所示。

$g(x)$的次数等于移位寄存器的级数，$g(x)$的 x^0、x^1、x^2、$\cdots$、x^r 的非零系数对应移位寄存器的反馈抽头。首先清零移位寄存器，当输入 3 位信息码元时，门 1 断开，门 2 接通，

直接输出信息码元。当第 3 次移位脉冲到来时，将除法电路运算所得的余数存入移位寄存器。当第4～7次移位时，门2断开，门1接通，输出监督码元。循环码的编码过程如表 9-3 所示，其中输入信息码元为 110。

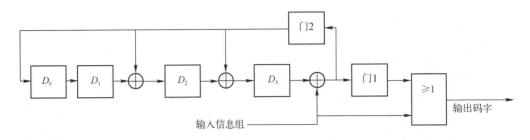

图 9-6   循环码(7,3)的编码电路

表 9-3   循环码的编码过程

移位次序	输入	门 1	门 2	移位寄存器 $D_0D_1D_2D_3$	输出
0	/			0 0 0 0	/
1	1	断开	接通	1 0 1 1	1
2	1			0 1 0 1	1
3	0			1 0 0 1	0
4	0			0 1 0 0	1
5	0	接通	断开	0 0 1 0	0
6	0			0 0 0 1	0
7	0			0 0 0 0	1

资讯 3   循环码的解码方法

接收端解码的目的是检错和纠错。实现检错的解码原理十分简单：由于任一码多项式 $A(x)$ 都应能被生成多项式 $g(x)$ 整除，因此在接收端可以将接收码组 $R(x)$ 用原生成多项式去除，若除得的余项为 0，则认为无错；否则，说明码组在传输过程中出现了差错。需要说明的是，有误码的接收码组也有可能被 $g(x)$ 整除，这时的误码就不能检出了。这种差错称为不可检差错，不可检差错中的误码数必定超过了这种编码的检错能力。图 9-7 所示为循环码(7,3)的解码电路，具体纠错过程这里不再详述。

在接收端，纠错采用的解码方法比检错采用的解码方法复杂。为了能够纠错，要求每个可纠正的错误图样都必须与一个特定余式有一一对应关系。因为只有存在这种一一对应的关系，才可能根据上述余式唯一地决定错误图样，从而纠正误码。因此，纠错原则上可按下述步骤进行。

（1）用生成多项式 $g(x)$ 除以接收码组 $R(x)$，其中，$R(x)=A(x)+E(x)$，$E(x)$ 为错误图样，得出余式 $r(x)$。

（2）根据余式 $r(x)$ 用查表的方法或通过某种运算得到错误图样 $E(x)$。例如，计算校正子并利用类似表 9-3 中的关系，就可确定误码位置。

（3）用 $R(x)$ 减去 $E(x)$，便得到已实现纠错的原发送码组 $A(x)$。

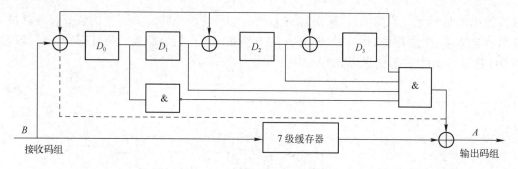

图 9-7　循环码(7,3)的解码电路

纠错解码第（1）步运算和检错解码第（1）步运算相同。纠错解码第（3）步也很简单。纠错解码第（2）步可能需要较复杂的设备，并且在计算余式 $r(x)$ 和确定错误图样 $E(x)$ 时，需要把整个接收码组 $R(x)$ 暂时存储起来。纠错解码第（2）步要求的计算对纠正突发差错或单个差错的编码来说相对简单，但对纠正多个随机差错的编码来说是十分复杂的，这里不展开讨论。

资讯 4　BCH 码

BCH 码是循环码的一个重要子类，具有纠正多个差错的能力。BCH 码是以三个提出者，即博斯（Bose）、查德胡里（Chaudhuri）和霍昆格姆（Hocquenghem）名字的开头字母命名的。BCH 码有严密的代数理论，是目前人们研究较透彻的一类码。BCH 码的生成多项式与最小码距之间有密切的关系，可以很容易地根据所要求的纠错能力构造出 BCH 码。BCH 码的解码器也容易实现，是线性分组码中应用普遍的一类码。

1. 本原循环码

本原循环码在通信领域中占有重要地位。汉明码、BCH 码和某些大数逻辑可解码都是本原循环码。本原循环码的特点如下。

（1）码长为 2^m-1，m 为整数。

（2）本原循环码的生成多项式由若干 m 阶或以 m 的因子为最高阶的多项式相乘构成。

要判断循环码 $(2^m-1,k)$ 是否存在，只需要判断 2^m-1-k 阶生成多项式是否能由 $x^{2^m-1}+1$ 的因式构成。

根据代数理论，每个 m 阶既约多项式一定能除尽 $x^{2^m-1}+1$。例如，当 $m=5$ 时，共有 6 个 5 阶既约多项式，分别为 x^5+x^2+1、$x^5+x^4+x^3+x^2+1$、$x^5+x^4+x^2+x+1$、x^5+x^3+1、$x^5+x^3+x^2+x+1$、$x^5+x^4+x^3+x+1$，这 6 个多项式都能除尽 $x^{31}+1$，并且 $x+1$ 必定是 $x^{31}+1$ 的因式。

2. BCH 码的生成多项式

若循环码的生成多项式为

$$g(x)=\text{LCM}[m_1(x),m_3(x),\cdots,m_{2t-1}(x)] \tag{9-17}$$

式中，t 为纠错个数；$m_i(x)$ 为最小多项式；LCM 表示取最小公倍式。则由此生成的循环码称为 BCH 码。BCH 码的最小码距 $d_{\min} \geqslant 2t+1$，能纠正 t 个差错。BCH 的码长 $n=2^m-1$ 或 2^m-1 因子。码长为 2^m-1 的 BCH 码称为本原 BCH 码。码长为 2^m-1 因子的 BCH 码称为非本原

BCH 码。对于能纠正 t 个差错的本原 BCH 码，其生成多项式为

$$g(x)=m_1(x)m_3(x)\cdots m_{2t-1}(x) \tag{9-18}$$

能纠正单个差错的本原 BCH 码就是循环汉明码。

3. BCH 码的解码

BCH 码的解码方法有时域解码和频域解码两类。频域解码把每个码组都看作一个数字信号，首先对接收到的信号进行离散傅里叶变换（DFT），然后利用数字信号处理技术在频域内解码，最后进行傅里叶逆变换得到解码后的码组。时域解码则在时域内直接利用码的代数结构进行解码。BCH 码的时域解码方法很多，但可纠正多个差错的解码算法十分复杂。常见的时域解码方法有彼得森解码、迭代解码等。

BCH 码的解码基本过程如下。

（1）用 $g(x)$ 的各因式作为除式，对接收到的码多项式求余，得到 t 个余式。这些余式称为部分校验式。

（2）用 t 个部分校验式构造一个特定的解码多项式，它以差错位置数为根。

（3）求解码多项式的根，得到差错位置。

（4）纠正差错。具体内容可参阅相关参考资料。

事实上，BCH 码是一种特殊的循环码，因此它的编码器不但可以像其他循环码的编码器那样用除法器来实现，而且原则上所有适合循环码解码的方法均可以用于 BCH 码的解码。

9.5　断尾求生——RS 码

RS 码（Reed-Solomon Code，里德-所罗门码）是一种适用于多进制、纠错能力很强的非二进制 BCH 码，也称为多元 BCH 码。RS 码应用于众多通信系统，也可作为光盘、磁记录介质等的编码方案，现有数字电视地面广播国际标准也都选用 RS 码作为外码。经过多年发展，RS 码的编解码技术已非常成熟。实用的 RS 码一般都经过了截短处理，所以用"断尾求生"能较为贴切地反映 RS 码的编码过程。

资讯 1　RS 码的结构特点

RS 码是对 1 个单元进行处理（1 个单元可以为 1bit，也可以为 8bit）的线性分组码。RS 码是广泛用于数字电视传输系统中的前向校验码的重要组成部分，是一个符号取自有限伽罗瓦（Galois）域 GF(q)，码长为 n，信息码元位数为 k 的 (n,k) 线性分组码，其中的任何码矢 $c=(c_{n-1},c_{n-2},\cdots,c_1,c_0)$ 都可用码多项式

$$c(x) = c_{n-1}x^{n-1} + c_{n-2}x^{n-2} + \cdots + c_1x + c_0 \tag{9-19}$$

表示，其循环移位 c_i 是一个码字，即

$$c_i=x_i\times c(x)\bmod(x^n-1) \tag{9-20}$$

c_i 也是一个码多项式。确定的 RS(n,k) 循环码可由 GF(q) 上唯一的 $n-k$ 次生成多项式 $g(x)$ 生成，这个码的每个码多项式都可被生成多项式 $g(x)$ 除尽，即每个码多项式 $c(x)$ 可表示为

$$c(x)=m(x)g(x) \tag{9-21}$$

式中，$m(x)$是一个$k-1$次多项式。符号取值在有限域GF(q)内，$g(x)$的根在其扩域GF(q^m)上的码为q进制的BCH码。因此，RS码是q进制BCH码的特殊子集，其码字的符号取值域与$g(x)$根的所在域相同，均在GF(q)上。对于一个能纠正t个差错的RS码(n,k)，它的生成多项式为

$$g(x) = \prod_{i=1}^{2t}\left(x + a^i\right) \tag{9-22}$$

式（9-7）中的a为GF(q)上的本原元素，也是二进制本元多项式的根。RS码参数的关系为

$$n=q-1, \quad k=n-2t \tag{9-23}$$

由此可见，RS码的最小汉明距离为$2t+1$，说明在所有($n,n-2t$)线性分组码中，没有一个码的汉明距离比RS码的汉明距离大，所以RS码的纠错能力是所有线性分组码中最强的。

扩展阅读

伽罗瓦域又称为有限域，是指元素个数有限的域，域中元素的个数称为域的阶，通常用GF(q)表示q阶伽罗瓦域。常用的是GF(2)，即二元域。如果将元素个数按幂次扩展，那么有GF(2^m)，称其为GF(2)的m次扩域。BCH码是基于GF(2)的，RS码是基于GF(2^m)的。

RS码是GF(q)上的BCH码，是特殊的循环码。RS码的纠错编码是在伽罗瓦域的基础上实现的。伽罗瓦域的一个重要性质是，每个GF(q)都至少包含一个本原元素a，它能生成域中$q-1$个非零元素，即$q-1$个非零元素可表示为$a,a^2,\cdots,a^{q-1}$。RS码的重要性质是实际码的最小距离与设计码的最小距离总是相等的。没有一种(n,k)线性分组码的最小距离可以大于($n-k+1$)。最小距离等于($n-k+1$)的码称为最大距离可分（MDS）码，简称最大码。因此，每个RS码都是一个MDS码。省掉RS码的某些信息符号后，分组长度缩短，但其最小距离不变，故任何一个缩短的RS码仍是一个MDS码。此外，伽罗瓦域在其码字内的任何k个位置都可用作信息集合。也就是说，任何一个有限GF(q)上的(n,k)RS码，对于任意k个符号位置，只有一个与这k个位置内q^k种符号组合之一对应的码字。通常，在RS码的编码中，$q=2^m$，m为自然数。

资讯2　RS码的编码

RS码的编码过程较简单，在时域编码时，首先确定GF(q)上的一个本原元素a，构成如式（9-22）所示的生成多项式。设待编码的k位（$k=n-2t$）信息码元为(m_{n-2t-1}, m_{n-2t-2},$\cdots$,m_0)，构成信息多项式

$$m(x)= m_{n-2t-1}x^{n-2t-1}+m_{n-2t-2}x^{n-2t-2}+\cdots+m_1x+m_0$$

用$x^{2t}m(x)$除以$g(x)$，所得余式是一个$2t-1$次多项式，即

$$r(x)=x^{2t}m(x)\bmod g(x) \tag{9-24}$$

于是

$$c(x)=x^{2t}m(x)-r(x) \tag{9-25}$$

能被$g(x)$除尽。这样的RS码的信息码元集中在码字的高($n-2t$)位，称为系统码。用带有反馈的移位寄存器电路容易实现这种编码。DVB-S中的RS码(204,188,8)是RS码(255,239,8)的截短码，RS码(255,239,8)的前51字节都是全0字节，因而不发送。图9-8所示为DVB-S中的RS码(204,188,8)编码电路原理框图。

在图 9-8 中，X^i 为移位寄存器，编码器为 r 级编码器，$r=n-k=204-188=16$，即含有 16 个反馈系数（$g_0 \sim g_{15}$）。实际上这里的反馈系数就是 RS 码中的校验位 16（$16=2t$，t 为纠错位）。因为移位寄存器采用 8 位并入并出的移位寄存器，所以加（乘）法器是模 256 的多项式加（乘）法器，初始时所有寄存器都置零。在 RS 编码器中，加法器和乘法器是主要的运算单元，充分利用特征为 2 的伽罗瓦域元素的加/减法特征，即加/减法运算可表示为异或（XOR）运算。乘法器是实现算法的关键。根据 RS 编码理论，如图 9-8 所示的编码电路的本原（生成）多项式为

$$g(x)=x^8+x^4+x^3+x^2+1 \tag{9-26}$$

本原多项式经编程计算可得每一级的反馈系数。

一般地，由于 RS 码是 $GF(2^m)$ 上的一个符号序列，其中每个符号都由 8bit 构成。因此对于长度为 $n=2^m-1$ 的 RS 码〔这里以 RS 码(204,188)为例〕，其编码过程如下。

（1）首先用随机数产生程序产生一个随机数，判断其是否大于 0.5，若大于 0.5，则令该比特为 "1"；否则，令该比特为 "0"。然后产生下一个随机数，也进行 "0" "1" 判断，直到总比特数等于 $n \times m$。此时，将 $m$bit 作为一组，顺序地将它们编成 n 个 $GF(q^m)$ 上的符号，并将该符号串作为待编码的信息序列。

（2）参照图 9-8 对 RS 码(204,188)进行编码运算，伽罗瓦域上两个元素相乘并使用基于伽罗瓦域的多式乘法理论的快速有限域乘法来进行。在校验位计算的同时输出信息位。

（3）完成 188 位信息位的输出和相应校验位计算后，输出 16 位校验位。

（4）重复步骤（1）～步骤（3），对所有原始信息进行编码。

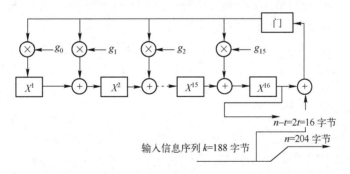

图 9-8　DVB-S 中的 RS 码(204,188,8)编码电路原理框图

资讯 3　RS 码的截短选择

在实际应用中，RS 码的编码同信息码元编码一样，通常取 8bit，即 1 字节为元素，这样的 RS 码分组长度为 255。而一个能纠正 t 字节误码 RS 码的检验位应为 $2t$ 字节。因此，RS 码的码长为 $n=k+2t$，k 为信息码元位数，编码效率为 k/n。在各 HDTV 传输系统中，t 一般取 5～10。

截短的 RS 码应用较广泛，如 RS 码(204,188)、RS 码(208,188)、RS 码(207,187)等。在目前的数字电视传输系统（地面、有线、卫星）中，截短的 RS 码是基本的应用形式。在实践中，截短 RS 码的码率是随着 t 的增加而下降的，换言之，码率是随着算法工作量的增加而下降的。

需要指出的是，编码参数（n、k、t）主要依据信道的性能要求来确定，并且与系统传输的误码率、信道传输的时延及所传输的信息格式等因素有关。其中，误码率起决定性作用。显然，要求的误码率越小，$n-k=2t$ 越大，即所增加的冗余码越多。在某些特殊情况下，引入纠错编码的冗余度约占总码率的 50%，这必然导致有用信息的传输效率下降，并且使整个数字电视的信道编解码系统更复杂。

资讯4　RS 码的解码

客观来说，RS 码的解码比它的编码复杂得多。RS 码的解码过程：先确定差错出现的位置，再确定差错位置的差错值。换言之，解码纠错就是求出错位多项式和差错值多项式的过程。限于篇幅，这里不进行详细说明。

9.6　源远流长——卷积码

上述各种分组码都是将序列切割成信息分组后孤立地进行编解码的，各信息分组之间没有任何联系。这样必然会丧失一部分相关信息，并且信息序列切割得越碎（码字越短），丧失的信息越多。如果把分组码长 n 尽量扩大，则解码复杂度指数上升而实现困难。能否将有限个分组的相关信息添加到码字中从而等效地增加码长？在解码时能否利用前后码字的相关性将前面的解码信息用作后面的解码参考？实践证明这是可行的。Elias 于 1955 年提出了卷积码（又称为连环码），它可以用移位寄存器来实现。在同等码率和相似的纠错能力下，卷积码的实现比分组码的实现更简单。

卷积码其实没有用到信号中的卷积运算，卷积的物理意义是某时刻的系统响应不一定由当前时刻决定，而与之前时刻响应的"残留影响"有关。

资讯1　卷积码的产生

数字通信系统在用 (n,k) 分组码进行纠错控制时，首先将原始数据流划分成若干有 k 个符号的段；然后按照所用的编码规则，对每个有足够符号的段增添 $r=n-k$ 个校验符号，以构成有 n 个符号的码字，并将码字序列送至信道进行传输。值得一提的是，每个码字中的 r 个校验符号都仅是该码字中信息符号的函数，其构成与其他码字无关。但是对卷积码而言，编码后的数据不具有这种简单的分组结构，卷积码的编码器对原始数据流使用"滑动窗口"的工作方式，并产生一串连续的编码符号流，每个信息符号都能影响输出数据流内的有限个连续符号。卷积码编码后的 n 个码元不仅与当前段的 k 个信息有关，还与前面多段的信息有关。

卷积码是一个有限记忆系统，它将信息序列分割成长度为 k 的多个分组，并将 k 个信息比特编成 n 个比特，但 k 和 n 通常很小。卷积码传输时延小，特别适合以串行形式进行传输。与分组码不同的是，卷积码在进行某一分组编码时，不仅参照本时刻的分组，还参照本时刻以前的 $N-1$ 个分组，编码过程中互相关联的码元个数为 nN，N 称为约束长度。$N-1$ 是卷积码的重要参数，为了突出特征参数，常把卷积码写成 $(n,k,N-1)$ 卷积码。

卷积码的纠错性能随 N 的增大而增强，而差错率随 N 的增大依指数规律下降。在编码器复杂度相同的情况下，卷积码的性能优于分组码。但卷积码没有分组码那样严密的数学分析手段，目前大多是通过计算机进行号码搜索的。

卷积码编码器的一般结构如图 9-9 所示。卷积码编码器的组成：一个由 N 段组成的输入移位寄存器，每段都有 k 个寄存器，共 kN 个寄存器；一组 n 个模 2 和加法器，每个模 2 和加法器都是 n 级输出移位寄存器。对应于每段 $k$bit 的输入序列，输出 $n$bit。整个编码过程可以看作输入信息序列与由输入移位寄存器和模 2 和加法器连接所决定的另一个序列的卷积，卷积码因此得名。在 $(n,k,N{-}1)$ 卷积码中，n 为码长，k 为码组中信息码元的个数，编码效率 $R{=}k/n$。

由于卷积码在编码过程中充分利用了各组之间的相关性，无论是理论上还是实际上，均已证明其性能优于分组码，因此卷积码在通信领域应用得越来越多。但目前尚未找到较严密的数学手段将码的构成与其纠（检）错能力有规律地联系起来，一般采用计算机搜索方式来寻找合适的编码方式。另外，卷积码的解码算法有待进一步研究与完善。

卷积码编码器在一段时间内输出的 n 位码元不仅与本段时间内的 k 位信息有关，还与前面 m 段规定时间内的信息码元有关。这里的 $m{=}N{-}1$，在此用 (n,k,m) 表示卷积码。以 $(2,1,2)$ 卷积码为例介绍卷积码的编解码过程，因为 $N{=}2{+}1$，所以约束长度为 6。$(2,1,2)$ 卷积码的编码如图 9-10 所示。

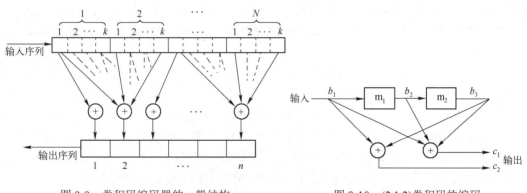

图 9-9　卷积码编码器的一般结构　　　　图 9-10　$(2,1,2)$ 卷积码的编码

在图 9-10 中，m_1 和 m_2 为移位寄存器，它们的起始状态均为零，即 $b_1b_2b_3$ 为 000。$(2,1,2)$ 卷积码编码器输入与输出的时序关系如图 9-11 所示。

输入	b_1		b_2		b_3		b_4		b_5		b_6		…
输出	$c_{1,1}$	$c_{2,1}$	$c_{1,2}$	$c_{2,2}$	$c_{1,3}$	$c_{2,3}$	$c_{1,4}$	$c_{2,4}$	$c_{1,5}$	$c_{2,5}$	$c_{1,6}$	$c_{2,6}$	…

图 9-11　$(2,1,2)$ 卷积码编码器输入与输出的时序关系

根据卷积码的特点，常采用图解表示法对其进行研究。主要的图解表示法有 3 种，即树状图、网格图和状态图。

下面用(2,1,2)卷积码的网格图来进行说明，如图9-12所示。假设输入序列为100110，如果没有出现差错，那么输出为110100111001；如果接收序列中随机出现2位差错，如第4位与第9位出现差错，即接收序列变为110000110001，那么可以通过维特比（VB）算法逐段解码纠错。

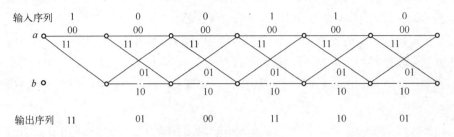

图9-12　(2,1,2)卷积码的网格图

第一段接收序列为11：若走上支路，为 $S0 \xrightarrow{00} S0$，汉明距离 $d=2$；若走下支路，为 $S0 \xrightarrow{11} S1$，汉明距离 $d=0$。原则上保留汉明距离小的，因此选择下支路，放弃上支路。

第二段接收序列为01：若 $S1 \xrightarrow{10} S1$，则 $d=1$；若 $S1 \xrightarrow{01} S0$，则 $d=1$。两支路暂不宜选择，再观察第三段。

第三段接收序列为00：若 $S1 \xrightarrow{01} S0$，则累计上段结果 $d=2$；若 $S1 \xrightarrow{10} S1$，则累计上段结果 $d=2$；若 $S0 \xrightarrow{00} S0$，则累计上段结果 $d=1$；若 $S0 \xrightarrow{11} S1$，则累计上段结果 $d=3$。根据计算结果，选择最小汉明距离，应该选择的路径为 $S1 \xrightarrow{01} S0$，$S0 \xrightarrow{00} S0$。

第四段接收序列为11：若 $S0 \xrightarrow{00} S0$，则 $d=2$；若 $S0 \xrightarrow{11} S1$，则 $d=0$。我们取 $S0 \xrightarrow{11} S1$。

第五段接收序列为10：若 $S1 \xrightarrow{01} S0$，则 $d=1$；若 $S1 \xrightarrow{10} S1$，则 $d=1$。由于此时无法判断是上支路，还是下支路，因此需要观察下一段。

第六段接收序列为01：若 $S0 \xrightarrow{00} S0$，则累计上段结果 $d=2$；若 $S0 \xrightarrow{11} S1$，则累计上段结果 $d=2$；若 $S1 \xrightarrow{01} S0$，则累计上段结果 $d=1$；若 $S1 \xrightarrow{10} S1$，则累计上段结果 $d=3$。因此根据计算结果，选择最小汉明距离 $d_{\min}$，应该选择的路径为 $S1 \xrightarrow{10} S1$，$S1 \xrightarrow{01} S0$。

由此得到最佳路径，判决结果为110100111001，去掉后面的一位监督码元，可以得到序列100110，和发送序列是一致的。传输中的2个差错被纠正了。

资讯2　卷积码的解码

卷积码的解码可分为代数解码和概率解码两类。代数解码利用编码本身的代数结构进行解码，不考虑信道的统计特性。代数解码的硬件实现简单，但性能较差。具有典型意义的代数解码是门限解码。概率解码通常建立在最大似然准则的基础上。由于在计算时利用信道的统计特性，因此提高了解码性能，但这种性能的提高是以增加硬件复杂度为代价的。常用的概率解码方法有维特比解码和序列解码。其中，维特比解码广泛应用于包括图像通信在内的各种数字通信系统，特别是卫星通信系统。

1. 维特比解码

基于最大似然准则的概率解码的基本思想：比较接收序列与所有可能的发送序列，从中选择与接收序列汉明距离最小的发送序列作为解码输出。通常把可能的发送序列与接收序列之间的汉明距离称为量度。如果发送序列长度为 L，那么会有 2^L 种可能序列，需要计算 2^L 个量度并对其进行比较，从中选取量度最小的一个序列作为解码输出。因此，解码过程的计算量将随着 L 的增加而呈指数规律增长，这在实际中难以实现，需要采取一些措施来简化处理。

维特比解码使用网格图描述卷积码，每个可能的发送序列都与网格图中的一条路径相对应。利用网格图的路径汇聚特性，如果在某个节点上发现某条路径已不可能与接收序列具有最小汉明距离，就放弃这条路径。在剩下的"幸存"路径中重新选择解码路径，这样一直进行到倒数第二级。由于这种方法较早地丢弃了那些不可能的路径，因此减轻了解码的工作量。

另外，在维特比解码器中，若解调器输出给解码器的是二元信号，则称该解调器的工作方式为硬判决，此时解码器中信号之间的差别用汉明距离来表示；若解调器输出给解码器的是多电平信号，则称该解调器的工作方式为软判决，此时解码器中信号之间的差别用欧氏距离来表示。软判决方式充分利用接收信号的信息，其性能比硬判决优越，但实现难度较大。数字电视接收中针对卷积码的解码主要采用维特比软判决解码。

2. 门限解码

门限解码又称为大数逻辑解码，是卷积码的第一种实用解码方法。虽然近 20 多年来，维特比解码和序列解码已成为主要的解码方法，但由于门限解码实现简单、解码速度快，并且适用于有突发差错的信道，因此在某些情况下，门限解码仍不失实用性。

门限解码是以分组码为基础的，当它应用于卷积码时，实际上把卷积码看作在解码约束长度含义下的分组码。门限解码的基本思想是计算一组校正子，不过卷积码的校正子是一个序列，因为这时的信息输入和解码输出都以序列形式出现。与维特比解码和序列解码不同，适合进行门限解码的卷积码大都是系统码。

9.7　鸡蛋不要全放在一个筐里——信道编码中的交织技术

为保证在传输时尽可能地少出差错，经过压缩的源编码后的数据信号在调制之前，通常还要进行增加 RS 码和卷积码的信道编码，即在信道编码中为数据流添加冗余码，以便在出现传输差错时，接收机有可能进行差错修正。编码方法的差错修正能力在很大程度上取决于被解码比特序列中的差错分布。实践证明，尽可能使差错均匀分布是最有利于差错纠正的。由于移动无线电信道的传输函数在频域和时域中的特征是在相对宽的范围内有较好的传输质量，而在相对窄的范围内具有较大的传输衰减和很大的群时延失真而出现信号中断。因此相邻的信息单元（符号）同时出现差错的概率一般来说是很大的，即容易形成所谓的块差错效应（群误码）。这种群误码不可能或极难被修正。为了得到一个均匀的差错分布，解决群误码纠错问题，相邻的信息单元在时域和频域中应尽可能远地相互分开传输。这样的工作即交织。交织与 RS 编码不同，它不会引入冗余码。

资讯1 交织过程

从处理的角度来看，前面提到的各种误码可分成两类：随机误码和群误码。随机误码是指出错位随机分散在码元序列的各处，检错和纠错比较容易的误码。群误码是指连续多位出错，纠正起来比较困难的误码。人们通常采用交织技术来纠正群误码。

交织是指改变编码后数码流的顺序，恢复时按原来的顺序重排。前者称为交织或交错，后者称为去交织或去交错。交织码流产生的群误码在接收端处去交织后，信息误码成为随机误码，或者说先经过交织把群误码打乱分散，再用具有纠错能力的校验码进行随机误码校正。交织与校验码的结合极大地提高了误码校正能力。为了进一步提高交织法化解更长群误码为随机误码的能力，在实际使用中，采用更为复杂的交织方法。在进行交织时，既可以位（bit）为单位进行交织处理，又可以块（连续几位，如字）为单位进行交织处理。

1. 寄存器交织/去交织

最简单的交织处理是对一个寄存器进行不同方向的读入及读出。下面以水平方向读入，垂直方向读出（去交织为相反操作）进行说明。

这里以信息码 ABCDEFGHIJKLMNOPQRSTUVWXabcdefghijklmnopqrstuvwx123456789①②③④⑤⑥⑦……为例。在交织时，将该信息码读入 8 位寄存器，读出的数码排序打乱为 AIQaiql9BJRbjr2①CKScks3②DLTdlt4③EMUemu5④FNVfnv6⑤GOWgow7⑥HPXhpx8⑦……。

在传输过程中，若 AIQaiql9 发生群误码，如变为********，接收端去交织后数据流恢复原排序，则这时信息码变为*BCDEFGH*JKLMNOP*RSTUVWX*bcdefgh*jklmnop*rstuvwx*23456789①②③④⑤⑥⑦……，群误码成为随机误码。

在交织时将原数码拆散得越乱，一旦产生群误码，则在去交织后成功化解为随机误码的机率越大。交叉交织、交织延迟就遵循这个原则。

2. 交叉交织

交叉交织编码是指在交织之前求出校验码 P 和在交织后求出校验码 Q，将 P 和 Q 随数据记录下来，如图 9-13 所示。

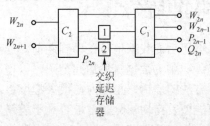

图9-13 交叉交织编码过程

在 C_2 中，对应 W_{2n} 和 W_{2n+1} 这两个数据字，生成一个检验字 P_{2n}。同样，在 C_1 中，对应 W_{2n}、W_{2n-1} 和 P_{2n-1} 这三个字，生成一个检验字 Q_{2n}。在 C_2 和 C_1 之间插入交织延迟存储器，用于改变 C_2 和 C_1 的码序列。例如，设 C_1 和 C_2 都具有单纠错能力（能校正一个误码），二者组合可以具有三种纠错能力。不能纠正的只是 C_1 和 C_2 序列都各有 2 个误码的差错。

交叉交织的具体做法是，将编码后数据流中的 8bit（1 个字）作为一个单元，首先对数个字进行奇偶监督码元纠错编码，然后打乱排序，对延迟后的字组再次进行奇偶监督码元纠错编码。作为校验码，P、Q 各自不能纠正两个连续的误码，但二者的结合可以纠正两个连续的误码。

下面根据图 9-14，简单地以对第 4 帧的 4 个数据进行交叉交织处理为例加以说明。从图 9-14 中可以看出，数据在交叉交织前，第 4 帧～第 7 帧的数据排列顺序为 13,14,…,27,28，根据相关规则进行交叉交织处理后，第 4 帧的 4 个数据中除第 1 个数据（13）的位置保持不变外，第 2 个数据（14）被移至第 5 帧的第 2 个数据的位置上；同理，第 4 帧的后面两个数据（15 和 16）也分别被移至第 6 帧和第 7 帧的第 3 和第 4 个数据的位置上。可见，数据原来的顺序被打乱了。

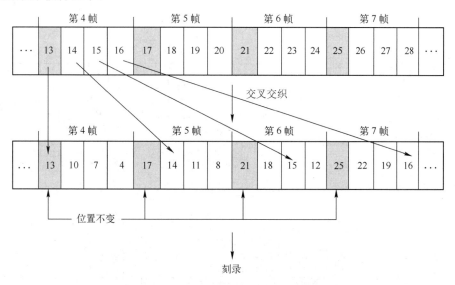

图 9-14　交叉交织

如图 9-15 所示，为了说明交叉交织可以提高纠错的能力，我们不妨假设存储在光盘上记录第 7 帧数据的位置被刮伤。在重放时，第 7 帧损坏的数据（25，22，19，16）被读出，去交叉交织后，原来连在一起的 4 个损坏的数据（25，22，19，16）被分配到不同的帧当中，即除数据 25 仍在原来的位置外，其他 3 个数据（22，19，16）都分别分配到第 6 帧、第 5 帧和第 4 帧当中。可见，群误码的风险被分散到各个帧内，这样便于实施帧内纠错，减少数据的误码率。

3．交叉交织里德—所罗门码

交叉交织里德—所罗门码（Cross Interleaved Reed-Solomon Code，CIRC）是两个里德—所罗门码的套用。CIRC 在里德—所罗门（RS）码的基础上除增加二维纠错编码外，还将源数据打散，并根据一定的规则进行扰频和交织编码，使数据交叉交织，即使数据出现差错也很难连续起来，从而大大提高整体的纠错能力。

RS 码的信息单元为 24，增加 4 个监督码元 $Q_1Q_2Q_3Q_4$ 形成[28、24]C_1。将 C_1 作为信息单元进行一次 RS 编码，又增加 4 个监督码元 $P_1P_2P_3P_4$，最终形成[32、28]C_2。这样的连环可大大提高信息码（监督码元 $Q_1Q_2Q_3Q_4$）误码的纠错能力。

以帧为单位进行的 CIRC 编码如图 9-16 所示。

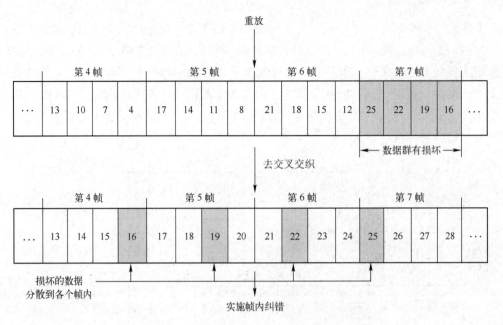

图 9-15　去交叉交织

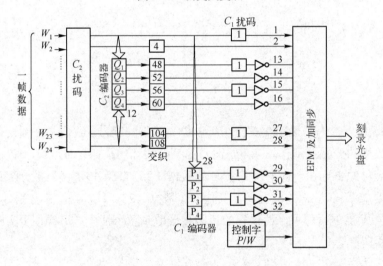

图 9-16　以帧为单位进行的 CIRC 编码

（1）C_2 编码和 C_1 编码过程。

数据在编码过程中，为了保证帧数据的可靠，每个原始数据帧（24 字节）都要插入 8 字节的校验码，校验码包括 Q 校验码和 P 校验码，各占 4 字节。C_2 编码和 C_1 编码实际是由 C_2 编码器和 C_1 编码器分别产生 P 校验码和 Q 校验码，并将其插入帧的过程。校验码的插入分两步完成，编码的顺序为 C_2 编码在前，C_1 编码在后。

① C_2 编码。在进行 C_2 编码之前，要首先进行 C_2 扰码，原始数据帧（24 字节）F_1 被分成 6 个大组（每组 2 字节），奇数组不延迟，偶数组延迟 2 字节，然后进行交织，使前后帧数据交叉并顺序交织（称为扰频交织编码）。交织得到的数据插入 C_2 编码器生成的 4 字节 $Q_1Q_2Q_3Q_4$ 校验码后变为 28 字节的数据，C_2 编码后的第 1 字节不延迟，第 2 字节延迟 4 帧，第 3 字节延迟 8 帧……。如此反复，直至第 28 字节延迟 108 帧。也就是说，C_2 编码后的

28 字节将被有规律地分散到 109 帧中，如图 9-17 所示。

值得注意的是：一方面，偶数组数据经过 2 字节的延迟（意味着延迟两帧）及交织之后，偶数组已经不再是原来 F_1 帧的源数据，而是当前帧的前两帧中的偶数组数据，原始 F_1 帧偶数组将在后两帧的交织编码中出现；另一方面，对于交织得到数据（24 字节）插入 C_2 编码器生成的 4 字节 Q 校验码，其输出的数据已变为 28 字节。由此可见，C_2 编码并不是针对原始 F_1 帧数据进行的。

② C_1 编码。从 C_2 编码器输出的 28 字节数据经过存储器按一定规律进行延迟（交织）处理后，加到 C_1 编码器中（C_1 扰码）。C_1 编码器是一个 (32,28) 编码器，它将交织后的数据（含交织后的 Q 校验码）进行编码运算，先产生 4 字节的校验码 $P_1P_2P_3P_4$，使数据变为 32 字节，再经过 1 字节的延迟后输出。由此可见，C_1 编码的对象中包含 C_2 编码，也承担对 Q 校验码进行保护的任务。

为什么采用先 C_2 编码后 C_1 编码的编码顺序呢？因为如果按原始 $F_1 \rightarrow C_1$ 编码 $\rightarrow C_2$ 编码的顺序插入 P 校验码和 Q 校验码，一旦这一帧的 24 字节中出现连续大量的误码，那么仅凭 CIRC 的设计，纠错能力仍然有限。若按原始 $F_1 \rightarrow C_2$ 编码 $\rightarrow C_1$ 编码的顺序插入 P 校验码和 Q 校验码，则源数据被分散到不同的数据帧中，将大大提高单个数据帧的纠错能力。理论上，即使 24 字节原始数据都有问题，但由于每字节最终都分散在间距为 4 的 28 个帧（跨度为 109 帧）中，因此这些数据有可能被完全修复。显然，这是进行交叉交织处理带来的好处。

（2）C_1 解码和 C_2 解码过程。

解码过程涉及纠错，解码顺序与编码顺序相反，即先 C_1 解码，后 C_2 解码，编码时延迟的，解码时不延迟，编码时不延迟的则根据规则进行延迟以去交叉交织进行数据还原。

如图 9-18 所示，来自 EFM 解调器的 32 字节数据经 1 字节延迟后，进入 C_1 解码器进行 C_1 解码纠错，随后经 4 字节延迟、C_2 解码纠错、2 字节延迟、去交叉交织还原出 F_1 帧原始 24 字节数据。

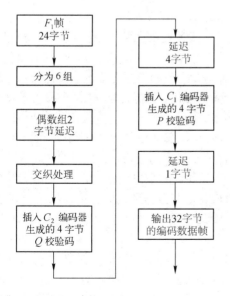

图 9-17　C_2 编码和 C_1 编码过程

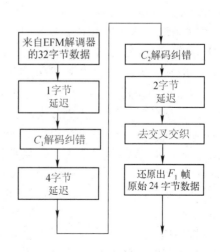

图 9-18　C_1 解码和 C_2 解码过程

C_1 和 C_2 解码是必经的过程，不管 C_1 解码过程中有没有差错，都要进行 C_2 解码。如果有 C_2 差错，那么一定有 C_1 差错；但如果有 C_1 差错，则不一定有 C_2 差错。因此，在业界标准中，没有对 C_2 差错率进行明确规定，而更多地对 C_1 差错率进行了规定。值得注意的是，C_1 解码和 C_2 解码的对象完全不同，这意味着 C_1 纠正不了的差错，C_2 能纠正，而不是 C_2 的纠错级别比 C_1 的纠错级别高。CIRC 解码及纠错如图 9-19 所示。

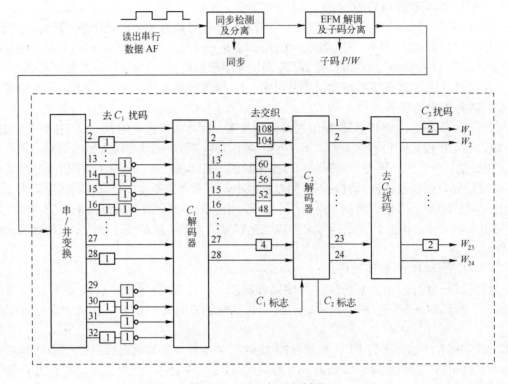

图 9-19 CIRC 解码与纠错

在图 9-19 中，计算机从光盘上读出的串行射频数据由同步检测电路判断出每帧数据的开始，同时，同步信号分离出去用于进行主轴电机恒线速控制。每帧数据经 EFM 解调后，都得到以 8bit 为单位的多字节串行二进制数，并将一字节控制子码 P/W 从中分离，得到纯粹的 CIRC 数据。每帧 CIRC 数据都有 32 字节。这 32 字节的数据首先经去 C_1 扰码，即将偶数字节延迟 1 字节，并将 P 校验码和 Q 校验码反相后加至 C_1 解码器。C_2 解码器接收 32 字节的码，用其中 4 字节的 P 校验码进行检测和纠正输入 C_1 解码器数据的错误，只要输入 C_1 解码器数据的误码不多于 1 字（无错或有一个字错），那么经 C_1 解码器解码纠错后，C_1 解码器就会输出 28 字节的正确数据。若输入 C_1 解码器数据的差错不少于 2 字节，则 C_1 解码器不对其进行纠错，直接将其送出，同时对每字节都设一个出错标志，并输出一个未能纠错的标志，加到 C_2 解码器上。C_1 解码器输出的 28 字节数据经过去交织存储器，各字节延迟不同的字节长度后，加到 C_2 解码器上。这种延迟（去交织）可使未能经 C_1 解码器纠错的 2 个或 2 个以上出错字节打散成随机误字节，以便 C_2 解码器实施纠错。如果带有出错标志的字不多于 4 字节，那么 C_2 解码器最多可校正 16 帧。C_2 解码器在纠错时，用到 4 字节的 Q 校验码，从而得到 24 字节的数据。如果超出了 C_2 解码器的纠错能力，那么 C_2 解码器直接将其送出，同时由 C_2 解码器送出出错标志，以通知后续电路采取补救措施（如平滑或插补）。从 C_2 解码器送出的 24 字节数据，再经去 C_2 扰码，即奇数字节延迟 2 字节，从而将数据恢复为未进行 CIRC 编码记录时的顺序。由于 CIRC 纠错需要记录一些纠错冗余信息，因此光盘上的记录容量会降低 25%左右。

在数字电视的信道编码中，基本的交织器就是采用二维存储器阵列实现的块交织器，或者是同时读入和读出的同步交织器，它们都首先将输入的数据按行读入存储器，然后按列读出。目前在数字电视的信道编码中，带有先入先出（FIFO）寄存器的同步交织器较多。交织器的关键参数有交织深度 M 和分支数 B，它们与 $RS(n,k)$ 的关系为

$$n=M \times B \qquad (9\text{-}27)$$

资讯 2　卷积交织与去交织

去交织器具有发射端卷积交织器的准确逆功能，利用 1/6 数据场深度和段间的分散特性可以处理持续期约为 193μs 的突发噪声。当有强 NTSC 同频信号通过 NTSC 抑制滤波器时，由于 NTSC 同频信号垂直边缘会产生短突发脉冲，因此卷积交织和 RS 编码可获得可靠的处理。

在卫星信道中，$RS(204,188,)$（$t=8$）码是最常用的。卷积交织与去交织的方法如图 9-20 所示。

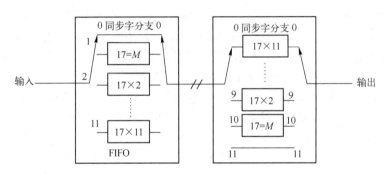

图 9-20　卷积交织与去交织的方法

在图 9-20 中，交织器由 12 个分支构成，由输入开关周期性地把输入字节流从各路输入。每路都是深度为 $M \times B$ 个单元的 FIFO 移位寄存器，其特点是数据按行写入移位寄存器，按列读出，每次写入和读出的都是 1 字节，并且写入和读出在时间上是同步的。这里的 M（$M=n/B=204/12=17$）为误码保护帧长度，实际为交织深度，B 为分支号。在交织端，$B=0$ 时有最小时延。卷积交织器由 0～11 行构成，第 0 行直通；第 1 行由 FIFO 移位寄存器组成，存储容量为 $M=17$ 字节，以后逐行按 17 的倍数增加。每个 FIFO 单元大小都为 1 字节，并与输入和输出同步。由于去交织器和卷积交织器的分支号是相反的，因此在去交织端，$B=0$ 时有最大时延。去交织器的同步可通过将第一个识别到的同步字节输出到 0 号分支来实现。

可见，经过卷积交织后，同一个误码包中任意两字节的最小距离为 12 字节，而 $RS(204,188,)$（$t=8$）码的最大纠错能力为 8 字节。卷积交织以后，可以纠正的最大由突发干扰造成的误字节长度为 8×12=96 字节，大大提高了系统的纠错能力。

重要提示：交织技术之所以具有较强的纠错能力，是因为其本身可以纠正 t 个随机差错码字序列，经交织深度为 M 的交织后，可以纠正所有长度小于或等于 $B \times f$ 的突发差错（包括随机差错），使纠错性能至少提高一个数量级。交织技术实施成功的关键是交织深度的选择。交织深度过大，寄存器（或存储器）数量多，时延大，交织系统复杂。通常，交织深度根据编码信道的差错统计规律、RS 码的纠错能力和系统对误码率的要求等因素确定。在满足系统对误码率要求的情况下，应尽可能减少解码的约束度，以降低设备成本。在已知信道的平均衰落时间、衰落速度、平均误码率的情况下，可计算出交织深度的大小。对于一般的随机干扰信道，交织深度通常取 5B；而对于存在随机差错和突发差错的信道，交织深度可取 10～20B。交织深度的单位是 Byte（字节），简写为 B。

9.8 内外并重——Turbo 码

Turbo 码适用于高速率且对解码时延要求不高的数据传输业务，可以降低对发射功率的要求，并增加系统容量。WCDMA、TD-SCDMA 和 CDMA2000 均使用了 Turbo 码，LTE 也将 Turbo 码写入了标准。

Turbo 码是一种基于广义级联码的编码方案，代表着纠错编码研究领域内的重大进展。Turbo 码在加性噪声信道中进行信噪比为 0.7dB、码率为 1/2 的常规信道编码时，可使比特误码率为 10^{-5}。Turbo 编码也是一种纠错编码，其编码端由两个或更多卷积码并行级联构成，解码端采用基于软判决信息输入/输出的反馈迭代结构。理论上，Turbo 码的性能已非常接近信道编码的极限（误码率为 10^{-3}～10^{-1}）。

由于传统的信道编码以串行结构的 RS 码、卷积码和 TCM 码为校验码的重要组成部分，并且采用软判决的维特比算法，因此对应信道的传输质量（一般误码率在 10^{-3} 以下）较好。加入校验码会使误码率有较大的降低，特别是当误码率小于 10^{-5} 时，仅采用前向纠错（FEC）就可使传输质量大为改善。但是当误码率在 10^{-3} 以上，或者说要求传输信号的信噪比较小时，加入校验码不会使系统性能产生明显的改善，反而在一定程度上降低了传输效率。因为当要求的差错率很低时，需要采用非常长的编码，这就需要使用非常复杂的解码运算，甚至不可能实现解码。

以上校验码就是传统的串行级联码。串行级联码由两个子码，即内码和外码级联而成，这两个子码取自不同的域并通过交织器串接而成。其中，内码 C_i 是有限域 GF(2) 上的 (N,K) 码，外码 C_o 是有限域 GF(2^k) 上的 (n,k) 码。以 (n,k) 为外码、(N,K) 为内码的级联分组码的编解码系统结构如图 9-21 所示。

图 9-21　以 (n,k) 为外码、(N,K) 为内码的级联分组码的编解码系统结构

内码主要用于检错及判别差错位置，并纠正少量差错；外码的主要功能为纠错，即通过外码的解码纠正内码未能纠正的全部差错，这些差错可能具有独立差错或突发差错的统计性质。在接收端，首先进行信道解调，然后进行内码解码和外码解码。

资讯1 软输出解码及并行级联卷积码

传统的级联码是串行结构，其性能取决于内码输出误码率和外码纠错能力的级联。由于理论上软判决解码比硬判决解码性能提高了 2dB，因此能进行维特比软判决解码的卷积码作为纠错编码的内码在近代通信领域的应用十分广泛。为了使外码解码也能用软信息，同时简化外码解码的算法，人们提出了一种名为 Bahl 的软输出算法。软输出解码算法使得用解码简单的卷积码作为级联码的外码成为可能，其基本思想是，先用 Bahl 算法得到内码的软解码输出，去交织后再进行外码的软判决维特比解码。也就是说，Bahl 算法可以对内码进行软解码输出并为外码提供软判决输入，从而进一步改善信道编码的性能。然而，这种性能的改善依然是级联式的，是外码的软解码输出特性与内码的输入/输出信噪比特性的级联。

由于 Bahl 算法可以对内码进行软解码输出并为外码提供软判决输入，因此通过对外码进行软输出解码并反馈到内码解码，可进一步提高信道编码的性能。目前能够理想地实现这种功能的就是并行级联卷积码，如 Turbo 码。典型的并行级联卷积码结构如图 9-22 所示。

在图 9-22 中，开关单元是为调整总编码速率而设置的，即对两次编码的校验序列进行节选和复接，以便调整实际的校验位数。开关单元的基本工作原理：两个码可以互不影响地交替解码，并通过系统码信息位的软判决输出相互传输信息进行迭代解码。值得注意的是，两个码之间经过交织处理后，用于解一段连续码符号的反馈信息分别来自前一次解码的分散码符号，交织长度满足使相邻反馈符号的相关性降低到最小的条件，此时只要从反馈符号似然信息中除去已用过的该符号本身的信息，消除正反馈，即可实现迭代解码。

Turbo 码编码器结构如图 9-23 所示，图中 D 是寄存器。Turbo 码编码器基本编码过程：未编码的数据信息，即输入信息流 $u=(u_1,\cdots,u_N)$ 直接进入编码器 1，与此同时，u 经交织后进入编码器 2。

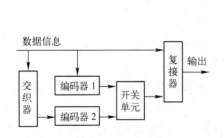

图 9-22 典型的并行级联卷积码结构

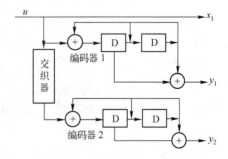

图 9-23 Turbo 码编码器结构

资讯2 Turbo 码的解码

Turbo 码采用的是迭代解码。Turbo 码解码器结构如图 9-24 所示。

在图 9-24 中，x_k 为信息符号序列，z_k 为外码，y_{1k} 和 y_{2k} 为校验序列。解码器 1 和解码器 2 都采用软输出解码算法，并且解码器 2 的软输出信息经去交织后反馈至解码器 1，目的是除去已用过的本支路输出符号中该符号本身的信息，实现判决解码的准确无误。

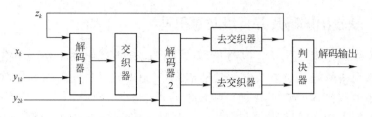

图 9-24　Turbo 码解码器结构

由于标准维特比解码算法无法给出已被解出比特的后验概率等软输出信息，因此需要对标准维特比解码算法进行修正：在每一次删除似然路径时都保留必要的信息，把这一信息作为标准维特比解码的软输出，形成事实上的软输出维特比解码算法。此外，目前还有一种基于码元的最大后验概率解码算法，即 MAP 算法。MAP 算法是 Turbo 码的最早解码算法，它采用对数似然函数，即后验概率比值的对数值作为其软判决输出。对于线性块编码和卷积编码，MAP 算法能使比特误码率最小。软输出维特比解码算法具有计算简单、存储量小、易于硬件实现等优点，因此得到广泛应用。

资讯 3　Turbo 码的性能分析

一种编码的误码性能不仅取决于信道，还与其码距紧密相关。例如，v_i 和 v_j 两个码字距离越远，把 v_i 错译成 v_j 的概率越小。Turbo 码采用并行结构的级联系统码，这两个系统码分别对交织前后的信息序列进行编码，得到相应的校验序列。显然，影响误码性能的主要因素是低重量（1 的个数）信息序列编码后的校验重量。不同的低重量信息序列经过一次分量的卷积编码后，它们的校验重量是不同的，而仅靠卷积码的码重是不足以提供接近极限的解码性能的。若大部分具有低校验重量的信息序列经交织后都进行再次编码，则可获得较高的校验重量。从总体上看，大部分码字都有较大的码重，这样就可以提高误码性能。换言之，尽管从某个分量码看，v_i 和 v_j 的编码距离较近，但只要它们在另一个分量码中有较远的距离，还是很容易把它们分开的。软输出迭代解码算法正好符合这种情况，即在处理距离较近的分量码时，软输出算法对 v_i 和 v_j 求同存异，即对 v_i 和 v_j 中不同的码元给出一个模糊输出（软输出），留待另一个分量码解码算法处理，直至满意。

总而言之，Turbo 码的优越性主要体现在如下方面。

① Turbo 码使用软输入信息与软输出信息，软输出信息比硬比特信息更能准确地传输信息。

② Turbo 码使用迭代解码，可以充分利用码元符号内含的信息。迭代解码也是 Turbo 码解码中的关键组成，每一次迭代解码都将输出一个更可靠的结果。

③ Turbo 码使用交织器。交织器的性能影响着 Turbo 码的纠错性能。交织器对进入子编码器的信息序列去相关，使各个子解码器可以彼此独立地进行解码，从而使软判决信息可以相互利用，进而使判决结果逐渐准确。这就使得 Turbo 码解码性能远远好于其他类型解码的性能。

9.9 瞒天过海——低密度奇偶校验码

低密度奇偶校验码（LDPC）是一种分组码，但由于其码长太长，需要较大的存储空间，编码极其烦琐复杂，因此很长时间无人问津。后来，人们采用了"瞒天过海"的办法，设计出了性能非常接近随机构造 LDPC 的准循环 LDPC。准循环 LDPC 可以得到具有准循环特性的生成矩阵，校验矩阵和生成矩阵的准循环性使得编码和解码实现的复杂度都大大降低。

资讯 1 LDPC 简介

LDPC 是麻省理工学院 Robert Gallager 博士于 1962 年提出的一种具有稀疏校验矩阵的分组校验码。然而，在之后的 30 年里，由于计算能力的不足，LDPC 一直被人们忽视。1993 年，当 Berrou 提出 Turbo 码后，人们发现 Turbo 码其实就是一种 LDPC，于是，LDPC 再次引起了人们的研究兴趣。1996 年，Mackay 和 Neal 经过研究发现，LDPC 具有逼近香农极限的优异性能，并且具有解码复杂度低、可并行解码及解码差错可检测等特点。LDPC 自此成为信道编码理论的研究热点。LDPC 几乎适用于所有的信道，适合用硬件实现。

对于任何一个 (n, k) 分组码，如果其信息码元与监督码元之间的关系是线性的，即能用一个线性方程来描述，那么称其为线性分组码。

LDPC 本质上是一种线性分组码，它用一个生成矩阵 G 将信息序列映射成发送序列，也就是码字序列。对于生成矩阵 G，存在一个与其完全等效的奇偶校验矩阵 H，所有的码字序列 C 构成了 H 的零空间。

LDPC 的奇偶校验矩阵 H 是一个稀疏矩阵，只含有很少量的非零元素，这也是 LDPC 被称为低密度奇偶校验码的原因。校验矩阵 H 的这种稀疏性保证了解码复杂度和最小码距都只随码长增加而线性增加。校验矩阵 H 的每一行都对应一个校验方程，每一列都对应码字中的 1bit。因此，对于一个二进制码，如果它有 m 个奇偶校验约束关系，码字的长度为 n，那么校验矩阵是一个尺寸为 $m \times n$ 的二进制矩阵。对于 $m \times n$ 维校验矩阵 H，当且仅当向量 $c = [c_{(1)} c_{(2)} \cdots c_{(m)}]$ 满足

$$H \cdot c^T = 0 \tag{9-28}$$

时，它才是该码的一个有效码字。

校验矩阵 H 的稀疏性及构造时采用不同的规则使得不同 LDPC 的编码二分图（Tanner 图）具有不同的闭合环路分布。Tanner 图中的闭合环路是影响 LDPC 性能的重要因素，它使得 LDPC 在类似可信度传播算法的一类迭代解码算法中表现出完全不同的解码性能。

LDPC 在结构上可以分为规则 LDPC 和不规则 LDPC。规则 LDPC 的校验矩阵每行非零元素的数目都相同，记为 w_r；每列非零元素的数目也都相同，记为 w_c。不规则 LDPC 则不受此规则限制。构造二进制 LDPC 实际上就是要找到一个稀疏矩阵 H 作为 LDPC 的校验矩阵，基本方法是将一个全零矩阵的一小部分元素替换成 1，使得替换后矩阵的各行和各列都具有所要求数目的非零元素。研究表明，如果要使构造出的 LDPC 具有良好的纠错性能，那么必须满足无短环、无低码重码字、码间最小距离尽可能大这 3 个条件。

资讯 2 LDPC 的编码和解码

自 LDPC 被发明以来，有很长的一段时间它都没有得到广泛应用。其中的主要原因是 LDPC 的编码技术非常复杂。如果通过生成矩阵进行编码，那么要存储一个很大且并不稀疏的矩阵。另外，LDPC 在长码长的情况下才能凸显其优势。然而，一旦码长变长，尽管 LDPC 的校验矩阵仍是稀疏矩阵，但如何存储这样的矩阵也是一个问题。从编码实现的角度看来，LDPC 仍然面临一系列问题。例如，存储空间仍是限制 LDPC 应用的很重要的一个方面。码长越长，需要的存储空间越大。可见，LDPC 通信系统必须有更为简单的编码和解码过程。同时，为了使 LDPC 既能有效进行高速通信，又不增加复杂度，必须改善 LDPC 的编码和解码性能，尽量降低应用 LDPC 的存储空间需求。LDPC 编码算法的研究就是以这样的思想为指导的。

LDPC 的基本编码方法：首先由校验矩阵 H 导出生成矩阵 G，然后进行编码。这种方法虽然思路简单、明确，但是编码的复杂度会随着码长 n 的增长而以二次方规律增加，当码长很长的时候，该方法并不实际。另外，LU 分解法和部分迭代算法都基于一个思想，即如果 LDPC 的校验矩阵具有下三角或近似下三角的形式，那么在计算校验码时可以采用迭代算法或部分迭代算法。LU 分解法先将校验矩阵 H 写成 $H=[H_1 H_2]$，H_2 是 $m \times m$ 的方阵，对 H_2 进行 LU 分解，得到下三角形式的矩阵，再进行迭代编码运算。部分迭代算法先将校验矩阵转换为右上角或左上角具有下三角形式的矩阵，再对校验矩阵和码字向量进行分块，这样可以进行部分迭代编码。

尽管有不少简化编码的技巧，但因为 LDPC 的码长很长，并且校验矩阵随机性很强等原因，所以 LDPC 的编码在一般情况下是极其烦琐、复杂的。如果在 LDPC 的设计中有意引入某种方便编码的结构，并且这种结构不影响码的性能（无短环和无低码重码字），那么这样的编码方法也是可行的。WiMAX 中的 IEEE 802.16e 标准和 DVB-S2 标准中的 LDPC 设计就考虑到了上面所说的因素。

准循环 LDPC 是一种具有线性编码复杂度的低密度奇偶校验码，通过利用分块矩阵的循环性，大大降低了编码器的存储复杂度，编码运算用简单的移位寄存器即可实现。

假如一个矩阵的每一行都是上一行的循环移位，并且第一行是最后一行的循环移位，那么该矩阵称为循环矩阵。循环矩阵可以完全由其第一行或第一列决定，统称其第一行为生成多项式。如果循环矩阵的行重为 1（每一行和每一列都只有一个 1），那么该矩阵称为循环置换矩阵。循环矩阵的零空间对应的是一类重要的线性分组码——循环码。

假如矩阵的形式为

$$H = \begin{bmatrix} A_{1,1} & A_{1,2} & \cdots A_{1,t} \\ A_{2,1} & A_{2,2} & \cdots A_{2,t} \\ \vdots & \vdots & \vdots \\ A_{c,1} & A_{c,2} & \cdots A_{c,t} \end{bmatrix}$$

式中，每个 $A_{i,j}$（$1 \leq i \leq c$，$1 \leq j \leq t$）都是 $b \times b$ 的循环矩阵，则称其为准循环矩阵。

假如 $A_{i,j}$ 的行重远小于 b，则 H 为稀疏矩阵，它的零空间张成一个码长为 $t×b$ 的 LDPC，称为准循环 LDPC。

容易验证，准循环 LDPC 的码字具有分段循环性，即若将对应校验矩阵 H 的一个合法码字 c 分为长度为 b 的 t 段 $(v_1,v_2,\cdots,v_t)$，每个 v_i 循环移位后都得到 v_i'，它们组成 $c'=(v_1',v_2',\cdots,v_t')$，则 c' 也对应校验矩阵 H。设计良好的准循环 LDPC 的性能可以非常接近随机构造 LDPC 的性能。

LDPC 对信息的可靠传输有着极其重要的作用，不管信源编码、信道编码、传输信道等发挥的作用如何巨大，如果解码算法不能满足信息传输的要求，那么传输效果是不可能得到保证的。LDPC 解码算法不同于传统校验码使用的 ML 解码算法，前者运用了迭代算法。

解码方法是 LDPC 与经典分组码之间的最大区别。由于经典分组码一般是用最大似然类的解码算法进行解码的，因此它们一般码长较短，并通过代数设计降低解码工作的复杂度。但是 LDPC 码长较长，并通过其校验矩阵 H 的 Tanner 图进行迭代解码，因此它的设计以校验矩阵 H 的特性为核心。LDPC 采用了性能很好的解码算法——和积算法。和积算法不仅有优越的解码性能，还非常适合进行硬件实现。和积算法可以看作一种 Tanner 图上的置信传播算法（也称为消息传输方法）。由于和积算法将复杂的寻找全局最优解的运算分解成各个节点之间并行的简单运算，并使比特节点和校验节点迭代地交换置信度信息，因此它可以收敛到正确码字，并且具有和码长为线性关系的复杂度。Richardson 和 Urbanke 证明了在消息传输算法下，LDPC 在高斯信道下可达到信道最大容量。

和积算法每一次迭代都分为水平和垂直两个步骤，水平步骤中的信息从变量节点传输到校验节点，垂直步骤则相反。每做完一次迭代后都进行解码尝试，即检验是否满足校验条件，若满足则认为解码结束，将判决结果输出；否则，进行下一次迭代。若迭代结果达到预先设定的一定次数后仍不能满足校验条件，则认为解码失败。

LDPC 是信道编码中纠错能力最强的码，而且解码器结构简单，可以用较少的资源消耗获得极大的吞吐量，因此应用十分广泛。

资讯 3 LDPC 应用前景

当前，LDPC 已在 IEEE 802.16e 标准中作为专用传输码，LDPC 技术上的优势已经逐渐转化为市场上的优势。IEEE 802.16e 标准中的 LDPC 与 DVB-S2 标准中的 LDPC 均采用了快速编码算法，解决了 LDPC 编码复杂度高的难题。

目前，LDPC 已逐步应用于深空通信、光纤通信、卫星数字视频、第 4 代移动通信系统（4G）和音频广播等领域，基于 LDPC 的编码方案已被卫星数字视频广播标准 DVB-S2 采纳。WiMAX 中 IEEE 802.16e 标准的 OFDMA 物理层也采用了 LDPC 编码技术。DVB-S2 标准的纠错编码使用 BCH 码作为外码、LDPC 码作为内码的级联码。DVB-S2 标准中的 LDPC 分为长码和短码两种，其中长码的码长为 64800bit，短码的码长为 16200bit。DVB-S2 标准分别为长码和短码规定了 11 种和 10 种码率。由此可见，DVB-S2 标准中 LDPC 的信息码的长度 k，校验码元的长度 m 和码字长度 n（$n=k+m$）都是已具体规定而不是任意选择的。DVB-S2 标准中 LDPC 的短码长达 16200bit，这对 LDPC 编解码器的实现和应用来说，具有很大的难度。

9.10 完美组合——网格编码调制

在传统的数字传输系统中，发送端的纠错编码与调制电路是两个独立的部分，接收端的解码和解调也是如此。纠错编码在码流中增加校验码，以达到检错或纠错的目的。但是码流比特率的增长会使传输带宽增加，不利于码流在无线信道中的传输。

如果把信道编码和调制当作一个整体来进行综合设计，那么会得到好的效果。网格编码调制（Trellis Coded Modulation，TCM）就是在多电平移相键控（m-PSK）或多电平正交调幅（m-QAM）等基础上，将编码与调制当作一个整体来设计的。在保持信息速率不变且不增加带宽的情况下，TCM 在加性高斯白噪声信道中可获得 3～6dB 增益。因此，TCM 得到了广泛的应用。例如，在美国 ATSC 高清晰度电视标准中，规定用 8-VSB 射频调制与 $(k+1,k,m)$ 形式的卷积码之间形成的恰当的映射关系来实现 TCM。另外，在地面数字视频广播系统 DVB-T 中，16-QAM 通过 2/3 格状编码后形成 64-QAM，虽然增加了电路的复杂性，但能提高接收端的解码纠错能力。

1. TCM 编码的基本原理

TCM 信号的特点：首先，在没有增加传输带宽的情况下，信号空间中所用信号点的数目比无 PCM 情况下信号空间中所用信号点的数目多，这些附加的信号点为纠错编码提供了冗余度；其次，采用卷积编码规则，使相继的信号点之间引入某种依赖关系，仅有某些信号序列允许使用，并可将这些信号序列模型化为网格状态。在网格结构中，通常把信号点之间的距离称为欧几里得距离。最短的欧几里得距离记为 $d_{\min}$，它是影响差错率的一个重要因素。当 PCM 信号序列经过一个加性高斯白噪声信道后，可用维特比算法寻找最佳网格状态路径，以 $d_{\min}$ 为准则，解出接收信号序列。根据 TCM 的特点，对于多电平多相位的二维信号空间，把信号点集不断地分解为 2,4,8,… 个子集，使信号点的欧几里得距离不断增大，这种映射称为集合划分映射。而对一般的多进制调制而言，汉明距离和欧几里得距离并不等价。因此，当以欧几里得距离为量度对序列进行软判决解码时，还应以欧几里得距离为量度设计编码器，这样才能得到最佳的编码调制系统。这要求将编码器和调制器当成一个整体进行综合设计，使编码器和调制器级联后产生的编码信号序列具有最大的欧几里得距离。从信号空间的角度来看，这种最佳编码调制设计实际上是一种对信号的最佳分割。这也是 TCM 的基本思想。

为加深对 TCM 编码原理的理解，下面以图 9-25 为例说明 TCM 信号产生的过程。

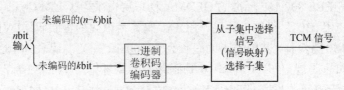

图 9-25　TCM 编码器的一般结构

在图 9-25 中，每个编码调制间隔都有 $n$bit 待传输信息。在进行 TCM 编码时，将输入数据流每 $n$bit 分成一组，并且 $n$bit 经串/并变换后分成 $k$bit 和 $(n-k)$bit 的两路。其中 $k$bit 通过速率为 $k/(k+1)$ 的二进制卷积码编码器扩展为 $k+1$ 编码比特。用该 $k+1$ 编码比特来选择 2^{k+1} 进制调制信号集 2^{k+1} 个子集中的一个，即 $k+1$ 编码比特与 2^{k+1} 个信号子集建立一一对应的关系，卷积码编码器的编码效率为 $k/(k+1)$。$(n-k)$bit 未编码的信号经调制方案的集合分割映射，在由上述 $k+1$ 编码比特选定的子集中确定信号点，输出 TCM 信号。也就是说，$(n-k)$bit 用来选择已确定某子集 2^{n-k} 个信号点中的某一个。例如，在 $n=2$，$k=1$ 时，输入编码器的是两位信息码元，其中一位通过码率为 1/2 的二进制卷积码编码器扩展成 2 编码比特，用它来选择 4 个子集中的一个；另一个未编码的比特用来选择已确定某子集两个信号点中的一个。

TCM 编码的关键是根据调制方式，寻找具有最大欧几里得距离的卷积码，而子集的划分是该过程的重要部分。划分子集是按照集合划分映射的原理进行的。集合划分映射是 TCM 中引入的一种重要方法，它利用信号空间的对称性，将信号集连续地分割成较小的子集，使得分割后各个子集之间的最小空间距离（欧几里得距离）得到最大的增加。每一次分割都是将较大的信号集分割成较小的两个子集，得到表示集分割的二叉树。每经过一级分割，子集数就加倍，子集内的欧几里得距离依次增大，直到欧几里得距离大于所需欧几里得距离。在设计 TCM 时，将调制信号集进行 $k+1$ 次分割，直至子集间的欧几里得距离最大。

如上所述，TCM 把信道编码与调制传输信号的星座图看成一个整体来设计，它通常把信号集合扩展 1 倍，为纠错编码提供所需的冗余度。例如，先把原 2bit 数据用信息率为 $r=k/n=2/3$ 的卷积码编码器扩展为 3 位码，即 3bit，再把该 3bit 映射成 8 个信号符号，即 8 个电平符号。映射方法应能使编成的码序列的路径之间欧几里得距离最大。

因此，可用维特比软判决算法实现 PCM 信号的解码，即用最大似然序列估计的维特比解码器对解调后的接收序列进行解码，具体可分为如下 3 个步骤。

（1）计算接收符号与每个子集间距离最近点的欧几里得距离。

（2）用维特比算法进行最大似然序列估计，寻找与接收序列最接近的码序列。

（3）根据解码后的码序列和比特分配表（再经并/串转换）恢复原始信息比特流。

PCM 信号的性能取决于欧几里得距离，而普通调制信号的性能取决于信号空间中信号的最小汉明距离。二者虽然相似，但性质与意义不同。

8PSK 是多相位调制的基本形式之一，8PSK TCM 编码方式的集合划分具有集合划分映射的特点：8PSK 代表 8 个信号点均匀分布在一个圆周上，相邻信号点的距离近似为 $\sin(\pi/8)$，假设为单位半径圆，则每个信号点都具有单位能量。根据集合划分映射原理，在经过连续三次划分后，分别产生 2、4、8 个子集，它们的共同特点是两个独立信号点之间的最小欧几里得距离逐次增大，即 $\Delta_0 < \Delta_1 < \Delta_2$。图 9-26 所示为 8PSK 经过一次划分后的信号点分布情况。

在卫星电视地面传输系统中，其 8-VSB 的传输子系统使用了一个 2/3 速率（$r=2/3$）的 TCM（具有一个已经预编码的未编码比特位）。换言之，采用(1,2)速率的卷积编码：其中一个输入比特将编码为 2 输出比特，而另一个输入比特已经预编码。TCM 采用的信令波形是一个 8 电平（3bit）的一维星座图。TCM 数据段内交织过程需要 12 个相同的网格编码器和预编码器，对已经交织的数据符号进行操作。把符号(0,12,24,36,…)作为第一组，符号(1,13,25,37,…)作为第二组，符号(2,14,26,38,…)作为第三组，依此类推，总共 12 组进行编码，来完成编码的交织。

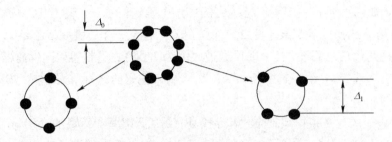

图 9-26　8PSK 经过一次划分后的信号点分布情况

　　在并行的字节中建立串行的比特位时，首先送出的是最高有效位 MSB(7,6,5,4,3,2,l,0)。对 MSB 进行预编码(7,5,3,1)，最低有效位（LSB）进行反馈卷积的编码(6,4,2,0)。采用标准 4 状态的最佳码字进行编码。对于网格编码器和预编码器数据段内的交织器（用于把信号馈送给图 9-27 中的映射器 MAP）。如图 9-27 所示，各数据字节经交织器馈送到网格编码器和预编码器，输入数据以字节为单位，由 12 个网格编码器分别进行处理，每字节都从单个网格编码器中生成 4 个符号。

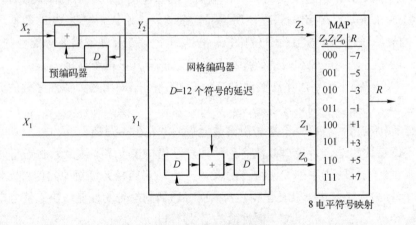

图 9-27　8VSB 网格编码器、预编码器和符号映射器工作原理图

　　TCM 交织器如图 9-28 所示。在图 9-28 中的复用器中，每个数据段的边界都前进 4 个符号。但是，网格编码器的状态并不前进。复用器送出的数据对于数据帧的第一个数据段，网格编码器 0～网格编码器 11 遵循常规的顺序；对于第二个数据段，其顺序要改变，符号首先从网格编码器 4～网格编码器 11 读出，然后是网格编码器 0～网格编码器 3；对于第三个数据段，符号首先从网格编码器 8～网格编码器 11 读出，然后是网格编码器 0～网格编码器 7。这 3 段的交织顺序在数据帧所有 312 个数据段中重复。部分 TCM 的交织顺序如表 9-4 所示。

在数据段同步码插入之后，数据符号的顺序：来自每个网格编码器的符号都以 12 个符号为间隔出现。将并行字节完整地转换为串行比特，即把 828B 转换成 6624bit。各个数据符号都由按 MSB 顺序发送的 2bit 创建，因而一个完整转换的操作将生成 3312 个符号，对应 4 个数据段的 828 个符号。总共 3312 个数据符号和 12 个网格编码器，由此得出每个网格编码器都有 276 个符号；根据每字节 4 个符号，得出每个网格编码器都有 69B。这种转换是从数据场的第一个数据段开始的，并且以 4 个数据段为 1 组，直到数据场结束。根据每个数据场都有 312 个数据段，得出每个数据场都有 78 次转换操作。在数据段同步码期间，4 个网格编码器输入被跳过，这 4 个网格编码器因没有输入而进入循环。一旦网格编码器进入循环，输入即暂停，一直暂停到下一个复用周期，然后馈送到正确的网格编码器。

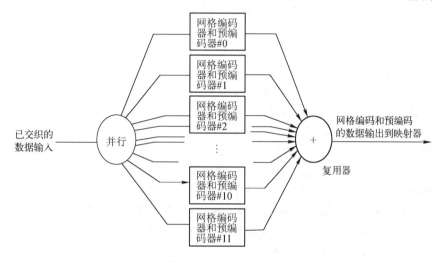

图 9-28　TCM 交织器

表 9-4　部分 TCM 的交织顺序

数　据　段	分组 0	分组 1	…	分组 68
0	$D_0D_1D_2{\cdots}D_{11}$	$D_0D_1D_2{\cdots}D_{11}$	…	$D_0D_1D_2{\cdots}D_{11}$
1	$D_4D_5D_6{\cdots}D_3$	$D_4D_5D_6{\cdots}D_3$	…	$D_4DSD_6{\cdots}D_3$
2	$D_8D_9D_{10}{\cdots}D_7$	$D_8D_9D_{10}{\cdots}D_7$	…	$D_8D_9D_{10}{\cdots}D_7$

2．接收端的去交织

网格解码器完成分片和卷积解码任务，对抗短的突发干扰，如脉冲噪声或 NTSC 同频道干扰。由于发射机采用了 12 个符号码的段内交织，因此接收机采用 12 个网格解码器并联的结构，如图 9-29 所示。

每个网格解码器都以 12 个符号为工作周期。这种码交织具有与 12 符号交织器完全相同的突发噪声效益，可以使 NTSC 有效抑制梳状滤波器时产生的码扩展（硬件）最小，成本相应降低。

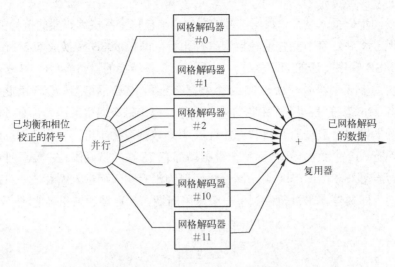

图 9-29　TCM 去交织功能图

9.11　混元一气——空时编码

无线通信系统提高信息传输可靠性的一种有效手段是采用分集技术。以多天线发送多天线接收（MIMO）为代表的空间分集技术已经成为无线通信的关键技术之一。MIMO 技术实际上利用的是空间资源的信号处理技术，包括空间复用技术和发射分集技术。发射分集技术主要通过空时编码（Space-Time Coding）技术来实现。空时编码技术是一种无线通信编码和信号处理技术。空时编码的主要思想：利用空间和时间上的编码，实现一定的空间分集和时间分集，从而降低信道误码率。

空时编码技术利用多天线组成的天线阵同时发送和接收。在发送端，首先将数据流分离成多个支流，对每个支流进行空时处理和信号设计（空时编码），然后通过不同天线同时发送；在接收端，利用天线阵接收，并进行空时处理和空时码解码，还原出原发送数据流。多天线系统比单天线系统信道容量大。增加的信道容量可用于提高信息传输速率，也可通过增加信息冗余度来提高通信系统性能，或者在二者之间合理折中。

常见的空时码有空时分组码（STBC）、空时格状码（STTC）和分层空时码（LSTC）。STBC 和 STTC 重在提高传输可靠性，属于空时编码范畴；LSTC 重在提高频率利用率，属于空时复用范畴。其中，STBC 由于相对简单的编解码过程和较好的性能已被 3GPP 正式列入 WCDMA 提案，并获得了广泛应用。

资讯 1　STBC

IEEE 802.16d 标准中采用两根发射天线的发射分集，以对抗阻挡视距和非直视距造成的深衰落，主要依据的就是 Alamouti 方案中的正交空时分组。该方案的关键之处是两根发射天线的两个序列之间的正交性。对于两发射天线系统，Alamouti 编码能获得最大的分集增益，并且在解码时只需要对接收信号进行简单的处理，大大简化了计算的复杂度。

在采用 STBC 编码的多天线系统中，最大可获得的分集增益等于发射天线数和接收天线数的乘积。假设信号星座图的大小为 2，发射天线数为 n，接收天线数为 m，希望达到的

分集增益为 nm，分组空时编码器将输入的 $n$bit 信息映射成星座图中的 n 个信号点 $S_1, S_2, \cdots, S_n$。用这 n 个信号点构造正交设计矩阵 c。在矩阵 c 中，每一列元素经同一天线在 n 个时隙内发射，其中第 i 列对应第 i 个发射天线；每一行在不同天线上同时发射，其中第 i 行在第 i 时隙发射。这就是 STBC 编码的基本原理。STBC 的优点是码的性能较好、抗衰落能力较强；缺点是编码方案搜索号码比较困难，解码过程比较复杂，而且增加发送天线数或增大数据传输速率都会使解码复杂度指数增长。STBC 构造容易，其正交结构使解码过程简单，尤其是解码算法可行，无论是增加发送天线数还是提高数据传输速率，对解码复杂度影响都不大。但 STBC 性能一定（只与分集度有关），不能通过增加状态数来改善性能，抗衰落（尤其快衰落）性能比 STTC 的抗衰落性能略差，而且在接收端解码时，需要准确的信道衰落系数。

资讯 2　STTC

STTC 吸收了延迟分集技术和 MTCM 技术的优点。STTC 通过传输分集与信道编码的结合来提高系统的抗衰落性能，从而可利用多进制调制方式提高系统的数据传输速率。在给定分集增益的情况下，STTC 可以通过增加格状图状态数的方法来提高编码增益，但同时状态数的增加会导致编解码复杂度的提高。因此，在实际应用中，要在编码增益和分集增益之间实现折中。

资讯 3　LSTC

LSTC 的基本思想是基于空间复用的。LSTC 技术将高速数据业务分接为若干低速数据业务，通过普通并行信道编码器后进行 LSTC，之后用多个天线发送，实现发送分集。在接收端，用多个天线分集接收，信道参数通过信道估计获得，由线性判决反馈均衡器实现分层判决反馈干扰抵消，然后进行分层空时解码，由单个信道解码器完成信道解码。从 m 个并行信道编码器送出的信号有 3 种 LSTC 方案：对角 LSTC（DLST Coding）、垂直 LSTC（VLST Coding）和水平 LSTC（HIST Coding）。在各发送信号之间，LSTC 系统并不是引入正交关系来实现不相关性，而是充分利用无线信道的多径传播特性来达到区分同波道信号目的的。无线信道的传播路径越多，检测时产生的误码越少，系统性能、频带利用率和传输速率越好。

实践体验：制作无线话筒

图 9-30 所示为无线话筒电路原理图。三极管 VT$_1$、VT$_2$ 接成发射极耦合式振荡电路，两管的发射极电流同时流过电阻 RP，形成强烈正反馈，从而产生振荡，振荡频率由选取频回路的谐振频率确定。

R$_1$ 是话筒 MIC 的负载电阻，同时向话筒提供合适的工作电流。MIC 收集人讲话的声波信号，并将其转换成电信号由 C$_1$ 输出，加至 VT$_1$ 的基极，从而使 VT$_1$ 的结电容随音频信号变化而变化，进而使振荡频率发生微小变化，达到调频目的。已调制的高频信号由线圈 L 直接向空中辐射，附近的调频收音机接收到该信号后就能播出讲话声。

C$_2$ 是 VT$_1$ 基极的接地电容。C$_4$ 是用来消除电源 E 的交流电容。

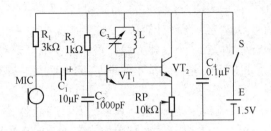

图 9-30　无线话筒电路原理图

1．元器件选择

VT$_1$、VT$_2$最好采用 9018 型硅 NPN 三极管，要求 β 值大于 100。MIC 要采用收录机上的驻极体话筒。C$_1$ 为 CD11-6.3V 型电解电容，C$_2$、C$_4$ 可分别采用瓷片电容和独石电容，C$_3$ 为 5/20pF 瓷介微调电容。R$_1$、R$_2$ 均为 RTX 型 1/8W 碳膜电阻，RP 可用 WH7 型微调电位器。电源 E 采用一节 5 号电池。

2．制作与调试

图 9-31 所示为无线话筒的印制电路板图。印制电路板尺寸为 38mm×22mm。印制电路板应采用环氧基质覆铜板，纸基板因介质损耗较大，不能用。印制电路板不需要用药水腐蚀，用小刀或废钢锯条的断口将其铜箔按要求划开即可。印制电路板制作好后，用细砂纸打磨光亮，涂上一层松香酒精溶液，晾干即可使用。所有元器件均可直接焊接在印制电路板的铜箔面上。

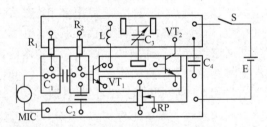

图 9-31　无线话筒的印制电路板图

线圈 L 需要自制：首先用 Φ0.56mm 的漆包线在 Φ5mm 的钻头或圆珠笔芯上间绕 4.5 匝，然后取出钻头或圆珠笔芯即可。

无线话筒的调试：在开关 S 两端并联一个毫安表，测量整机总电流，调整电位器 RP，使电表读数为 0.5～1mA。拿走毫安表，合上开关 S，开启室内收录机并将其置于调频波段，反复调谐收录机调谐旋钮和微调无线话筒的 C$_3$，使两机频率对准，对着话筒讲话，收录机就会播出讲话声。有时收录机会出现啸叫，这是由于话筒与收录机距离太近，出现声反馈现象，并非故障。此时只要拉开两机距离就能消除啸叫。

练习与思考

1．信道编码与信源编码有何不同？

2．校验码能够检错（或纠错）的根本原因是什么？

3．常用的纠错方式有哪几种？它们各有何特点？

4．线性分组码的最小距离与最小码重有什么关系？

5．汉明码具有哪些特点？

6．循环码的生成多项式、监督多项式各有什么特点？

7．简述 RS 码编码过程。

8．卷积码与分组码有何区别？

9．简述交叉交织的编码过程。

10．Turbo 码与传统级联编码有什么不同？

11．LDPC 具有哪些条件才能实现良好的纠错性能？

12．简述 TCM 编码的基本原理。

13．常见的空时码有哪些？它们各有什么特点？

单元 10 系统同步

通信中的同步是指通信双方的接收设备和发送设备必须在时间上协调一致，定时信号频率相同，在相位上保持某种严格的特定关系。这样才能保证通信正常进行。因此，数字通信网中各种设备的时钟要具有相同的频率，以相同的时标来处理比特流。

通信系统的同步包括载波信号同步、码元同步、帧同步及通信网同步。在数字通信系统中，同步与定时是决定通信质量的关键。同步要求收发两端的载波信号、码元及各种定时标志都步调一致，不仅要求同频，对相位也有严格的要求。接收端不仅要知道一组二进制码元的开始与结束时间，还需要知道每个码元的持续时间，这样才能做到用合适的抽样频率对接收到的数据进行抽样。传统的电路交换网（如程控交换网）都要求有严格的网同步。

理论上，在分组交换网（如帧中继网、ATM 网、分组网、智能网等）中，不需要网同步。但由于数字流经分组交换网后，要以一定速率进行复接，并经传输网络传输，因此仍然需要同步。

移动通信、卫星通信都需要采用同步技术。CDMA 系统要实现无线同步和传输同步，与其相关的有两套时钟基准：一套是来自 MSC 与 PSTN 同步的基准信号，用于传输同步；另一套则是基于 GPS 通过卫星广播的基准信号，用于无线同步。一旦失步，基站就没有精准可靠的时钟参考，同步分配会遭到破坏，最终导致掉话，使用户满意度下降。

在广播电视系统中，同步同样重要。电视图像同步如图 10-1 所示。图 10-1（a）所示为同步良好时的电视图像。假如电视信号在接收过程中丢失了同步信号，则会出现失步现象，如图 10-1（b）和图 10-1（c）所示。

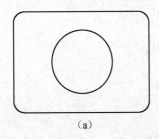 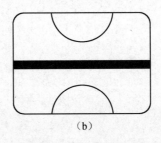 

(a)   (b)   (c)

图 10-1 电视图像同步

10.1 夫唱妇随——话同步

同步又称为定时。由于通信的目的是使不在同一地点的各方都能够通信联络，因此在通信系统，尤其是数字通信系统及采用相干解调的模拟通信系统中，同步是一个十分重要的实际问题。如果通信系统出现同步误差或失步，就会使通信系统性能下降或通信失效，因此同步是实现数字通信的前提。只有收发两端的载波信号、码元及各种定时标志都协调地工作，系统才有可能真正实现通信功能。同步不仅要求同频，对相位也有严格的要求。可以说，整个通信系统正常工作的前提就是同步系统正常。同步系统质量的好坏对通信系统的性能有直接影响。

同步系统虽然不是信息传输的通路，但它是通信系统必不可少的组成部分，是实现通信的必要前提，系统只有实现同步后才可能传输信息。一旦出现较大的同步误差或失步，系统的通信质量就会急剧降低，甚至导致通信中断。

根据实现同步的方法，同步可分为外同步和自同步两种。由发送端额外发送同步信息，接收端根据该信息提取同步信号的方法称为外同步法；反之，发送端不单独另发任何信号，也不需要接收端设法从收到的信号中获得同步信息的方法称为自同步法。由于自同步法不用另加信号，可以把所有发射功率和带宽都用于信号传输，因此相应的传输效率就高一些，但实现电路也相对复杂。目前这两种同步方式都被广泛采纳。

根据同步的功能，同步可以分为载波信号同步、位同步、群同步和网同步。其中，载波信号同步、位同步和群同步是基础，它们针对的都是点到点的通信模式；网同步以前三种同步为基础，针对多点到多点的通信模式。本单元主要介绍前三种同步。

10.2 心心相印——载波信号同步

无论是模拟调制系统还是数字调制系统，接收端都要提供本地载波信号。本地载波信号只有与接收信号中的调制载波信号同频同相，才能保证正确解调。将已调信号乘以一个相同的正弦波信号，就可解调出原信号。这种在接收端利用同频同相载波信号与已调信号直接相乘进行解调的方法称为相干解调，相关计算公式为

$$s_m(t)\cos\omega_c t = f(t)\cos\omega_c t\cos\omega_c t = \frac{1}{2}f(t) + \frac{1}{2}f(t)\cos 2\omega_c t \qquad (10\text{-}1)$$

由于相干解调要用同频同相的载波信号才能实现，因此同步解调用公式表示很简单，但具体实现并不简单。因为在接收端产生与发送端同频同相的载波信号并不容易。如果不能保证产生同频同相（相干）的本地载波信号，那么解调任务很难完成，因此将这种解调载波信号的获取称为载波信号同步或载波信号提取。

任何需要相干解调的系统接收端如果没有相干载波信号都绝对不可能实现相干解调。所以说，载波信号同步是实现相干解调的前提和基础。本地载波信号的质量好坏对相干解调的输出信号质量有着直接影响。

在调制解调系统中，接收端恢复出与调制载波信号同频同相的相干载波信号是相干解调或同步解调的关键。很多读者在此都把载波信号同步理解为本地载波信号与发送端用于调制的载频信号同频同相，但事实上接收端本地载波信号是与接收端所接收信号中的调制载波信号同频同相的。出现这种现象的原因有二：第一，发送的信号在传输过程中可能因噪声干扰而产生附加频移和相移，即使收发两端用于产生载波信号的振荡器输出信号频率绝对稳定，相位完全一致，也不能在接收端完全保证载波信号同步；第二，接收端接收到

的信号中不一定包含发送端的调制载波信号，如果包含，那么可用窄带滤波器直接提取载波信号。这一方法很简单，我们不再仔细介绍，而主要介绍另外两种常用的载波信号提取方法，即直接提取法和插入导频法。在采用插入导频法时，在发送端发送有用信号的同时在适当的频率位置插入正弦波信号作为导频，在接收端可提取导频作为相干载波信号。在采用直接提取法时，接收端从接收到的有用信号中直接（或经变换）提取相干载波信号。这两种方法针对的都是接收信号中不含载波信号的情况。

资讯1　直接提取法

在采用直接提取法时，发送端不额外发送同步载波信号，而由接收端设法从接收到的调制信号中直接提取载波信号。也就是说，对接收信号进行非线性变换，变换出直流分量，从而提取载波信号的频率和相位信息。显然，直接提取法属于自同步法的范畴。前面已经指出，如果接收信号中含有载波信号，那么可以用窄带滤波器直接把它分离出来。该过程采用的也是直接提取法，但这里介绍的直接提取法主要是指从不直接包含载频信号的接收信号（如抑制载波双边带信号、数字调相信号等）中提取载频信号的方法。这些信号虽然并不直接含有载频信号，但经过一定的非线性变换后，将出现载频信号的谐波成分，故可以从中提取载波信号。下面介绍几种常用的直接提取法。

1. 平方变换法和平方环法

平方变换法和平方环法一般常用于提取 $s_{\mathrm{DSB}}(t)$ 信号和 $s_{\mathrm{PSK}}(t)$ 信号中的相干载波信号。

（1）平方变换法。

我们以抑制载波双边带信号 $s_{\mathrm{DSB}}(t)$ 为例来分析平方变换法的原理。设发送端调制信号 $m(t)$ 中没有直流分量，载波信号为 $\cos\omega_c t$，则抑制载波双边带信号为

$$s_{\mathrm{DSB}}(t)=m(t)\cos\omega_c t \tag{10-2}$$

假设噪声干扰的影响忽略不计，则 $s_{\mathrm{DSB}}(t)$ 经信道传输在接收端通过一个非线性的平方律元器件后的输出为

$$e(t) = s_{\mathrm{DSB}}{}^{2}(t) = \frac{1}{2}m^2(t) + \frac{1}{2}m^2(t)\cos 2\omega_c t \tag{10-3}$$

式（10-3）中结果的第二项含有载波信号的 2 倍频分量 $2\omega_c$，如果用一个窄带滤波器将该 2 倍频分量滤出，再对它进行二分频，就可获得所需的本地相干载波信号 ω_c。这就是平方变换法提取载波信号的基本原理。平方变换法的方框图如图 10-2 所示。

图 10-2　平方变换法的方框图

由于二相相移键控信号 $s_{\mathrm{PSK}}(t)$ 实质上是调制信号 $m(t)$ 由连续信号变成仅有 ±1 两种取值的二元数字信号时的抑制载波双边带信号，因此该信号通过平方律元器件后的输出为

$$e(t) = [s_{\mathrm{PSK}}(t)]^2 = [m'(t)\cos\omega_c t]^2 = \frac{1}{2}m'^2(t) + \frac{1}{2}m'^2(t)\cos 2\omega_c t \tag{10-4}$$

式中，$m'(t)$ 为仅有 ±1 两种取值的 $m(t)$。因此，二相相移键控信号 $s_{\mathrm{PSK}}(t)$ 同样可以通过如

图 10-2 所示的平方变换法来提取载波信号。

由于应用了二分频器，因此提取载波信号存在 180°的相位模糊。但对差分移相键控信号来说，这种相位模糊没有什么不良效果。

（2）平方环法。

在图 10-2 中，若将 $2\omega_c$ 窄带滤波器用锁相环（PLL）代替，就构成了如图 10-3 所示的平方环法的方框图。显然，这两种方法之间的差异仅体现在对 ω_c 的提取方法上，它们的基本原理是完全一样的。

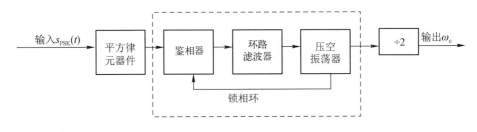

图 10-3　平方环法的方框图

锁相环具有良好的跟踪、窄带滤波和记忆功能。当载波信号的频率改变比较频繁时，平方环法的适应能力更强。因此，与平方变换法相比，平方环法提取的载波信号和接收的载波信号之间的相位差更小，载波信号质量更好。在通常情况下，平方环法的性能优于平方变换法的性能，其应用也比平方变换法的应用更广泛。

锁相环的基本组成如图 10-4 所示。锁相环由压控振荡器（VCO）、鉴相器（或相位检测器）（PD）和环路滤波器（F）三部分构成。

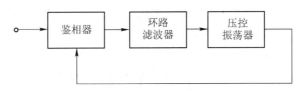

图 10-4　锁相环的基本组成

锁相环的工作过程：在鉴相器中将输入信号的相位与压控振荡器输出信号的相位进行比较，鉴相器的输出电压经环路滤波器滤除高频分量及噪声输出电压，用于控制压控振荡器的振荡频率，使本地振荡频率锁定在输入信号的频率上，并且锁定后输出信号的相位与输入信号的相位差很小。当压控振荡器的自然频率十分接近信号的参考频率时，这两个信号的频率相同，相位差保持恒定（同步），称为相位锁定。

2．相位模糊

从图 10-2 和图 10-3 中可以看出，无论是平方变换法还是平方环法，它们提取的载波信号都必须由 2 分频电路分频产生。2 分频电路由一级双稳态触发器构成，在加电的瞬间，该触发器的初始状态是随机的（1 或 0），提取的载波信号与接收的载波信号要么同相，要么反相。也就是说，2 分频电路触发器的初始状态不能确定，提取的本地载波信号相位存在不确定的情况。这就是相位模糊或倒相。输出 2 分频波形与相位模糊如图 10-5 所示。

图 10-5 通过 2 分频电路的输入/输出波形形象地解释了这一问题的成因。

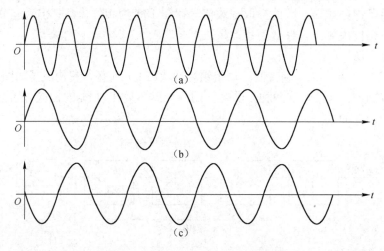

图 10-5　输出 2 分频波形与相位模糊

　　由于触发器的初始状态既可能是 0 也可能是 1，因此相应的电路有两种可能的分频方法：把图 10-5(a)中的第 1 周期和第 2 周期、第 3 周期和第 4 周期、第 5 周期和第 6 周期……合在一起，此时的输出 2 分频波形如图 10-5（b）所示；把图 10-5（a）中的第 2 周期和第 3 周期、第 4 周期和第 5 周期、第 6 周期和第 7 周期……合在一起，此时的输出 2 分频波形如图 10-5（c）所示。显然，这两种分频方法的输出波形相位相反。

　　对于模拟语音通信系统，因为人耳听不出相位的变化，所以相位模糊造成的影响不大。对于采用绝对调相方式的数字通信系统，由于相位模糊可以使系统相干解调后恢复的信息与原来的发送信息正好相位相反（0 还原为 1，1 还原为 0），因此它的影响将是致命的。对于相对调相 DPSK 信号，由于相对调相是根据相邻两个码元之间有无变化来进行调制和解调的，因此本地载波信号反相并不会影响其信息解调的正确性。可见，平方变换法和平方环法不能用于绝对调相信号的解调，但可以提取 DPSK 信号的载波信号。

3．同相正交环法

　　平方环法中压控振荡器的工作频率为 $2f_0$。当 f_0 很高时，实现 $2f_0$ 压控振荡有一定的困难。而同相正交环法提取载波信号所用的压控振荡器的工作频率正好为 f_0。同相正交环法的方框图如图 10-6 所示。加在两个乘法器上的本地载波信号分别是压控振荡器的输出信号 $\cos(\omega_0 t + \Delta\phi)$ 及其正交信号 $\sin(\omega_0 t + \Delta\phi)$。我们称这种环路为同相正交环，又称为科斯塔斯（Costas）环。

　　在同相正交环中，压控振荡器的输出 $v_0(t)$ 在 90° 移相器作用下，提供两个彼此正交的本地载波信号 $v_1(t)$、$v_2(t)$。先将这两个信号分别与解调器输入端收到的信号 $s_m(t)$ 在乘法器 1、乘法器 2 中相乘后输出信号 $v_3(t)$、$v_4(t)$，再分别经低通滤波器滤波，输出 $v_5(t)$、$v_6(t)$。由于 $v_5(t)$、$v_6(t)$ 中都含有调制信号 $s_m(t)$，故利用乘法器 3 使 $v_5(t)$、$v_6(t)$ 相乘以除去 $s_m(t)$ 的影响，产生误差控制电压 v_d。v_d 经环路滤波器滤波后，输出仅与 $v_0(t)$ 和 $s_m(t)$ 的相位差 $\Delta\phi$ 有关的压控控制电压。该电压送至压控振荡器，完成对压控振荡器振荡频率的准确控制。如果把图 10-6 中除低通滤波器和压控振荡器外的部分看作一个鉴相器，那么该鉴相器的输出就是

v_d，这正是我们所需要的误差控制电压（压控控制电压）。v_d经低通滤波器滤波后，控制压控振荡器的相位和频率，最终使$s_\mathrm{m}(t)$和$v_0(t)$的频率相同，相位差$\Delta\phi$减小到误差允许的范围内。此时，压控振荡器的输出$v_0(t)$就是我们需要的本地同步载波信号。

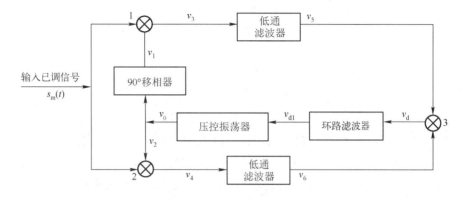

图 10-6　同相正交环法的方框图

设输入抑制载波双边带信号为$s_\mathrm{m}(t)=m(t)\cos\omega_c t$，压控振荡器的输出$v_0(t)$为$\cos(\omega_c t+\Delta\phi)$，$\Delta\phi$是$v_0(t)$与$s_\mathrm{m}(t)$的相位差。设同相正交环已经锁定，并且系统受到的噪声影响可以忽略不计，则经90°移相器后，输出的两路彼此正交信号分别为

$$v_1(t)=\cos(\omega_c t+\Delta\phi-90°)$$
$$v_2(t)=\cos(\omega_c t+\Delta\phi)$$

这两个信号经过乘法器 1、乘法器 2 后输出为

$$v_3(t)=v_1(t)s_\mathrm{m}(t)=m(t)\cos\omega_c t\cos(\omega_c t+\Delta\phi-90°) \tag{10-5}$$
$$v_4(t)=v_2(t)s_\mathrm{m}(t)=m(t)\cos\omega_c t\cos(\omega_c t+\Delta\phi) \tag{10-6}$$

设低通滤波器的传递系数为k，则$v_3(t)$、$v_4(t)$经低通滤波器滤波后分别得到

$$v_5(t)=\frac{1}{2}k\cos(\Delta\phi-90°)m(t) \tag{10-7}$$

$$v_6(t)=\frac{1}{2}k\cos(\Delta\phi)m(t) \tag{10-8}$$

$v_5(t)$和$v_6(t)$经乘法器 3 相乘后输出为

$$v_\mathrm{d}=v_5(t)v_6(t)=k^2\frac{1}{8}m^2(t)\sin 2\Delta\phi \tag{10-9}$$

式中，$m(t)$为双极性基带信号。设该基带信号为幅度为A的矩形波，则$m^2(t)=A^2$为常数；若$m(t)$不是矩形波，则$m^2(t)$经环路滤波器滤波后，其低频成分仍为某一常数C，故

$$v_\mathrm{d}=\frac{1}{8}k^2 C\sin 2\Delta\phi=k\sin 2\Delta\phi \tag{10-10}$$

即压控振荡器的输出v_d受$v_0(t)$与$s_\mathrm{m}(t)$相位差倍数$2\Delta\phi$的控制。同相正交环的鉴相特性曲线如图 10-7 所示。

从图 10-7 中可以看出，对于$\Delta\phi=n\pi$的各点，其曲线斜率均为正，因此这些点都是稳定的。但由于 n 可以取奇数或偶数，$\Delta\phi$的值可以为 0 或 π，故同相正交环法与平方变换法、平方环法一样，也存在相位模糊的问题。但如果对输入信息序列进行差分编码调制，即采用 DPSK，那么在相干解调后通过差分解码就可以完全克服由相位模糊造成的"反相工作"

现象，从而正确地恢复原始信息。

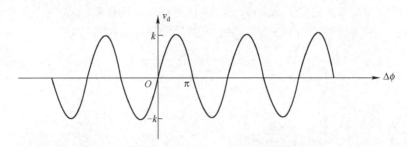

图 10-7　同相正交环的鉴相特性曲线

同相正交环法与平方环法都利用锁相环（PLL）提取载波信号，由于锁相环的相位跟踪锁定能力强，故两种方法提取的载波信号质量都比较好。相比之下，虽然同相正交环法在电路上要复杂一些，但它的工作频率就是载波信号频率，而平方环法的工作频率是载波信号频率的两倍，当载波信号频率很高时，同相正交环法由于工作频率较低而更易于实现；当环路正常锁定后，由于载波信号提取电路和解调电路合二为一，因此同相正交环法可以直接获得解调输出，而平方环法不行。

同相正交环法的移相电路必须对每个载波信号频率都产生一个 90° 相移，如果载波信号频率经常发生变换，那么该移相电路必须具有很大的工作带宽，实现起来比较困难。因此，对于载波信号频率变化频繁的场合，一般不采用同相正交环法来进行载波信号提取。

由图 10-7 可以看出，锁相稳定点在 $\Delta\phi=0$ 或 π 处。这样会产生 180° 相位模糊，这种相位模糊用差分编解码即可消除。

资讯 2　插入导频法

抑制载波双边带信号（如 DSB 信号）本身不含有载波信号，残留边带（VSB）信号虽然含有载波信号，但很难从已调信号的频谱中把它分离出来。当收到的信号频谱中不包含载波信号或很难从已调信号的频谱中提取载频信号（如单边带调制信号或残留边带调制信号）时，通常采用插入导频法来获取相干解调所需的本地载波信号。

在采用插入导频法时，在发送端插入一个或几个携带载波信号频率信息的导频信号，即在已调信号的频谱中加入一个小功率载波信号频率的频谱分量，接收端只需要将它与调制信号分离开来就可以从中获得载波信号。导频信号应该插在信号频谱为零的位置，否则导频信号与已调信号的频谱会重叠，接收时不易提取。插入的导频信号不是加入调制器的载波信号，而是将该载波信号进行 $\pi/2$ 相移。这个额外插入的频谱分量对应的就是导频信号。与直接提取法相比，插入导频法需要额外的导频信号才能实现载波信号同步，因此属于外同步法的范畴。

插入规则有 3 条：第一，为避免调制信号与导频信号相互干扰，通常在调制信号的零频谱位置插入导频信号；第二，为减少或避免导频信号对解调的影响，一般都采用正交方式插入导频信号；第三，为方便提取载波信号频率的信息，只要载波信号频谱在载波信号频率处为 0，就直接插入载波信号频率作为导频信号，若确实不能直接插入载波信号频率，则必须尽量使插入的导频信号能够比较方便地提取载波信号频率，即导频信号的频率和载波信号频率之间存在简单的数学关系。

插入导频法一般分为频域插入导频法和时域插入导频法两种，其中频域插入导频法又可分为频域正交插入导频法和双导频插入导频法两种。下面分别对它们进行介绍。

1. 频域插入导频法

（1）频域正交插入导频法。

抑制载波双边带调制信号和二进制数字调制信号的频谱如图 10-8 所示，在载波信号频率 ω_0 处，信号能量为零。这时可以在 ω_0 处插入导频信号。这个导频信号的频率就是 ω_0，但它的相位与被调制载波正交信号的相位正交，因此称为正交载波信号。接收端提取这一导频信号，移相后作为相干载波信号。

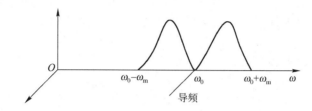

图 10-8　抑制载波双边带调制信号和二进制数字调制信号的频谱

对于模拟的单边带调制信号 $s_{SSB}(t)$，以及先经过相关编码再进行单边带调制或相位调制的数字信号，由于它们在 ω_c 附近的频谱分量都为 0 或很小，因此根据插入导频信号的规则，可以直接插入 ω_c 作为导频信号。插入导频信号发射机方框图如图 10-9 所示。插入导频信号接收机方框图如图 10-10 所示。

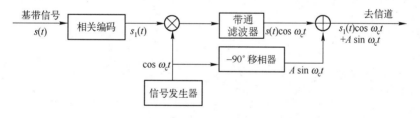

图 10-9　插入导频信号发射机方框图

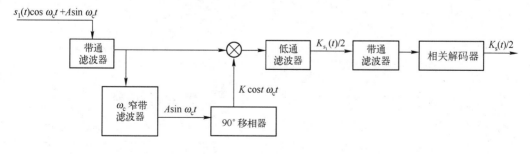

图 10-10　插入导频信号接收机方框图

图 10-11 所示为基带信号 $s(t)$ 在各级处理过程中的频谱变换示意图。发送端之所以首

先进行相关编码，是因为基带信号 $s(t)$ 直接进行绝对相位调制后的频谱在 ω_c 附近较强，如图 10-11（b）所示。图 10-11（a）所示为基带信号 $s(t)$ 的频谱，可见，对于 $s(t)$，不能直接在 ω_c 处插入导频信号。但如果将输入的基带信号 $s(t)$ 先进行相关编码，使其频谱如图 10-11（c）所示，再对此信号进行绝对调相，使其频谱在 ω_c 附近几乎为 0，如图 10-11（d）所示，就可以直接插入导频信号。

图 10-9 中的加法器就是用于插入导频信号 $A\sin\omega_c t$ 的，它使导频信号 $A\sin\omega_c t$ 得以和相关编码后的 DPSK 信号 $s_1(t)\cos\omega_c t$ 叠加发送。这里的 A 为常数，表示移相电路对输入载波信号 $\cos\omega_c t$ 的幅度改变系数。

接收端的 ω_c 窄带滤波器和 90°移相器完成对载频信号 $\cos\omega_c t$ 的提取。其中，ω_c 窄带滤波器输出导频信号 $A\sin\omega_c t$，经过 90°移相器后，得到其正交信号 $K\cos\omega_c t$（K 为常数，表示经过 90°移相器后，该信号的输出幅度改变）。此正交信号 $K\cos\omega_c t$ 与原接收信号 $A\sin\omega_c t + s_1(t)\cos\omega_c t$ 相乘后，先经低通滤波器滤波，再经抽样判决和相关解码即可恢复原始基带信号 $s(t)$。

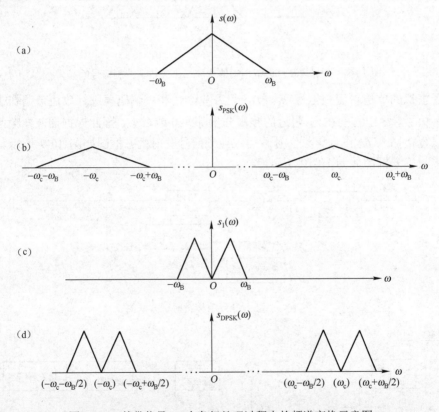

图 10-11　基带信号 $s(t)$ 在各级处理过程中的频谱变换示意图

我们注意到，发送端发送的导频信号 $A\sin\omega_c t$ 与经过载波调制的载频信号 $\cos\omega_c t$ 存在 90°的相位差（载波信号频率移相−90°所得），即导频信号和载频信号彼此正交。频域正交插入导频法由此得名。如果直接插入载频信号 $A\cos\omega_c t$，那么发送端的发送信号为 $[s_1(t)+A]\cos\omega_c t$，在接收端提取载波信号 $K\cos\omega_c t$，经相干解调和低通滤波后，将输出

$\frac{K}{2}[s_1(t)+A]$；如果按照如图 10-10 所示方式插入，那么接收端的低通滤波器输出为图 10-10 中标注的 $\frac{K}{2}s_1(t)$。可见，在采用非正交方式插入时将多出 $\frac{1}{2}KA$，这会对接收端的判决输出产生直流干扰。因此，为避免直流干扰，必须插入正交的导频信号。

（2）双导频插入导频法。

根据插入导频信号的三条规则，只要信号频谱在 ω_c 处为 0 或很小，就尽可能直接插入 ω_c 作为导频信号；若不能直接插入 ω_c，则必须使插入的导频信号能令接收端方便地提取 ω_c 的信息。正交插入就是对频谱在 ω_c 处为 0 或很小的调制信号的处置方式，但有些信号，如残留边带调制信号 $s_{VSB}(t)$ 在 ω_c 处的频谱很大，不能在 ω_c 处插入导频信号。要获取这类信号的同步载波信号，只能插入双导频信号 ω_1、ω_2。

从避免导频信号和调制信号相互干扰的角度考虑，应把导频信号频率选在信号频带之外；从节省带宽的角度出发，导频信号的谱线位置离信号频谱越近越好。综合以上两点，一般都将插入的两个导频信号频率选在信号频带之外，一个大于信号最高频率，一个小于信号最低频率，但都尽量靠近通带。

除此之外，还应使两个导频信号频率与 ω_c 之间存在简单关系，以方便提取载频信号。设插入双导频信号的频率分别为 ω_1 和 ω_2，它们分别位于 $s_{VSB}(t)$ 信号通带外的上下两侧，并且 $\omega_1<\omega_2$，则根据式（10-11）确定它们与 ω_c 的关系为

$$\omega_c = \omega_1 + \frac{\omega_2 - \omega_1}{K} \tag{10-11}$$

式中，K 为常数。为了便于分频电路的实现，一般 K 取 2、4、8、16 等 2 的正偶数次幂。只要确定了 K，以及 ω_1 和 ω_2 中的任意一个，就可根据式（10-11）确定 ω_1、ω_2 和 K 中的其余两个参数。双导频插入导频法的方框图如图 10-12 所示。

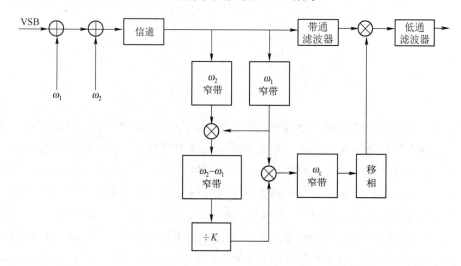

图 10-12　双导频插入导频法的方框图

与图 10-9 所示电路相比，图 10-12 所示电路没有-90°移相器。这是因为插入的双导频信号频率 ω_1、ω_2 都在信号频带之外，用带通滤波器即可将它们滤除。导频信号不会进入解调器，自然不可能对解调器的判决解码产生干扰，因此不需要将其移相-90°后以正交方式插入。

2. 时域插入导频法

时域插入导频法按照一定的时间顺序，在固定的时隙发送载波信号信息，即把载波信号信息组合在具有确定帧结构的数字序列中进行传送，如图 10-13（a）所示。时域插入导频法在时分多址通信卫星中应用较多，在一般数字通信中也有应用。用时域插入导频法发送的导频信号在时间上是断续的，即只在每一帧信号周期的某些固定时隙传送导频信号，而其他时隙只传送信息。在接收端，用控制信号将载波信号取出。理论上，可以用窄带滤波器直接提取载波信号，但实际上是较困难的。这是因为发送的载波信号是不连续的，并且一帧中只有很少时间发送载波信号。时域插入导频法常用锁相环来提取相干载波信号，如图 10-13（b）所示。锁相环的压控振荡器频率应尽可能接近载波信号频率，并且应有足够的频率稳定度。

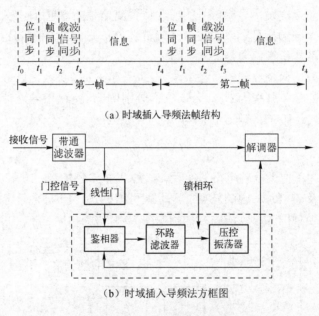

（a）时域插入导频法帧结构

（b）时域插入导频法方框图

图 10-13　时域插入导频法

时域插入导频法与频域插入导频法的最大区别在于插入的导频信号是否连续。用频域插入导频法插入的导频信号在时间上是连续的，信道中自始至终都有导频信号；而用时域插入导频法插入的导频信号在时间上是断续的，导频信号只在一帧内的很短时段出现。

由于用时域插入导频法插入的导频信号与调制信号不同时传送，它们之间不存在干扰，因此一般直接选择用 ω_c 作为导频信号频率。理论上，接收端可以直接用 ω_c 窄带滤波器取出这个导频信号，但因为 ω_c 是断续而非连续传送的，所以不能直接将其取出用作同步载波信号。实际通常用锁相环来实现载波信号频率的提取。时域插入导频法的载波信号频率提取方框图如图 10-14 所示。在图 10-14 中，模拟线性门在输入门控信号的作用下，一个帧周期内仅在导频时隙（$t_2 \sim t_3$）打开，将接收的导频信号送入锁相环，使得压控振荡器的振荡频率锁定在 ω_c 上；在一帧中所有其他不传送导频信号的时隙，模拟线性门关闭，锁相环无导频信号输入，压控振荡器的振荡输出频率完全靠其自身的稳定性来维持。当下一帧信号的导频时隙（$t_2 \sim t_3$）到来后，模拟线性门再次打开，导频信号又一次被送入锁相环，压控振荡器的输出信号再次与导频信号进行比较，进而实现锁定。如此周而复始地与输入的导频信号进行比较，并进行调整、锁定，压控振荡器的输出频率一直维持在 ω_c，将 ω_c 送至解调器，实现载波信号同步。

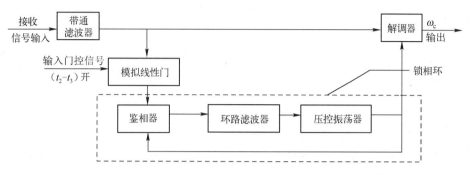

图 10-14　时域插入导频法的载波信号频率提取方框图

资讯 3　载波信号同步系统的性能

1. 载波信号同步系统的性能指标

一个理想的载波信号同步系统应该具有实现同步效率高，提取的载波信号频率相位准确，建立同步所需的时间短，失步以后保持同步状态的时间长等特点。因此，衡量载波信号同步系统性能的主要指标就是效率、精度、同步建立时间和同步保持时间，它们都与提取载波信号的电路、接收端输入信号的情况及噪声的性质有关。

（1）效率。

为了获得载波信号而消耗的发送功率在总信号功率中所占的百分比就是载波信号同步系统的效率（η），即

$$\eta = \text{提取载波信号所用的发送功率/总信号功率}$$

显然，效率主要是针对外同步法提出的。外同步法需要额外发送导频信号，它必然会单独占用功率、时间及频带等资源。这样，导频信号占用的份额越多，载波信号同步系统的效率越低。自同步法不需要额外发送导频信号，其效率较高。

（2）精度。

载波信号同步系统的精度（$\Delta\phi$）是指提取的载波信号与接收的标准载波信号的频率差和相位差。由于对频率信号进行积分所得结果就是相位，因此一般用相位差来表征精度。显然，相位差越小，系统的载波信号同步精度就越高。在理想情况下，$\Delta\phi=0$。

一般相位差都包含稳态相位差和随机相位差两部分。其中，稳态相位差由载频提取电路产生，而随机相位差主要由噪声引起。

对于接收端用窄带滤波器提取载波信号的系统，稳态相位差由窄带滤波器的特性决定。当采用单谐振回路作为窄带滤波器时，稳态相位差与单谐振回路中心频率的准确度及该回路的品质因素有关。

对于用锁相环来提取载波信号的系统，稳态相位差就是锁相环的剩余相差，而随机相位差由噪声引起的输出相位抖动确定。

（3）同步建立时间。

同步建立时间（t_s）是指系统从开机到实现同步或从失步状态到同步状态所经历的时间。显然，t_s 越小越好。当用锁相环提取载波信号时，同步建立时间 t_s 就是锁相环的捕捉时间。

（4）同步保持时间。

同步保持时间（t_c）是指在同步状态下，当同步信号消失后系统所能维持同步的时间。显然，t_c 越大越好。当用锁相环提取载波信号时，同步保持时间 t_c 就是锁相环的同步保持时间。

2. 相位差对解调性能的影响

相位差是导频信号对系统解调性能产生影响的主要因素。对于不同信号的解调，相位差的影响是不同的。

我们来分析双边带调制信号 $s_{DSB}(t)$ 和二元数字调相信号 $s_{2PSK}(t)$ 的解调过程，如图 10-15 所示。

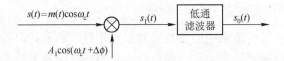

图 10-15　$s_{DSB}(t)$ 信号和 $s_{2PSK}(t)$ 信号解调示意图

$s_{DSB}(t)$ 信号和 $s_{2PSK}(t)$ 信号都属于双边带信号，它们的表示形式十分相似。设 $s_{DSB}(t)$ 信号为

$$s_{DSB}(t)=m(t)\cos\omega_c t \tag{10-12}$$

当 $m(t)$ 仅有 ±1 两种取值时，$s_{DSB}(t)$ 就成 $s_{2PSK}(t)$ 信号了。为简便起见，我们用 $s(t)$ 来统一代表这两种信号。设提取的相干载波信号为 $A\cos(\omega_c t + \Delta\phi)$，$\Delta\phi$ 为提取载波信号与原接收载波信号的相位差，则乘法器输出为

$$s_1(t) = s(t)A\cos(\omega_c t + \Delta\phi) = Am(t)\cos\omega_c t\cos(\omega_c t + \Delta\phi)$$
$$= \frac{A}{2}m(t)\cos\Delta\phi + \frac{A}{2}m(t)\cos(2\omega_c t + \Delta\phi) \tag{10-13}$$

经过低通滤波器后，解调输出信号为

$$s_0(t) = \frac{A}{2}m(t)\cos\Delta\phi \tag{10-14}$$

设干扰信号为零均值的高斯白噪声的单边带功率谱密度为 n_0，单边带宽为 B，则输出噪声功率为 $2n_0B$。显然，若没有相位差，即 $\Delta\phi=0$，则 $\cos\Delta\phi=1$，那么解调输出信号 $s_0(t)$ 将达到最大值 $\frac{A}{2}m(t)$，此时的输出信噪比也最大；若存在相位差，即 $\Delta\phi \neq 0$，则 $\cos\Delta\phi<1$，解调输出信号 $s_0(t)$ 的幅度下降，输出信号功率减小，输出信噪比也随之减小。相位差 $\Delta\phi$ 越大，$\cos\Delta\phi$ 越小，信噪比越小，解调输出信号的质量也就越差。对于 2PSK 信号，输出信

号幅度的下降同样会导致输出信噪比减小，使判决解码的差错率升高，同时使误码率 P_e 增大。

对于单边带调制信号 $s_{SSB}(t)$ 和残留边带调制信号 $s_{VSB}(t)$ 的解调，数学分析和实验都证明载波信号失步不影响解调输出信号的幅度，但会使解调输出信号产生相位差，破坏原始信号的相位关系，使输出波形失真。只要 $\Delta\phi$ 不大，该失真对模拟通信就不会造成大的影响。但波形失真将引起或加重数字通信系统的码间串扰，使误码率大大增加。因此，在采用单边带调制或残留边带调制的数字通信系统中，必须尽可能减小相位差。

综上所述，本地载波信号和标准载波信号的相位差 $\Delta\phi$ 将使双边带调制解调系统的输出信号幅度下降，信噪比减小，误码率增加，但只要 $\Delta\phi$ 近似为常数，就不会引起波形失真；对单边带调制系统和残留边带调制系统的解调而言，相位差会导致输出信号波形失真，进而导致数字通信的码间串扰，使误码率升高。

10.3 表里如一——位同步

在接收端的基带信号中提取定时脉冲序列的过程即位同步。

位同步与载波信号同步既有相似之处，又有不同之处。无论是模拟通信系统还是数字通信系统，只要采用相干解调方式，就必须实现载波信号同步，而位同步只有数字通信系统才需要。因此，在进行基带传输时，不存在载波信号同步问题，但位同步是基带传输系统和频带传输系统都需要的。载波信号同步所提取的是与接收信号中的载波信号同频同相的正弦信号，而位同步提取的是频率等于码率、相位与最佳抽样信号相位一致的脉冲序列。这两种同步的实现方法都可分为外同步法（插入导频法）和自同步法（直接提取法）两种。

资讯1 位同步的作用与分类

位同步又称为码元同步。数字通信系统传输的任何信号实质都是按照各种事先约定的规则编制好的码元序列。每个码元都要持续一个码元周期，并且发送端是逐个码元连续发送的，在经不理想信道传输送到接收端后，解调出的基带信号（若是基带传输，则不经解调）必然是失真并混有噪声和干扰的。为了从该信号中恢复出原始基带信号，需要对它进行抽样判决。因此，接收端必须知道每个码元的开始时间和结束时间，收发两端必须步调一致，即发送端每发送一个码元，接收端就相应接收一个同样的码元。只有这样，接收端才能选择恰当的时刻进行抽样判决，最后恢复出原始基带信号。一般来说，发送端在发送信息码元的同时提供一个定时脉冲序列，其频率等于发送信息码元的速率，其相位则与信息码元的最佳抽样信号相位一致。接收端只要能从接收到的信息码元中准确地将此定时脉冲序列提取出来，就可进行正确的抽样判决。这个提取定时脉冲序列的过程就是位同步。位同步是正确抽样判决的基础，用于判决定时的位同步信息对正确判决起着很大的作用，位同步不准确，误码率就会变大。显然，位同步是数字通信系统所特有的。只有数字通信系统才需要位同步，并且基带传输和频带传输都需要位同步，如图 10-16 所示。模拟通信系统中不存在位同步。

位同步是基本的同步，任何同步传输的数字通信系统要正常工作，都必须先建立连续而准确的位同步。如果位同步发生相位抖动或错位，那么会使数字通信设备的抗干扰性能下降，误码增加；如果位同步丢失，那么会使整个系统无法工作。因此，在研制数字通信设备和设计数字通信系统时，应十分重视位同步信息的传输和提取。

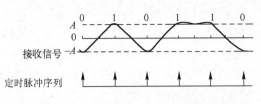

图 10-16　抽样判决过程中位同步的作用

实现位同步的方法较多，但它们基本上可以分为两类：一类是外同步法；另一类是自同步法。

外同步法：发送端除发送有用数字信息外，还专门发送位同步信号，在接收端用窄带滤波器或锁相环把它提取出来用于位同步。

自同步法：发送端不专门向接收端发送位同步信号，接收端所需要的位同步信号设法从接收信号中或解调后的基带信号中提取。从功能方面来看，自同步法电路一般都由两部分组成：一部分是非线性变换处理电路，它的作用是使接收信号或解调后的基带信号经过非线性变换处理后含有位同步频率分量或位同步信号；另一部分是窄带滤波器或锁相环，它的作用是滤除噪声和其他频谱分量，提取纯净的位同步信号。一些特殊的锁相环可以同时实现上述两部分电路功能。

对位同步的基本要求：同步误差小，抖动小，建立时间短，保持时间长，专门用于发送位同步信号的功率小，频带窄。

资讯 2　外同步法

位同步的外同步法分为插入位定时导频法和包络调制法两种。

1. 插入位定时导频法

和载波信号同步中的插入导频法类似，插入位定时导频法也必须在基带信号频谱的零点插入导频信号，以避免调制信号和导频信号相互干扰，影响接收端所提取导频信号的准确度。除此之外，为方便在接收端提取码元恢复频率 f_B 的信息，插入导频信号的频率通常选为 f_B 或 $f_B/2$。这是因为一般基带信号的波形都是矩形的，其频谱在 f_B 处通常都为 0，如图 10-17 所示。由于全占空矩形基带信号功率谱第一个零点通常都在 f_B 处，因此此时导频信号频率应选为 $f_B=1/T_B$，T_B 为一个基带信号的码元周期。而相对调相中经过相关编码的基带信号频谱第一个零点通常都在 $f_B/2$ 处，因此此时导频信号频率应选为 $f_B/2 = T_B/2$。插入位定时导频法方框图如图 10-18 所示。

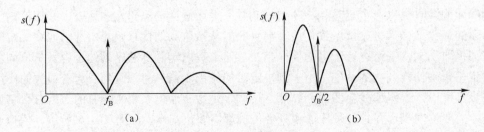

图 10-17　导频信号的频率选择

图 10-18 所示的方框图对应于图 10-17（a）所示的信号频谱情况。输入基带信号 $s(t)$

先经过加法器，插入频率为f_B的导频信号，再通过乘法器对频率为f_c的正弦信号进行载波调制后输出。

　　接收端用带通滤波器滤除带外噪声，通过载波信号同步提取电路获得与接收信号的载波信号同频同相的本地载波信号后，由乘法器和低通滤波器进行相干解调。低通滤波器的输出信号由窄带滤波器滤出导频信号，通过倒相器输出导频信号的反相信号，送至加法器与低通滤波器输出的调制信号相加，除去其中的导频信号，使进入抽样判决器的只有信息信号，避免导频信号影响信号的抽样判决。图10-18中的两个移相器都是用来消除窄带滤波器等元器件引起的相位差的，有时也把它们合在一起使用。由于微分全波整流电路具有倍频作用，图10-18中插入的位定时导频f_B最后送入抽样判决器的位同步信息将是$2f_B$，因此这里采用了微分半波整流电路。而对于图10-17（b）所示的信号频谱情况，插入的位定时导频是$f_B/2$，接收机中采用微分全波整流电路，利用其倍频功能，正好使提取的位同步信息为f_B。

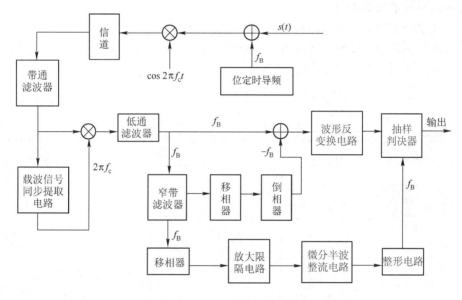

图10-18　插入位定时导频法方框图

　　由以上内容可见，载波信号同步中的插入导频法与位同步中的插入位定时导频法消除导频信号影响的方式是截然不同的。前者通过正交插入来消除导频信号的影响，而后者采用反相抵消来消除导频信号的影响。这是因为相干解调通过载波信号相乘可以完全抑制正交载波信号，而载波信号同步在接收端又必然有相干解调过程。这样，载波信号同步不需要另加电路，只要在发送端插入正交的载频信号，接收端就一定能抑制其影响。由于位定时导频信号在基带加入，没有相干解调过程，因此只能用反相抵消的方法来消除导频信号对基带信号抽样判决的影响。理论上，反相抵消同样适用于载波信号同步情况。但相比之下，正交插入法的电路简单些，实现起来更为方便，并且反相抵消过程中一旦出现较大的相位差，其解调性能将远低于正交插入法的性能。因此，载波信号同步基本上不采用反相抵消方法来消除导频信号对信号解调的影响。

2. 包络调制法

包络调制法主要用于 2PSK、2FSK 等恒包络（调制后的载波信号幅度不变）数字调制系统的解调。图 10-19 所示为包络调制法方框图。在图 10-19 中，发送端采用位同步信号的某种波形（图 10-19 中为升余弦滚降波形）对已经过 2PSK 的射频信号 $s_{2PSK}(t)$ 进行附加的幅度调制，使其包络随着位同步信号波形的变化而变化，形成双调制（调相、调幅）信号发送出去（其中调幅频率为位同步信号频率 f_B）。

接收端将接收到的双调制信号分为两路，分别对它们进行包络检波和相位解调。通过包络检波，得到含有位同步信息 f_B 的输出信号，借助窄带滤波器即可取出该信号。该信号经移相器消除窄带滤波器等引起的 f_B 相位偏移后经过脉冲整形电路，输出和发定时脉冲序列完全同步的收定时脉冲序列，用于为经过相位解调后送至解码器进行判决再生的信息信号提供位定时，使其准确地恢复原始信息码元输出。为降低位定时对信号解调产生的影响，附加的调幅通常都采用浅调幅。

除上述从频域插入位定时信号外，位同步系统也可采用时域插入方式，在基带信号中断续地发送导频信号，接收端通过该信号来校正本地位定时信号，实现位同步。位同步的时域插入方式使用较少，这里不再赘述。

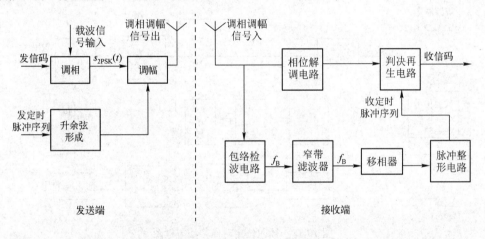

图 10-19　包络调制法方框图

资讯 3　自同步法

自同步法不在发送端单独发送导频信号或进行附加调制，仅在接收端通过适当的措施来提取位同步信息。常用的自同步法有滤波法、包络"陷落"法和锁相法，下面一一对它们进行介绍。

1. 滤波法

因为不归零的随机二进制脉冲序列功率谱中无位同步信号的离散分量，所以不能直接从中提取位同步信息。对不归零脉冲信号而言，无论是单极性还是双极性，只要它的 0、1 码出现的概率近似相等，即 $P(0) \approx P(1) = 1/2$，则其信号频谱中将不再含有 f_B 或 $2f_B$ 等 nf_B（n 为正整数）成分，即其信号频谱中没有 nf_B 谱线，因此不能直接从接收信号中提取位同步信息。但如果先对信号进行波形变换，使其变成单极性归零二进制脉冲序列，那么其频谱中将出现 nf_B 谱线。此时由于信号的频谱中一定含有 f_B 成分，故接收端只要先把解调后的基带波形进行波形变换，如微分及全波整流，再用窄带滤波器取出 nf_B 分量，经移相调整后就可形成位定时信息 f_B，用于判决再生电路。因此，可以用窄带滤波器进行提取、移相，以形成位定时脉冲。滤波法方框图如图 10-20 所示。图 10-20 中的窄带滤波器可以用模拟锁相环来代替。

图 10-20 滤波法方框图

图 10-21 所示为滤波法各点波形图。其中图 10-21（a）表示输入基带信号波形。图 10-21（b）、图 10-21（c）分别表示输入信号依次经过微分及全波整流后的输出波形。有时把微分及全波整流合称为波形变换，这是滤波法提取位同步信息过程中十分重要的两个环节。微分使输入的非归零信号变为归零信号；全波整流则保证输出信号的频谱中一定含有 nf_B 分量。由于输入信息码元中 $P(0) \approx P(1)=1/2$，如果不进行全波整流，微分电路输出的正负脉冲数目相等，那么频谱中的 nf_B 谱线仍将为 0，仍然不可能从中提取出 nf_B 信息，因此必须通过全波整流把随机序列由双极性变为单极性。由于该序列码元的最小重复周期为 T_B，它的归零脉冲中必然含有 $1/T_B=f_B$ 谱线，故可获得 f_B 信息。在图 10-20 中，移相用于调整位同步脉冲的相位，即位同步脉冲的位置，使之适应最佳判决的要求，降低误码率。

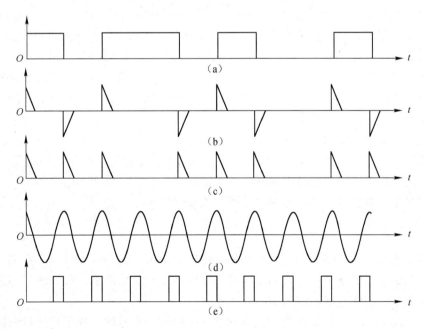

图 10-21 滤波法各点波形图

2. 包络"陷落"法

在数字微波的中继通信系统中，由于频带受限，因此在相邻码元相位突变点附近会产生幅度的"凹陷"，经包络检波后，可以用窄带滤波器提取位同步信息。图 10-22 所示为包络"陷落"法方框图。图 10-23 所示为包络"陷落"法各点波形变换图。

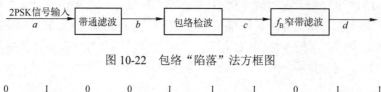

图 10-22　包络"陷落"法方框图

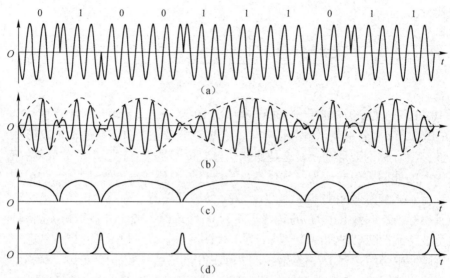

图 10-23　包络"陷落"法各点波形变换图

　　设频带受限的 $s_{2PSK}(t)$ 信号带宽为 $2A$，其波形如图 10-23（a）所示。如果接收端的输入带通滤波器带宽 $B<2f_B$，那么该带通滤波器的输出信号将在相邻码元的相位反转处产生一定程度的幅度"陷落"，如图 10-23（b）所示。这个幅度"陷落"的信号经过包络检波后，检出的包络波形如图 10-23（c）所示。显然，这是一个具有一定归零程度的脉冲序列，并且它的归零点正好为码元相位发生反转的时刻，因此它必然含有位同步信号分量，用窄带滤波器即可将它取出，如 10-23（d）所示。

　　用于产生幅度"陷落"带通滤波器的带宽取值不一定恒定，只要 $B<2f_B$，带通滤波器的输出就一定会产生包络"陷落"现象。只是带宽 B 不同，包络"陷落"的形状和深度也不同。一般来说，带宽 B 越小，包络"陷落"的深度越大。

3．锁相法

　　数字锁相环在数字通信的位同步系统中被广泛采用。数字锁相环由全数字化元器件构成，以一个最小的调整单位对位同步信号相位进行逐步量化调整。数字锁相环也称为量化同步器。数字锁相环方框图如图 10-24 所示。

　　在图 10-24 中，一个高 Q 值的晶振和整形电路构成信号钟，处于常开状态的扣除门、常闭状态的附加门和一个或门构成控制器。

　　数字锁相环的工作原理与模拟锁相环的工作原理类似。输入基准定时脉冲与本地产生的位同步定时脉冲在鉴相器中进行相位比较，若二者相位不一致（超前或滞后），则鉴相器输出误差信息，用于控制并调整分频器输出的脉冲相位，当输出信号的频率和相位与输入信号的频率和相位一致时，才停止调整。

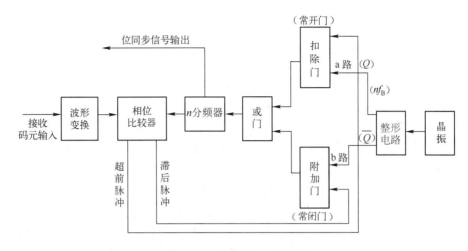

图 10-24　数字锁相环方框图

（1）原理。

位同步锁相法与载波信号同步锁相法一样，都是利用锁相环的窄带滤波特性来提取位同步信息的。锁相法在接收端通过鉴相器比较接收信号和本地位同步信号的相位，输出与两个信号的相位差对应的误差信号来调整本地位同步信号的相位，直至相位差小于或等于规定的相位差。

位同步锁相法分为模拟锁相法和数字锁相法两类。当鉴相器输出的误差信号对位同步信号相位进行连续调整时，称为模拟锁相法。当鉴相器输出的误差信号不直接调整振荡器输出信号的相位，而通过一个控制器对系统信号钟输出的脉冲序列增加或扣除相应若干个脉冲，从而实现调整位同步脉冲序列的相位，达到同步的目的时，称为数字锁相法。

设接收码元的速率为 $R=f_B$，一般选择晶振的振荡频率为 nf_B。晶振产生的振荡信号经整形电路整形后，输出周期为 $T=\dfrac{1}{nf_B}$ 的脉冲方波，该方波分成互为反相的 a（Q 端出）、b（$\overline{Q}$ 端出）两路，分别送至扣除门和附加门。n 分频器实际是一个计数器，只有当控制器输入 n 个脉冲后，它才输出一个脉冲，形成频率为 f_B 的位同步序列，一路送入相位比较器，另一路则作为位同步信号输出到信号解调电路。相位比较器对输入的接收码元序列与 n 分频器送来的位同步序列进行相位比较，若位同步序列相位超前，则输出超前脉冲；若位同步序列相位滞后，则输出滞后脉冲。该超前脉冲或滞后脉冲又被送回控制器，相应扣除或添加信号钟输出脉冲。

由于扣除门是一个处于常开状态的门电路，而附加门处于常闭状态，因此或门的输入一般先由整形电路的 Q 端输出信号从 a 路加入，再由或门送到 n 分频器，经 n 次分频后输出。

相位比较器把 n 分频器送来的位同步序列相位与接收码元序列的相位进行比较，若两个相位相同，则这种电路状态维持不变，即晶振输出的 nf_B 振荡信号经整形及 n 次分频后，所得的 f_B 就是位同步信息。

如果相位比较器检测到位同步序列相位超前于接收码元序列相位，就输出一个超前脉冲。该脉冲经反相器加到扣除门，扣除门将关闭$\dfrac{1}{nf_{\mathrm{B}}}$的时间，使整形电路$Q$端输入的脉冲被扣掉一个；与此同时，$n$分频器输出延迟$\dfrac{1}{nf_{\mathrm{B}}}$，即输出位同步序列相位将滞后$\dfrac{2\pi}{n}$。到下一个码元周期相位比较器再次进行相位比较时，若位同步序列相位仍然超前，则相位比较器再输出一个超前脉冲，送入整形电路Q端的脉冲再被扣除一个，使位同步序列相位再滞后$\dfrac{2\pi}{n}$。如此反复，直到n分频器输出位同步序列的相位等于接收码元序列的相位。

反之，如果相位比较器检测到位同步序列相位滞后于接收码元序列相位，则它输出一个滞后脉冲，并送到附加门。在一般情况下，附加门都是关闭的，它仅在收到滞后脉冲的瞬间打开，使$\overline{Q}$端的一个反向脉冲被送到或门。由于Q端脉冲正好与$\overline{Q}$端脉冲反相，该滞后脉冲的加入相当于在Q端的两个脉冲之间插入一个脉冲，使送至n分频器的输入脉冲序列在相同的码元时间内增加了一个脉冲。于是，n分频器将提前$\dfrac{1}{nf_{\mathrm{B}}}$的时间输出分频信号，即位同步序列相位提前了$\dfrac{2\pi}{n}$。如此反复，当$n$分频器输出脉冲序列与接收码元序列相位相同时，就实现了位同步。位同步数字锁相环工作过程中的波形示意图如图 10-25 所示。

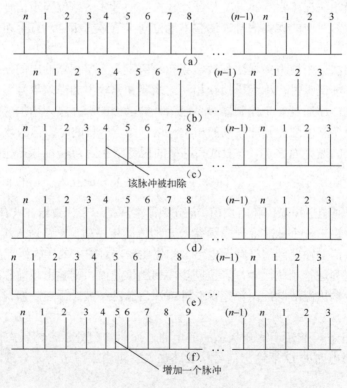

图 10-25 位同步数字锁相环工作过程中的波形示意图

由以上分析可知，每次相位前移或相位后移的调整量都是$\dfrac{2\pi}{n}$，此即最小相位调整量或相位调整单位。显然，最小相位调整量越小，调整完成后输出的位同步序列精度越高。

因此，要提高调整精度，必须加大 n 的值。也就是说，晶振频率越高越好，相应分频器的分频次数也要提高。

图 10-25（a）、图 10-25（d）是 n 次分频后输出的位同步序列的波形，图 10-25（b）、图 10-25（e）是接收码元序列的波形，图 10-25（c）、图 10-25（f）分别是扣除、增加一个同步脉冲的情况。图 10-25（a）、图 10-25（b）、图 10-25（c）共同表示了当位同步序列相位超前时，锁相环通过扣除输入 n 分频器的脉冲使输出位同步序列相位滞后，最后实现位同步的工作过程。图 10-25（d）、图 10-25（e）、图 10-25（f）则共同表示了当位同步序列相位滞后时，数字锁相环通过增加输入 n 分频器的脉冲使输出位同步序列相位超前，最后实现位同步的工作过程。

根据相位比较器的不同结构和它获得接收码元序列相位的不同方法，可将位同步数字锁相环分为微分整流型数字锁相环和同相正交积分型数字锁相环两种，这里不再详细介绍。

（2）数字锁相环抗干扰性能的改善。

由于存在噪声干扰，数字锁相环中送入相位比较器的输入信号将出现随机抖动或虚假码元转换，使相位比较器的比相结果相应出现随机的超前脉冲或滞后脉冲，导致数字锁相环立即进行相应的相位调整。但这种调整实际是毫无必要的，因为一旦干扰消失，数字锁相环必然会重新回到原来的锁定状态。如果干扰一直存在，那么数字锁相环将常常进行这类不必要的调整，导致输出位同步序列的相位来回变化，即相位抖动，影响接收端解码判决的准确性。为此，在实际系统中，通常仿照模拟锁相环在鉴相器之后加环路滤波器的方法，在数字锁相环的相位比较器后面加上一个数字滤波器，插在图 10-24 中相位比较器的输出端，滤除随机的超前脉冲或滞后脉冲，以提高数字锁相环抗干扰的能力。

随机干扰引起的基准信号的相位变化是随机超前或滞后，而不会出现一长串连续的超前脉冲或滞后脉冲。可以通过计数器记忆连续超前脉冲或滞后脉冲的个数来确认是随机干扰还是收发端相位差。在确认超前或滞后之后，才允许超前脉冲、滞后脉冲调整本地位同步序列相位。图 10-26 所示为数字保护滤波器方框图。图 10-26（a）中点画线框内的部分称为"先 N 后 M"滤波器，其中 $N<M<2N$。当收发两端真正出现相位差时（不管超前还是滞后），必定有一个 $\div N$ 计数器先计满，再输出确认脉冲。此脉冲通过控制门输出超前脉冲或滞后脉冲进行调整，同时使各计数器置零。当随机干扰出现，即出现随机超前脉冲或滞后脉冲时，两个 $\div N$ 计数器未计满，而 $\div M$ 计数器已计满，使 $\div N$ 计数器置零。在这种情况下，无确认脉冲输出，电路不会引起不必要的调整。这样大大提高了数字锁相环的抗干扰能力。图 10-26（b）所示为随机徘徊滤波器，其作用和工作原理与"先 N 后 M"滤波器的作用和工作原理相同。

图 10-26 中的滤波器采用累计计数方式，即必须输入 N 个超前（或滞后）脉冲后才能输出一个加（或减）脉冲进行一次相位调整，这使数字锁相环对相位的调整速率下降为原来的 $1/N$。因此，数字锁相环中增加这两种滤波器必然会导致数字锁相环的同步建立时间延长，使提高数字锁相环抗干扰能力（希望 N 大）和缩短数字锁相环同步建立时间（希望 N 小）之间出现矛盾。因此，在选择 N 的值时要注意两方面的要求，尽量做到二者兼顾。

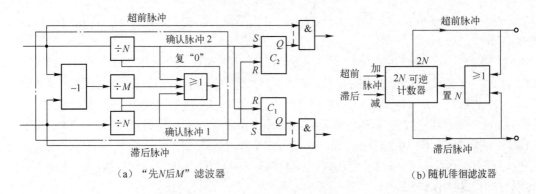

（a）"先N后M"滤波器　　　　　　　　　（b）随机徘徊滤波器

图 10-26　数字保护滤波器方框图

资讯 4　位同步系统的性能

与载波信号同步系统类似，位同步系统的性能指标主要有相位差、同步建立时间、同步保持时间及同步带宽等。由于位同步系统大多采用自同步法实现同步，其中数字锁相环法应用较为广泛，因此下面主要结合数字锁相环法来介绍这些指标。

1. 位同步系统的性能指标

（1）相位差。

在用数字锁相环法提取位同步信息时，相位调整不是连续进行而是每次都按照固定值 $\frac{2\pi}{n}$ 跳变完成的。因此，相位差主要由这种调整引起。每调整一次，输出位同步序列的相位就相应超前或滞后 $\frac{2\pi}{n}$，周期提前或延后 T/n。其中，n 是分频器的分频次数，T 是输出位同步序列的周期。故系统可能产生的最大相位差为

$$\Delta\phi_{\max} = \frac{2\pi}{n} \tag{10-15}$$

因此，增大 n 可以使每次调整的相位量更小一些，相位改变更精细一些，相位差也相应降低。

（2）同步建立时间。

同步建立时间指开机或失步以后重新建立同步所需的最长时间，记作 t_s。分频器输出的位同步序列相位与接收码元序列相位之间的最大可能相位差为 π。显然，此时对应的同步调整时间最长，需要进行相位调整的次数 L 也最多，即

$$L_{\max} = \pi \Big/ \frac{2\pi}{n} = \frac{n}{2} \tag{10-16}$$

式中，$L_{\max}$ 是系统需要的最大可能调整次数。由于接收码元是随机的，因此对二元码来说，相邻两个码元之间的码为 0 或 1 且变与不变的概率相等。也就是说，平均每两个码元出现一次 0、1 的改变。相位比较器只在出现 0、1 变化时才进行相位比较，0、1 之间无变化时不进行相位比较，每进行一次相位比较最多调整一步（增加或减少 $\frac{2\pi}{n}$）或不变。与此对应，系统的最大可能同步建立时间为

$$t_{s\max} = 2T_B \times \frac{n}{2} = nT_B \qquad (10\text{-}17)$$

式中，T_B 为一个码元周期。

若考虑抗干扰电路的影响，即引入数字滤波器的影响，则最大可能同步建立时间为

$$t_{s\max} = nNT_B \qquad (10\text{-}18)$$

式中，N 为抗干扰滤波器中计数器的计数次数。

可见，n 增大时系统的位同步精度提高，但相应的同步建立时间增长，即这两个指标对电路的要求是相互矛盾的。

（3）同步保持时间。

在同步状态下，接收信号中断，位同步信号相位差仍保持在某一规定数值范围内的时间称为同步保持时间（t_c），即系统由同步到失步所需要的时间。

当同步建立后，数字锁相环的相位比较器不输出调整脉冲，电路将维持现态。如果中断输入信号或输入信息码元中出现长连 0（或连 1）码时，相位比较器不进行相位比较，数字锁相环将失去相位调整作用。接收端时钟输出信号不进行任何调整，相位差完全依赖于双方时钟输出信号的频率稳定度。由于收发频率之间总是存在频差的，因此接收端位同步信号相位将逐渐发生漂移，时间越长，漂移量越大，当相位差达到或超过规定数值范围时，系统失步。

显然，收发两端振荡器输出信号的频率稳定度对同步保持时间影响极大，频率稳定度越高，位同步信号的相位漂移越慢，相位差超过规定值需要的时间越长，同步保持时间越长。

（4）同步带宽。

同步带宽（B）指系统允许收发振荡器输出信号之间存在的最大频率差 Δf。前面已指出，数字锁相环平均每两个码元周期进行一次相位调整，每次的相位调整量都为 $\dfrac{2\pi}{n}$。由于收发两端振荡器的振荡频率不可能完全相同，故每两个码元周期产生的相位差为

$$\Delta\phi = 2(\Delta f/f_0)2\pi \qquad (10\text{-}19)$$

因此，数字锁相环能够实现相位锁定的前提是，每次相位调整的相位调整量都必须不小于每两个码元周期内由频率误差导致的相位差，即

$$2\pi/n \geqslant 2(\Delta f/f_0)2\pi$$

也即

$$\Delta f \leqslant (f_0/2n)\Delta f \qquad (10\text{-}20)$$

否则，数字锁相环将无法锁定，电路也就不可能实现位同步。

上式中的 f_0 为收发两端频率 f_1、f_2 的几何中心值，即

$$f_0 = \sqrt{f_1 f_2} \qquad (10\text{-}21)$$

显然，一旦频率误差大于 $f_0/2n$，数字锁相环就会失锁。因此，数字锁相环的同步带宽为

$$B \leqslant f_0/2n \qquad (10\text{-}22)$$

2. 相位差对位同步性能的影响

位同步的相位差会造成位定时脉冲的位移，使抽样判决时刻偏离最佳位置。我们在前

面各单元进行的所有误码率分析都是针对最佳抽样判决时刻的。显然，当位同步信号和接收端输入信号之间存在相位差时，由于不能在最佳时刻进行判决抽样，因此必然会使误码率超过原来的分析结果。这个相位差对接收性能的影响可从以下两方面考虑。

（1）当输入相邻码元无 0、1 转换时，相位比较器不进行相位比较，此时由相位差引起的位移不会对抽样判决产生影响。

（2）当输入相邻码元出现 0、1 转换时，相位差引起的位移将根据信号波形及抽样判决方式的不同而产生不同影响。对于最佳接收系统，因为进行抽样判决的参数是码元能量，而位定时的位移将影响码元能量，所以此时的位移将影响系统的接收性能，使误码率上升。但对基带矩形波而言，如果选择在码元周期的中间时刻进行抽样判决，由于一般每两个码元进行一次相位比较，因此在这种情况下只要位移不超过 $\pi/4$，就不会对判决结果产生影响，系统误码率也不会下降，但位移超过 $\pi/4$ 就不行了。

10.4　友谊圆舞曲——群同步

数字通信中的信息码元通常以由多个码元构成的有特定含义的码元组为单位进行传输，这种码元组通常称为帧。在时分多路复用系统中，各路信息码元都按约定在规定时隙内传输，形成具有一定帧结构的多路复用信号。发送端必须提供每一帧信号的起止标志，接收端只有检测并获取这个标志后，才能根据发送端的合路规律准确地将复用信号中的各路信号分离。这个检测并获取帧信号起止标志的过程就是帧同步，它属于群同步的范畴。

虽然群同步信号的频率可以很容易地由位同步信号分频产生，但是每个群的开始时刻和结束时刻无法由此分频信号确定。因此，仅仅通过分频是无法得到群同步信号的。一般都会在发送的数字信息流中插入一些特殊码组作为每个群的起止标志，接收端根据这些特殊码组的位置确定各字、句和帧的开始时刻及结束时刻来实现群同步。

资讯 1　群同步系统的要求

在数字通信系统中，数字信息总是排成一定的数据格式的，即把一定数目的信息码元组成一字，若干字又组成一句，若干句又构成一帧，从而形成一群一群的数字信号序列。这些字、句、帧都代表一定的信息。

在数字时分多路通信系统中，各路信息码元都安排在指定的时隙内传输，各路时隙构成一定的帧结构。在接收端，为了能够正确分离各路信号，必须先识别出每一帧的开始时刻，找到各路时隙分配的顺序。

在数字通信中，群同步的任务就是在位同步的基础上识别出数字信息群（字、句、帧）的开始时刻，使接收设备的帧定时与接收到的信号中的帧定时处于同步状态。字同步、句同步和帧同步都属于群同步。根据数字信号的结构形式不同，群同步通常是指帧同步和句同步。

数字信号的结构在进行系统设计时都是预先安排好的。由于字、句、帧都是由一定的码元数组成的，因此它们的周期都是码元长度的整数倍。接收端在恢复出位同步信号后，对它进行分频就可以获得与发送端字、句、帧同频的群定时信号。虽然接收端群定时信号与发送端字、句、帧的重复频率相同，但该群定时信号的开始时刻还未与接收信号中的字、句、帧的开始时刻对齐，即还存在相位校准问题。因此，发送端应向接收端发送群同步信息来完成这一校准。

实现群同步的方法有起止式同步法、集中插入同步法、分散插入同步法等。

群同步实质上是对群同步标志进行检测。对群同步系统的基本要求如下。

（1）建立正确同步的概率大，建立错误同步的概率小。

（2）捕捉时间短。无论是初始捕捉，还是失步后重新捕捉，都要求捕捉时间短。因为在捕捉过程中，系统处于失步状态，这样，数据传输系统会丢失数据信息，数字电话系统会出现语音中断现象。因为人耳对小于 100ms 的中断现象不易察觉，所以要求数字电话系统失步后重新建立同步的时间（称为捕捉时间）小于 100ms。而对于数据传输系统，则要求捕捉时间更短些。

（3）稳定地保持同步。接收端的群同步系统在进入同步状态后，应当稳定地保持同步，而不被信道干扰引起的误码破坏。根据统计，信道中干扰的时间宽度一般小于 3ms，为了防止信道误码破坏同步状态，通常在接收端群同步系统中采取相应的保护措施。同步后接收端收不到群同步码有两种情况：其一是失步，此时收不到群同步码的时间较长，总是大于 3ms；其二是由于信道误码而收不到群同步码，此时收不到群同步码的时间较短，一般小于 3ms。根据这两种情况的不同特点，可以对群同步采取相应的保护措施。只有在真失步的情况下，接收端群同步系统才转入捕捉状态。

（4）在满足群同步性能要求的条件下，为提高有效信息的传输效率，群同步码的长度应尽可能短。

资讯 2 起止式同步法

起止式同步法在数字电传机中获得广泛应用。在电传中，常用的是 5 单位码。为标志每个字的开头和结尾，在 5 单位码的前后分别加上 1 单位的起码（低电平）和 1.5 单位的止码（高电平），组成一个 7.5 单位的码字。起止同步波形图如图 10-27 所示。接收端用高电平第一次转到低电平这一特殊标志来确定码字的起始位置，从而实现字同步。

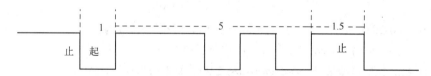

图 10-27 起止同步波形图

起止式同步法传输效率较低，但很简单，只在电传中应用。

资讯 3 集中插入同步法

集中插入同步法也称为连贯插入同步法，即在每一个信息群的开头集中插入作为群同步码的特殊码组。这个特殊码组应当极少出现在信息群中，即使偶尔出现，也不具有该信息群的周期性规律，即不会按照信息群的周期出现。接收端根据这个信息群的周期，连续数次检测该特殊码组，就可获得群同步信息，实现群同步。

显然，选择适当的特殊码组是实现集中插入同步法的关键。应根据如下两点要求选择特殊码组。

（1）具有明显的可识别特征，以便接收端能够容易地将同步码和信息码区分开来。

（2）码长应当既能保证传输效率较高（不能太长），又能保证接收端容易识别（不能太短）。

经过长期的实验研究，目前已知符合上述要求的特殊码组有全 0 码、全 1 码、10 交替码、巴克（Barker）码、电话基群同步码 0011011 等。其中，巴克码最为常见。

1. 巴克码

巴克码是一种长度有限的非周期性序列，它的自相关性较好，具有单峰特性。常见的巴克码如表 10-1 所示。表 10-1 中的+、-分别表示该巴克码第 i 位码元 x_i 的取值为+1、-1，它们分别与二进制码的 1、0 对应。

表 10-1 常见的巴克码

码组中的码元位数	巴 克 码	对应的二进制码
2	(++), (-+)	(11), (01)
3	(++-)	(110)
4	(+++-), (++-+)	(1110), (1101)
5	(+++-+)	(11101)
7	(+++--+-)	(1110010)
11	(+++---+--+-)	(11100010010)
13	(+++++--++-+-+)	(1111100110101)

对于长度有限的 n 位码组 $\{a_1,a_2,a_3,\cdots,a_n\}$，一般数学上定义其自相关函数为 $R(j)$，而称满足如式（10-24）所示关系的自相关函数为具有单峰特性的自相关函数。

$$R(j) = \sum_{i=1}^{n-j} a_i a_i + j \tag{10-23}$$

$$R(j) = \begin{cases} n, j = 0 \\ 0\text{或}\pm 1, \ j \neq 0 \end{cases} \tag{10-24}$$

根据式（10-23），求得表 10-1 中 5 位巴克码的自相关函数为

$R(0)=a_1^2+a_2^2+a_3^2+a_4^2+a_5^2=1^2+1^2+1^2+(-1)^2+1^2=5$

$R(1)=a_1a_2+a_2a_3+a_3a_4+a_4a_5=1\cdot1+1\cdot1+1\cdot(-1)+(-1)\cdot1=0$

$R(2)=a_1a_3+a_2a_4+a_3a_5=1\cdot1+1\cdot(-1)+1\cdot1=1$

$R(3)=a_1a_4+a_2a_5=1\cdot(-1)+1\cdot1=0$

$R(4)=a_1a_5=1-1=1$

$R(5)=0$

同样，可求得表 10-1 中 7 位巴克码的自相关函数值为

$R(0)=7$

$R(1)=0$

$R(2)=-1$

$R(3)=0$

$R(4)=-1$

$$R(5)=0$$
$$R(6)=-1$$
$$R(7)=0$$

依此类推，可把 $R(j)$ 的定义扩展到 j 为负数的情况，如

5 位巴克码的自相关函数值 $R(-1)=a_2a_1+a_3a_2+a_4a_3+a_5a_4=0$

根据上述计算，可画出 5 位巴克码、7 位巴克码的自相关函数特性曲线，如图 10-28 所示。显然，这两个巴克码的自相关函数特性曲线都呈现单峰形状，都在 $j=0$ 时达到最大峰值。这是因为 5 位巴克码、7 位巴克码的自相关函数都满足式（10-24）。巴克码的自相关函数也称为单峰自相关函数。事实上，所有巴克码的自相关函数都具有单峰特性。不难理解，巴克码的位数越多，它的自相关函数特性曲线峰值越大，其自相关性越好，识别这个码组也就越容易，而这正是我们对集中插入的群同步码组的主要要求之一。由图 10-28 可知，7 位巴克码的单峰形状比 5 位巴克码的单峰形状更为陡峭，即 7 位巴克码的自相关性优于 5 位巴克码的自相关性，识别 7 位巴克码比识别 5 位巴克码更容易。

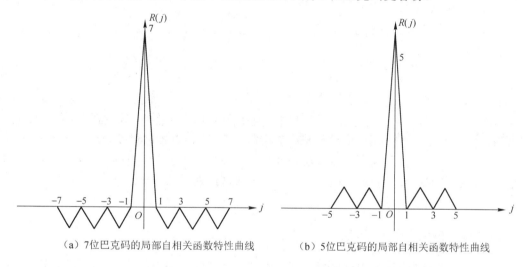

（a）7位巴克码的局部自相关函数特性曲线 　　（b）5位巴克码的局部自相关函数特性曲线

图 10-28　巴克码的局部自相关函数特性曲线

2．巴克码识别器

巴克码识别器由移位寄存器、加法器和判决器组成。下面以 7 位巴克码为例进行介绍。只需要用 7 个移位寄存器、1 个加法器和 1 个判决器就可以构成 7 位巴克码的识别器了，如图 10-29 所示。

每个移位寄存器都有 Q、$\overline{Q}$ 两个互为反相的输出端。当输入某移位寄存器的码元为 1 时，它的 Q 端输出高电平+1，$\overline{Q}$ 端输出低电平-1；反之，当输入码元为 0 时，$\overline{Q}$ 端输出高电平+1，Q 端输出低电平-1。加法器则把 7 个移位寄存器的相应输出电平值进行算术相加，每个移位寄存器都仅有一个输出端（Q 或 $\overline{Q}$）和加法器连接。从图 10-29 中可以看出，各移位寄存器选择将哪一端（Q 或 $\overline{Q}$）的输出电平送入加法器由巴克码确定：凡是巴克码为 "+" 的那一位，其对应的移位寄存器输出端就选择 Q；巴克码为 "−" 的那一位则由 $\overline{Q}$ 端输出到加法器。在图 10-29 中，各移位寄存器的输出端从高（7 位）到低（1 位）依次是 "QQQ

$\bar{Q}\,\bar{Q}\,Q\,\bar{Q}$",正好与表 10-1 中的 7 位巴克码 "+++--+-" 相对应。可见,加法器实际是对输入的巴克码进行相关运算的,而判决器根据该相关运算结果,按照判决门限进行判决。当一帧信号到来后,首先进入识别器的是群同步码组,只有当 7 位巴克码正好全部依次进入 7 个移位寄存器,每个移位寄存器送入加法器的相应输出端都正好输出高电平+1 时,加法器才输出最大值+7,而在其余所有情况下,加法器的输出均小于+7。如果将判决器的判决门限设为+6,那么就在 7 位巴克码的最后一位-1 进入识别器的瞬间,识别器输出一个+7 作为同步脉冲,表示一个新的信息群的开始。

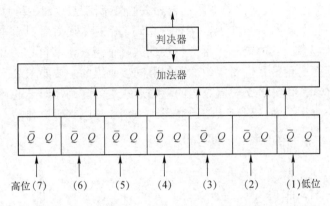

图 10-29　7 位巴克码的识别器

由上述分析可知,如果输入码元的自相关函数具有单峰特性,其识别器的输出也将呈现单峰特性,即只有当群同步码组全部进入识别器时,其输出才达到最大,一旦错开一位,输出立刻大幅减小,显然这对判决识别非常有利。因此,同步码的自相关性越好,其自相关函数特性曲线的单峰形状越尖锐、陡峭,系统通过识别器识别该群同步码组越容易,发生同步码误判的概率就越小。

资讯 4　分散插入同步法

分散插入同步法也称为间隔式插入同步法,它将群同步码均匀地分散插入信息码流中进行发送,接收端则通过反复若干次对该同步码进行捕捉、检测接收及验证,从而实现群同步。多路复用的数字通信系统中常常采用分散插入同步法,在每帧中只插入一位信息码元作为同步码。PCM 24 路系统就是按照 0、1 交替插入的规则在每一帧 8×24=192 个信息码元中插入一位群同步码的,即这一帧插 "1" 码,下一帧则插 "0" 码。由于每一帧中只插入一位同步码(1 或 0),群同步码与信息码元混淆的概率高达 1/2,但接收端进行同步捕捉时要连续检测数十帧,只有每一帧的末位代码都符合 0、1 交替规律后才能确认同步。因此,采用分散插入同步法的系统的群同步可靠性较高。

集中插入同步法插入的是一个群同步码组,而且这个群同步码组必须有一定的长度,这样系统才能达到可靠同步,故集中插入式群同步系统的传输效率较低。而分散插入式群同步系统的最大特点是,同步码仅占用极少的信息时隙,每帧的传输效率较高,但是由于接收端必须连续检测几十位同步码后才能确定系统同步,其同步捕捉时间较长。因此,分散插入同步法适用于信号连续发送的通信系统,若发送信号时断时续,则会因为每次捕捉同步的时间长而降低传输效率。

分散插入式群同步系统一般采用滑动同步检测法来完成同步捕捉，既可用软件控制的方式来实现，又可用硬件电路直接实现。滑动同步检测法的基本原理：接收电路在开机时处于捕捉状态，当接收到第一个与同步码相同的码元时，先暂认为它就是同步码，按码同步周期检测下一帧相应位码元；若该码元也符合插入的同步码规律，则检测下一帧相应位码元。如果连续检测 M（M 为几十）帧，每帧均符合同步码规律，那么认为同步码已找到，电路进入同步状态。如果在捕捉状态接收到的某个码元不符合同步码规律，那么码元滑动一位，仍按上述规律周期性地检测，一旦检测不符合，就滑动一位……如此反复进行下去，若一帧共有 N 个码元，则最多滑动 N-1 位，一定能把同步码找到。

　　滑动同步检测法的软件实现流程图和硬件实现方框图如图 10-30 和图 10-31 所示。

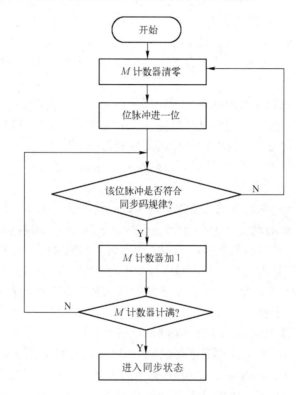

图 10-30　滑动同步检测法的软件实现流程图

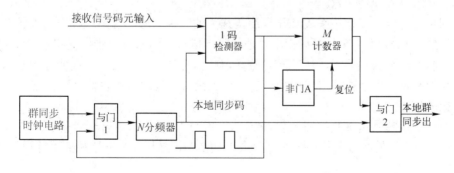

图 10-31　滑动同步检测法的硬件实现方框图

系统不可能在开机的瞬间就实现群同步，此时系统通常处于同步捕捉状态，简称捕捉状态。设同步码以 0、1 交替的规律插入，接收端在收到第一个与同步码相同的码元"0"后，就认为已收到了一个同步码；检测下一个帧周期中相应位置上的码元，如果也符合约定插入规律的同步码为"1"，就认为已收到了第二个同步码；再继续检测下一帧相应位置上的码元……如果连续检测了 M 帧（M 一般为几十），每一帧中相同位置上的码元都符合 0、1 交替规律，就认为已经找到了同步码，系统由捕捉状态转入同步状态，接收端根据收到的同步码找出每一个字、句的起止时刻，进行解码。

如果在上述同步捕捉过程中，检测到某一帧相应位置上的码元不符合 0、1 交替规律，那么顺势滑动一位，从下一位码元开始按上述同步捕捉步骤，根据帧周期重新检测是否符合 0、1 交替规律，一旦检测到不符合规律的码元，就滑动一位重新检测……如此反复进行下去，若一帧共有 N 个码元，则最多滑动 N-1 位后，一定可以检测到同步码。必须注意的是，无论是在第 1 位还是第 N 位检测到同步码，都必须经过 M 帧的验证才可确认系统同步。

设同步码为全 1 码，即每帧插入的同步码元均为"1"，每帧共有 N 个码元，M 为确认同步时至少要检测的帧数，我们来分析图 10-31 实现群同步的过程。在图 10-31 中，1 码检测器通过比较接收信号码元中的同步码与本地群同步码"1"的位置是否对齐来判断同步与否，一帧检测一次。若"1"对齐，则检测器输出正脉冲，M 计数器加 1；反之，输出负脉冲。

如果接收信号码元中的同步码与本地群同步码已经对齐，那么 1 码检测器将连续输出正脉冲，计数器计满 M 后输出一个高电平，打开与门 2，使本地群同步码输出，系统由捕捉状态转入同步状态。如果接收信号码元中的同步码与本地群同步码尚未对齐，那么 1 码检测器只要检测到两路输入信号码元中相应位置上有一个"0"，便输出负脉冲，经非门 A 倒相后送入 M 计数器，使之复位，与门 2 关闭，本地群同步码不能输出，系统仍然处于捕捉状态。与此同时，该负脉冲送入与门 1，使之关闭一个周期，封锁住一个位脉冲，使 N 分频器送入 1 码检测器的本地群同步码顺势向后滑动一位，1 码检测器随之重新进行比较检测，M 计数器又从 0 开始计数。若期间又遇到"0"码，则本地群同步码再滑动一位，1 码检测器重新检测，M 计数器再从 0 开始……如此反复进行下去，当接收信号码元中的同步码与本地群同步码完全对齐，计数器连续输出 M 个正脉冲后，与门 2 才打开，输出本地群同步码，系统进入同步状态。

群同步时钟电路输出频率 N 倍于同步码速率的时钟信号。当系统处于同步状态时，该时钟信号经 N 分频器 N 次分频后输出本地群同步信号；当系统处于捕捉状态时，1 码检测器输出负脉冲，与门 1 关闭，使送入 N 分频器的信号中断一定时间，并使分频器输出相应延迟。也就是说，本地群同步码顺势后延一个码元后，再次与接收信号码元在 1 码检测器中进行比较检测。

图 10-31 反映的是每帧中插入群同步码都为"1"的情况，若同步码按照 0、1 交替的规律出现，则相应的组合逻辑门电路部分会更加复杂，但其基本框架和实现过程是一样的。

资讯 5 群同步系统的性能

由于群同步信号是用来指示一个群或帧的开头或结尾的，对它的性能要求主要是指示正确，因此衡量群同步系统性能的主要指标是同步的可靠性及平均同步建立时间。而可靠性一般用漏同步概率和假同步概率共同表示。

1. 漏同步概率

受到干扰影响，接收的群同步码中可能有一些码元出错，这会导致识别器漏识已经发出的同步码。通常称出现这种情况的概率为漏同步概率，记作 P_1。漏同步概率与群同步的插入方式、同步码的码组长度、系统的误码率，以及识别器的电路形式和参数选取等都有关。

对 7 位巴克码识别器而言，如果设定判决门限为 6，那么当 1 位巴克码出错，7 位巴克码全部进入识别器时，加法器将输出 5 而非 7，系统就会认为还没有达到同步。这就是通常所说的漏同步。如果将判决门限由 6 降为 4，那么漏同步就不会发生，即这个 7 位巴克码识别器有 1 位码元的容错能力，换言之，这个识别系统不会漏识 7 位巴克码中 1 位巴克码出错时的同步情况。

根据上述分析，对于集中插入式群同步系统，若 n 为选定的群同步码长度，P 为系统误码率，m 为识别器允许的群同步码中最大错误码元个数，则 n 位群同步码中错 r 位，即 r 位误码和 $(n-r)$ 位正确码同时出现的概率为 $P^r \cdot (1-P)^{n-r}$。当 $r<m$ 时，识别器共可以识别 C_n^r 种错误的情况，即识别器没有漏识的概率为 $\sum_{r=0}^{m} C_n^r P^r (1-P)^{n-r}$。因此，集中插入式群同步系统的漏同步概率为

$$P_1 = 1 - \sum_{r=0}^{m} C_n^r P^r (1-P)^{n-r} \tag{10-25}$$

对于分散插入式群同步系统，因为每次只插入一个码元，只要这个码元出错，系统必然发生漏同步。因此，分散插入式群同步系统的漏同步概率等于系统的误码率，即

$$P_1 = P \tag{10-26}$$

2. 假同步概率

当信息码元和同步码相同时，识别器会误认为接收到同步码，进而输出假同步信号，这时我们就说该群同步系统出现了假同步，并称出现这种情况的概率为假同步概率，记作 P_2，它等于信息码元中所有可能被错判为同步码的组合数与全部可能的群同步码数之比。

对于集中插入式群同步系统，仍令 n 为选定的群同步码长度，P 为系统误码率，m 为识别器允许的群同步码中最大错误码元个数，若信息码元取值 0、1 是随机且等概率的，则长度为 n 的所有可能群同步码共有 2^n 个。其中，能被错判为群同步码的码组个数显然与 m 有关。若出现 1 位误码后仍被判为群同步码的码组个数共有 $C_n^1 = n$ 个，则此时系统的假同步概率为 $P_2 = \dfrac{n}{2^n}$。同理，若出现 r 位误码后仍被判为群同步码的码组个数为 C_n^r，则集中插入式群同步系统的假同步概率为

$$P_2 = (\sum_{r=0}^{m} C_n^r) / 2^n \tag{10-27}$$

对于分散插入式群同步系统，由于只有在连续检测 M 帧都符合群同步规律的情况下，

才可确认系统实现了群同步，因此当 0、1 等概率（或近似等概率）取值时，对于有 N 位码元的一帧，必有 N 种可能性，但其中只有一种才是真的同步码。该系统的假同步概率为

$$P_2=(N-1)/(N\times 2^M) \tag{10-28}$$

对式（10-25）、式（10-26）、式（10-27）和式（10-28）进行比较可以发现，降低判决门限电平，即增大 m，将使 P_1 减小，P_2 增大；增加群同步码长度 n，将使 P_2 减小，P_1 增大。可见，P_1 和 P_2 对判决门限电平 m 和群同步码长度 n 的要求是相互矛盾的。因此，在选择参数时，必须兼顾二者的要求。

3. 平均同步建立时间

同步建立时间是指系统从确认失步进入捕捉状态起，一直到重新进入同步工作状态的时间。平均同步建立时间与同步检测的方式有关。

对于集中插入同步法，如果无漏同步也无假同步，那么实现群同步最多需要一群的时间。设每群的码元数为 N 个（其中 n 个为同步码），每个码元的持续时间为 T_B，则最长的同步建立时间为一群的时间 NT_B。在建立同步过程中，如果出现一次漏同步，那么最长同步建立时间将增加一群的时间 NT_B；如果出现一次假同步，那么最长同步建立时间也将增加 NT_B。因此，若考虑漏同步和假同步，则同步建立时间就要在 NT_B 的基础上增加，由统计平均的方法可知，系统群同步系统的最长平均同步建立时间为

$$t_s=(1+P_1+P_2)NT_B \tag{10-29}$$

利用式（10-29）对集中插入式群同步系统和分散插入式群同步系统进行分析，可得两种系统的最长平均同步建立时间分别为

$$t_s=(1+P_1)N^2T_B \tag{10-30}$$

$$t_s=(2N^2-N-1)T_B \tag{10-31}$$

由前述可知，集中插入式群同步系统的最长平均同步建立时间远小于分散插入式群同步系统的最长平均同步建立时间，这是集中插入同步法虽然效率较低，但仍然得到广泛应用的主要原因。

资讯 6 群同步系统的保护

为了确保群同步系统稳定可靠，提高系统抗干扰的能力，并预防假同步及漏同步，必须对群同步系统采取保护措施。也就是说，既要减小漏同步概率，又要降低假同步发生的可能。在实际系统中，总是加以前向保护和后向保护。前向保护使假同步概率减小，但会增加同步建立时间，后向保护可以使漏同步概率减小。

由于漏同步概率 P_1 与假同步概率 P_2 对电路参数的要求往往是彼此矛盾的，即改变参数使得 P_2 降低的同时会导致 P_1 上升，反之亦然。因此，一般都将群同步系统的工作状态划分为捕捉状态和同步状态，针对同步保护要求漏同步概率 P_1 和假同步概率 P_2 都低的情况，在不同状态下根据电路的实际情况设定不同的识别器判决门限，解决漏同步概率和假同步概率对识别器判决门限要求相互矛盾的问题，达到减少漏同步和假同步的目的。

在捕捉状态时，由于系统尚未建立群同步，不存在漏同步问题，此时应主要防止出现假同步。因此，此时的同步保护措施是提高判决门限，减小识别器允许的群同步码最大错

误码元个数 m，使假同步概率 P_2 下降。

在同步状态时，同步保护的目的主要是防止偶然干扰使同步码出错，导致系统以为失步，进而错误地转为捕捉状态或失步情况。此时，系统应以防止漏同步为主，尽量减小漏同步概率 P_1。因此，此时的同步保护措施为降低判决门限，增大识别器允许的群同步码最大错误码元个数 m，使 P_1 下降。

上述内容介绍了群同步系统保护的基本原则和总体解决思路。对于集中插入式群同步系统或分散插入式群同步系统，具体保护措施及电路是不同的，有兴趣的读者可参阅相关资料，此处不再详述。

10.5 四海同心——网同步

如果通信是在两点之间进行的，当实现了载波信号同步、位同步和群同步后，就可以有序、准确、可靠地进行通信联络。然而，随着通信技术、计算机技术及自动控制技术的不断发展和进一步融合，网络通信在数字通信领域的占比越来越大，成为人们日常生活和工作中必不可少的联络手段。由于通信是由许多交换局、复接设备、连接线路和终端机构成的，因此需要传输的信息码流多种多样，两点通信也逐渐发展为点到多点通信和多点到多点通信。要实现这些信息的交换和复接等操作，并保证网内各用户之间能够进行各种方式的可靠通信和数据交换等，必须要用一个能够控制整个网络的同步系统来进行统一协调，需要用时钟来提供准确的定时，确保数字传输交换与复接在同步运行的状态下进行，使全网按照一定的节奏有条不紊地工作。这个控制过程就是网同步。时钟性能是影响设备性能及网络通信质量的一个重要因素。

目前实现网同步的方法主要有如下两类。

第一类是建立同步网，使网内各站点的时钟彼此同步。同步网是保证通信网络同步性能的重要支撑网，也是电信三大支撑网之一，由节点时钟和传输同步定时信号的同步链路构成。同步网的作用是准确地将同步定时信号从基准时钟传输到同步网的各节点，调整网中的各时钟并保持信号同步，满足通信网传输性能和交换性能的需要。建立同步网的方法有主从同步法和互同步法两种。主从同步法在全网设立一个主站，以主站时钟为全网的标准，其他各站点都以主站时钟为标准进行校正，从而保证网同步。互同步法则以各站时钟的平均值为标准时钟来实现同步。

第二类是异步复接，也称为独立时钟法，属于准同步方式。在准同步方式下，通信网中各同步节点都设置相互独立、互不控制、标称速率相同、频率精度和稳定度相同的时钟。为使节点之间的滑动率达到可以接受的程度，要求各节点都采用高精度和高稳定度的原子钟。异步复接一般通过码速调整法或水库法来实现。

资讯 1 主从同步法

主从同步法在整个通信网中的某一站（主站）设置一个高稳定度的主时钟源（一般是一个极高稳定度的频率振荡器或一台铂原子钟），主站将主时钟源产生的时钟逐站传输至网内各站（基站），如图 10-32 所示。由于各基站的定时脉冲频率都直接或间接来自主时钟源，因此网内各站的频率都相同。又由于主站到各基站的传输线路长度不等，会在各站引入不同的时延，因此要在各站设置时延调整电路以补偿不同的时延，使各站的相位保持一致。在主从同步法中，各站的频率和相位都相同。

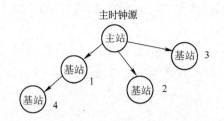

图 10-32   主从同步法示意图

主从同步法简单、易行，按频率的稳定度分等级进行同步。主从同步法的主要缺点是，当中间某一站发生故障时，不仅影响本站，还影响该站以下的各站。例如，图 10-32 中的基站 1 若发生故障，则会影响基站 4。特别是当主时钟源有故障或主时钟源输出线路有故障时，整个通信网的工作都会被破坏。

主从同步法广泛应用于规模小、距离近、交换点较少的树形或星形结构的数字通信网中。当采用分布式网状结构的大型通信网时，主从同步法就不适用了。

资讯 2   互同步法

互同步法是为了克服主从同步法过度依赖主时钟源这种缺点而提出的，其各个站点没有主从之分，网内各站点都设有时钟源，并且彼此控制、互相影响。互同步法的网内时钟频率是网内各站点频率的平均值，也就是说，各站点的时钟频率是锁定在其固有振荡频率平均值上的，这个平均值就是该通信网的网频率，如图 10-33 所示。

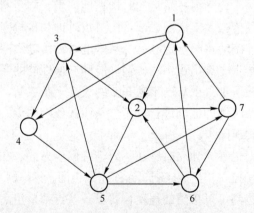

图 10-33   互同步法示意图

由于互同步法各站点相互控制，当某一站点发生故障时，网频率将平滑地过渡到一个新的平均值上，故障点以外的其他站点仍然能正常工作，因此提高了整个通信网的可靠性。互同步法最大的不足是每一个站点的设备都较复杂。

网频率的稳定度与各站点频率的稳定度有关。由于多个频率源的变化有时可以互相抵消，因此网频率的稳定度会比各站点的频率稳定度高。互连站点越多，网频率稳定度越高。

资讯3 码速调整法

国际数字网的同步依靠准同步方式。一般来说，大型通信网的同步通常采用准同步复接方式。

通常，将多个速率较低的数字流合并为一个速率较高的数字流的设备称为合路器，而将一个速率较高的数字流分离为多个速率较低的数字流的设备称为分路器。在进行网络通信时，参与复接的各支路数字流若是异步的，则在合群时，必须先将这些异步的数字流进行码速调整，使之变成相互同步的数字流；在接收端分路时，对这些相互同步的数字流分别进行码速恢复，复原出各支路数字流。

码速调整法可分为正码速调整法、负码速调整法和正负码速调整法三种。

下面以正码速调整法为例进行说明。正码速调整法方框图如图 10-34 所示。在正码速调整法中，合路器提供的抽样时钟频率为 f，高于各支路数字流的速率。我们以其中的某一支路为例进行讨论。设该支路数据流的速率为 f_i，则有 $f>f_i$；又假定缓冲存储器起始处于半满状态（假定缓冲存储器容量为 $2n$，起始状态为 n），由于写得慢，读得快，因此最后会导致缓冲存储器"取空"而出现错误。为防止"取空"，可以在存储量减小到某一门限值时，由控制器产生标志信号送至接收端，同时控制器输出一个指令使缓冲存储器在该确定位置禁读一位。这样，缓冲存储器就得到了一次"喘息"的机会。如此反复，"取空"现象就不会发生。由于输出数字流在禁读的同时插入了标志信号，因此可以保证输出速率为 f。当各支路送至复接设备的数字流都经过这样的码速调整后，它们的速率和相位就一致了，从而实现了同步。

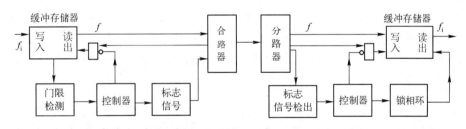

图 10-34 正码速调整法方框图

接收端的分路器把各支路分开，分接后的各支路信号各自写入缓冲存储器，为了恢复 f_i，需要去掉插入的标志信号，这主要由标志信号检出电路实现。当检出的是标志信号时，控制器发出一禁止脉冲，即可把发送端为提高 f_i 而插入的标志信号去除。缓冲存储器读出脉冲的时钟速率是输入不均匀脉冲速率的平均值，它通常是利用锁相环提取出来的。用这个时钟速率对缓冲存储器进行读出，就可恢复支路数据流了。

负码速调整法的原理与正码速调整法的原理类似：合路器提供的抽样时钟频率应低于所有各支路数字流的速率，由于写得快，读得慢，因此最后会"溢出"。也可以对复接设备进行调整，防止"溢出"现象的发生。在正负码速调整法中，选择 f 等于各支路时钟的标称值，由于各支路实际速率不同，因此正码速调整、负码速调整都可能有出现。

码速调整法的主要优点：各支路可工作于异步状态，使用灵活、方便。码速调整法的主要缺点：由于时钟是从不均匀的脉冲序列中提取出来的，因此存在相位抖动，影响同步质量。

资讯 4　水库法

在极高稳定度时钟源的基础上，在各转接点设置足够大的缓冲存储器，以确保在很长时间间隔内不发生"取空"或"溢出"的现象。容量足够大的缓冲存储器就像水库一样，既很难将水抽干，又很难将其灌满，因而无须进行码速调整，水库法由此得名。

下面简单介绍水库法的基本计算公式。

假设缓冲存储器的容量为 $2n$，起始为半满状态，即 n，缓冲存储器发生一次"取空"或"溢出"现象的时间间隔为 T。设缓冲存储器写入和读出的速率之差为 Δf，则有

$$T = \frac{n}{\Delta f} \tag{10-32}$$

设数字流的速率为 f，则时钟的频率稳定度为

$$\eta = \left| \pm \frac{\Delta f}{f} \right| \tag{10-33}$$

由式（10-32）、式（10-33）得

$$fT = \frac{n}{\eta} \tag{10-34}$$

式（10-34）即水库法的基本计算公式。

例如，若 f=512kbit/s，$\eta=10^{-9}$，n=45bit，则 T=24h。显然，这样的设备是不难实现的。若采用更高稳定度的振荡器，则可在更高速率的数字通信网中采用水库法进行网同步。由于水库法每隔一段时间都会发生"取空"或"溢出"现象，因此每隔一段时间要对同步系统进行一次校准。

上述几种网同步方法各有其特点和适用场合，为便于读者对比分析和理解，表 10-2 给出了这几种方法的比较。

表 10-2　网同步方法的比较

网同步方法	性　质	优　点	缺　点
主从同步法	同步网	采用同时钟源，简单、易行	过度依赖主时钟源，仅适用于规模小、距离近、交换点少的树形或星形结构的小型数字通信网
互同步法		各站的时钟频率都锁定在网频率上，性能稳定	每一站的设备都较复杂，费用高
码速调整法	异步复接	各支路可工作于异步状态，使用灵活、方便	平均时钟是从不均匀的脉冲序列中提取的，存在相位抖动，影响同步质量
水库法		各站都设置高稳定度振荡器和大容量缓冲存储器，无须进行码速调整	每隔一段时间都需要对同步系统进行一次校准

实践体验：电路检测及电路制作

1．锁相集成电路的检测

锁相环有现成的集成电路，如 CD4046，它广泛应用于广播通信、频率合成、自动控制及时钟同步等技术领域。

当锁相环入锁时，它具有捕捉信号的能力。压控振荡器可在某一范围内自动跟踪输入信号的变化，如果输入信号频率在锁相环的捕捉范围内发生变化，那么锁相环能捕捉到输入信号的频率，并强迫压控振荡器锁定在这个频率上。锁相环应用非常灵活，如果输入信号频率 f_1 不等于压控振荡器输出信号频率 f_2，而要求二者保持一定的关系（如比例关系或差值关系），那么可以在外部加入一个运算器，以满足不同工作的需要。传统的锁相环多用分立元器件和模拟电路构成，目前应用较多的是集成电路的锁相环。CD4046 是通用的 CMOS 锁相环集成电路，其特点是电源电压范围大（3～18V）、输入阻抗高（约 100MΩ）、动态功耗小、在中心频率 f_0 为 10kHz 时功耗仅为 600μW。CD4046 属于微功耗元器件。图 10-35 所示为 CD4046 功能图。CD4046 采用双列直插式 16 引脚。

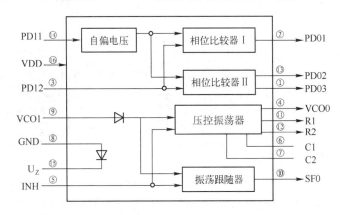

图 10-35 CD4046 功能图

CD4046 各引脚的功能如下。

引脚①：相位输出端，环路入锁时为高电平，环路失锁时为低电平。

引脚②：相位比较器Ⅰ的输出端。

引脚③：比较信号输入端。

引脚④：压控振荡器输出端。

引脚⑤：禁止端，高电平时禁止压控振荡器工作，低电平时允许压控振荡器工作。

引脚⑥、⑦：外接振荡电容。

引脚⑧、⑯：电源的负端和正端。

引脚⑨：压控振荡器的控制端。

引脚⑩：解调输出端，用于 FM 解调。

引脚⑪、⑫：外接振荡电阻。

引脚⑬：相位比较器Ⅱ的输出端。

引脚⑭：信号输入端。

引脚⑮：内部独立的稳压二极管负极。

2. 平方环实验电路制作

平方环的实验方案如图 10-36 所示。平方环电路如图 10-37 所示。

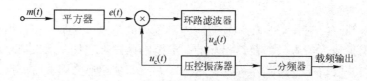

图 10-36 平方环的实验方案

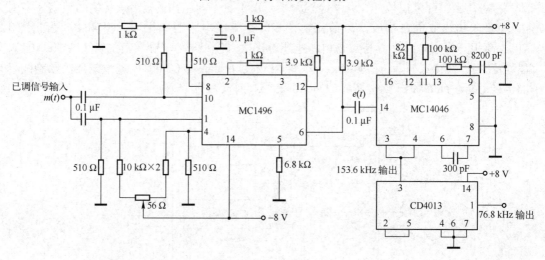

图 10-37 平方环电路

平方器用 MC1496 来实现，已调信号同时加到引脚 1 和引脚 10，尽管两引脚上作用有同一信号，但受平方器使用条件的制约，必须分别从两个电位器的中心抽头上取得，从而保证接入引脚 1 的幅度小于 300mV、引脚 10 的幅度小于 60mV。已调信号 $m(t)\cos\omega_0 t[m(t)]$ 中不含直流成分，经平方后，在 MC1496 的引脚 12（反相输出端）或引脚 6（同相输出端）获得的输出信号为

$$e(t) = [m(t)\cos\omega_0 t]^2 = \frac{1}{2} + \frac{1}{2}\cos 2\omega_0 t，\ m(t)=\pm 1$$

使锁相环工作在载波信号跟踪状态（作为跟踪 $2f_0$ 的窄带滤波器），这样在锁相环输出端即可得到频谱较纯的 $2f_0$ 分量。

考虑到采用的载频为 76.8kHz，因而锁相环可选用 LM565 或 CD4046，本实验选用的是 MC14046。

由上式可知，若 f_0 取 76.8 kHz，则 $2f_0$ 为 153.6 kHz。因此，当环路没有输入信号作用时，改变 C_T 和 R_T，使压控振荡器的固有振荡频率为 $f_V=153.6$ kHz。调整环路滤波器的参数，使锁相环工作于载波信号跟踪状态，从而应保证调制角频率大于环路无阻尼振荡频率 ω_n，使调制频率处于闭环低通特性的通带之外。这时压控振荡器没有相位调制，输出的是一个

· 342 ·

振荡频率为 153.6 kHz 的未调载波信号。实验确定 C_T=8200pF、R_T=100kΩ。

在锁相环外，接了一级由触发器构成的二分频器。CD4013 是双 D 触发器，本实验只用一级 D 触发器来实现二分频。

练习与思考

1．什么是载波信号同步和位同步？它们各有什么作用？

2．既然有位同步，为什么还需要群同步？

3．载波信号同步提取中为什么会出现相位模糊问题？相位模糊对模拟通信和数字通信分别有什么影响？

4．插入导频法用于哪些场合？插入导频法为何要用正交载波？

5．对位同步的基本要求是什么？位同步有哪些主要性能指标？

6．实现群同步有哪些基本要求？

7．简述巴克码识别器的工作原理。

8．实现网同步的方法主要有哪几种？

参 考 文 献

[1] 樊昌信，曹丽娜. 通信原理（第 6 版）[M]. 北京：国防工业出版社，2006.

[2] 鲜继清，张德民. 现代通信系统[M]. 西安：西安电子科技大学出版社，2003.

[3] 沈振元，叶芝慧，张小虹，等. 通信系统原理[M]. 西安：西安电子科技大学出版社，1993.

[4] 王兴亮. 通信系统原理教程[M]. 西安：西安电子科技大学出版社，2007.

[5] 尹长川，罗涛，乐光新. 多载波宽带无线通信技术[M]. 北京：北京邮电大学出版社，2004.

[6] 唐彦儒. 数字通信技术[M]. 北京：机械工业出版社，2010.

[7] 肖扬. Turbo 与 LDPC 编码及其应用[M]. 北京：人民邮电出版社，2010.

[8] 解相吾. 数字音视频技术[M]. 北京：人民邮电出版社，2009.

[9] 解相吾. 通信电子电路[M]. 北京：人民邮电出版社，2008.

[10] 解相吾. 移动通信技术与设备[M]. 北京：人民邮电出版社，2008.

[11] 解相吾. 移动通信技术基础[M]. 北京：人民邮电出版社，2005.

[12] 解相吾. 现代通信网概论[M]. 北京：清华大学出版社，2007.

[13] 解相吾. 通信系统终端设备[M]. 北京：清华大学出版社，2010.